QIAOXUE DIANQI KONGZHI XIANLU SHIDU YU JIEXIAN

电气控制线路识读与接线

孙克军　主　编
孙会琴　杨国福　副主编

化学工业出版社
·北京·

图书在版编目（CIP）数据

巧学电气控制线路识读与接线/孙克军主编．—北京：化学工业出版社，2015.9（2018.10重印）

ISBN 978-7-122-24654-7

Ⅰ.①巧… Ⅱ.①孙… Ⅲ.①电气控制-控制电路 Ⅳ.①TM571.2

中国版本图书馆 CIP 数据核字（2015）第 162383 号

责任编辑：卢小林　　文字编辑：张绪瑞

责任校对：宋　玮　　装帧设计：王晓宇

出版发行：化学工业出版社（北京市东城区青年湖南街 13 号　邮政编码 100011）

印　　装：北京虎彩文化传播有限公司

787mm×1092mm　1/16　印张 22　字数 553 千字　2018 年10月北京第 1 版第 3 次印刷

购书咨询：010-64518888　　售后服务：010-64518899

网　　址：http：//www.cip.com.cn

凡购买本书，如有缺损质量问题，本社销售中心负责调换。

定　　价：68.00 元

前 言

FOREWORD

随着我国电力事业的飞速发展，电能在工业、农业、国防、交通运输、城乡家庭等各个领域均得到了日益广泛的应用。由于电气工程图是电气技术人员和电气施工人员进行技术交流和生产活动的“工程语言”，是电气技术中应用最广泛的技术资料之一。因此，电气工程图是设计、生产、维修人员工作中不可缺少的技术资料。为了满足广大从事电气工程的初级技术人员和电工的需要，我们组织编写了这本《巧学电气控制线路识读与接线》。

本书在编写过程中，根据电力拖动、电气控制与维护的工作实际，搜集、查阅了大量的有关技术资料，内容以基础知识和操作技能为重点，归纳了电力拖动、电气控制的基础知识，介绍了电气工程图的识读、电气控制电路的设计方法、绘制电气控制电路的一般原则等电气控制电路的基本知识，并介绍了三相异步电动机、单相异步电动机、变极多速电动机、电磁调速电动机、直流电动机等启动、调速、制动的各种控制电路及简易计算方法与实例，还介绍了一些电动机保护电路、电动机节电控制电路、电动机控制经验电路、常用电气设备控制电路、常用机床电气控制电路、建筑电气工程图和变配电工程图等。本书着重于基本原理、基本方法、基本概念的分析和应用，重点阐述电气系统图、电气控制原理图、电气控制接线图、电气安装平面图、动力与照明电气工程图等各种常用电气工程图的用途、特点、绘制原则与绘制方法、识读步骤与识读技巧等。

本书的特点是密切结合生产实际，图文并茂、深入浅出、通俗易懂，适合自学。书中列举了大量实例，实用性强，易于迅速掌握和运用，以帮助读者提高识读电气工程图、解决实际问题的能力。

本书由孙克军任主编，孙会琴、杨国福任副主编。第 1、2 章由孙会琴编写，第 3、4 章由杨国福编写，第 5 章由朱维璐编写，第 6 章由刘建业编写，第 7 章由闫彩红编写，第 8、9 章由王慧编写，第 10 章由李川编写，第 11 章由王晓晨编写，第 12 章由孙克军编写，第 13 章由马超编写。在编写本书的过程中编者得到了许多专家和知名厂商的鼎力支持，他们提供了许多新知识、新产品的应用资料。在此对关心本书出版、热心提出建议和提供资料的单位和个人一并表示衷心的感谢。

由于编者水平所限，书中不妥之处在所难免，敬请广大读者批评指正。

编者

目 录

CONTENTS

第1章 常用电气图形符号与文字符号

1.1 常用电气图形符号

1.1.1 常用电气图用图形符号（见表1-1）

表1-1 常用电气图用图形符号及新旧符号对照

图形符号[1]	说明	旧符号(GB 312)
1.符号要素、限定符号和其他常用符号		
⎓	直流 说明：电压可标注在符号右边，系统类型可标注在符号左边	=[2]
～	交流(低频) 说明：频率或频率范围及电压的数值可标注在符号的右边，相数和中性线存在时标注在符号的左边	=
≈	中频(音频)	=
≋	高频(超高频、载频或射频)	=
≂	交直流	==
N	中性(中性线)	=
M	中间线	=
+	正极性	=
-	负极性	=
⊓	正脉冲	
⊔	负脉冲	

续表

图形符号①	说明	旧符号(GB 312)
1.符号要素、限定符号和其他常用符号		
	正阶跃函数	
	负阶跃函数	=
	接地一般符号 注:如表示接地的状况或作用不够明显,可补充说明	=
	无噪声接地(抗干扰接地)	
	保护接地	或
	接机壳或接底板	或
	保护等电位联结	
	功能性等电位联结	
	理想电流源	
	理想电压源	
2.导体和连接件		
 3	导线、导线组、电线、电缆、电路、线路、母线(总线)一般符号 注:当用单线表示一组导线时,若需示出导线数可加短斜线或画一条短斜线加数字表示 示例:三根导线 示例:三根导线	=
	柔性连接	
	屏蔽导体	或
	绞合导线	

续表

图形符号[①]	说明	旧符号(GB 312)
	2.导体和连接件	
●	导体的连接点	● 或 ○
○	端子 注:必要时圆圈可画成圆黑点	=
⌀	可拆卸的端子	=
形式1　形式2	导体的 T 形连接	
形式1　形式2	导线的双重连接	
	导线或电缆的分支和合并	=
	导线的不连接(跨越)	=
	导线直接连接　导线接头	=
	接通的连接片	
	断开的连接片	=
	电缆密封终端头多线表示	=
3　3	电缆直通接线盒单线表示	=
	插头和插座	
	3. 基本无源元件	
	电阻器的一般符号	
	可变电阻器 可调电阻器	

续表

图形符号①	说明	旧符号(GB 312)
	3．基本无源元件	
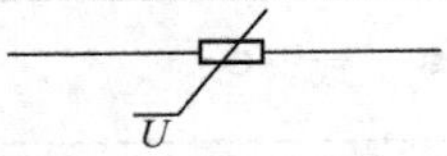	压敏电阻器 变阻器 注:U 可以用 V 代替	=
	电容器的一般符号	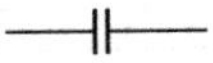
	可变电容器 可调电容器	
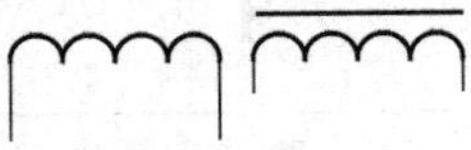	电感器、绕组 线圈、扼流圈 示例:带磁芯的电感器	
	4．半导体和电子管	
	半导体二极管的一般符号	
	发光二极管(LED)的一般符号	
	反向阻断二极晶体闸流管	
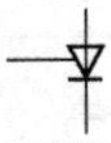	无指定形式的三极晶体闸流管	
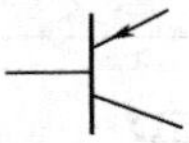	PNP 型半导体管	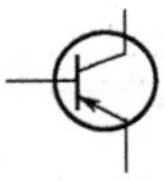
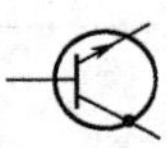	集电极接管壳的 NPN 半导体管	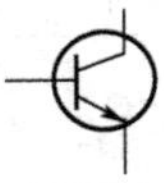
	具有 P 型双基极的单结半导体管	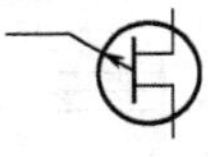
	具有 N 型双基极的单结半导体管	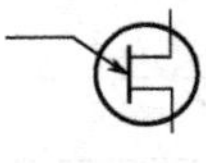
	5．电能的发生与转换	
	两相绕组	=
	V 形(60°)联结的三相绕组	=
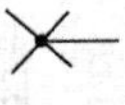	中性点引出的四相绕组	=
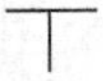	T 形联结的三相绕组	=

续表

图形符号①	说明	旧符号(GB 312)
	5. 电能的发生与转换	
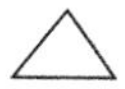	三角形联结的三相绕组	=
	开口三角形联结的三相绕组	=
	星形联结的三相绕组	=
	中性点引出的星形联结的三相绕组	=
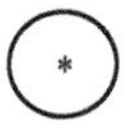 *	电机一般符号 注:符号内星号必须用规定的字母代替	
 M 3~	三相笼型异步电动机	
 M 3~	三相绕线转子异步电动机	
 M	直流电动机	
 M	步进电动机,一般符号	
 SM ~	交流伺服电动机	
 SM	直流伺服电动机	
形式1 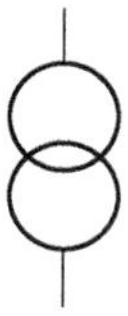　形式2 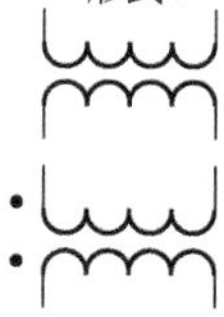	双绕组变压器,一般符号 注:瞬时电压的极性可以在形式 2 中表示 示例:示出瞬时电压极性标记的双绕组变压器流入绕组标记端的瞬时电流产生辅助磁通	=
	三绕组变压器,一般符号	=
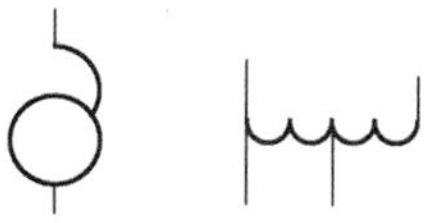	自耦变压器,一般符号	=

续表

图形符号①	说明	旧符号(GB 312)
	5. 电能的发生与转换	
	电抗器(别名:扼流圈),一般符号	=
	电流互感器 脉冲变压器	
	具有两个铁芯,每个铁芯有一个次级绕组的电流互感器	
	在一个铁芯上具有两个次级绕组的电流互感器	
	电压互感器	
	星形三角形联结的三相变压器	
	具有分接开关的三相变压器	
	整流器方框符号	
	逆变器方框符号	
	桥式全波整流器方框符号	
	原电池或蓄电池	− +

续表

图形符号[①]	说明	旧符号(GB 312)
6. 开关、控制和保护器件		
形式1　形式2	动合(常开)触点 注:本符号也可用作开关一般符号	
	动断(常闭)触点	
	先断后合的转换触点	=
	中间断开的双向转换触点	
	(当操作器件被吸合时)延时闭合的动合触点	接触器
	(当操作器件被释放时)延时断开的动合触点	接触器
	(当操作器件被释放时)延时闭合的动断触点	接触器
	(当操作器件被吸合时)延时断开的动断触点	接触器
	手动开关的一般符号	
	按钮开关(动合按钮)	
	无自动复位的旋转开关、旋钮开关(闭锁)	
	位置开关和限制开关的动合触点	或
	位置开关和限制开关的动断触点	或

续表

图形符号[①]	说明	旧符号(GB 312)
	6. 开关、控制和保护器件	
	开关	或
	三极开关 单线表示 多线表示	=
	接触器的主动合触点	
	带自动释放功能的接触器	
	接触器的主动断触点	
	断路器	低压 高压
	隔离开关	
	负荷开关(负荷隔离开关)	
形式1 形式2	动作机构,一般符号 继电器线圈,一般符号	
	缓慢释放继电器线圈	=
	缓慢吸合继电器线圈	=
	快速继电器(快吸和快放)线圈	
	交流继电器线圈	=

续表

图形符号①	说明	旧符号(GB 312)
6. 开关、控制和保护器件		
	热继电器驱动器件	
U<	欠电压继电器线圈	=
I>	过电流继电器线圈	
I<	欠电流继电器线圈	
	瓦斯保护器件，气体继电器	
	接近开关	
	熔断器的一般符号	=
	熔断器开关	
	熔断器隔离开关	=
	熔断器负荷开关	=
	火花间隙	
	避雷器	

续表

图形符号①	说明	旧符号(GB 312)
7. 测量仪表、灯和信号器件		
*	指示仪表,一般符号 *被测量的量和单位的文字符号应从 IEC60027 中选择	=
*	记录仪表,一般符号 *被测量的量和单位的文字符号应从 IEC60027 中选择	
*	积算仪表,一般符号 别名:能量仪表 *被测量的量和单位的文字符号应从 IEC60027 中选择	
A	电流表	安培表 A
P	功率表	瓦特表 W
V	电压表	伏特表 V
var	无功功率表	=
cos φ	功率因数表	=
Hz	频率计	=
	示波器	
	检流计	=
n	转速表	=
W·h	电能表,瓦时计	=
W·h	复费率电能表(示出二费率)	
varh	无功电能表	=
	时钟,一般符号	

续表

图形符号①		说明	旧符号(GB 312)
		7. 测量仪表、灯和信号器件	
		灯,一般符号 别名:灯,信号灯 说明:如果需要指示颜色,则要在符号旁标出下列代码:RD—红　YE—黄　GN—绿　BU—蓝　WH—白 如果需要指示灯的类型,则要在符号旁标出下列代码:Ne—氖　Xe—氙　Na—钠　Hg—汞　I—碘　IN—白炽　EL—电发光　ARC—弧光　FL—荧光　IR—红外线　UV—紫外线	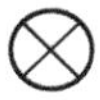 灯 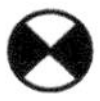 信号灯
		闪光型信号灯 说明:(同上)	
		电喇叭	
		电铃;音响信号装置,一般符号	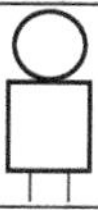
		报警器	
		蜂鸣器	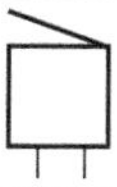
		振动开关,防盗报警器	
		8. 电站、线路	
规划的	运行的	发电站	
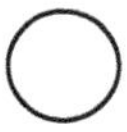	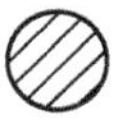	变电所,配电所(可在符号内加上任何有关变配电所详细类型的说明)	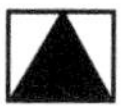
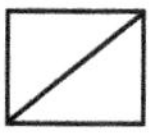	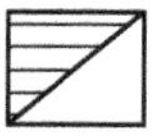	水力发电站	
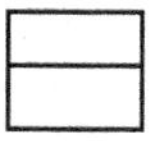	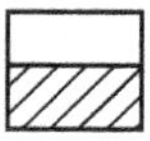	热电站	
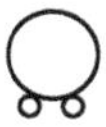	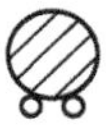	移动变电所	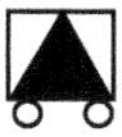
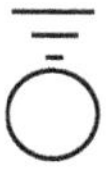	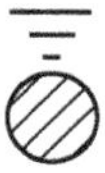	地下变电所	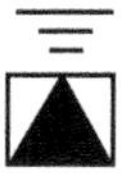

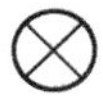

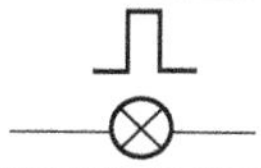

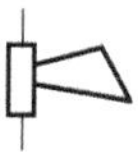

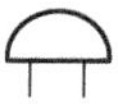

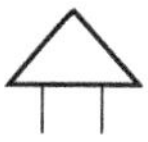

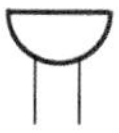

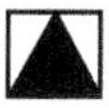

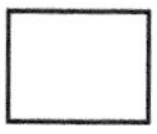

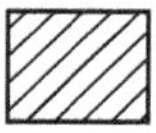

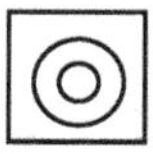

续表

图形符号①	说明	旧符号(GB 312)
8. 电站、线路		
	地下线路	
	架空线路	
	套管线路	
	挂在钢索上的线路	
	事故照明线	=
	50V及以下电力及照明线路	=
	控制及信号线路(电力及照明用)	=
	用单线表示多种线路	=
	用单线表示多回路线路(或电缆管束)	=

①"图形符号"按2005年7月中国标准出版社《新编电气图形符号标准手册》摘编，部分参考了GB 4728—1998、2000中有关条目。

②"="表示旧符号与新符号相同。

1.1.2 建筑电气安装平面布置图常用图形符号（见表1-2）

表1-2 建筑电气安装平面布置图常用图形符号

序号	图形符号	含义	说明
1		架空线路	
2	6	管道线路	管孔数量、截面尺寸或其他特性(如管道的排列形式)可标注在管道线路的上方 示例:6孔管道的线路
3		电信线路上交流供电	
4		电信线路上直流供电	

续表

序号	图形符号	含义	说明
5		中性线	
6		保护线	
7		保护和中性共用线	
8		具有保护线和中性线的三相配线	
9		向上配线	
10	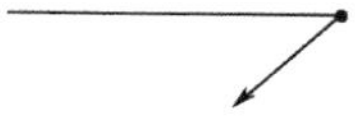	向下配线	
11		垂直通过配线	
12	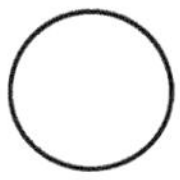	盒(箱)一般符号	
13	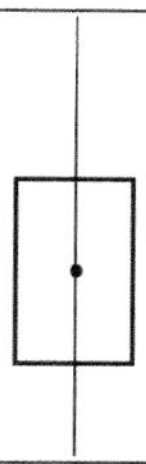	带配线的用户端	
14	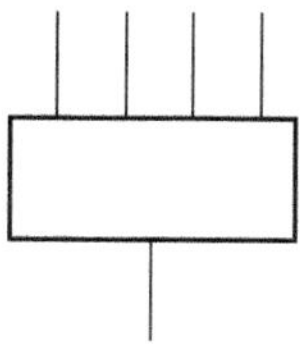	配电中心(示出五根导线管)	
15	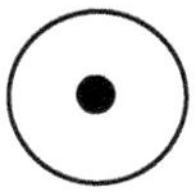	连接盒或接线盒	
16	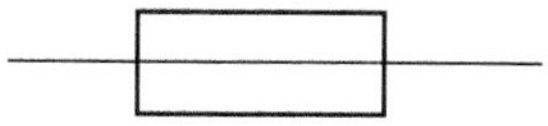	过孔线路	
17	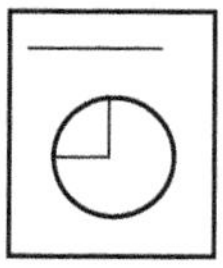	时钟	

续表

序号	图形符号	含义	说明
18		按钮一般符号	若图面位置有限，又不会引起混乱，小圆允许涂黑
19	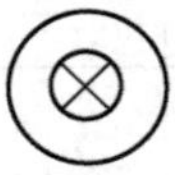	带指示灯的按钮	
20		防止无意操作的按钮（玻璃罩等）	
21	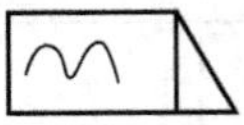	电锁	
22	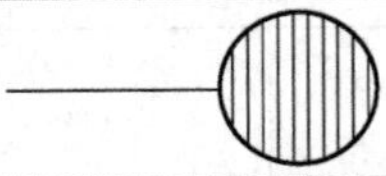	热水器（示出引线）	
23	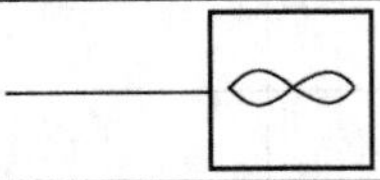	风扇一般符号（示出引线）	若不引起混淆，方框可省略不画
24		（电源）插座一般符号	
25	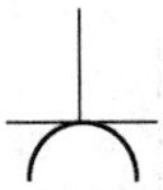	带保护接点插座 带接地插孔的单相插座	
26	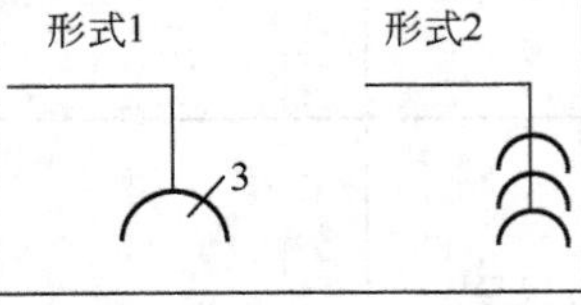 形式1 3 形式2	多个插座（示出三个）	
27	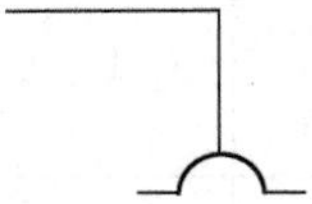	具有护板的插座	
28	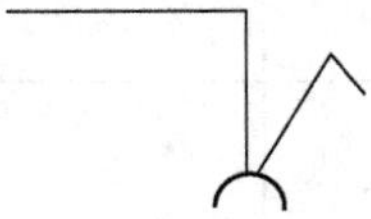	具有单极开关的插座	
29	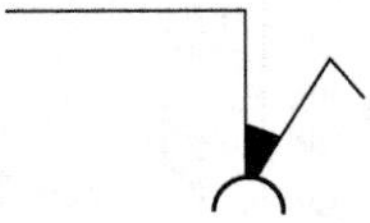	具有联锁开关的插座	

续表

序号	图形符号	含义	说明
30	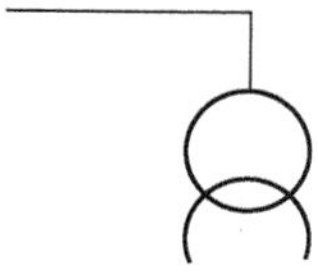	具有隔离变压器的插座	
31	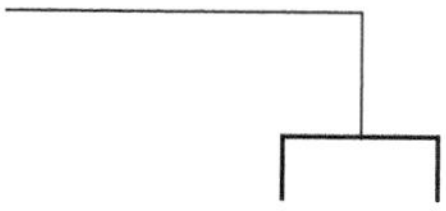	电信插座的一般符号	可以用文字或者符号加以区别
32	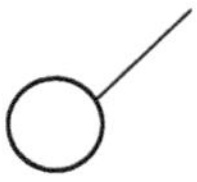	开关的一般符号	
33	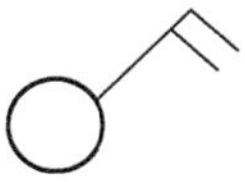	双极开关	
34	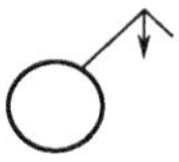	单极拉线开关	
35	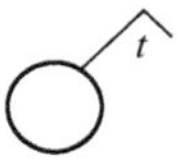 t	单限时开关	
36	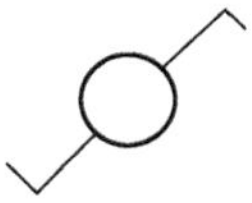	双路单极开关	
37		具有指示灯的开关	
38		多拉开关	
39	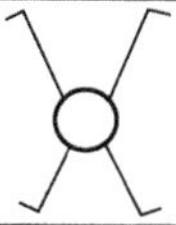	中间开关	等效电路图 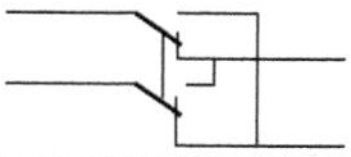
40	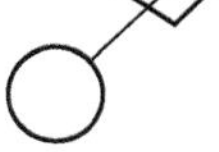	调光器	
41	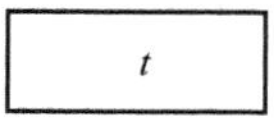 t	限时装置	
42	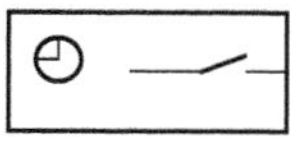	定时开关	

续表

序号	图形符号	含义	说明
43		钥匙开关	
44		灯或信号灯的一般符号	
45		投光灯的一般符号	
46		聚光灯	
47		泛光灯	
48		显出配线的照明引出线	
49		在墙上的照明引出线(显出来自左边的配线)	
50		荧光灯一般符号	
51		三管荧光灯	
52	5	五管荧光灯	
53		在专用电路上的事故照明灯	
54		自带电源的事故照明灯装置(应急灯)	
55	15	最低照度(示出 15 lx)	
56	a $\frac{a-b}{c}$	照明照度检查点	(1)a:水平照度,lx (2)$a-b$:双侧垂直照度,lx (3)c:水平照度,lx
57	$\frac{a-b-c-d}{e-f}$	电缆与其他设施交叉点	a——保护管根数 b——保护管直径,mm c——管长,m d——地面标高,m e——保护管埋设深度,m f——交叉点坐标

续表

序号	图形符号	含义	说明
58	±0.000 ±0.000	安装或敷设标高，m	(1)用于室内平面、剖面图上 (2)用于总平面图上的室外地面
59	3 n	导线根数，当用单线表示一组导线时，若需要示出导线数，可用加小短斜线或画一条短斜线加数字表示	示例：(1)表示 3 根 (2)表示 3 根 (3)表示 n 根
60	$\frac{3\times16}{} \times \frac{3\times10}{}$ $-\times \frac{\phi 2\frac{1''}{2}}{}$	导线型号规格或敷设方式的改变	(1)$3\times16\text{mm}^2$ 导线改为 $3\times10\text{mm}^2$ (2)无穿管敷设改为导线穿管 $\left(\phi 2\frac{1''}{2}\right)$ 敷设
61	V	电压	
62	−220V	直流电压 220V	
63	$m\sim fV$ 3N～50Hz，380V	交流电 m——相数 f——频率，Hz V——电压，V	示例：示出交流，三相带中性线 50Hz 380V
64	L1 L2 L3 U V W	相序 交流系统电源第一相 交流系统电源第二相 交流系统电源第三相 交流系统设备端第一相 交流系统设备端第二相 交流系统设备端第三相	
65	N	中性线	
66	PE	保护线	
67	PEN	保护和中性共用线	
68		电缆交接间	
69		架空交接箱	
70		落地交接箱	
71		壁龛交接箱	

续表

序号	图形符号	含义	说明
72		分线盒的一般符号	可加注$\frac{A-B}{C}D$ A——编号 B——容量 C——线序 D——用户数
73		室内分盒线	同序号 72 说明
74		室外分盒线	同序号 72 说明
75	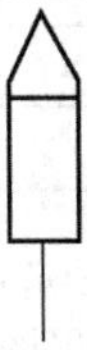	分线箱	同序号 72 说明
76	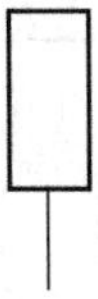	壁龛分线箱	同序号 72 说明
77		避雷针	
78	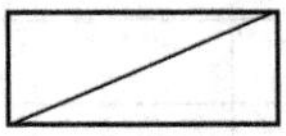	电源自动切换箱(屏)	
79	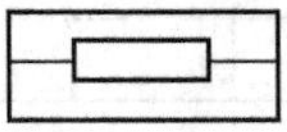	电阻箱	
80	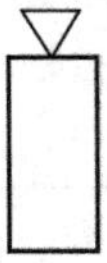	鼓形控制器	
81		自动开关箱	
82	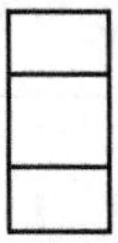	刀开关箱	

续表

序号	图形符号	含义	说明
83		带熔断器的刀开关箱	
84	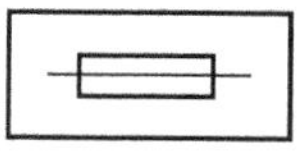	熔断器箱	
85	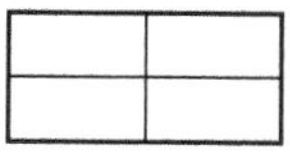	组合开关箱	
86		深照形灯	
87		广照形灯(配照形灯)	
88	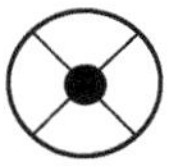	防水防尘灯	
89		球形灯	
90		局部照明灯	
91		矿山灯	
92		安全灯	
93		隔爆灯	
94		天棚灯	
95		花灯	
96		弯灯	
97		壁灯	

1.1.3 有线电视系统常用图形符号（见表1-3）

表1-3 有线电视系统常用图形符号

序号	图形符号	说明
1		天线(VHF、UHF、FM频段用)
2	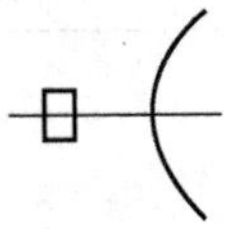	矩形波导馈电的抛物面天线
3	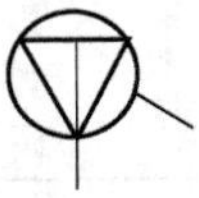	带本地天线的前端(示出一路天线)注:支线可在圆上任意点画出
4		无本地天线的前端(示出一路干线输入,一路干线输出)
5		放大器,一般符号
6	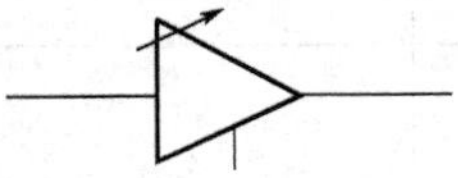	外部可调放大器
7	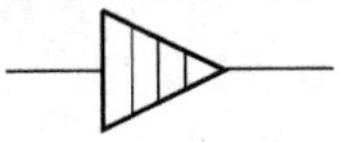	带自动增益和/或自动斜率控制的放大器
8	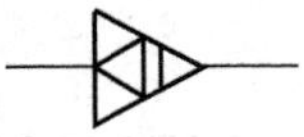	具有反向通路并带自动增益和/或自动斜率控制的放大器
9		桥接放大器(示出三路支线或分支线输出) 注:(1)其中标有小圆点的一端输出电平较高; (2)符号中,支线出分支线可按任意适当角度画出
10	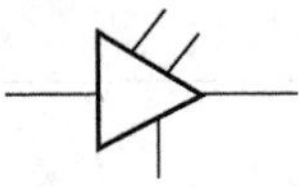	干线桥接放大器(示出三路支线输出)
11	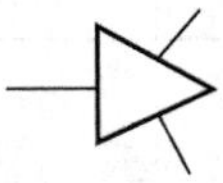	线路(支线或分支线)末端放大器(示出两路分支线输出)
12	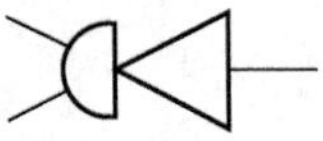	干线分配放大器(示出两路干线输出)

续表

序号	图形符号	说明
13	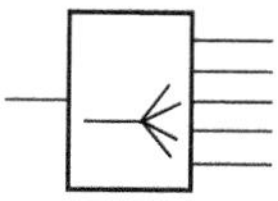	混合器(示出五路输入)
14	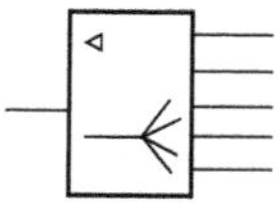	有源混合器(示出五路输入)
15	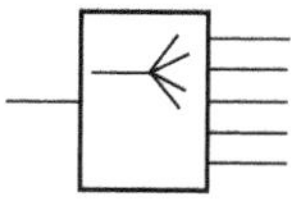	分路器(示出五路输出)
16	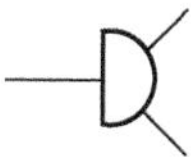	二分配器
17	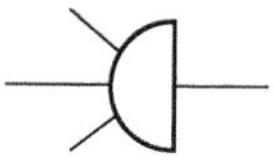	三分配器 注:桥接放大器说明
18	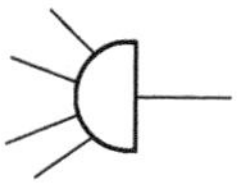	四分配器
19	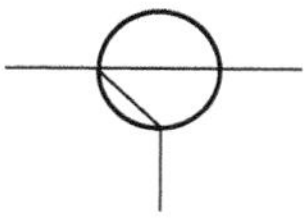	定向耦合器
20	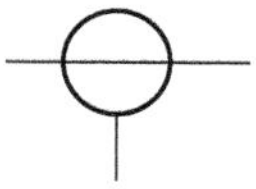	用户一分支器 注:(1)圆内允许不画直线而标注分支量; (2)当不会引起混淆时,用户线可省去不画; (3)用户线可按任意适当角度画出
21	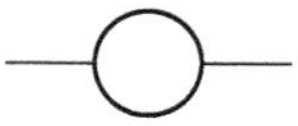	示例:标有分支量的用户分支器(未示出用户线)
22	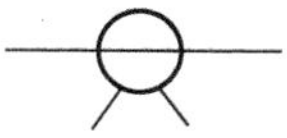	用户二分支器
23	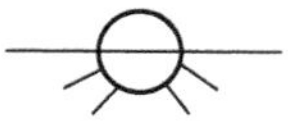	用户四分支器
24	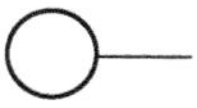	系统输出口
25	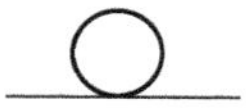	串接式系统输出口
26	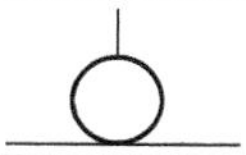	具有一路外接输出口的串接式系统输出口
27		固定均衡器

续表

序号	图形符号	说明
28		可变均衡器
29	A	固定衰减器
30	A	可变衰减器
31		调制器、解调器、一般符号 注：(1)使用本符号应根据实际情况加输入线、输出线 (2)根据需要允许在方框内或外加注定性符号
32	v s	电视调制器
33	v s	电视解调器
34	n_1 n_2	频道交换器(n_1 为输入频道，n_2 为输出频道) 注：n_1 和 n_2 可以用具体频道数字代替
35	G *	正弦信号发生器 注：星号(＊)可用具体频率值代替
36		终端负载
37		高通滤波器
38		低通滤波器
39		带通滤波器
40		带阻滤波器
41	N	陷波器
42		线路供电器(示出交流型)
43		供电阻断器(示在一条分配馈线上)

续表

序号	图形符号	说明
44		电源插入器
45		避雷器
46	v NTSC PAL s	电视制式转换器
47	TV	电视终端盒

1.1.4 广播音响系统常用图形符号（见表 1-4）

表 1-4　广播音响系统常用图形符号

序号	图形符号	说明	序号	图形符号	说明
1		传声器	5		可调放大器
2		扬声器	6		录放机（盒式、针式、激光唱片式等各种录放机）
3		受话器	7		可调均衡器
4	或	放大器	8		广播分线箱

1.1.5 电话通信系统常用图形符号（见表 1-5）

表 1-5　电话通信系统常用图形符号

序号	图形符号	说明	备注
1		架空交接箱	
2		落地交接箱	
3		壁龛交接箱	
4		墙挂交接箱	
5	TP	在地面安装的电话插座	

续表

序号	图形符号	说明	备注
6	PS	直通电话插座	
7		室内分线箱	可加注$\frac{A-B}{C}D$ A——编号　B——容量 C——线号　D——用户数
8		室外分线箱	
9	PBX	程控交换机	
10	●	电话出线盒	
11		电话机	
12		电传插座	
13		传真收报机	

1.1.6 楼宇设备自动化系统常用图形符号（见表 1-6）

表 1-6　楼宇设备自动化系统常用图形符号

序号	图形符号	说明	序号	图形符号	说明
1		热电偶	12	F	流量计
2		热电阻	13	T	温度传感器
3		一般检测点	14	Q	无功变送器
4		温度传感器	15	M	电动三通阀
5	P	压力传感器	16	M	电磁阀
6	ΔP	压差传感器	17		节流孔板
7	E	电压变送器	18		风机
8	I	电流变送器	19		水泵
9	J	功率变送器	20		加湿器
10	f	频率变送器	21	+	空气加热器
11	L	液位计	22	−	空气冷却器

1.1.7 综合布线系统常用图形符号（表1-7）

表1-7 综合布线系统常用图形符号

序号	图形符号	说明	序号	图形符号	说明
1	MDF	主配线架	7		单口信息插座
2	IDF	楼层配线架	8		综合布线接口
3	CDF	建筑群配线架	9		计算机
4	LIU	光缆配线设备	10		摄像机
5	HUB	集线器	11		监视器
6		双口信息插座 CAT5 I/O 五类信息插座 CAT3 I/O 三类信息插座	12		切换器
			13	LAM	适配器

1.1.8 火灾自动报警系统常用图形符号（表1-8）

表1-8 火灾自动报警系统常用图形符号

序号	图形符号	说明	序号	图形符号	说明
1	B	火灾报警控制器	14		火灾声光信号显示装置
2	B—O	区域火灾报警控制器	15		火灾报警电话(实装)
3	B—J	集中火灾报警控制器	16	T	火灾报警对讲机
4		火灾部位显示盘 (层显示)	17		水流指示器
5		感烟探测器	18		压力报警阀
6		感温探测器	19		带监视信号的检修阀
7		火焰探测器	20		防火阀(70℃熔断关闭)
8		红外光束感烟发射器	21	E	防火阀(24V电控及 70℃温控关)
9		红外光束感烟接收器	22	280	防火阀(280℃ 熔断关闭)
10		可燃气体探测器	23		防火排烟阀
11		手动报警按钮	24		排烟阀
12		火灾警铃	25		正压送风口
13		火灾扬声器	26		消火栓箱内启泵按钮

续表

序号	图形符号	说明	序号	图形符号	说明
27		紧急启、停按钮	33	D	非编码探测器接口模块
28		短路隔离器	34	GE	气体灭火控制盘
29	P	压力开关	35	DM	防火门磁释放器
30		启动钢瓶	36	RS	防火卷帘门电气控制器
31	C	控制模块	37	LT	电控箱
32	M	输入监视模块	38		配电中心

1.2 常用文字符号

1.2.1 电气工程及电气设备常用基本文字符号（见表 1-9）

表 1-9 电气工程及电气设备常用基本文字符号

设备、装置和元器件种类	举例	基本文字符号		IEC[①]	旧符号
		单字母	双字母		
组件 部件	放大器	A		=	FD
	调节器			=	T
	电桥		AB		
	晶体管放大器		AD	=	BF
	集成电路放大器		AJ	=	
	磁放大器		AM	=	CF
	电子管放大器		AV	=	GF
	印制电路板		AP	=	
	抽屉柜		AT	=	
	支架盘		AR	=	
非电量到电量变换器或电量到非电量变换器	热电传感器	B		=	
	热电池			=	RDC
	光电池			=	GDC
	送话器			=	S
	拾声器			=	SS
	扬声器			=	Y
	耳机			=	EJ
	电流变换器		BC	=	LB
	压力变换器		BP	=	YB
	磁通变换器		BM	=	CB
	光电耦合器		BO	=	
	旋转变换器		BR	=	CSF
	温度变换器		BT	=	WDB
	速度变换器		BV	=	
	触发器	BPF		=	
	电压-频率变换器	BUF		=	

续表

设备、装置和元器件种类	举例	基本文字符号		IEC①	旧符号
		单字母	双字母		
电容器	电容器	C		=	C
其他元器件（杂项）	发热器件	E	EH	=	
	照明灯		EL	=	ZD
	空气调节器		EV	=	
保护器件	过电压放电器件	F		=	
	避雷器			=	BL
	具有瞬时动作的限流保护器件		FA	=	
	具有延时动作的限流保护器件(热保护器)		FR	=	RJ
	具有延时和瞬时动作的限流保护器件		FS	=	
	熔断器		FU	=	RD
	快速熔断器		FF	=	
	限压保护器件		FV	=	
发生器 发电机 电源	旋转发电机	G		=	F
	振荡器			=	
	发生器		GS	=	
	同步发电机		GS	=	TF
	异步发电机		GA		YF
	蓄电池		GB	=	XDC
	函数发生器 旋转式或固定式变频机		GF	=	
	直流发电机		GD	=	ZF
	交流发电机		GA	=	JF
	永磁发电机		GM	=	YCF
	水轮发电机		GH	=	SLF
	汽轮发电机		GT	=	QLF
	励磁机		GE	=	L
信号器件	声响指示器	H	HA	=	
	光指示器		HL	=	
	指示灯		HL	=	SD
继电器 接触器	继电器	K		=	J
	电压继电器		KV	=	YJ
	电流继电器		KA	=	LJ
	时间继电器		KT	=	SJ
	频率继电器		KF	=	PJ
	压力继电器		KP	=	YLJ
	控制继电器		KC	=	KJ
	信号继电器		KS	=	XJ
	接地继电器		KE	=	JDJ
	接触器		KM	=	C

续表

设备、装置和元器件种类	举例	基本文字符号		IEC[①]	旧符号
		单字母	双字母		
电感器 电抗器	电感器	L	LS	=	L
	电抗器		LS	=	DK
	启动电抗器		LS	=	QK
	感应线圈		LS	=	GQ
电动机	电动机	M	M	=	D
	直流电动机		MD	=	ZD
	交流电动机		MA	=	JD
	同步电动机		MS	=	TD
	异步电动机		MA	=	YD
	笼型电动机		MC	=	LD
测量设备 试验设备	测量设备(仪表)	P		=	
	电流表		PA	=	A
	电压表		PV	=	V
	有功功率表		PW	=	W
	无功功率表		PR	=	car
	电度表		PJ	=	Wh
	有功电能表		PJ	=	Wh
	频率表		PF	=	Hz
	无功电能表		PJR	=	carh
	功率因数表		PPF	=	cosφ
电力电路的 开关器件	开关	Q		=	K
	自动开关		QA	=	ZK
	转换开关		QC	=	HK
	断路器		QF	=	DL
	刀开关		QK	=	DK
	负荷开关		QL	=	FK
	隔离开关		QS	=	GK
电阻器	电阻器	R		=	R
	变阻器			=	R
	附加电阻器		RA	=	FR
	制动电阻器		RB	=	ZDR
	频敏电阻器		RF	=	PR
	电位器		RP	=	W
	启动电阻器		RS	=	QR
	热敏电阻器		RT	=	RR
	压敏电阻器		RV	=	YR

续表

设备、装置和元器件种类	举例	基本文字符号		IEC①	旧符号
		单字母	双字母		
控制、记忆、信号电路的开关选择器	控制开关	S	SA	=	KK
	按钮开关		SB	=	AN
	停止按钮		SBS	=	TA
	行程开关		ST		CK
	限位开关		SL		XK
	终点开关		SE		ZDK
	微动开关		SS		WK
	脚踏开关		SF		TK
	接近开关		SP		JK
变压器	变压器	T		=	B
	电流互感器		TA	=	LH
	自耦变压器		TA		OB
	控制变压器		TC	=	KB
	电力变压器		TM	=	LB
	整流变压器		TR	=	ZB
	电炉变压器		TF		LB
	稳压器		TS		WY
	互感器				H
	电压互感器		TV	=	YH
变换器	变频器	U	UF	=	BP
	交流器		UI	=	BL
	逆变器		UR	=	NB
	整流器		UT	=	ZL
母线 电缆 电线 天线	母线	W		=	M
	直流母线		WB	=	ZM
	插接式母线		WIB	=	CJM
	电缆			=	DL
	电线			=	DX
	电力干线		WPM	=	LG
	照明干线		WLM	=	MG
	电力分支线		WP	=	LFZ
	照明分支线		WL	=	MFZ
	天线			=	TX
端子 插头 插座	接线柱	X		=	JX
	端子板		XT	=	DB
	接线片		XB	=	LP
	插头		XP	=	CT
	插座		XS	=	CZ

续表

设备、装置和元器件种类	举例	基本文字符号		IEC①	旧符号
		单字母	双字母		
电气操作的机械器件	气阀	Y			QF
	电磁铁		YA		DT
	电磁制动器		YB		ZDT
	电磁离合器		YC		CLH
	起重电磁铁		YL		QZT
	牵引电磁铁		YT		QYT
	电动阀		YM		DF
	电磁阀		YY		DCF
终端设备混合变压器滤波器	电缆平衡网络	Z			
	混合变压器				
	晶体滤波器				
	网络				

① IEC为国际电工委员会的英文缩写，此栏中的“＝”表明此图形符号与IEC的相同。

1.2.2 常用辅助文字符号（见表1-10）

表1-10 常用辅助文字符号

序号	名称	新辅助文字符号	IEC①	旧符号
1	电流	A		L
2	交流	AC	＝	JL
3	自动	A,AUT		Z
4	异步	ASY		Y
5	制动	B,BRK		ZD
6	黑	BK	＝	H
7	蓝	BL	＝	LA
8	控制	C		K
9	延时	D		YS
10	降	D		J
11	直流	DC	＝	DL
12	接地	E	＝	D
13	绿	GN	＝	L
14	高	H	＝	G
15	输入	IN		R
16	低	L	＝	D
17	主	M		Z
18	中	M		Z
19	手动	M,MAN		S

续表

序号	名称	新辅助文字符号	IEC①	旧符号
20	中性线	N	=	0
21	断开	OFF		DK,D
22	闭合	ON		BH,B
23	输出	OUT		C
24	压力	P		YL
25	保护	P		
26	保护接地	PE	=	
27	保护接地与中性线共用	PEN	=	
28	反	R		F
29	红	RD	=	H
30	复位	R,RST		FW
31	运转	RUN		YZ
32	启动	ST		Q
33	停止	STP		T
34	同步	SYN		T
35	温度	T		t
36	时间	T		S
37	电压	V		Y
38	白	WH	=	B
39	黄	YE	=	U

① IEC为国际电工委员会的英文缩写，此栏中的“=”表明此图形符号与IEC的相同。

1.2.3 标注线路用文字符号（见表1-11）

表1-11 标注线路用文字符号

序号	中文名称	英文名称	常用文字符号		
			单字母	双字母	三字母
1	控制线路	Control Line	W	WC	
2	直流线路	Direct-Current Line		WD	
3	应急照明线路	Emergency Lighting Line		WE	WEL
4	电话线路	Telephone Line		WF	
5	照明线路	I lluminating(Lighting)Line		WL	
6	电力线路	Power Line		WP	
7	声道(广播)线路	Sound Gate(Broadcasting)Line		WS	
8	电视线路	TVLine		WV	
9	插座线路	Socket Line		WX	

1.2.4 线路敷设方式文字符号（见表 1-12）

表 1-12 线路敷设方式文字符号

序号	表达内容	文字符号	
		新文字符号	旧文字符号
1	穿焊接钢管敷设	SC	G
2	穿薄电线管敷设	TC	DG
3	穿硬质塑料管敷设	PC	VG
4	穿半硬塑料管槽敷设	PEC	ZVG
5	用绝缘子(瓷瓶或瓷柱)敷设	K	CP
6	用塑料线槽敷设	PR	XC
7	用金属线槽敷设	SR	GC
8	用电缆桥架敷设	CT	—
9	用瓷夹板敷设	PL	CJ
10	用塑料夹敷设	PCL	VJ
11	穿蛇皮管敷设	CP	SPG
12	穿阻燃塑料管敷设	PVC	—

1.2.5 线路敷设部位文字符号（见表 1-13）

表 1-13 线路敷设部位文字符号

序号	表达内容	文字符号	
		新文字符号	旧文字符号
1	沿钢索敷设	SR	S
2	沿屋架或层架下弦敷设	BE	LM
3	沿柱敷设	CLE	ZM
4	沿墙敷设	WE	QM
5	沿天棚面或顶板面敷设	CE	PM
6	在能进入的吊顶内敷设	ACE	PNM
7	暗敷在梁内	BC	LA
8	暗敷在柱内	CLC	ZA
9	暗敷在屋面或顶板内	CC	PA
10	暗敷在地面内或地板内	FC	DA
11	暗敷在不能进入的吊顶内	ACC	PND
12	暗敷在墙内	WC	QA

1.3　常用电力设备在平面布置图上的标注方法与实例

1.3.1　常用电力设备在平面布置图上的标注方法（见表 1-14）

表 1-14　常用电力设备在平面布置图上的标注方法

序号	类别	新标注方法	符号释义	旧标注方法
1	用电设备或电动机出口处	$\frac{a}{b}$ 或 $\frac{a\mid c}{b\mid d}$	a——设定编号 b——额定功率(kW) c——线路首端熔断片或自动开关释放器的电流(A) d——标高(m)	=
2	开关及熔断器	一般标注方法： $a\frac{b}{c/i}$或$a-b-c/i$ 当需要标注引入线的规格时： $a\frac{b-c/i}{d(e\times f)-g}$	a——设备编号 b——设备型号 c——额定电流(A) d——导线型号 i——整定电流(A) e——导线根数 f——导线截面积(mm^2) g——导线敷设方式	基本相同 其中一般符号为： $a[b/(cd)]$ d——导线型号
3	电力或照明设备	一般标注方法： $a\frac{b}{c}$或$a-b-c$ 当需要标注引入线的规格时： $a\frac{b-c}{d(e\times f)-g}$	a——设备编号 b——设备型号 c——设备功率(kW) d——导线型号 e——导线根数 f——导线截面(mm^2) g——导线敷设方式及部位	=
4	照明变压器	$\frac{a}{b}-c$	a——一次电压(V) b——二次电压(V) c——额定容量(V·A)	=
5	照明灯具	一般标注方法： $a-b\frac{c\times d\times L}{e}f$ 灯具吸顶安装时： $a-b\frac{c\times d\times L}{-}$	a——灯数 b——型号或编号 c——每盏照明灯具的灯泡数 d——灯泡容量(W) e——灯泡安装高度(m) f——安装方式 L——光源种类	=
6	最低照度	⑨	表示最低照度为 9lx	=
7	照明照度检查点	$\cdot a$	a：水平照度(lx)	=
		$\cdot\frac{a-b}{c}$	$a-b$：双侧垂直照度(lx) c：水平照度(lx)	

续表

序号	类别	新标注方法	符号释义	旧标注方法
8	电缆与其他设施交叉点	$\dfrac{a\text{-}b\text{-}c\text{-}d}{e\text{-}f}$	a——保护管根数 b——保护管直径(mm) c——管长(mm) d——地面标高(mm) e——保护管埋设深度(m) f——交叉点坐标	$\dfrac{a\text{-}b\text{-}c\text{-}d}{e\text{-}f}$
9	配电线路	$a-b(c\times d)e-f$	末端支路只注编号时为 a——回路编号 b——导线型号 c——导线根数 d——导线截面 e——敷设方式及穿管管径 f——敷设部位	
10	电话交接箱	$\dfrac{a-b}{c}d$	a——编号 b——型号 c——线序 d——用户数	
11	电话线路上	$a-b(c\times d)e-f$	a——编号 b——型号 c——导线对数 d——导线线径(mm) e——敷设方式和管径 f——敷设部位	
12	标注线路	PG、LG、MG、PFG、LFG、MFG、KZ	PG——配电干线 LG——电力干线 MG——照明干线 PFG——配电分干线 LFG——电力分干线 MFG——照明分干线 KZ——控制线	
13	导线型号规格或敷设方式的改变	$\underline{3\times16}\times\underline{3\times10}$ —	$3\times16mm^2$ 导线改为 $3\times10mm^2$	
		$-\times\underline{\phi2.5''}$ —	无穿管敷设改为导线穿管($\phi2.5''$)敷设	
14	相序	L1 L2 L3 U V W	L1——交流系统电源第一相 L2——交流系统电源第二相 L3——交流系统电源第三相 U——交流系统设备端第一相 V——交流系统设备端第二相 W——交流系统设备端第三相	A B C A B C
15	中性线	N	N——中性线	=
16	保护线	PE	PE——保护线	
17	保护和中性共用线	PEN	PEN——保护和中性共用线	

续表

序号	类别	新标注方法	符号释义	旧标注方法
18	交流电	m～f,U	m——相数 f——频率(Hz) U——电压 ～——交流电	=
		例:3N～50Hz,380V	示出交流,三相中性线,50Hz,380V	
19	直流电	－220V	直流电压220V	=
20	标写计算	F_e F_i I_z I_i K_x $\cos\varphi$	F_e——设备容量(kW) F_i——计算负荷(kW) I_z——额定电流(A) I_i——计算电流(A) K_x——需要系数 $\cos\varphi$——功率因数	
21	电压损失	U	电压损失(%)	ΔU%

注：表中“＝”表示新旧标法方法相同；空格表示无此项。

1.3.2 常用电力设备在平面布置图上的标注实例

电气工程中有很多电器装置，如配电箱、导线、电缆、灯具、开关、插座等，在电气施工图中用规定的符号画出后，还要用文字符号在其旁边进行标注，以表明电器装置的技术参数。

1.3.2.1 配电箱的编号

配电箱的编号方法没有明确的规定，设置者可根据自己的习惯给配电箱编号。下面介绍一种常用的编号方法。

在建筑供配电与照明系统施工图中，照明总配电箱使用编号 ALO（或 M），照明层配电箱使用编号 ALn（n 为层数，如一层为 AL1），照明分配电箱（房间内配电箱）使用编号 ALm-n（m 为房间所在层数，n 为房间的编号，如 201 为 AL2-1）。动力配电箱使用编号 APn（n 为动力设备的编号）。配电箱的编号应标注在平面图和系统图中相应的配电箱旁边，同一配电箱在平面图和系统图中的编号应一致。

1.3.2.2 线路的标注

在平面图和系统图中所画的线路，应用图线加文字标注的方法，表明线路编号或用途（a）、所用导线的型号（b）、导线根数（c）、导线截面积（d）、线路的敷设方式及穿管直径（e）和线路敷设部位（f）等。

（1）常用导线的型号

常用的导线有两种：铜芯绝缘导线和铝芯绝缘导线，分别用 BV 和 BLV 表示。具有阻燃作用的铝芯导线，表示为 ZR-BLV，具有耐火作用的铜芯导线表示为 NH-BV。常用导线的型号见表 1-15。此外还有通用橡胶软电缆 YQ、YQW、YZ、YZW 及 YC、YCW 型；聚氯乙烯电力电缆 VV、VLV 系列；交联聚氯乙烯电力电缆 YJV、YJLV、YJY、YJLY 系列；不滴流油浸绝缘电力电缆 ZQD、ZLQD、ZLD、ZLLD 系列；视频（射频）同轴电缆 SYV、SYWV、SYFV 系列；信号控制电缆（RVV 护套线、RVVP 屏蔽线）等。

表 1-15　常用导线技术数据

线路类别	线路敷设方式	导线型号	额定电压/kV	产品名称	最小截面积/mm²	附注
交直流配电线路	吊灯用软线	RVS RFS	0.25	铜芯聚氯乙烯绝缘绞型软线 铜芯丁腈聚氯乙烯复合物绝缘软线	0.5	
	室内配线： 穿管 线槽 塑料线夹 瓷瓶	BV BLV BX BLX BXF BLXF	0.45/0.75	铜芯聚氯乙烯绝缘电线 铝芯聚氯乙烯绝缘电线 铜芯橡胶绝缘电线 铝芯橡胶绝缘电线 铜芯氯丁橡胶绝缘电线 铝芯氯丁橡胶绝缘电线	1.5 2.5 1.5 2.5 1.5 2.5	
	架空进户线	BV BLV BXF BLXF	0.45/0.75	铜芯聚氯乙烯绝缘电线 铝芯聚氯乙烯绝缘电线 铜芯氯丁橡胶绝缘电线 铝芯氯丁橡胶绝缘电线	10	距离应不超过 25m
	架空线	JKLY JKLYJ LJ LGJ	0.6/1 10	辐照交联聚乙烯绝缘架空电缆 辐照交联聚乙烯绝缘架空电缆 铝芯绞线 钢芯铝绞线	16(25) 25(35)	居民小区不小于 35mm² 注：括号内的数值仅为北京地区使用

(2) 导线根数

因为线路在图上用图线表示时，只要走向相同，无论导线根数多少，都使用一条线。所以除了写出导线根数（c）外，还要在图线上打上一短斜线并标以根数，见表 1-14。或打上相同数量的短斜线，但是根数为 2 根的图线不作标记。

(3) 导线截面积

各导线用途虽不同，但截面积的等级是相同的，只是最小和最大截面积有所不同。以 BV 导线为例，有 1.5mm²、2.5mm²、4mm²、6mm²、10mm²、16mm²、25mm²、35mm²、50mm²、70mm²、95mm²、120mm²、150mm²、185mm²、240mm² 共 15 个等级。

(4) 线路敷设方式

线路敷设方式可分为两大类：明敷和暗敷。明敷有夹板敷设、瓷瓶敷设、塑料线槽敷设等；暗敷有线管敷设等。各种线路敷设方式的文字符号见表 1-12。

穿管管径有下列几种规格：15mm（16mm、18mm）、20mm、25mm、32mm、40mm、50mm、63mm、70mm、80mm、100mm、125mm、150mm 等。括号中 16mm、18mm 只有硬和半硬塑料管中有此规格的。

(5) 线路敷设部位

表达线路敷设部位的文字符号见表 1-13。

(6) 线路敷设标注格式

系统图中线路的编号、导线型号、规格、根数、敷设方式、管径、敷设部位等内容，在系统图中按下面的格式进行标注：

$$a\text{-}b\text{-}(c\times d)\text{-}e\text{-}f$$

式中　a——线路编号或回路编号；

b——导线型号；

c——导线根数；

d——导线截面，mm^2，不同截面应分别标注；

e——敷设方式和穿管管径，mm，参见表 1-12；

f——敷设部位，参见表 1-13。

例如某系统图中，导线标注如下：

① WP_1-BLV-(3×50+1×35)-K-WE　表示1号电力线路，导线型号为BLV（铝芯聚氯乙烯绝缘导线），共有4根导线，其中3根截面积分别为$50mm^2$，1根截面积为$35mm^2$，采用瓷瓶配线，沿墙敷设。

② BLV-(3×4)-SC25-WC　表示有3根截面积分别为$4mm^2$的铝芯聚氯乙烯绝缘电线，穿管直径为25mm的钢管沿墙暗敷设。

③ BLV（2×2.5+2.5)-PC20-CE　N1 照明 100W

BLV(2×2.5+2.5)-PC20-CE　N2 插座 200W

BLV(2×2.5+2.5)-PC20-CE　N3 空调 1500W

"BLV（2×2.5+2.5)-PC20/CC"表示采用铝芯聚氯乙烯绝缘电线（BLV），3根导线，截面为$2.5mm^2$：其中1根相线、1根中性线、1根接地线，穿塑料管（PC），管径20mm，沿顶棚暗敷。

"N1、N2、N3"表示回路编号。

"照明、插座、空调"表示该回路所供电的负荷类型。

"100W、200W、1500W"表示回路的负荷大小。

1.3.2.3　系统图中配电装置的标注

(1) 电力和照明配电箱的文字标注

电力和照明配电箱等设备的文字标注格式一般为$a\dfrac{b}{c}$或$a-b-c$。当需要标注引入线的规格时，则标注为$a\dfrac{b-c}{d(e\times f)-g}$。

式中　a——设备编号；

b——设备型号；

c——设备功率，kW；

d——导线型号；

e——导线根数；

f——导线截面，mm^2；

g——导线敷设方式及部位。

如$A_3\dfrac{\text{XL-3-2}}{35.165}$，则表示3号动力配电箱，其型号为XL-3-2型，功率为35.165kW；若标注为$A_3\dfrac{\text{XL-3-2-35.165}}{\text{BLV-3}\times\text{35-SC40-CLE}}$，则表示为3号动力配电箱，型号为XL-3-2型，功率为35.165kW，配电箱进线为3根，截面分别为$35mm^2$的铝芯聚氯乙烯绝缘导线，穿直径为

40mm 的钢管，沿柱子敷设。

(2) 开关及熔断器的文字标注

开关及熔断器的文字标注格式一般为 $a\ \dfrac{b}{c/i}$ 或 $a-b-c/i$。当需要标注引入线的规格时，则应标注为 $a\ \dfrac{b-c/i}{d(e\times f)-g}$。

式中 a——设备编号；

b——设备型号；

c——额定电流，A；

i——整定电流，A；

d——导线型号；

e——导线根数；

f——导线截面，mm^2；

g——导线敷设方式。

如 $Q_2\ \dfrac{HH_3\text{-}100/3}{100/80}$，则表示 2 号开关设备，型号为 HH_3 型，额定电流为 100A 的三极负荷开关，开关内熔断器所配用的熔体额定电流为 80A；若标注为 $Q_2\ \dfrac{HH_3\text{-}100/3\text{-}100/80}{BLX\text{-}3\times 35\text{-}SC40\text{-}FC}$，则表示 2 号开关设备，型号为 HH_3-100/3，额定电流为 100A 的三极负荷开关，开关内熔断器所配用的熔体额定电流为 80A，开关的进线是 3 根，截面分别为 $35mm^2$ 的铝芯橡胶绝缘线，导线穿直径为 40mm 的钢管，埋地暗敷。

又如 $Q_3\ \dfrac{DZ10\text{-}100/3}{100/60}$，表示 3 号开关设备是一型号为 DZ10-100/3 型的塑料外壳式 3 极低压空气断路器，其额定电流为 100A，脱扣器脱扣电流为 60A。

(3) 断路器的标注方法

断路器的标注格式为：

$$a/b,\ i$$

式中 a——断路器的型号；

b——断路器的极数；

i——断路器中脱扣器的额定电流，A。

例如，系统图中某断路器标注为“C65N/1P，10A”，表示该断路器型号为 C65N，单极，脱扣器的额定电流为 10A。

(4) 漏电保护器的标注方法

在建筑供配电系统中，漏电保护通常采用带漏电保护器的断路器。在系统图中的标注格式为：

$$a/b+\mathrm{vigic},i$$

式中 a——断路器的型号；

b——断路器的极数；

vigi——表示断路器带有漏电保护单元；

c——漏电保护单元的漏电动作电流，mA，装在支线为 30mA，干线或进户线为 300mA；

i——断路器中脱扣器的额定电流，A。

例如，系统图中某断路器标注为"C65N/2P＋vigi30mA，25A"，表示该断路器型号为C65N，2 极，可同时切断相线和中线，脱扣器的额定电流为 25A，漏电保护单元的漏电动作电流为 30mA。

(5) 照明变压器的文字标注

照明变压器的文字标注方式为：

$$a/b-c$$

式中　a——一次电压，V；

b——二次电压，V；

c——额定容量，V·A。

如 380/36-500 则表示该照明变压器一次额定电压为 380V，二次额定电压为 36V，其容量为 500V·A。

1.3.2.4　平面图中照明器具的标注

(1) 电光源的代号

常用的电光源有白炽灯、荧光灯、碘钨灯等，各种电光源种类的文字代号见表 1-16。

表 1-16　常用电光源种类的文字代号

序号	电光源种类	代号	序号	电光源种类	代号
1	白炽灯	IN	7	氖灯	Ne
2	荧光灯	FL	8	弧光灯	ARC
3	碘钨灯	I	9	红外线灯	IR
4	汞灯	Hg	10	紫外线灯	UV
5	钠灯	Na	11	电发光灯	EL
6	氙灯	Xe	12	发光二极管	LED

(2) 灯具的代号

常用灯具的代号见表 1-17。

表 1-17　常用灯具的代号

序号	灯具名称	代号	序号	灯具名称	代号
1	普通吊灯	P	8	工厂一般灯具	G
2	壁灯	B	9	隔爆灯	G 或专用符号
3	花灯	H	10	荧光灯	Y
4	吸顶灯	D	11	防水防尘灯	F
5	柱灯	Z	12	搪瓷伞罩灯	S
6	卤钨探照灯	L	13	无磨砂玻璃罩万能型灯	Ww
7	投光灯	T			

(3) 灯具安装方式的代号

常见灯具安装方式的代号见表 1-18。

表 1-18 灯具安装方式的代号

序号	安装方式	新代号	旧代号	序号	安装方式	新代号	旧代号
1	线吊式	CP		9	嵌入式（嵌入不可进入的顶棚）	R	R
2	自在器线吊式	CP	X	10	吸顶嵌入式（嵌入可进入的顶棚）	CR	DR
3	固定线吊式	CP1	X1	11	墙壁嵌入式	WR	BR
4	防水线吊式	CP2	X2	12	台上安装	T	T
5	吊线器式	CP3	X3	13	支架上安装	SP	J
6	链吊式	Ch(CH)	L	14	壁装式	W	B
7	管吊式	P	G	15	柱上安装	CL	Z
8	吸顶式或直附式	S 或 C	D	16	座装式	HM	ZH

(4) 平面图中照明灯具的标注格式

平面图中不同种类的灯具应分别标注，标注格式为：

$$a-b\frac{c\times d\times L}{e}f$$

式中 a——同类型灯具的数量；

b——灯具型号或编号；

c——每个灯具内电光源的数目；

d——每个光源的电功率，W；

e——灯具安装高度，（相对于楼层地面），m；

f——安装方式，参见表 1-18；

L——光源种类，参见表 1-16（光源种类，设计者一般不标出，因为灯具型号已示出光源的种类）。

例如：

① 某灯具标注为 $8\text{-Y}\,\frac{2\times 40\times \text{FL}}{3.0}\text{Ch}$，各部分的意义为：

“8-Y”表示有 8 盏荧光灯（Y），“2×40”表示每个灯盘内有两支荧光灯管，每支荧光灯管的功率为 40W，“Ch”表示安装方式为链吊式，“3.0”表示灯具安装高度为 3.0m。

② 某灯具标注为 $6\text{-S}\,\frac{1\times 100\times \text{IN}}{2.5}\text{CP}$，各部分的意义为：

表示有 6 盏白炽灯，灯具类型是搪瓷伞罩灯（S），“1×100”表示每个灯具内有一只灯，每只灯管的功率为 100W，“CP”表示安装方式为线吊式，“2.5”表示灯具安装高度为 2.5m。

③ 吸顶安装时，安装方式和安装高度就不再标注了，例如，某灯具标注为 $5\text{-DBB306}\,\frac{4\times 60\times \text{IN}}{-}\text{S}$，各部分的意义为：

5 盏型号为 DBB306 型的圆口方罩吸顶灯，每盏有 4 个白炽灯泡，每个灯泡为 60W，吸顶安装，安装高度不规定。

第2章 电气工程图基础

2.1 阅读电气工程图的基本知识

电气工程图是根据国家颁布的有关电气技术标准和通用图形符号绘制而成的。它是电气安装工程的“语言”，可以简练而直观地表明设计意图。

电气工程图种类很多，各有其特点和表达方式，各有规定画法和习惯画法，但有一些规定则是共同的，还有许多基本的规定和格式是各种图纸都应共同遵守的。

2.1.1 电气工程图的幅面与标题栏

（1）图纸的幅面

图纸的幅面是指短边和长边的尺寸。一般分为6种。即0号、1号、2号、3号、4号和5号。具体尺寸如表2-1所示。表中代号的意义如图2-1所示。

表2-1 图幅尺寸 mm

幅面代号	0	1	2	3	4	5
宽×长(B×L)	841×1189	594×841	420×594	297×420	210×297	148×210
边宽(c)	10	10	10	5	5	5
装订侧边宽(a)	25	25	25	25	25	25

当图纸不需装订时，图纸的四个边宽尺寸均相同，即a和c一样。

（2）标题栏

用以标注图样名称、图号、比例、张次、日期及有关人员签署等内容的栏目，称为标题栏。标题栏的位置一般在图纸的右下方。标题栏中的文字方向为看图的方向。图2-2为图纸标题栏示例，其格式目前我国还没有统一规定。

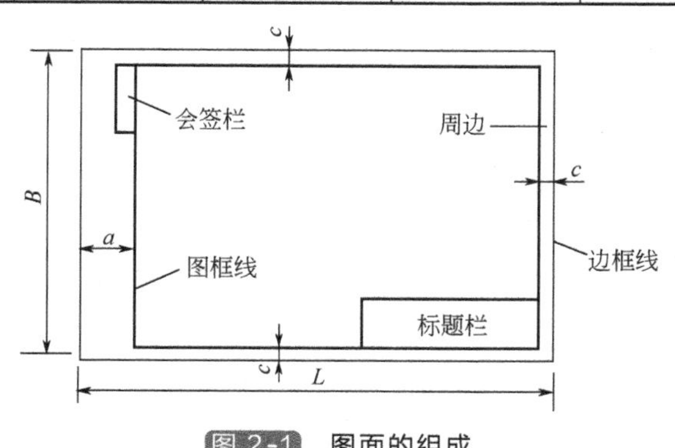

图2-1 图面的组成

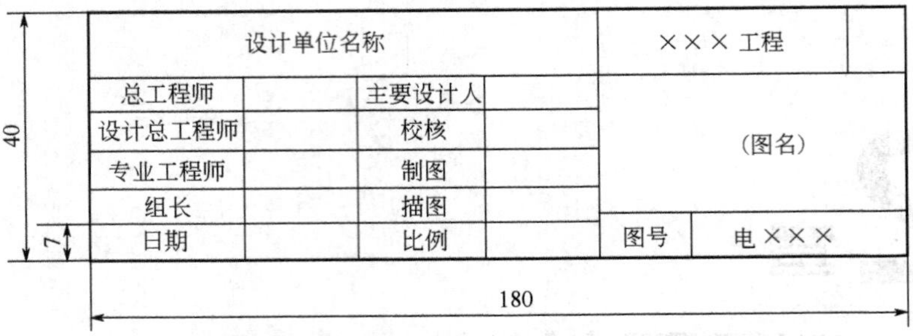

设计单位名称				×××工程	
总工程师		主要设计人		(图名)	
设计总工程师		校核			
专业工程师		制图			
组长		描图			
日期		比例		图号	电×××

40 7 180

图 2-2 标题栏格式（单位：mm）

2.1.2 电气工程图的比例、字体与图线

(1) 比例

比例即工程图样中的图形与实物对应线性尺寸之比。大部分电气工程图不是按比例绘制的，只有某些位置图按比例绘制或部分按比例绘制。常用的比例一般有 1∶10，1∶20，1∶50，1∶100，1∶200，1∶500。

(2) 字体

工程图纸中的各种字，如汉字、字母和数字等，要求字体端正、笔画清楚、排列整齐、间隔均匀，以保证图样的规定性和通用性。汉字应写成长仿宋体，并采用国家正式公布的简化字。字母和数字可以用正体，也可以用斜体。字体的高度（单位为 mm）分为 20、14、10、7、5、3.5 等几种，字体的宽度约等于字体高度的三分之二。

(3) 图线

绘制电气工程图所用的各种线条统称为图线。工程图纸中采用不同的线型、不同的线宽来表示不同的内容。电气工程图样中常用的图纸名称、图线形式和用途见表 2-2。

表 2-2 图线形式及应用举例

序号	名称	代号	形式	宽度	应用举例
1	粗实线	A	————	b	简图主要用线、可见轮廓线、可见过渡线、可见导线、图框线等
2	中实线[①]		————	约 $b/2$	土建平、立面图上门、窗等的外轮廓线
3	细实线	B	————	约 $b/3$	尺寸线、尺寸界线、剖面线、分界线、范围线、辅助线、弯折线、指引线等
4	波浪线	C	～～	约 $b/3$	未全画出的折断界线、中断线、局部剖视图或局部放大图的边界线等
5	双折线(折断线)	D	—\/—	约 $b/3$	被断开部分的边界线
6	虚线	F	----------	约 $b/3$	不可见轮廓线、不可见过渡线、不可见导线、计划扩展内容用线、地下管道(粗虚线 b)、屏蔽线

续表

序号	名称	代号	形式	宽度	应用举例
7	细点画线	G	———-———	约 $b/3$	物体(建筑物、构筑物)的中心线、对称线、回转体轴线、分界线、结构围框线、功能围框线、分组围框线
8	粗点画线	J	———-———	b	表面的表示线、平面图中大型构件的轴线位置线、起重机轨道、有特殊要求的线
9	双点画线	K	———-·-———	约 $b/3$	运动零件在极限或中间位置时的轮廓线、辅助用零件的轮廓线及其剖面线、剖视图中被剖去的前面部分的假想投影轮廓线、中断线、辅助围框线

① 中实线非国家标准规定，因绘图时需要而列此项。

2.1.3　方位、安装标高与定位轴线

(1) 方位

电气工程图一般按上北下南、左西右东来表示建筑物和设备的位置和朝向。但在许多情况下都是用方位标记表示。方位标记如图 2-3 所示，其箭头方向表示正北方向（N）。

(2) 安装标高

电气工程图中用标高来表示电气设备和线路的安装高度。标高有绝对标高和相对标高两种表示方法，其中绝对标高又称为海拔；相对标高是以某一平面作为参考面（零点）而确定的高度。建筑工程图样一般以室外地平面为±0.00mm。

在电气工程图上有时还标有另一种标高，即敷设标高，它是电气设备或线路安装敷设位置与该层地坪或楼面的高差。

(3) 定位轴线

建筑电气工程图通常是在建筑物断面上完成的。而建筑平面图中，建筑物都标有定位轴线。凡承重墙、柱子、大梁或屋架等主要承重构件，都应画出定位轴线并对轴线编号确定其位置。定位轴线编号的原则是：在水平方向采用阿拉伯数字，由左向右注写；在垂直方向上采用汉语拼音字母由下向上注写，但其中字母 I、Z、O 不得用作轴线编号，以免与阿拉伯数字 1、2、0 混淆。数字和字母用点画线引出，通过定位轴线可以很方便地找到电气设备和其他设备的具体安装位置。图 2-4 所示为定位轴线的标注方法。

图 2-3　方位标记

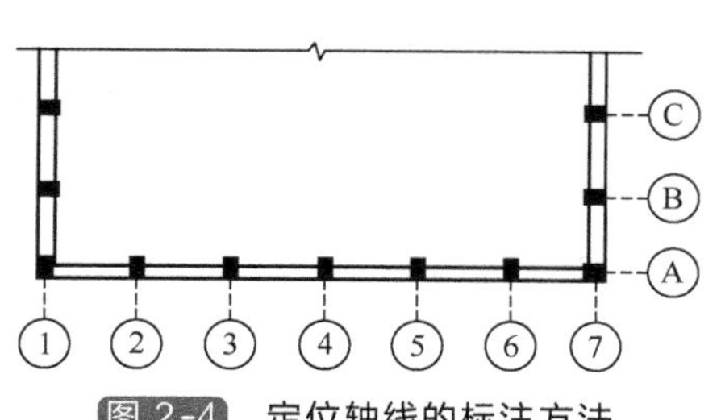

图 2-4　定位轴线的标注方法

2.1.4 图幅分区与详图

(1) 图幅分区

电气图上的内容有时是很多的，对于幅面大且内容复杂的图，需要分区，以便在读图时能很快找到相应的部分。图幅分区的方法是将相互垂直的两边框分别等分，分区的数量视图的复杂程度而定，但要求必须为偶数，每一分区的长度一般为 25～75mm。分区线用细实线。每个分区内，竖边方向分区代号用大写拉丁字母和数字表示，字母在前，数字在后，如 B4、C5 等。图 2-5为图幅分区示例。

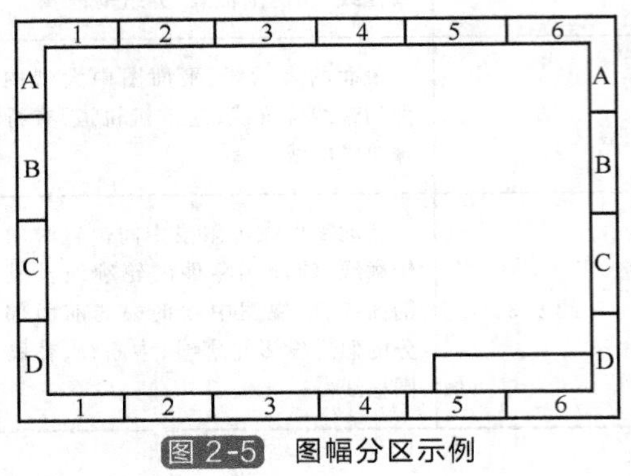

图 2-5 图幅分区示例

(2) 详图

电气设备中某些零部件、连接点等的结构、做法、安装工艺要求无法表达清楚时，通常将这些部分用较大的比例放大画出，称为详图。详图可以画在同一张图纸上。也可以画在另一张图纸上。为便于查找，应用索引符号和详图符号来反应基本图与详图之间的对应关系，如表 2-3 所示。

表 2-3 详图的标示方法

图例	示意	图例	示意
$\frac{2}{-}$	2 号详图与总图画在一张图上	$\frac{5}{2}$	5 号详图被索引在第 2 号图样上
$\frac{2}{3}$	2 号详图画在第 3 号图样上	D××× $\frac{4}{6}$	图集代号为 D×××,详图编号为 4,详图所在图集页码编号为 6
5	5 号详图被索引在本张图样上	D××× $\frac{8}{-}$	图集代号为 D×××,详图编号为 8,详图在本页(张)上

2.1.5 指引线的画法

电气图中的指引线（用来注释某一元器件或某一部分的指向线），用细实线表示，指向被标注处，且根据其末端不同，加注不同标记，图 2-6 列举了三种指引线的画法。如指引线末端在轮廓线以内时，用一黑点表示，如图 2-6(a) 所示；如指引线末端在轮廓线上时，用

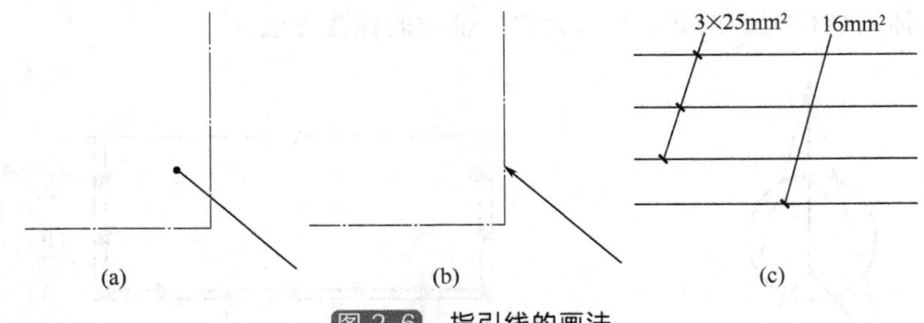

图 2-6 指引线的画法

(a) 指引线末端在轮廓线以内；(b) 指引线末端在轮廓线以上；

(c) 指引线末端在回路线以上

一实心箭头表示，如图 2-6(b) 所示；如指引线末端在电路线上时，用一短线表示，如图 2-6(c)所示，图中导线分别为 $16mm^2$ 和 $3\times25mm^2$。

2.1.6　尺寸标注的规定

按国家标准规定，标准的汉字、数字和字母，都必须做到“字体端正、笔画清楚、排列整齐、间隔均匀”。汉字应写成长仿宋体，并应采用国家正式公布的简化字。数字通常采用正体。字母有大写、小写和正体、斜体之分。

标注尺寸时，一般需要有尺寸线、尺寸界线、尺寸起止点的箭头或 45°短斜线（又称短画线）、尺寸数字和尺寸单位几部分。尺寸线、尺寸界线一般用细实线表示。尺寸箭头一般用实心箭头表示，建筑图中则常用 45°短斜线表示。尺寸数字一般标注在尺寸线的上方或中断处。尺寸单位可用其名称或代号表示，工程图上除标高尺寸、总平面图和一些特大构件的尺寸单位一般以米（m）为单位外，其余尺寸一般以毫米（mm）为单位。凡是尺寸单位为 mm 的尺寸，不必注明尺寸单位，采用其他单位的尺寸，必须注明尺寸单位。在一张图中每一尺寸一般只标注一次（建筑电气图上允许注重复尺寸）。尺寸标注实例如图 2-7 和图 2-8 所示。

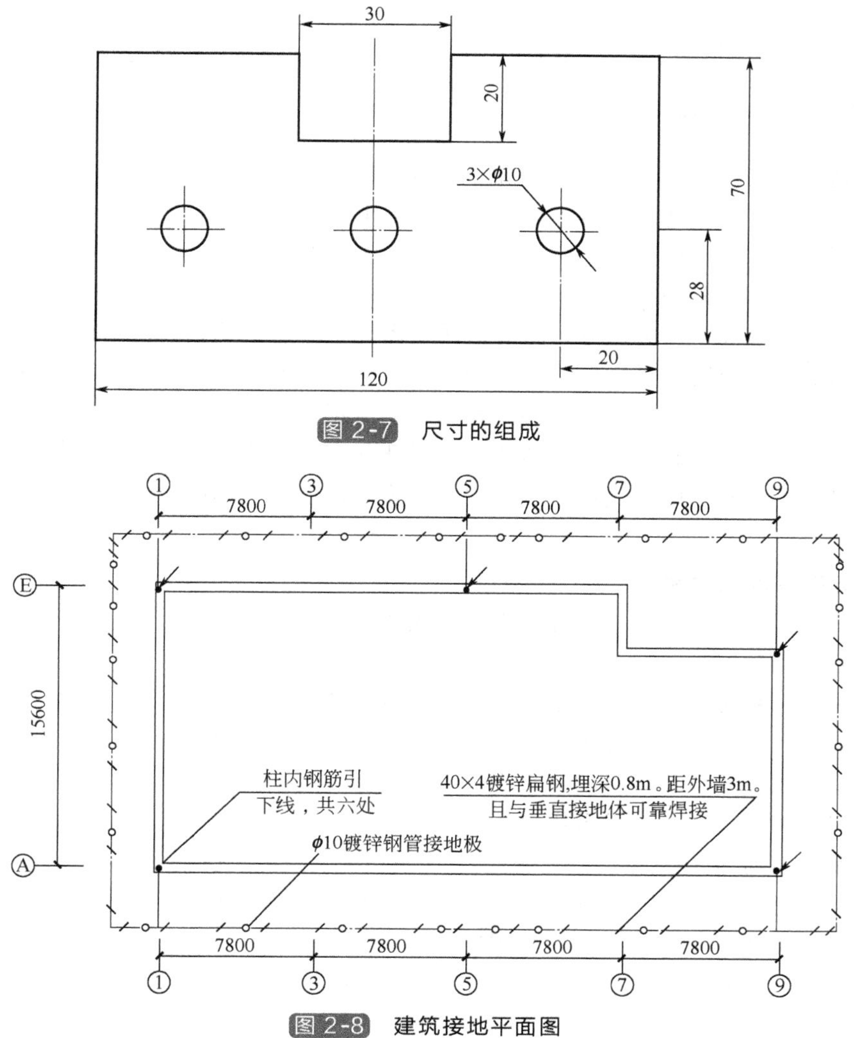

图 2-7　尺寸的组成

图 2-8　建筑接地平面图

2.2 常用电气工程图的类型

2.2.1 电路的分类

电路通常可按以下方法分类：

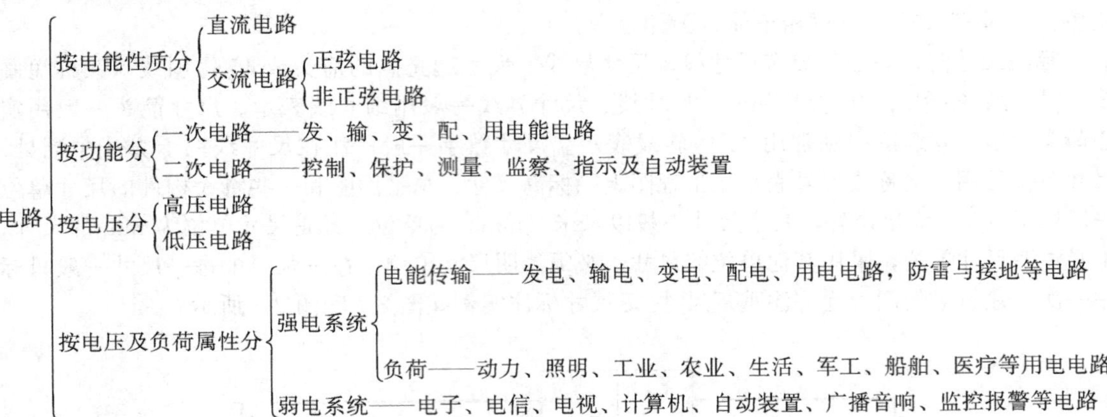

2.2.2 常用电气图的分类

电气图是电气工程中各部门进行沟通、交流信息的载体，由于电气图所表达的对象不同，提供信息的类型及表达方式也不同，这样就使电气图具有多样性。同一套电气设备，可以有不同类型的电气图，以适应不同使用对象的要求。对于供配电设备来说，主要电气图是指一次回路和二次回路的电路图。但要表示清楚一项电气工程或一种电气设备的功能、用途、工作原理、安装和使用方法等，光有这两种图是不够的，例如，表示系统的规模、整体方案、组成情况、主要特性需用概略图；表示系统的工作原理、工作流程和分析电路特性需用电路图；表示元件之间的关系、连接方式和特点需用接线图。在数字电路中，由于各种数字集成电路的应用，使电路能实现逻辑功能，因此就有反映集成电路逻辑功能的逻辑图。

根据各电气图所表示的电气设备、工程内容及表达形式的不同，电气图通常可分为以下类型。

2.2.2.1 按表达方式分类

按表达方式的不同，电气图可分为以下两大类：

(1) 概略类型的图

概略图是表示系统、分系统、装置、部件、设备软件中各项目之间的主要关系和连接的相对简单的简图。它是体现设计人员对某一电气项目的初步构思、设想，用以表示理论和理想的电路。概略图并不涉及具体的实现方式，主要有系统图和框图、功能图、功能表图、等效电路、逻辑图和程序图，通常采用单线表示法。

(2) 详细类型的图

详细类型的电气图是将概略图具体化，将设计理论、思路转变成实施电气技术的文件。主要有电路图、接线图或接线表、位置图等。

以上两类电气图是从各种图的功能及其产生顺序来划分的，是整个项目整体中的不同部分。

2.2.2.2　电气图的常用分类

• 按电能性质分，可分为交流系统图和直流系统图。

• 按表达内容分，可分为一次电路图、二次电路图、建筑电气安装图和电子电路图等。

• 按表达的设备分，可分为机床电气控制电路图、电梯电气电路图、汽车电路图、空调控制系统电路图、电信系统图、电脑系统图、广播音响系统图、电视系统图及电机绕组连接图等。

• 按表达形式和使用场合分，电气图可分为以下几种。

（1）系统图或框图

系统图或框图就是用符号或带注释的框概略表示系统或分系统的基本组成、相互关系及其主要特征的一种简图。它通常是某一系统、某一装置或某一成套设计图中的第一张图样。

（2）电路图

电路图又称为电气原理图或原理接线图，是表示系统、分系统、装置、部件、设备、软件等实际电路的简图。按照所表达电路的不同，电路图又可分为一次电路图和二次电路图。按照用途的不同，二次电路图又可分为原理图、位置图及接线图。

（3）接线图或接线表

接线图或接线表是表示成套装置、设备或装置的连接关系的简图或表格，用于进行设备的装配、安装和检查、试验、维修。

接线图（表）可分为以下 4 种：

① 单元接线图或接线表。它是表示成套装置或设备中一个结构单元内部的连接关系的接线图或接线表。“结构单元”一般是指可独立运行的组件或某种组合体，如电动机、继电器、接触器等。

② 互连接线图或接线表。它是表示成套装置或设备不同单元之间连接的接线图或接线表。其元件和连接线应绘制在同一平面上。

③ 端子接线图或接线表。它表示成套装置或设备的端子以及接在端子上的外部接线（必要时包括内部接线）的一种接线图或接线表。

④ 电缆接线图或接线表。它是提供设备或装置的结构单元之间铺设电缆所需的全部信息，必要时还应包括电缆路径等信息的一种接线图或接线表。

（4）设备元件表（或称主要电气设备明细表）

它是把成套装置、设备和装置中各个组成部分的代号、名称、型号、规格和数量等列成的表格。它一般不单独列出，而列在相应的电路图中。在一次电气图中，各设备项目自上而下依次编号列出，二次电气图中则紧接标题栏自下而上依次编号列出。

（5）位置简图或位置图

它是表示成套装置、设备或装置中各个项目的布置、安装位置的图。其中，位置简图一般用图形符号绘制，用来表示某一区域或某一建筑物内电气设备、元器件或装置的位置及其连接布线；而位置图是用正投影法绘制的图，它表达设备、装置或元器件在平面、立面、断面、剖面上的实际位置、布置及尺寸。为了表达清晰，有时还要画出大样图（比例为 1∶2、1∶5、1∶10 等）。

（6）功能图

功能图是表示理论的或理想的电路，而不涉及具体实现方法的图，用以作为提供绘制电路图等有关图的依据。

(7) 功能表图

它是表示控制系统（如一个供电过程或生产过程的控制系统）的作用和状态的图。它往往采用图形符号和文字叙述相结合的表示方法，用以全面表达控制系统的控制过程、功能和特性，但并不表达具体实施过程。

(8) 等效电路

它是表示理论的或理想的元件（如电阻、电感、电容、阻抗等）及其连接关系的一种功能图，供分析和计算电路特性、状态用。

(9) 逻辑图

它是一种主要用二进制逻辑（“与”、“或”、“异或”等）单元图形符号绘制的一种简图。一般的数字电路图属于这种图。只表示功能而不涉及实现方法的逻辑图，称为纯逻辑图。

(10) 程序图

它是一种详细表示程序单元和程序片及其互相连接关系的简图，而要素和模块的布置应能清楚地表示出其相互关系，目的是便于对程序运行的理解。

(11) 数据单

它是对特定项目给出详细信息的资料。列出其工作参数，供调试、检测、使用和维修之用。数据单一般都列在相应的电路图中而不单列。

以上是电气图的基本分类。因表达对象的不同，目的、用途、要求的差异，所需要设计、提供的图样种类和数量往往相差很多。在表达清楚、满足要求的前提下，图样越少越简练越好。

2.2.3 电气工程的项目与电气工程图的分类

电气工程一般是指某一工程（如工厂、高层建筑、居住区、院校、商住楼、宾馆饭店、仓库、广场及其他设施）的供电、配电、用电工程。

表达电气工程的电气图即称电气工程图。按电气工程的项目不同，可分为不同的电气工程图。

(1) 电气工程的主要项目

① 变配电工程　由变配电所、变压器及一整套变配电电气设备、防雷接地装置等组成。

② 发电工程　包括自备发电站及其附属设备设施。

③ 外线工程　包括架空线路、电缆线路等室外电源的供电线路。

④ 内线工程　包括室内、车间内的动力、照明线路及其他电气线路。

⑤ 动力工程　包括各种机床、起重机、水泵、空调、锅炉、消防等用电设备及其动力配电箱、配电线路等。

⑥ 照明工程　包括各类照明的配电系统、管线、开关、各种照明灯具、电光源、电扇、插座及其照明配电箱等。

⑦ 弱电工程　包括电话通信、电传等各种电信设备系统，电脑管理与监控系统，保安防火、防盗报警系统，共用天线电视接收系统，闭路电视系统，卫星电视接收系统，电视监控系统，广播音响系统等。

⑧ 电梯的配置和选型　包括确定电梯的功能、台数及供电管线等。

⑨ 空调系统与给排水系统工程　包括供电方案、配电管线和选择相应的电气设备。

⑩ 防雷接地工程　包括避雷针、避雷线、避雷网、避雷带和接地体、接地线及其附属零配件等。

⑪ 其他　如锅炉房、洗手间、室内外装饰广告及景观照明、洗衣房、电气炊具等。

（2）电气工程图的分类

按电气工程的不同项目，电气工程图一般由以下几类图样所组成：

① 首页　首页相当于整个电气工程项目的总的概要说明。它主要包括该电气工程项目的图样目录、图例、设备明细表及设计说明、施工说明等。图样目录按类别顺序列出；图例只标明该项目中所用的特殊图形符号，凡国家标准所统一规定的不用标出；设备明细表列出该项目主要电气设备元件的文字代号、名称、型号、规格、数量等，供读图及订货时参考；设计或施工说明主要表述该项目设计或施工的依据、基本指导思想与原则，用以补充图样中没有阐明的项目特点、分期建设、安装方法、工艺要求、特殊设备的使用方法及使用与维护注意事项等。

② 电气总平面图　电气总平面图是在建筑总平面图上表示电源及电力负荷分布的图样，主要表示各建筑物的名称和用途、电路负荷的装机容量、电气线路的走向及变配电装置的位置、容量和电源进户的方向等。通过电气总平面图可了解该项工程的概况，掌握电气负荷的分布及电源装置等。一般大型工程都有电气总平面图，中小型工程则由动力平面图或照明平面图代替。

③ 电气系统图　用以表达整个电气工程或其中某一局部工程的供配电方案、方式，一般指一次电路图或主接线图。电气系统图是用单线图表示电能或电信号按回路分配出去的图样，主要表示各个回路的名称、用途、容量以及主要电气设备、开关元件及导线电缆的规格型号等。通过电气系统图可以知道该系统的回路个数及主要用电设备的容量、控制方式等。建筑电气工程中系统图用的很多，动力、照明、变配电装置、通信广播、电缆电视、火灾报警、防盗保安、微机监控、自动化仪表等都要用到系统图。

④ 电气设备平面图　电气设备平面图是在建筑物的平面图上标出电气设备、元件、管线实际布置的图样，主要表示其安装位置、安装方式、规格型号数量及接地网等。通过平面图可以知道每幢建筑物及其各个不同的标高上装设的电气设备、元件及其管线等。建筑电气平面图用的很多，动力、照明、变配电装置、各种机房、通信广播、电缆电视、火灾报警、防盗保安、微机监控、自动化仪表、架空线路、电缆线路及防雷接地等都要用到平面图。

⑤ 控制原理图　控制原理图是单独用来表示电气设备及元件控制方式及其控制线路的图样，主要表示电气设备及元件的启动、保护、信号、联锁、自动控制及测量等。通过控制原理图可以知道各设备元件的工作原理、控制方式，掌握电气设备的功能实现的方法等。控制原理图用的很多，动力、变配电装置、火灾报警、防盗保安、微机控制、自动化仪表、电梯等都要用到控制原理图，较复杂的照明及声光系统也要用到控制原理图。

⑥ 二次接线图（接线图）　二次接线图是与控制原理图配套的图样，用来表示设备元件外部接线以及设备元件之间接线的。通过接线图可以知道系统控制的接线及控制电缆、控制线的走向及布置等。动力、变配电装置、火灾报警、防盗保安、微机监控、自动化仪表、电梯等都要用到接线图。一些简单的控制系统一般没有接线图。

⑦ 大样图　大样图一般是用来表示某一具体部位或某一设备元件的结构或具体安装方法的，通过大样图可以了解该项工程的复杂程度。一般非标的控制柜、箱，检测元件和架空线路的安装等都要用到大样图，大样图通常均采用标准通用图集。其中剖面图也是大样图的一种。

⑧ 订货图　用于重要设备（如发电机、变压器、高压开关柜、低压配电屏、继电保护屏及箱式变电站等）向制造厂的订货。通常要详细画出并说明该设备的型号规格、使用环

境、与其他有关设备的相互安装位置等，如变配电所的电气主接线图、高压开关柜安装图、低压配电屏安装图、变压器安装图等。

⑨ 电缆清册　电缆清册是用表格的形式表示该系统中电源的规格、型号、数量、走向、敷设方法、头尾接线部位等内容的，一般使用电缆较多的工程均有电缆清册，简单的工程通常没有电缆清册。

⑩ 图例　图例是用表格的形式列出该系统中使用的图形符号或文字符号的，目的是使读图者容易读懂图样。

⑪ 设备材料表　设备材料表一般都要列出系统主要设备及主要材料的规格、型号、数量、具体要求或产地。但是表中的数量一般只作为概算估计数，不作为设备和材料的供货依据。

⑫ 设计说明　设计说明主要标注图中交代不清或没有必要用图表示的要求、标准、规范等。

上述图样类别具体到工程上则按工程的规模大小、难易程度等原因有所不同，其中系统图、平面图、原理图是必不可少的，也是读图的重点，是掌握工程进度、质量、投资及编制施工组织设计和预决算书的主要依据。

2.2.4　系统图与框图

系统图或框图就是用符号或带注释的框概略表示系统或分系统的基本组成、相互关系及其主要特征的一种简图。它通常是某一系统、某一装置或某一成套设计图中的第一张图样。系统图或框图可分为不同层次绘制，可参照绘图对象逐级分解来划分层次。它还可以作为教学、训练、操作和维修的基础文件，使人们对系统、装置、设备等有一个概略的了解，为进一步编制详细的技术文件以及绘制电路图、接线图和逻辑图等提供依据，也为进行相关计算、选择导线和电气设备等提供重要依据。

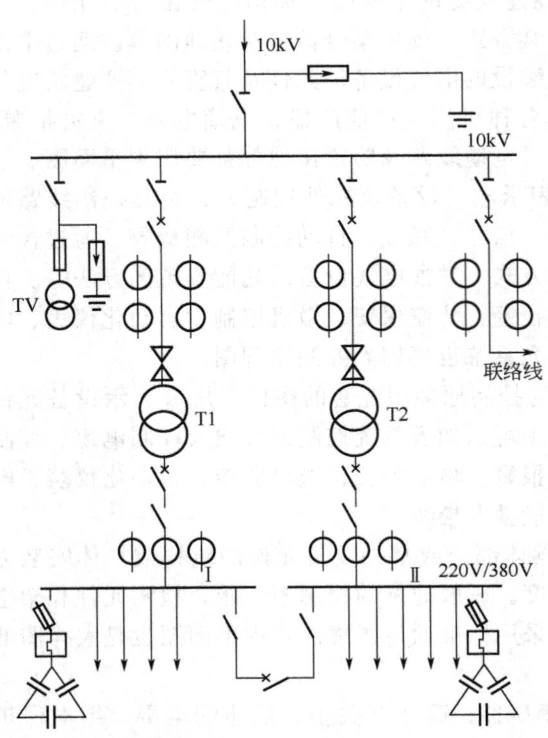

图 2-9　某工厂的供电系统图

电气系统图和框图原则上没有区别。在实际使用时，电气系统图通常用于系统或成套装置，框图则用于分系统或设备。系统图或框图布局采用功能布局法，能清楚地表达过程和信息的流向。

图 2-9 是某工厂的供电系统图。其10kV 电源取自区域变电所，经两台降压变压器降压后，供各车间等负荷用电。该图表示了这些组成部分（如断路器、隔离器、熔断器、变压器、电流互感器等）的相互关系、主要特征和功能，但各部分都只是简略表示，对每一部分的具体结构、型号规格、连接方法和安装位置等并未详细表示。

对于较为复杂的电子设备，除了电路原理图之外，往往还会用到电路框图。图 2-10 是被动式红外线报警器的原理框图。该报警器利用热释红外线传感器（该传感器对人体辐射的红外信号非常敏感）再配上一个菲涅耳透镜作为探头，对人体辐射的红外线信号进行检测。当有人从探头前经过时，探头会检测到人体辐射的红外线信号，该信号经过电子线路放大、处理后，驱动报警电路发出报警信号。

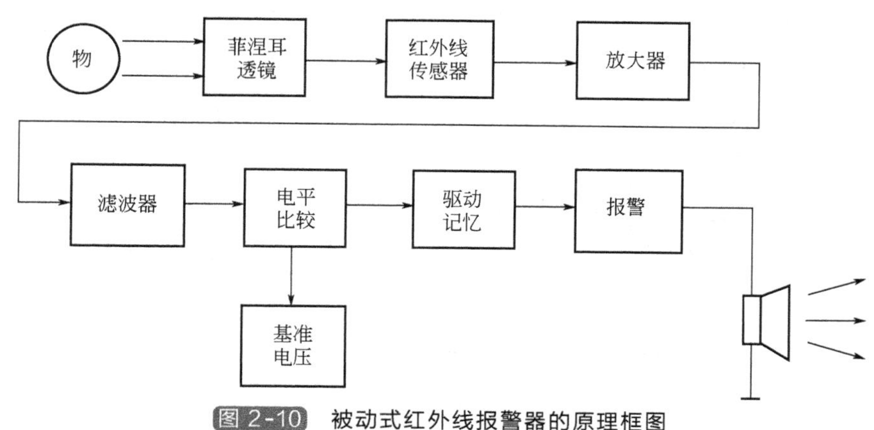

图 2-10　被动式红外线报警器的原理框图

电路框图和电路原理图相比，包含的电路信息比较少。实际应用中，根据电路框图是无法弄清楚电子设备的具体电路的，它只能作为分析复杂电子设备电路的辅助手段。

2.2.5　电路图

电路图以电路的工作原理及阅读和分析电路方便为原则，用国家统一规定的电气图形符号和文字符号，按工作顺序将图形符号从上而下、从左到右排列，详细表示电路、设备或成套装置的工作原理、基本组成和连接关系。电路图是表示电流从电源到负载的传送情况和电气元件的工作原理，而不考虑其实际位置的一种简图。其目的是便于详细理解设备工作原理，为编制接线图、安装和维修提供依据，所以这种图又称为电气原理图或原理接线图，简称原理图。

电路图在绘制时应注意设备和元件的表示方法。在电路图中，设备和元件采用符号表示，并应以适当形式标注其代号、名称、型号、规格等，应注意设备和元件的工作状态。设备和元件的可动部分通常应表示其在非激励或不工作时的状态或位置。符号的布置原则为：驱动部分和被驱动部分之间采用机械连接的设备和元件（例如接触器的线圈、主触头、辅助触头），以及同一个设备的多个元件（例如转换开关的各对触头）可在图上采用集中、半集中或分开布置。

控制原理图是单独用来表示电气设备及元件控制方式及其控制线路的图样，主要表示电气设备及元件的启动、保护、信号、联锁、自动控制及测量等。通过控制原理图可以知道各设备元件的工作原理、控制方式等。交流接触器控制三相异步电动机启动、停止电路原理图如图 2-11(a) 所示，该图表示了系统的供电和控制关系。

2.2.6　位置图与电气设备平面图

(1) 位置图（布置图）

位置图是指用正投影法绘制的图。位置图是表示成套装置和设备中各个项目的布局、安装位置的图。位置图一般用图形符号绘制。

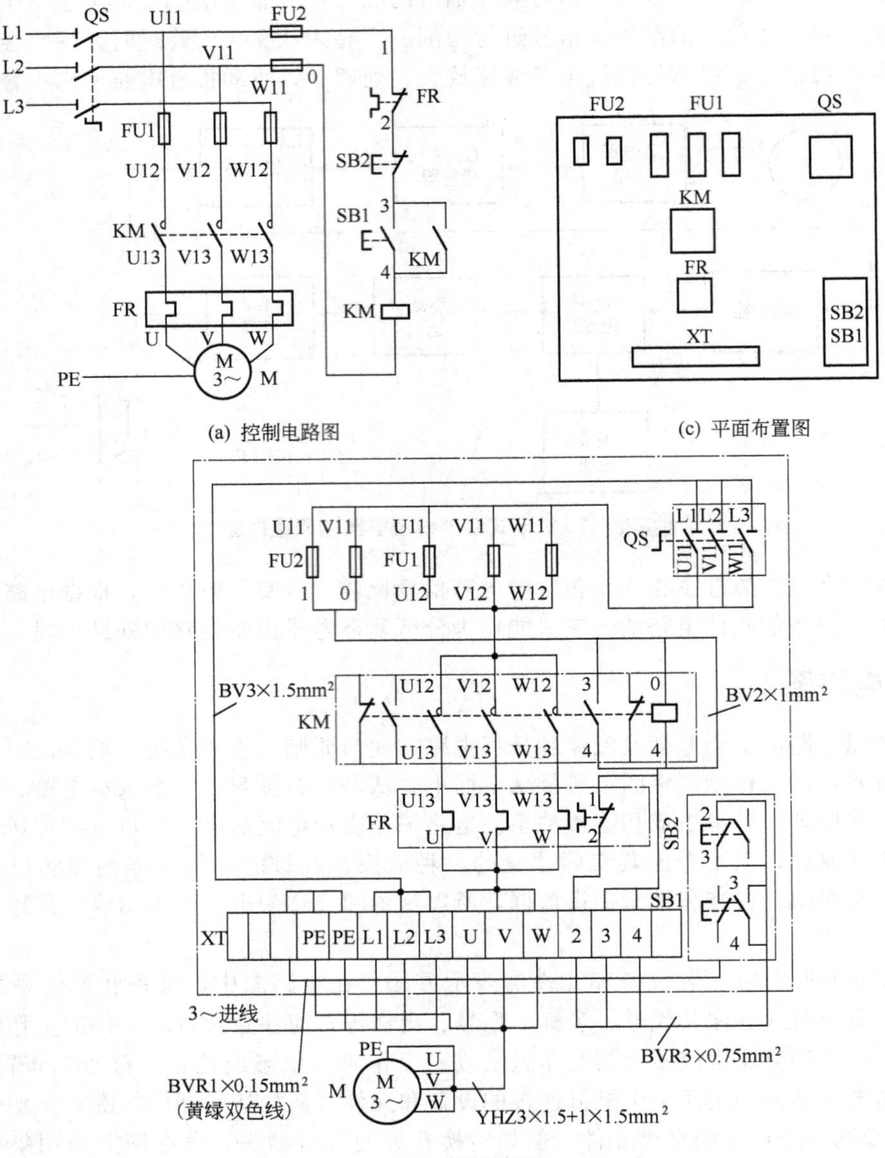

(a) 控制电路图

(c) 平面布置图

(b) 安装接线图

图2-11 具有过载保护的三相异步电动机控制线路

(2) 电气设备平面图

电气设备平面图是在建筑物的平面图上标出电气设备、元件、管线实际布置的图样，主要表示其安装位置、安装方式、规格型号数量及接地网等。通过平面图可以知道每幢建筑物及其各个不同的标高上装设的电气设备、元件及其管线等。建筑电气平面图用的很多，动力、照明、变配电装置、各种机房、通信广播、电缆电视、火灾报警、防盗保安、微机监控、自动化仪表、架空线路、电缆线路及防雷接地等都要用到平面图。

电气总平面图是在建筑总平面图上表示电源及电力负荷分布的图样，主要表示各建筑物名称和用途、电路负荷的装机容量、电气线路的走向及变配电装置的位置、容量和电源进户的方向等。通过电气总平面图可了解该项工程的概况，掌握电气负荷的分布及电源装置等。

一般大型工程都有电气总平面图，中小型工程则由动力平面图或照明平面图代替。

电气平面图是表示电器工程项目的电气设备、装置和线路的平面布置图，例如为了表示电动机及其控制设备的具体平面布置，可采用图 2-11(b) 所示的平面布置图。图中示出了交流接触器控制三相异步电动机启动、停止电路中开关、熔断器、接触器、热继电器、接线端子等的具体平面布置。

2.2.7 接线图

接线图（或接线表）是表示成套装置、设备、电气元件之间及其外部其他装置之间的连接关系，用以进行安装接线、检查、试验与维修的一种简图或表格，称为接线图或接线表。

图 2-11(c) 是交流接触器控制三相异步电动机启动、停止电路接线图，它清楚地表示了各元件之间的实际位置和连接关系：电源（L1、L2、L3）接至端子排 XT，然后通过熔断器 FU1 接至交流接触器 KM 的主触点，再经过继电器的发热元件接到端子排 XT，最后用导线接入电动机的 U、V、W 端子。

（1）接线图的特点

① 电气接线图只标明电气设备和控制元件之间的相互连接线路，而不标明电气设备和控制元件的动作原理。

② 电气接线图中的控制元件位置要依据它所在实际位置绘制。

③ 电气接线图中各电气设备和控制要按照国家标准规定的电气图形符号绘制。

④ 电气接线图中的各电气设备和控制元件，其具体型号可标在每个控制元件图形旁边，或者画表格说明。

⑤ 实际电气设备和控制元件结构都很复杂，画接线图时，只画出接线部件的电气图形符号。

（2）其他接线图

当一个装置比较复杂时，接线图又可分解为以下四种。

① 单元接线图。它是表示成套装置或设备中一个单元内各元件之间的连接关系的一种接线图。这里“单元”是指在各种情况下可独立运行的组件或某种组合体，如电动机、开关柜等。

② 互连接线图。它是表示成套装置或设备的不同单元之间连接关系的一种接线图。

③ 端子接线图。它是表示成套装置或设备的端子以及接在端子上的外部接线（必要时包括内部接线）的一种接线图。

④ 电线电缆配置图。它是表示电线电缆两端位置的一种接线图，必要时还包括电线电缆功能、特性和路径等信息。

2.2.8 逻辑图

逻辑图是用二进制逻辑单元图形符号绘制的、以实现一定逻辑功能的一种简图。它分为理论逻辑图（纯逻辑图）和工程逻辑图（详细逻辑图）两类。理论逻辑图以二进制逻辑单元，如各种门电路、触发器、计数器、译码器等的逻辑符号绘制，用以表达系统的逻辑功能、连接关系和工作原理等，一般不涉及实现逻辑功能的实际器件。工程逻辑图则不仅要求具备理论逻辑图的内容，而且要求确定实现相应逻辑功能的实际器件和工程化的内容，例如数字电路器件的型号、多余输入输出端的处理、未用单元的处理及电阻器、电容器等其他非数字电路元器件的型号及参数等。总之，理论逻辑图只表示功能而不涉及实现的方法，因此是一种功能图。工程逻辑图不仅表示功能，而且有具体的实现方法，因此是一种电路图。

二进制逻辑单元图形符号由方框、限定符号及使用时附加的输入线、输出线等组成，部分常用的二进制逻辑符号见表 2-4。

表 2-4 部分常用的二进制逻辑符号

名称	逻辑符号	逻辑式	逻辑规律
与门	A, B — & — Y	$Y=A\cdot B$	全 1 出 1，有 0 出 0
或门	A, B — ≥1 — Y	$Y=A+B$	全 0 出 0，有 1 出 1
非门	A — 1 —o Y	$Y=\overline{A}$	入 0 出 1，入 1 出 0
与非门	A, B — & —o Y	$Y=\overline{A\cdot B}$	全 1 出 0，有 0 出 1
或非门	A, B — ≥1 —o Y	$Y=\overline{A+B}$	全 0 出 1，有 1 出 0
与或非门	A, B — & ; C, D — & ; ≥1 —o Y	$Y=\overline{AB+CD}$	某组全 1 出 0，各组均有 0 出 1
异或门	A, B — =1 —o Y	$Y=\overline{A}B+A\overline{B}$	入异出 1，入同出 0

图 2-12 是过负荷保护逻辑图。d59 用于整定是否送出过负荷信号 F16，d59 为“on”时，送出 F16 信号；为“off”时，关闭该信号，而 H83 用于整定是否送出负荷信号给跳闸回路、信号回路和重合闸闭锁，防止因过负荷动作跳闸后的重合闸操作。一旦过负荷保护作用于跳闸回路，同时给出闭锁重合闸操作（即发生过负荷保护）而跳闸时，就不允许重合闸。

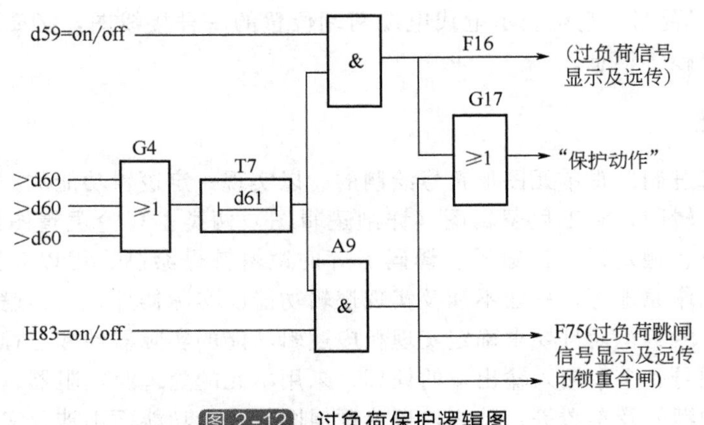

图 2-12 过负荷保护逻辑图

2.3　绘制电路图的一般原则

2.3.1　连接线的表示法

连接线在电气图中使用最多，用来表示连接线或导线的图线应为直线，且应使交叉和折弯最小。图线可以水平布置，也可以垂直布置。只有当需要把元件连接成对称的格局时，才可采用斜交叉线。连接线应采用实线，看不见的或计划扩展的内容用虚线。

（1）中断线

为了图面清晰，当连接线需要穿越图形稠密区域时，可以中断，但应在中断处加注相应的标记，以便迅速查到中断点。中断点可用相同文字标注，也可以按图幅分区标记。对于连接到另一张图纸上的连接线，应在中断处注明图号、张次、图幅分区代号等。如图 2-13 和图 2-14 所示。

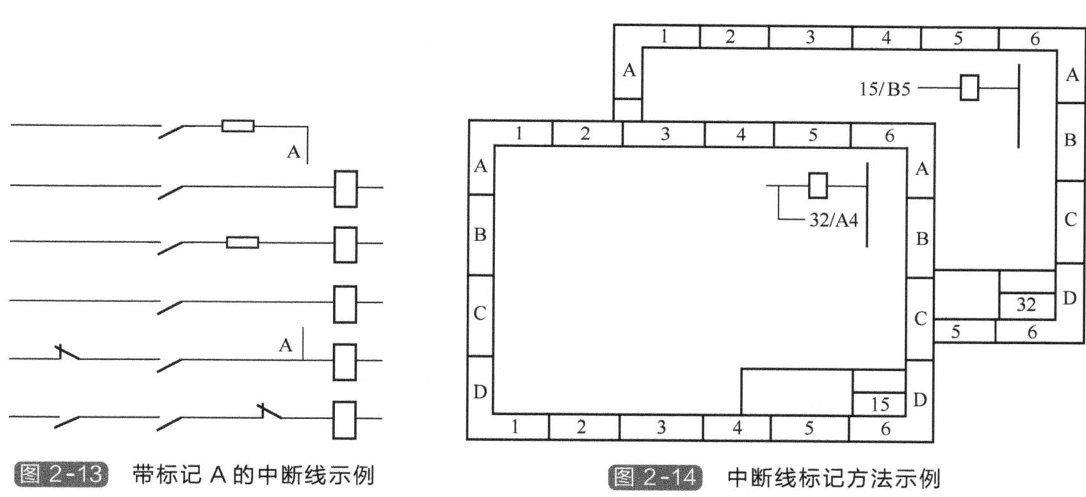

图 2-13　带标记 A 的中断线示例

图 2-14　中断线标记方法示例

（2）单线表示法

当简图中出现多条平行连接线时，为了使图面保持清晰，绘图时可用单线表示法。单线表示法具体应用如下：

① 在一组导线中，如导线两端处于不同位置时，应在导线两端实际位置标以相同的标记，可避免交叉线太多，如图 2-15 所示。

② 当多根导线汇入用单线表示的线组时，汇接处应用斜线表示，斜线的方向应能使看图者易于识别导线汇入或离开线组的方向，并且每根导线的两端要标注相同的标记，如图 2-16所示。

③ 用单线表示多根导线时，如果有时还要表示出导线根数，可用图 2-17 所示的表示方法。

2.3.2　项目的表示法

项目是指在图上通常用一个图形符号表示的基本件、部件、组件、功能单元、设备、系统等。项目表示法主要分为集中表示法、半集中表示法和分开表示法。

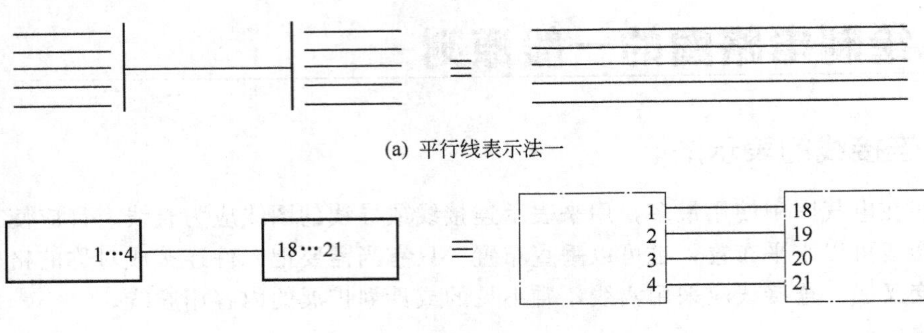

(a) 平行线表示法一

(b) 平行线表示法二

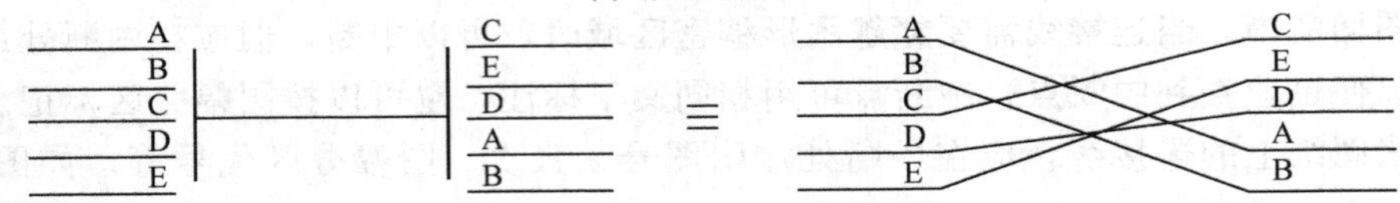

(c) 交叉线表示法

图 2-15 单线表示法示例

图 2-16 导线汇入线组的单线表示法

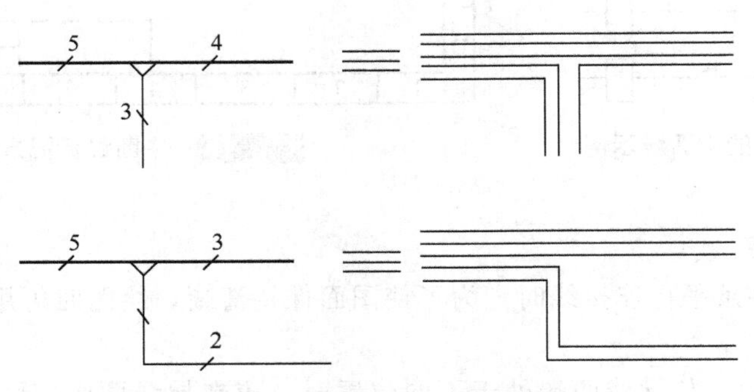

图 2-17 单线图中导线根数表示法

(1) 集中表示法

把一个项目各组成部分的图形符号在简图上绘制在一起的方法称为集中表示法，如图 2-18所示。

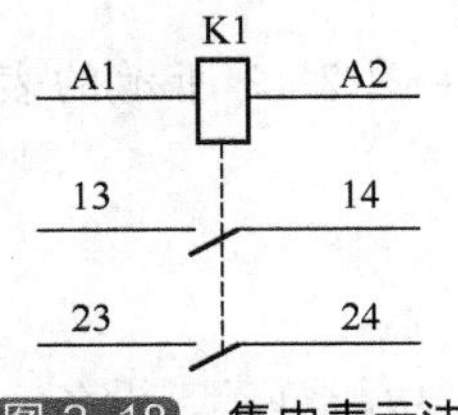

图 2-18 集中表示法（继电器）

(2) 半集中表示法

把一个项目某些组成部分的图形符号在简图上分开布置，并用机械连接符号来表示它们之间关系的方法称为半集中表示法，如图 2-19所示。

(3) 分开表示法

把一个项目某些组成部分的图形符号在简图上分开布置，仅用

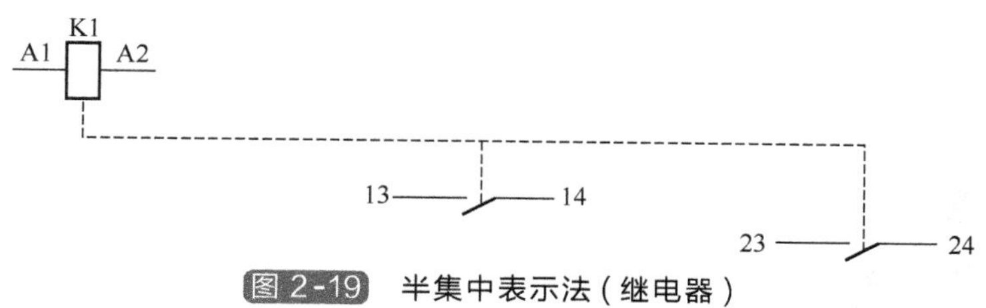

图 2-19　半集中表示法（继电器）

项目代号来表示它们之间关系的方法称为分开表示法，如图 2-20 所示。

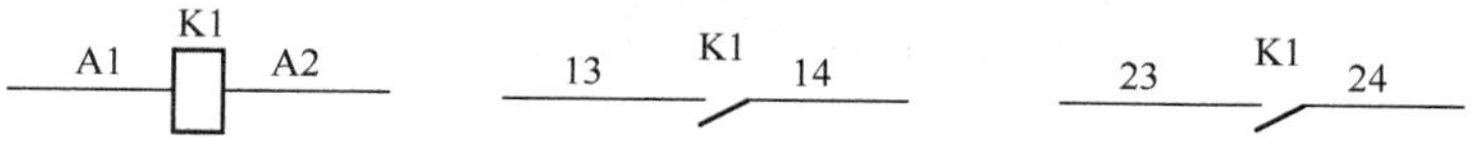

图 2-20　分开表示法

2.3.3　电路的简化画法

（1）并联电路

多个相同的支路并联时，可用标有公共连接符号的一个支路来表示，同时应标出全部项目代号和并联支路数，见图 2-21。

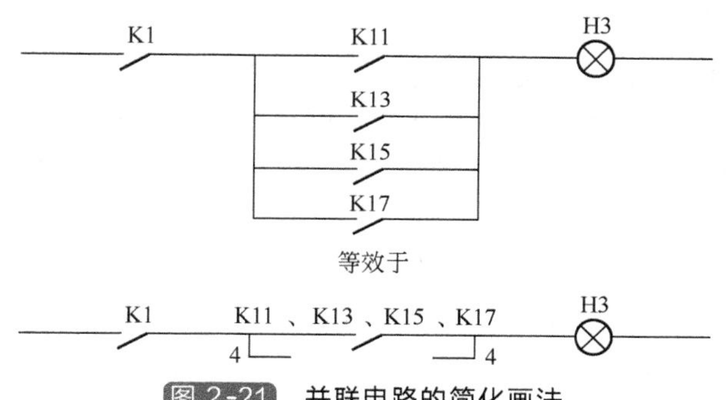

图 2-21　并联电路的简化画法

（2）相同电路

相同的电路重复出现时，仅需详细表示出其中的一个，其余的电路可用适当的说明来代替。

（3）功能单元

功能单元可用方框符号或端子功能图来代替，此时应在其上加注标记，以便查找被其代替的详细电路。端子功能图应表示出该功能单元所有的外接端子和内部功能，以便能通过对端子的测量从而确定如何与外部连接。其排列应与其所代表的功能单元的电路图的排列相同，内部功能可用下述方式表示：①方框符号或其他简化符号；②简化的电路图；③功能表图；④文字说明。

第3章 电动机基本控制电路

3.1 电气控制电路图概述

3.1.1 电气控制电路的分类

为了使电动机能按生产机械的要求进行启动、运行、调速、制动和反转等，就需要对电动机进行控制。控制设备主要有开关、继电器、接触器、电子元器件等。用导线将电机、电器、仪表等电气元件连接起来并实现某种要求的线路，称为电气控制电路，又称电气控制线路。

不同的生产机械有不同的控制电路，不论其控制电路多么复杂，但总可找出它的几个基本控制环节，即一个整机控制电路是由几个基本环节组成的。每个基本环节起着不同的控制作用。因此，掌握基本环节，对分析生产机械电气控制电路的工作情况，判断其故障或改进其性能都是很有益的。

生产机械电气控制电路图包括电气原理图、接线图和电气设备安装图等。电气控制电路图应该根据简明易懂的原则，用规定的方法和符号进行绘制。

电气原理图、接线图和电气设备安装图的区别如下。

(1) 电气原理图

电气原理图简称原理图或电路图。原理图并不按元件的实际位置来绘制，而是根据工作原理绘制的。在原理图中，一般根据各个元件在电路中所起的作用，将其画在不同的位置上，而不受实物位置所限。有些不影响电路工作的元件，如插接件、接线端子等，大多可略去不画。原理图中所表示的状态，除非特别说明外，一般是按未通电时的状态画出的。图 3-1 所示为三相异步电动机正反转控制原理图。

原理图具有简单明了、层次分明、易阅读等特点，适于分析生产机械的工作原理和研究生产机械的工作过程和状态。

(2) 接线图

接线图又称敷线图。接线图是按元件实际布置的位置绘制的，同一元件的各部件是画在一起的。它能表明生产机械上全部元件的接线情况，连接的导线、管路的规格、尺寸等。

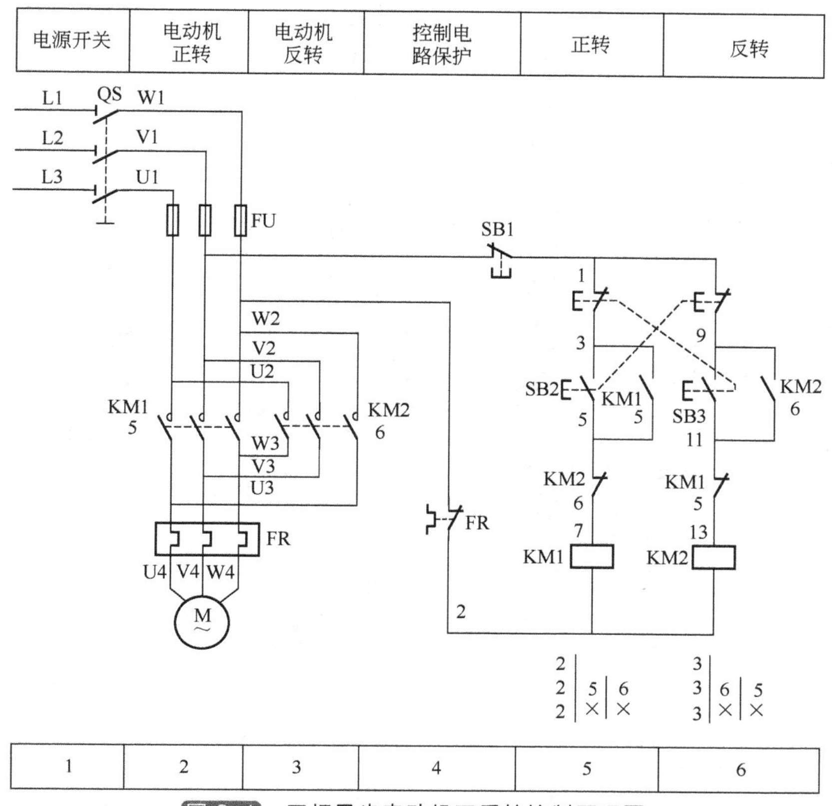

图 3-1　三相异步电动机正反转控制原理图

图 3-2和图 3-3 所示为三相异步电动机正反转控制接线图。

接线图对于实际安装、接线、调整和检修工作是很方便的。但是，从接线图来了解复杂的电路动作原理较为困难。

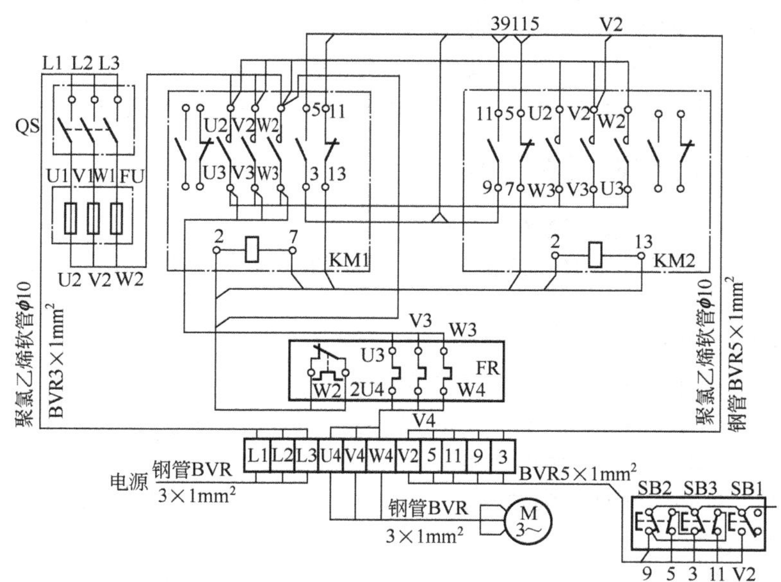

图 3-2　三相异步电动机正反转控制接线图（一）

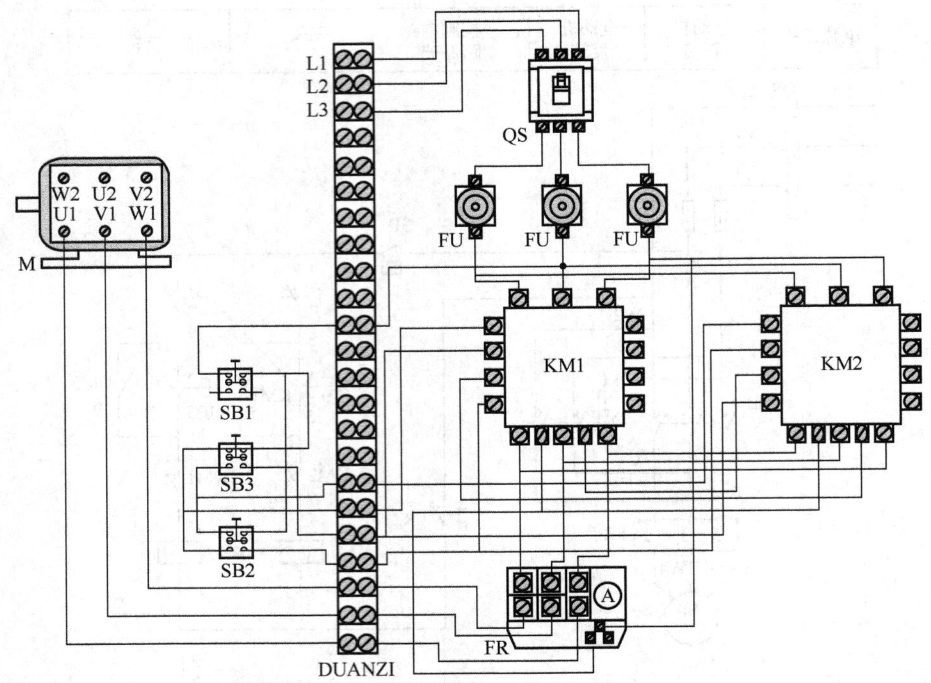

图 3-3 三相异步电动机正反转控制接线图（二）

（3）电气设备安装图

电气设备安装图表明元件、管路系统、基本零件、紧固件、锁控装置、安全装置等在生产机械上或机柜上的安装位置、状态及规格、尺寸等。图中的元件、设备多用实际外形图或简化的外形图，供安装时参考。

电气控制电路根据通过电流的大小可分为主电路和控制电路。主电路是流过大电流的电路，一般指从供电电源到电动机或线路末端的电路；控制电路是流过较小电流的电路，如接触器、继电器的吸引线圈以及消耗能量较少的信号电路、保护电路、联锁电路等。

电气控制电路按功能分类，可分为电动机基本控制电路和生产机械控制电路。一般说来，电动机基本控制电路比较简单；生产机械的控制电路一般指整机控制电路，比较复杂。

3.1.2 绘制原理图应遵循的原则

在绘制电气原理图时一般应遵循以下原则。

① 图中各元件的图形符号均应符合最新国家标准，当标准中给出几种形式时，选择图形符号应遵循以下原则：

a. 尽可能采用优选形式；

b. 在满足需要的前提下，尽量采用最简单的形式；

c. 在同一图号的图中使用同一种形式的图形符号和文字符号。如果采用标准中未规定的图形符号或文字符号时，必须加以说明。

② 图中所有电气开关和触点的状态，均以线圈未通电、手柄置于零位、无外力作用或生产机械在原始位置的初始状态画出。

③ 各个元件及其部件在原理图中的位置根据便于阅读的原则来安排，同一元件的各个部件（如线圈、触点等）可以不画在一起。但是，属于同一元件上的各个部件均应用同一文

字符号和同一数字表示。如图 3-1 中的接触器 KM1，它的线圈和辅助触头画在控制电路中，主触头画在主电路中，但都用同一文字符号标明。

④ 图中的连接线、设备或元件的图形符号的轮廓线都应使用实线绘制。屏蔽线、机械联动线、不可见轮廓线等用虚线绘制。分界线、结构围框线、分组围框线等用点画线绘制。

⑤ 原理图分主电路和控制电路两部分，主电路画在左边，控制电路画在右边，按新的国家标准规定，一般采用竖直画法。

⑥ 电动机和电器的各接线端子都要编号。主电路的接线端子用一个字母后面附加一位或两位数字来编号。如 U1、V1、W1。控制电路的接线端子只用数字编号。

⑦ 图中的各元件除标有文字符号外，还应标有位置编号，以便寻找对应的元件。

3.1.3 绘制接线图应遵循的原则

在绘制接线图时，一般应遵循以下原则。

① 接线图应表示出各元件的实际位置，同一元件的各个部件要画在一起。

② 图中要表示出各电动机、电器之间的电气连接，可用线条表示（见图 3-2 和图 3-3），也可用去向号表示。凡是导线走向相同的可以合并画成单线。控制板内和板外各元件之间的电气连接是通过接线端子来进行的。

③ 接线图中元件的图形符号和文字符号及端子编号应与原理图一致，以便对照查找。

④ 图中应标明导线和走线管的型号、规格、尺寸、根数等，例如图 3-2 中电动机到接线端子的连接线为 BVR3×$1mm^2$，表示导线的型号为 BVR，共有 3 根，每根截面面积为 $1mm^2$。

3.1.4 绘制电气原理图的有关规定

要正确绘制和阅读电气原理图，除了应遵循绘制电气原理图的一般原则外，还应遵守以下的规定。

① 为了便于检修线路和方便阅读，应将整张图样划分成若干区域，简称图区。图区编号一般用阿拉伯数字写在图样下部的方框内，如图 3-1 所示。

② 图中每个电路在生产机械操作中的用途，必须用文字标明在用途栏内，用途栏一般以方框形式放在图面的上部，如图 3-1 所示。

③ 原理图中的接触器、继电器的线圈与受其控制的触头的从属关系应按以下方法标记：

a. 在每个接触器线圈的文字符号（如 KM）的下面画两条竖直线，分成左、中、右三栏，把受其控制而动作的触头所处的图区号，按表 3-1 规定的内容填上。对备而未用的触头，在相应的栏中用记号“×”标出。

表 3-1 接触器线圈符号下的数字标志

左栏	中栏	右栏
主触头所处的图区号	辅助动合(常开)触头所处的图区号	辅助动断(常闭)触头所处的图区号

b. 在每个继电器线圈的文字符号（KT）的下面画一条竖直线，分成左、右两栏，把受其控制而动作的触头所处的图区号，按表 3-2 规定的内容填上，同样，对备而未用的触头，在相应的栏中用记号“×”标出。

表 3-2 继电器线圈符号下的数字标志

左栏	右栏
动合(常开)触头所处的图区号	动断(常闭)触头所处的图区号

c. 原理图中每个触头的文字符号下面表示的数字为动作它的线圈所处的图区号。

例如在图 3-1 中，接触器 KM1 线圈下面竖线的左边（左栏中）有三个 2，表示在 2 号图区有它的三副主触头；在第二条竖线左边（中栏中）有一个 5 和一个“×”，则表示该接触器共有两副动合（常开）触头，其中一副在 5 号图区，而另一副未用；在第二条竖线右边（右栏中）有一个 6 和一个“×”，则表示该接触器共有两副动断（常闭）触头，其中一副在 6 号图区，而另一副未用；在触头 KM1 下面有一个 5，表示它的线圈在 5 号图区。

3.1.5 阅读电气原理图的方法步骤

阅读电气原理图的步骤一般是从电源进线起，先看主电路电动机、电器的接线情况，然后再查看控制电路，通过对控制电路电分析，深入了解主电路的控制程序。

(1) 电气原理图中主电路的阅读

① 先看供电电源部分　首先查看主电路的供电情况，是由母线汇流排或配电柜供电，还是由发电机组供电。并弄清电源的种类，是交流还是直流；其次弄清供电电压的等级。

② 看用电设备　用电设备指带动生产机械运转的电动机，或耗能发热的电弧炉等电气设备。要弄清它们的类别、用途、型号、接线方式等。

③ 看对用电设备的控制方式　如有的采用闸刀开关直接控制；有的采用各种启动器控制；有的采用接触器、继电器控制。应弄清并分析各种控制电器的作用和功能等。

(2) 电气原理图中控制电路的阅读

① 先看控制电路的供电电源　弄清电源是交流还是直流；其次弄清电源电压的等级。

② 看控制电路的组成和功能　控制电路一般由几个支路（回路）组成，有的在一条支路中还有几条独立的小支路（小回路）。弄清各支路对主电路的控制功能，并分析主电路的动作程序。例如当某一支路（或分支路）形成闭合通路并有电流流过时，主电路中的相应开关、触点的动作情况及电气元件的动作情况。

③ 看各支路和元件之间的并联情况　由于各分支路之间和一个支路中的元件，一般是相互关联或互相制约的。所以，分析它们之间的联系，可进一步深入了解控制电路对主电路的控制程序。

④ 注意电路中有哪些保护环节，某些电路可以结合接线图来分析。

电气原理图是按原始状态绘制的，这时，线圈未通电、开关未闭合、按钮未按下，但看图时不能按原始状态分析，而应选择某一状态分析。

3.1.6 电气控制电路的一般设计方法

一般设计法又称经验设计法，它是根据生产工艺要求，利用各种典型的电路环节，直接设计控制电路。这种设计方法比较简单，但要求设计人员必须熟悉大量的控制线路。在设计过程中往往还要经过多次反复地修改、试验，才能使线路符合设计的要求。即使这样，所得出的方案不一定是最佳方案。

一般设计法没有固定模式，通常先用一些典型线路环节拼凑起来实现某些基本要求，然后根据生产工艺要求逐步完善其功能，并加以适当的联锁与保护环节。由于是靠经验进行设计的，因而灵活性很大。

用一般方法设计控制电路时，应注意以下几个原则：

① 应最大限度地实现生产机械和工艺对电气控制电路的要求。

② 在满足生产要求的前提下，控制线路应力求简单、经济。

a. 尽量先用标准的、常用的或经过实际考验过的电路和环节。

b. 尽量缩短连接导线的数量和长度。特别要注意电气柜、操作点和限位开关之间的连接线，如图 3-4 所示。图 3-4(a) 所示的接线是不合理的，因为按钮在操作台上，而接触器在电气柜内，这样接线就需要由电气柜二次引出连接线到操作台上的按钮上。因此，一般都将启动按钮和停止按钮直接连接，如图 3-4(b) 所示，这样可以减少一次引出线。

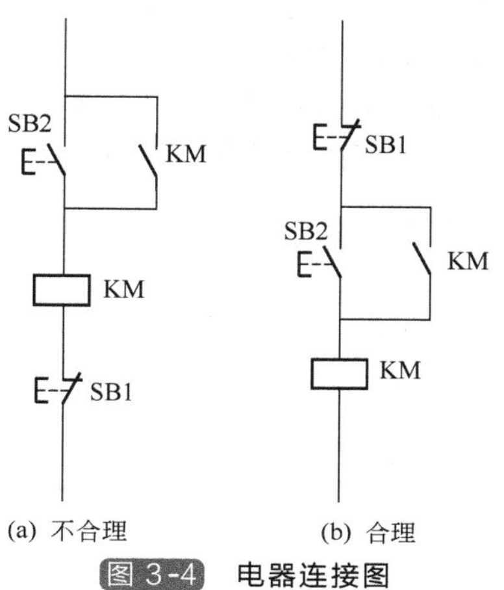

图 3-4 电器连接图

c. 尽量缩减电器的数量、采用标准件，并尽可能选用相同型号。

d. 应减少不必要的触点，以便得到最简化的线路。

e. 控制线路在工作时，除必要的电器必须通电外，其余的尽量不通电以节约电能。以三相异步电动机串电阻降压启动控制电路为例，如图 3-5(a) 所示，在电动机启动后接触器 KM1 和时间继电器 KT 就失去了作用。若接成图 3-5(b) 所示的电路时，就可以在启动后切除 KM1 和 KT 的电源。

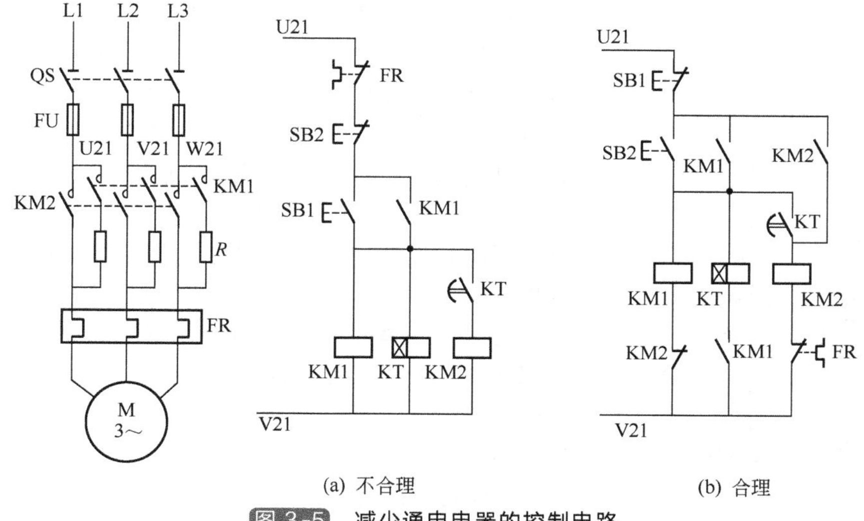

图 3-5 减少通电电器的控制电路

③ 保证控制线路的可靠性和安全性。

a. 尽量选用机械和电气寿命长、结构坚实、动作可靠、抗干扰性能好的电器元件。

b. 正确连接电器的触点。同一电器的动合和动断辅助触点靠得很近，如果分别接在电源的不同相上，如图 3-6(a) 所示，由于限位开关 S 的动合触点与动断触点不是等电位，当触点断开产生电弧时，很可能在两触点间形成飞弧而造成电源短路。如果按图 3-6(b) 接线，由于两触点电位相同，就不会造成飞弧。

c. 在频繁操作的可逆电路中，正、反转接触器之间不仅要有电气联锁，而且要有机械联锁。

d. 在电路中采用小容量继电器的触点来控制大容量接触器的线圈时，要计算继电器触点断开和接通容量是否足够。如果继电器触点容量不够，须加小容量接触器或中间继电器。

e. 正确连接电器的线圈。在交流控制电路中，不能串联接入两个电器的线圈，如图 3-7 所示。即使外加电压是两个线圈额定电压之和，也是不允许的。因为交流电路中，每个线圈上所分配到的电压与线圈阻抗成正比，两个电器动作总是有先有后，不可能同时吸合。假如交流接触器 KM1 先吸合，由于 KM1 的磁路闭合，线圈的电感显著增加，因而在该线圈上的电压降也相应增大，从而使另一个接触器 KM2 的线圈电压达不到动作电压。因此，当两个电器需要同时动作时，其线圈应该并联连接。

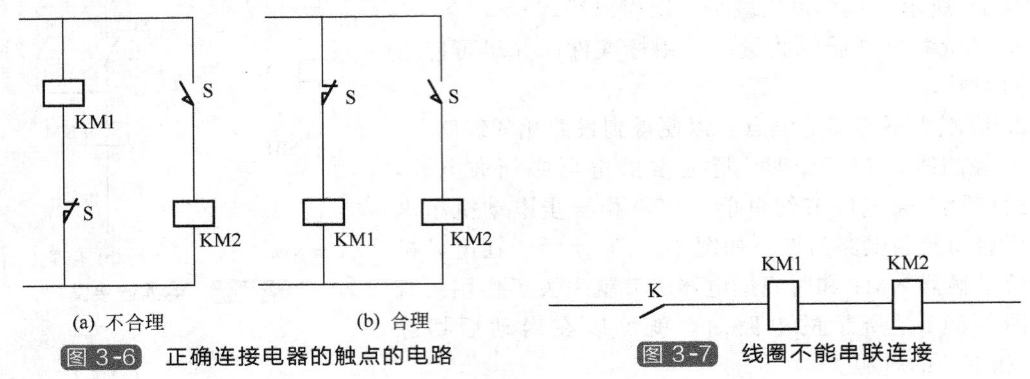

图 3-6 正确连接电器的触点的电路

图 3-7 线圈不能串联连接

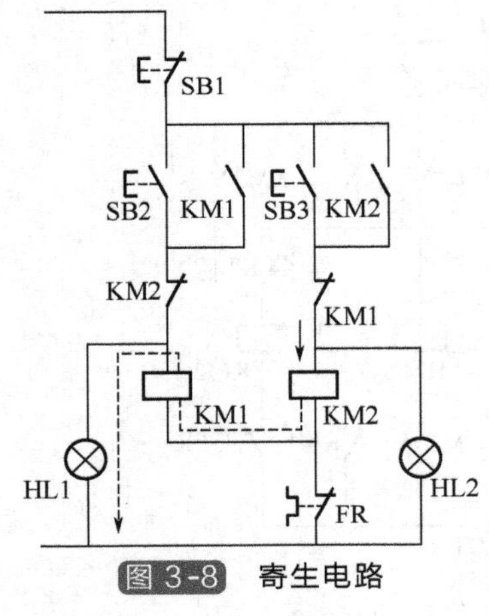

图 3-8 寄生电路

f. 在控制电路中，应避免出现寄生电路。在控制电路的动作过程中，那种意外接通的电路称为寄生电路（或称假回路）。例如，图 3-8 所示是一个具有指示灯和热保护的正反向控制电路。在正常工作时，能完成正反向启动、停止和信号指示。但当热继电器 FR 动作时，电路中就出现了寄生电路，如图 3-8 中虚线所示，使正转接触器 KM1 不能释放，不能起到保护作用。因此，在控制电路中应避免出现寄生电路。

g. 应具有完善的保护环节，以避免因误操作而发生事故。完善的保护环节包括过载、短路、过流、过压、欠压、失压等保护环节，有时还应设有合闸、断开、事故等必需的指示信号。

④ 应尽量使操作和维修方便。

3.2 三相异步电动机基本控制电路

3.2.1 三相异步电动机单向启动、停止控制电路

三相异步电动机单方向启动、停止电气控制电路应用广泛，也是最基本的控制电路，如图 3-9 和图 3-10 所示。该电路能实现对电动机启动、停止的自动控制、远距离控制、频繁

操作，并具有必要的保护，如短路、过载、失压等保护。

启动电动机时，合上刀开关 QS，按下启动按钮 SB2，接触器 KM 放入吸引线圈得电，其三副常开（动合）主触点闭合，电动机启动，与 SB2 并联的接触器常开（动合）辅助触点 KM 也同时闭合，起自锁（自保持）作用。这样，当松开 SB2 时，接触器吸引线圈 KM 通过其辅助触点可以继续保持通电，维持其吸合状态，电动机继续运转。这个辅助触点通常称为自锁触点。

使电动机停转时，按下停止按钮 SB1，接触器 KM 的吸引线圈失电而释放，其常开（动合）触点断开，电动机停止运转。

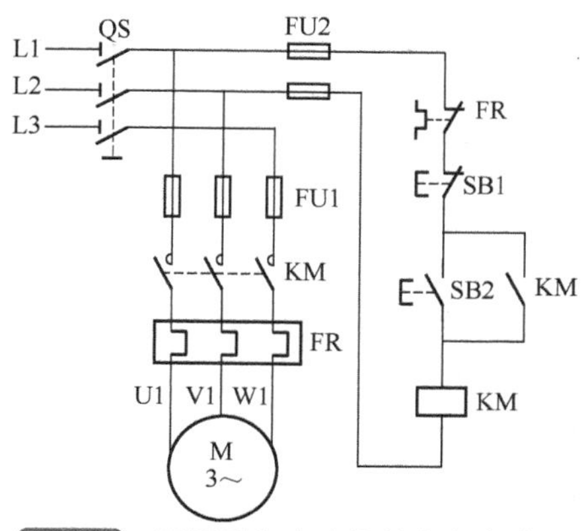

图 3-9　三相异步电动机单方向启动、停止控制电路（原理图）

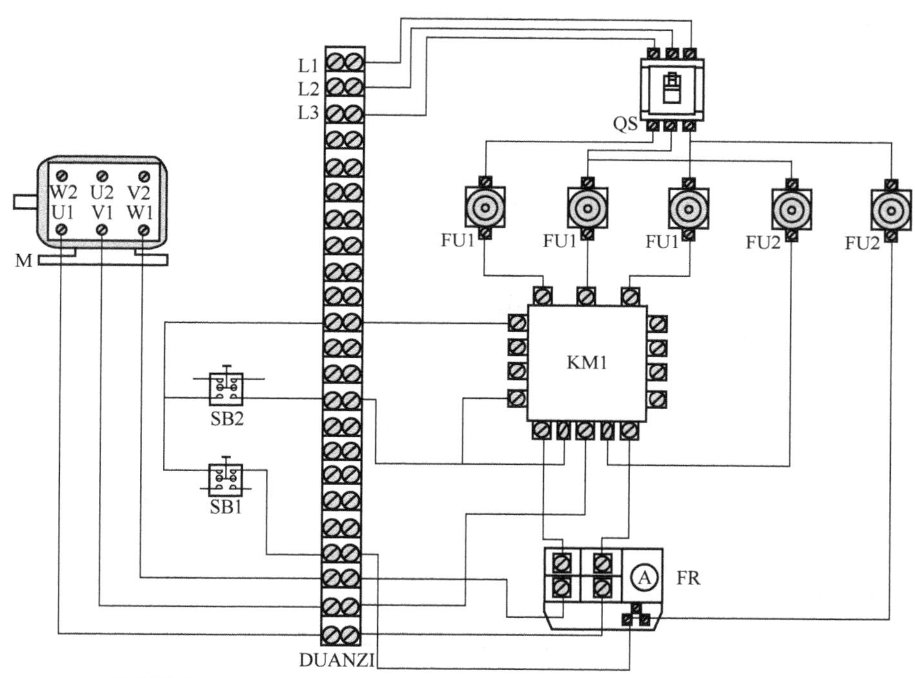

图 3-10　三相异步电动机单方向启动、停止控制电路（接线图）

3.2.2　电动机的电气联锁控制电路

一台生产机械有较多的运动部件，这些部件根据实际需要应有互相配合、互相制约、先后顺序等各种要求。这些要求若用电气控制来实现，就称为电气联锁。常用的电气联锁控制有以下几种：

（1）互相制约

互相制约联锁控制又称互锁控制。例如当拖动生产机械的两台电动机同时工作会造成事故时，要使用互锁控制；又如许多生产机械常常要求电动机能正反向工作，对于三相异步电动机，可借助正反向接触器改变定子绕组相序来实现，而正反向工作时也需要互锁控制，否

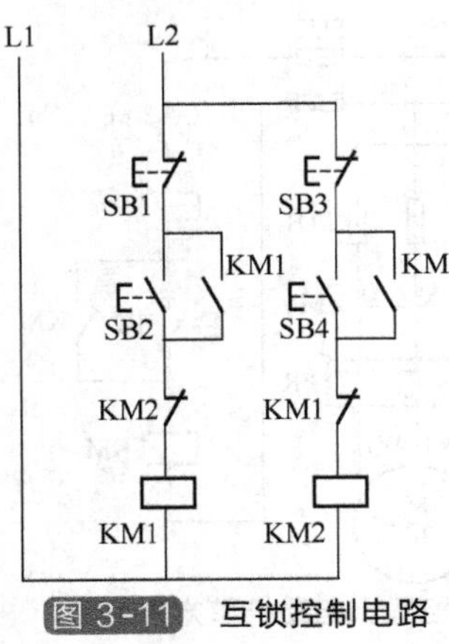

图 3-11 互锁控制电路

则，当误操作同时使正反向接触器线圈得电时，将会造成短路故障。

互锁控制线路构成的原则：将两个不能同时工作的接触器 KM1 和 KM2 各自的动断触点相互交换地串接在彼此的线圈回路中，如图 3-11 所示。

（2）按先决条件制约

在生产机械中，要求必须满足一定先决条件才允许开动某一电动机或执行元件时（即要求各运动部件之间能够实现按顺序工作时），就应采用按先决条件制约的联锁控制线路（又称按顺序工作的联锁控制线路）。例如车床主轴转动时要求油泵先给齿轮箱供油润滑，即要求保证润滑泵电动机启动后主拖动电动机才允许启动。

这种按先决条件制约的联锁控制线路构成的原则如下：

① 要求接触器 KM1 动作后，才允许接触器 KM2 动作时，则需将接触器 KM1 的动合触点串联在接触器 KM2 的线圈电路中，如图 3-12(a)、(b) 所示。

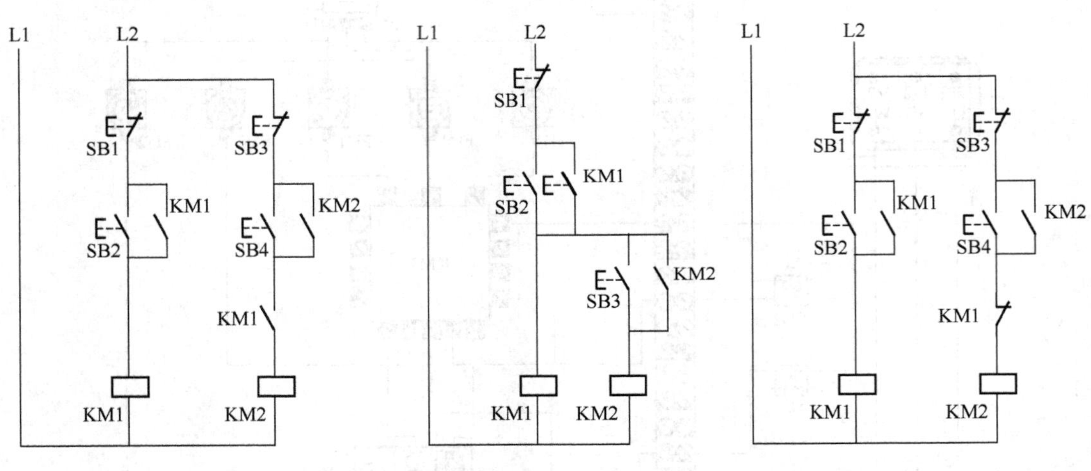

(a) KM1动作后，才允许KM2动作时　(b) KM1动作后，才允许KM2动作时　(c) KM1动作后，不允许KM2动作时

图 3-12 按先决条件制约的联锁控制电路

② 要求接触器 KM1 动作后，不允许接触器 KM2 动作时，则需将接触器 KM1 的动断触点串联在接触器 KM2 的线圈电路中，如图 3-12(c) 所示。

（3）选择制约

某些生产机械要求既能够正常启动、停止，又能够实现调整时的点动工作时（即需要在工作状态和点动状态两者间进行选择时），须采用选择联锁控制线路。其常用的实现方式有以下两种：

① 用复合按钮实现选择联锁，如图 3-13(a) 所示。

② 用继电器实现选择联锁，如图 3-13(b) 所示。

工程上通常还采用机械互锁，进一步保证正反转接触器不可能同时通电，提高可靠性。

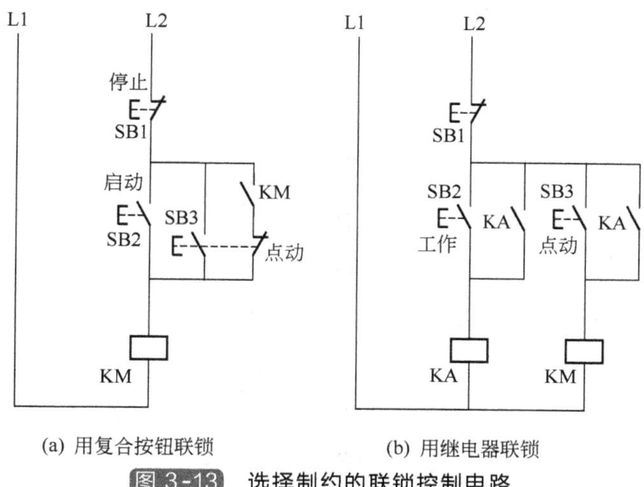

图 3-13　选择制约的联锁控制电路

3.2.3　两台三相异步电动机的互锁控制电路

当拖动生产机械的两台电动机同时工作会造成事故时，应采用互锁控制电路，图 3-14 是两台电动机互锁控制电路的原理图，其接线图如图 3-15 所示。将接触器 KM1 的动断辅助触点串接在接触器 KM2 的线圈回路中，而将接触器 KM2 的动断辅助触点串接在接触器 KM1 的线圈回路中即可。

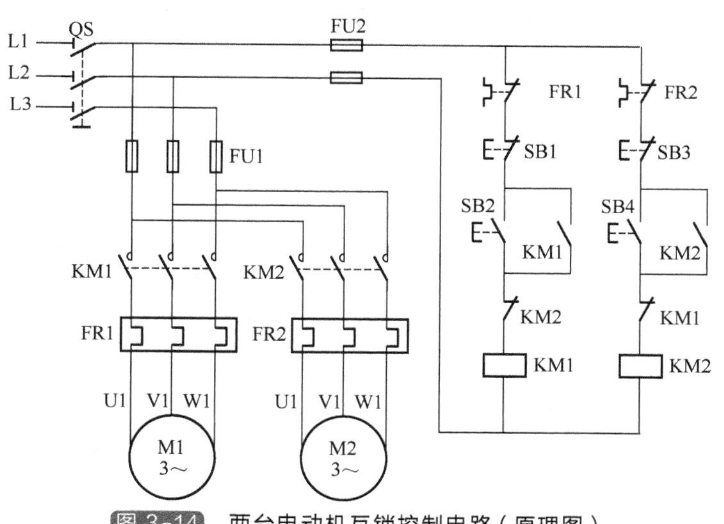

图 3-14　两台电动机互锁控制电路（原理图）

3.2.4　用接触器联锁的三相异步电动机正反转控制电路

许多生产机械常常要求具有上下、左右、前后等相反方向的运动，这就要求电动机可以正反转控制（又称可逆控制）。对于三相异步电动机，可借助正反转接触器将接至电动机的三相电源进线中的任意两相对调，达到反转的目的。而正反转控制时需要一种联锁关系，否则，当误操作同时使正反转接触器线圈得电时，将会造成短路故障。

图 3-16 是用接触器辅助触点作联锁（又称互锁）保护的正反转控制电路的原理图，其

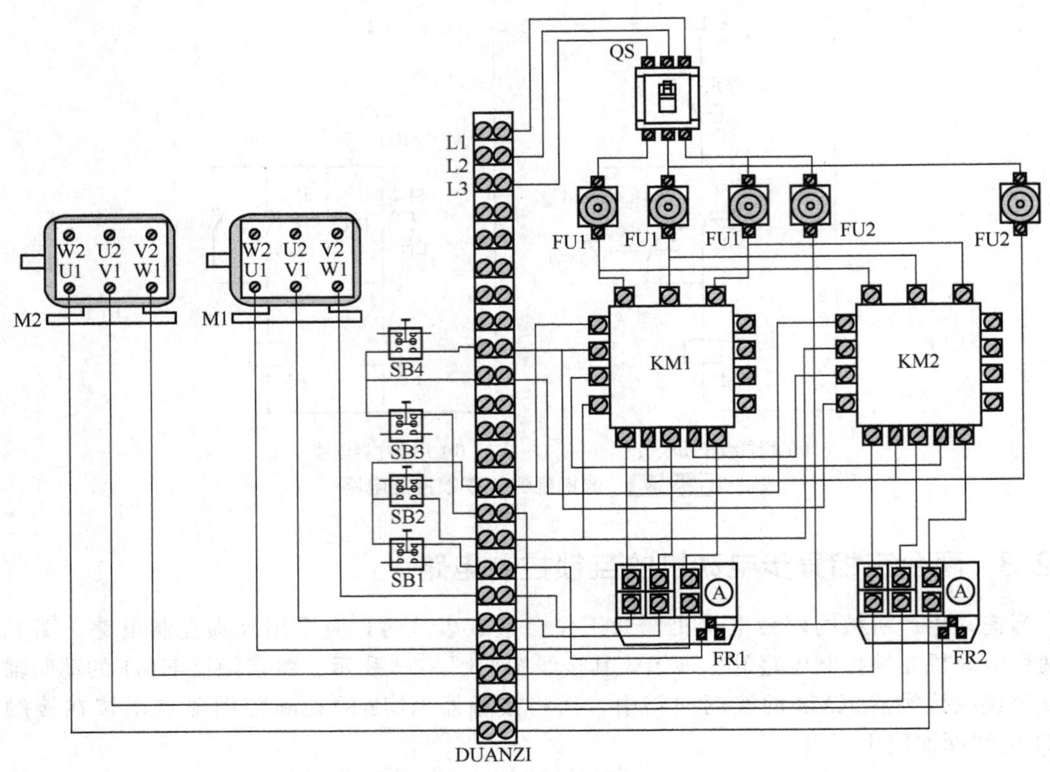

图 3-15 两台电动机互锁控制电路（接线图）

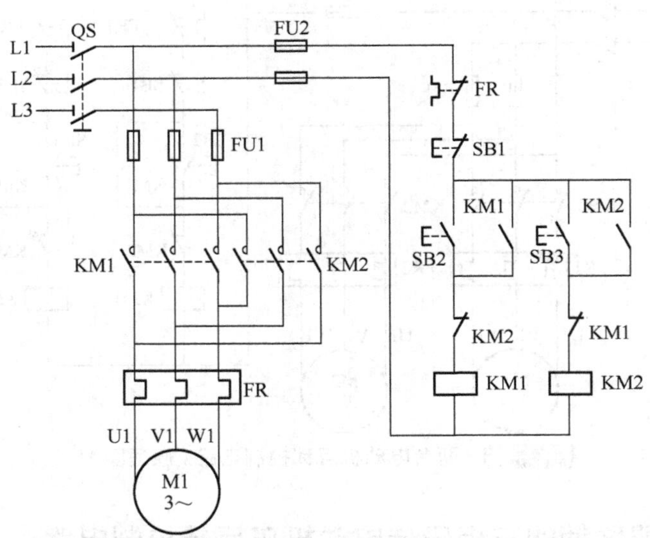

图 3-16 用接触器联锁的正反转控制电路（原理图）

接线图如图 3-17 所示。图中采用两个接触器，当正转接触器 KM1 的三副主触点闭合时，三相电源的相序按 L1、L2、L3 接入电动机。而当反转接触器 KM2 的三副主触点闭合时，三相电源的相序按 L3、L2、L1 接入电动机，电动机即反转。

控制线路中接触器 KM1 和 KM2 不能同时通电，否则它们的主触点就会同时闭合，将

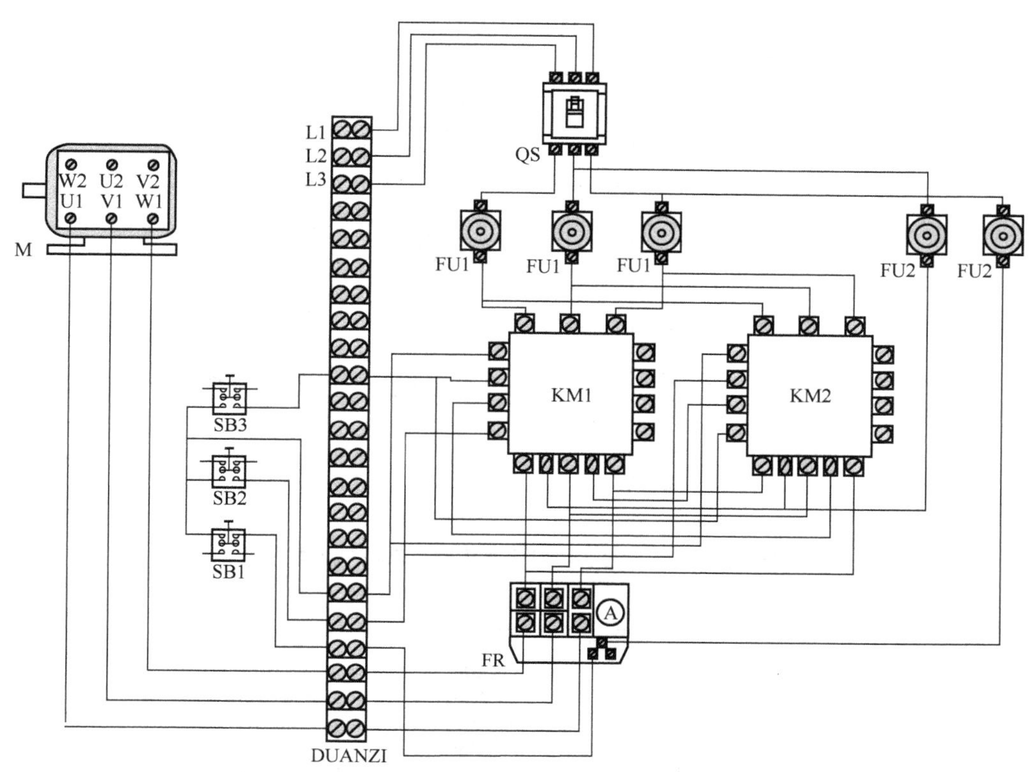

图 3-17　用接触器联锁的正反转控制电路（接线图）

造成 L1 和 L3 两相电源短路。为此在接触器 KM1 和 KM2 各自的线圈回路中互相串联对方的一副动断辅助触点 KM2 和 KM1，以保证接触器 KM1 和 KM2 的线圈不会同时通电。这两副动断辅助触点在电路中起联锁或互锁作用。

当按下启动按钮 SB2 时，正转接触器的线圈 KM1 得电，正转接触器 KM1 吸合，使其动合辅助触点 KM1 闭合自锁，其三副主触点 KM1 的闭合使电动机正向运转，而其动断辅助触点 KM1 的断开，则切断了反转接触器 KM2 的线圈的电路。这时如果按下反转启动按钮 SB3，线圈 KM2 也不能得电，反转接触器 KM2 就不能吸合，可以避免造成电源短路故障。欲使正向旋转的电动机改变其旋转方向，必须先按下停止按钮 SB1，待电动机停下后再按下反转按钮 SB3，电动机就会反向运转。

这种控制电路的缺点是操作不方便，因为要改变电动机的转向时，必须先按停止按钮。

3.2.5　用按钮联锁的三相异步电动机正反转控制电路

图 3-18 是用按钮作联锁（又称互锁）保护的正反转控制电路的原理图，其接线图如图 3-19所示。该电路的动作原理与用接触器联锁的正反转控制电路基本相似。但是，由于采用了复合按钮，当按下反转按钮 SB3 时，首先使串接在正转控制电路中的反转按钮 SB3 的动断触点断开，正转接触器 KM1 的线圈断电，接触器 KM1 释放，其三副主触点断开，电动机断电；接着反转按钮 SB3 的动合触点闭合，使反转接触器 KM2 的线圈得电，接触器 KM2 吸合，其三副主触点闭合，电动机反向运转。同理，由反转运行转换成正转运行时，也无需按下停止按钮 SB1，而直接按下正转按钮 SB2 即可。

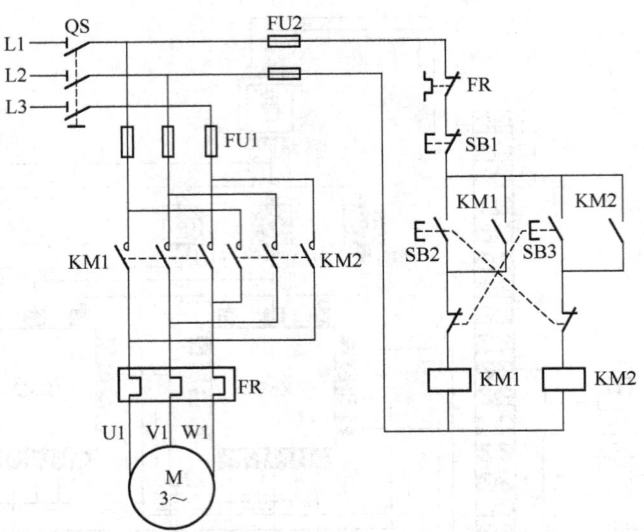

图 3-18　用按钮联锁的正反转控制电路（原理图）

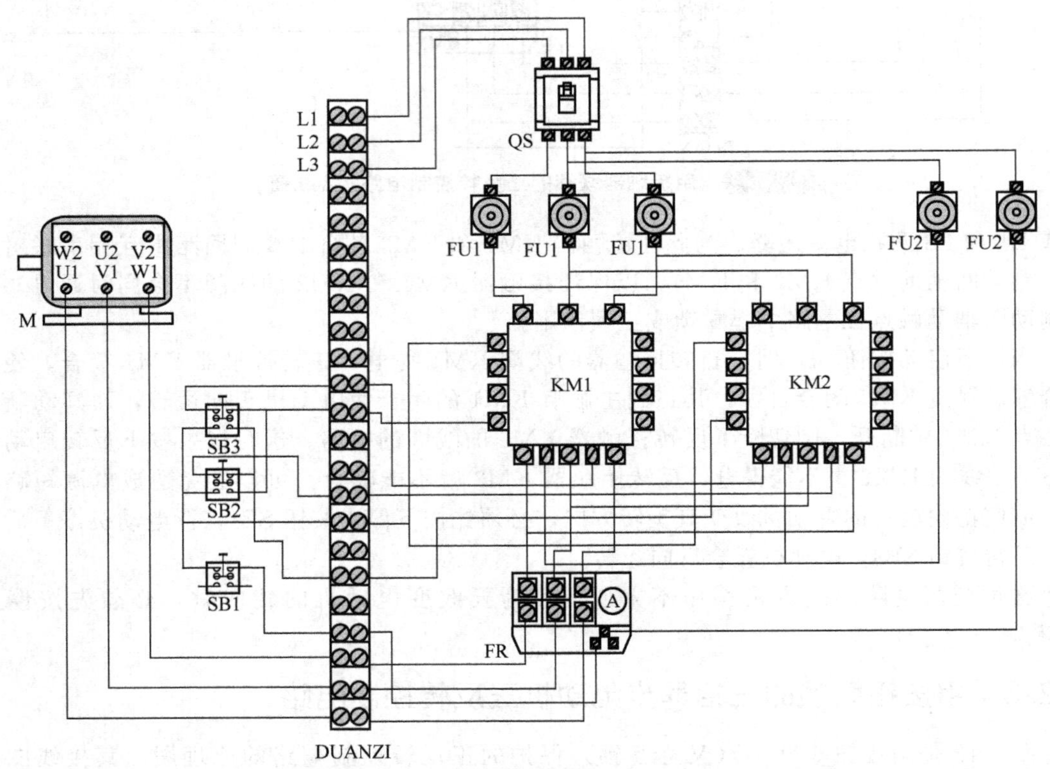

图 3-19　用按钮联锁的正反转控制电路（接线图）

这种控制电路的优点是操作方便。但是，当已断电的接触器释放的速度太慢，而操作按钮的速度又太快，且刚通电的接触器吸合的速度也较快时，即已断电的接触器还未释放，而刚通电的接触器却也吸合时，则会产生短路故障。因此，单用按钮联锁的正反转控制电路还不太安全可靠。

3.2.6　用按钮和接触器复合联锁的三相异步电动机正反转控制电路

用按钮、接触器复合联锁的正反转控制电路的原理图如图 3-20 所示，其接线图如图 3-21所示。该电路的动作原理与上述正反转控制电路基本相似。这种控制电路的优点是操作方便，而且安全可靠。

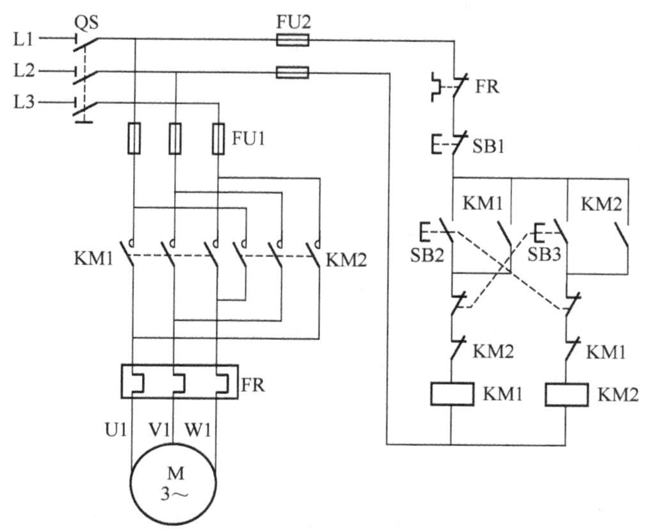

图 3-20　用按钮、接触器复合联锁的正反转控制电路（原理图）

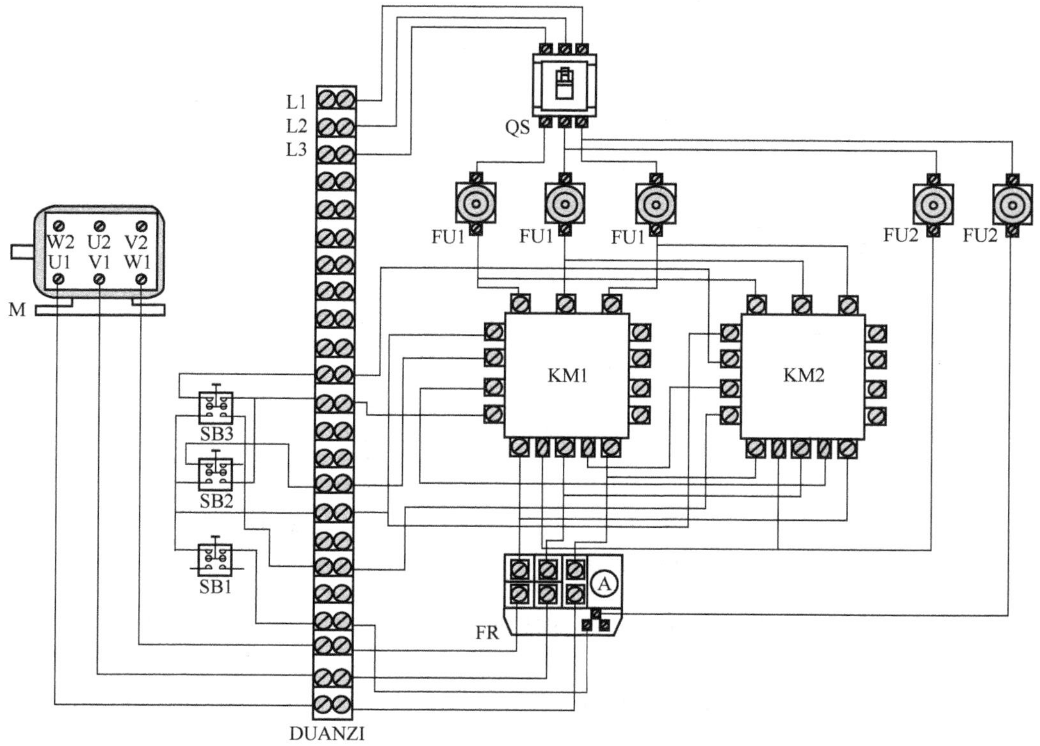

图 3-21　用按钮、接触器复合联锁的正反转控制电路（接线图）

3.2.7 用转换开关控制的三相异步电动机正反转控制电路

除采用按钮、继电器控制三相异步电动机正反转运行外，还可采用转换开关或主令控制器等实现三相异步电动机的正反转控制。

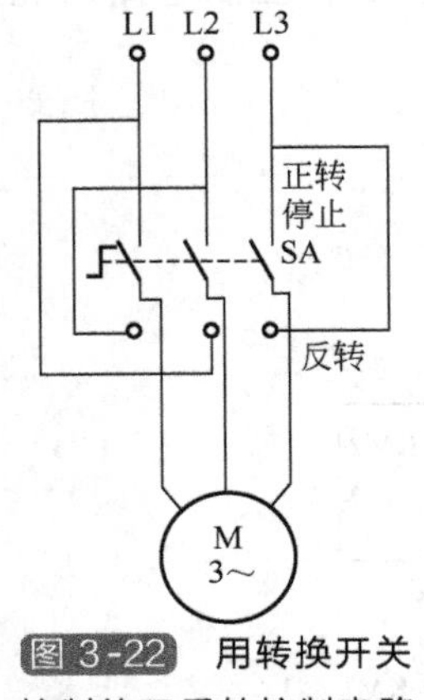

图 3-22 用转换开关控制的正反转控制电路

转换开关又称倒顺开关，属组合开关类型，它有三个操作位置：正转、停止和反转。是靠手动完成正反转操作的。图 3-22 是用转换开关控制的三相异步电动机正反转控制电路。欲改变电动机的转向时，必须先把手柄扳到“停止”位置，待电动机停下后，再把手柄扳至所需位置，以免因电源突然反接，产生很大的冲击电流，致使电动机的定子绕组受到损坏。

这种控制电路的优点是所用电器少、简单；缺点是在频繁换向时，操作人员劳累、不方便，且没有欠压和失压保护。因此，在被控电动机的容量小于 5.5kW 的场合，有时才采用这种控制方式。

3.2.8 采用点动按钮联锁的电动机点动与连续运行控制电路

某些生产机械常常要求既能够连续运行，又能够实现点动控制运行，以满足一些特殊工艺的要求。点动与连续运行的主要区别在于是否接入自锁触点，点动控制加入自锁后就可以连续运行。采用点动按钮联锁的三相异步电动机点动与连续运行的控制电路的原理图如图 3-23所示，其接线图如图 3-24 所示。

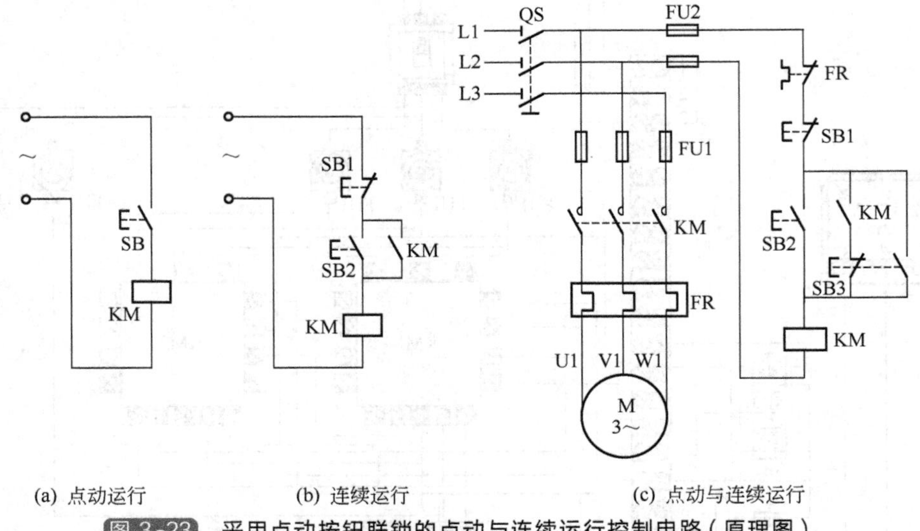

图 3-23 采用点动按钮联锁的点动与连续运行控制电路（原理图）

图 3-23(c) 所示的电路是将点动按钮 SB3 的动断触点作为联锁触点串联在接触器 KM 的自锁触点电路中。当正常工作时，按下启动按钮 SB2，接触器 KM 得电并自保。当点动工作时，按下电动按钮 SB3，其动合触点闭合，接触器 KM 通电。但是，由于按钮 SB3 的动断触点已将接触器 KM 的自锁电路切断，手一离开按钮，接触器 KM 就失电，从而实现了点动控制。

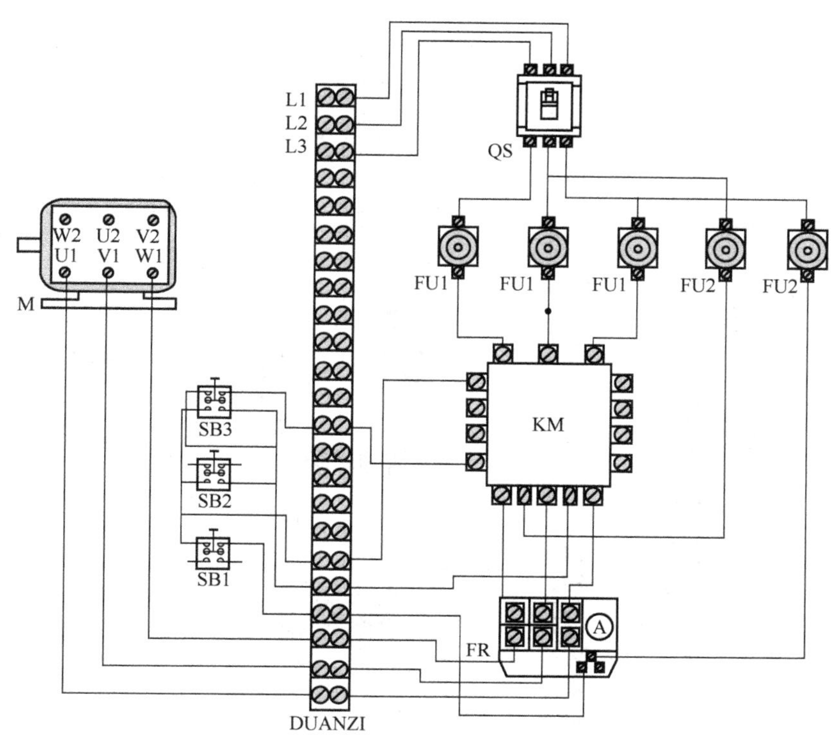

图 3-24　采用点动按钮联锁的点动与连续运行控制电路（接线图）

值得注意的是，在图 3-23(c) 所示电路中，若接触器 KM 的释放时间大于按钮 SB3 的恢复时间，则点动结束，按钮 SB3 的动断触点复位时，接触器 KM 的动合触点尚未断开，将会使接触器 KM 的自锁电路继续通电，电路就将无法正常实现点动控制。

3.2.9　采用中间继电器联锁的电动机点动与连续运行控制电路

采用中间继电器 KA 联锁的点动与继续运行的控制电路的原理图如图 3-25 所示，其接线图如图 3-26 所示。当正常工作时，按下按钮 SB2，中间继电器 KA 得电，其动合触点闭合，使接触器 KM 得电并自锁（自保）。当点动工作时，按下点动按钮 SB3，接触器 KM 得电，由于接触器 KM 不能自锁（自保），从而能可靠地实现点动控制。

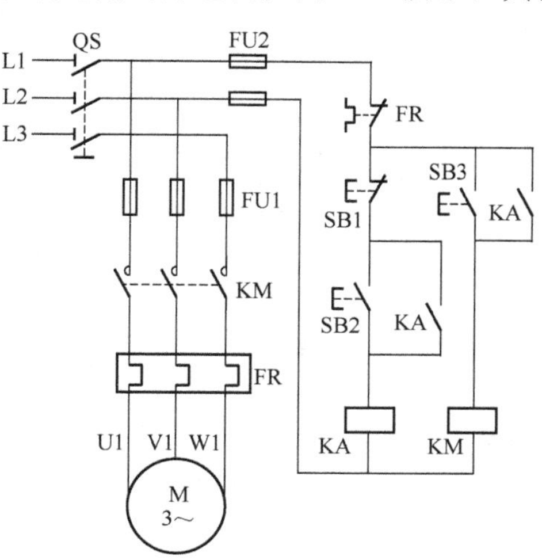

图 3-25　采用中间继电器联锁的点动与连续运行控制电路（原理图）

3.2.10　电动机的多地点操作控制电路

在实际生活和生产现场中，通常需要在两地或两地以上的地点进行控制操作。因为用一组按钮可以在一处进行控制，所以，要在多地点进行控制，就应该有多组按钮。这多组按钮的接线原则是：在接触器 KM 的线圈回路中，将所有启动按钮的动合触点并联，而将各停止按钮的动断触

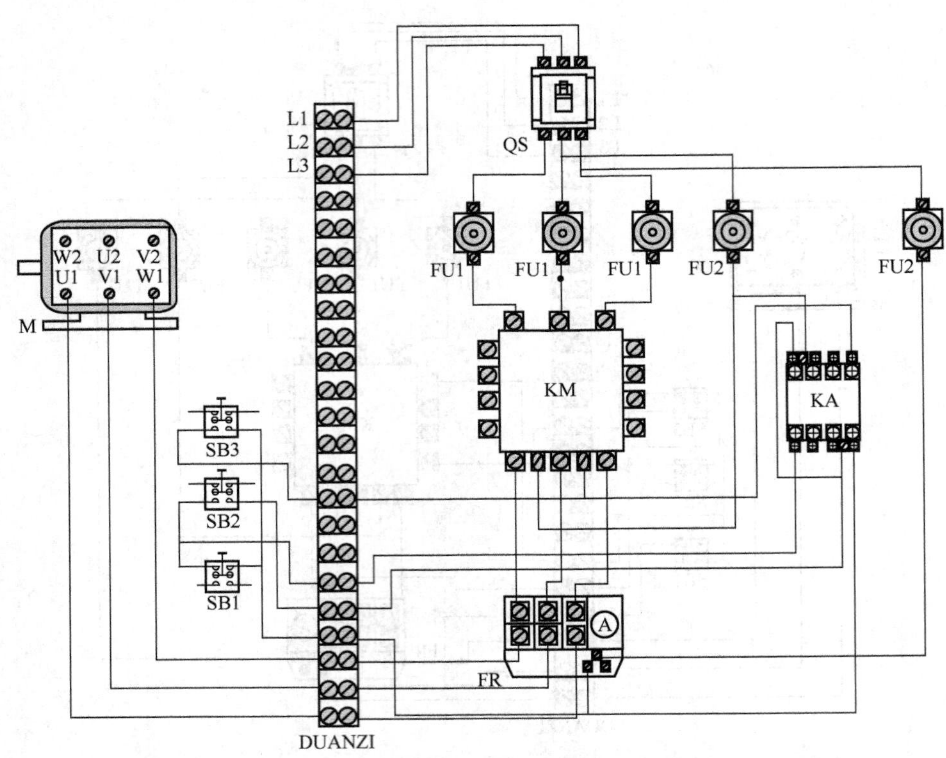

图 3-26 采用中间继电器联锁的点动与连续运行控制电路（接线图）

点串联。图 3-27 是实现两地操作的控制电路。根据上述原则，可以推广于更多地点的控制。

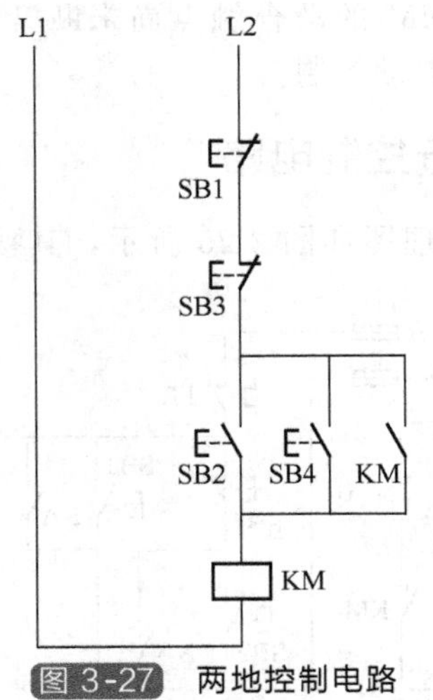

图 3-27 两地控制电路

3.2.11 多台电动机的顺序控制电路

在装有多台电动机的生产机械上，各电动机所起的作用不同，有时需要按一定的顺序启动才能保证操作过程的合理和工作的安全可靠。例如，机械加工车床要求油泵先给齿轮箱供油润滑，即要求油泵电动机必须先启动，待主轴润滑正常后，主轴电动机才允许启动。这种顺序关系反映在控制电路上，称为顺序控制。

图 3-28 所示是两台电动机 M1 和 M2 的顺序控制电路的原理图。与图 3-28(a) 对应的接线图如图 3-29 所示，与图 3-28(b) 对应的接线图如图 3-30 所示。

图 3-28(a) 所示控制电路的特点是，将接触器 KM1 的一副动合辅助触点串联在接触器 KM2 线圈的控制线路中。这就保证了只有当接触器 KM1 接通，电动机 M1 启动后，电动机 M2 才能启动，而且，如果由于某种原因（如过载或失压等）使接触器 KM1 失电释放而导致电动机 M1 停止时，电动机 M2 也立即停止，即可以保证电动机 M2 和 M1 同时停止。另外，该控制电路还可以实现单独停止电动机 M2。

图 3-28(b) 所示控制电路的特点是，电动机 M2 的控制线路是接在接触器 KM1 的动合辅助触点之后，其顺序控制作用与图 3-28(a) 相同，而且还可以节省一副动合辅助触点 KM1。

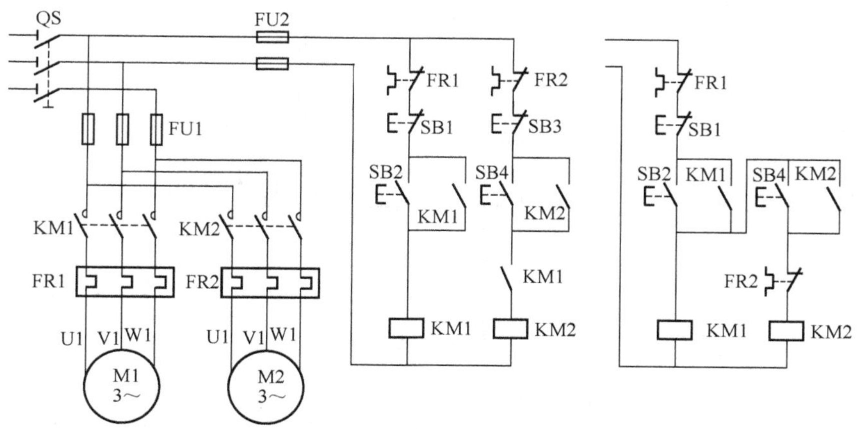

(a) 将KM1的动合触点串联在KM2线圈回路中　　(b) 将KM2的控制电路接在KM1的动合触点之后

图 3-28　两台电动机的顺序控制电路（原理图）

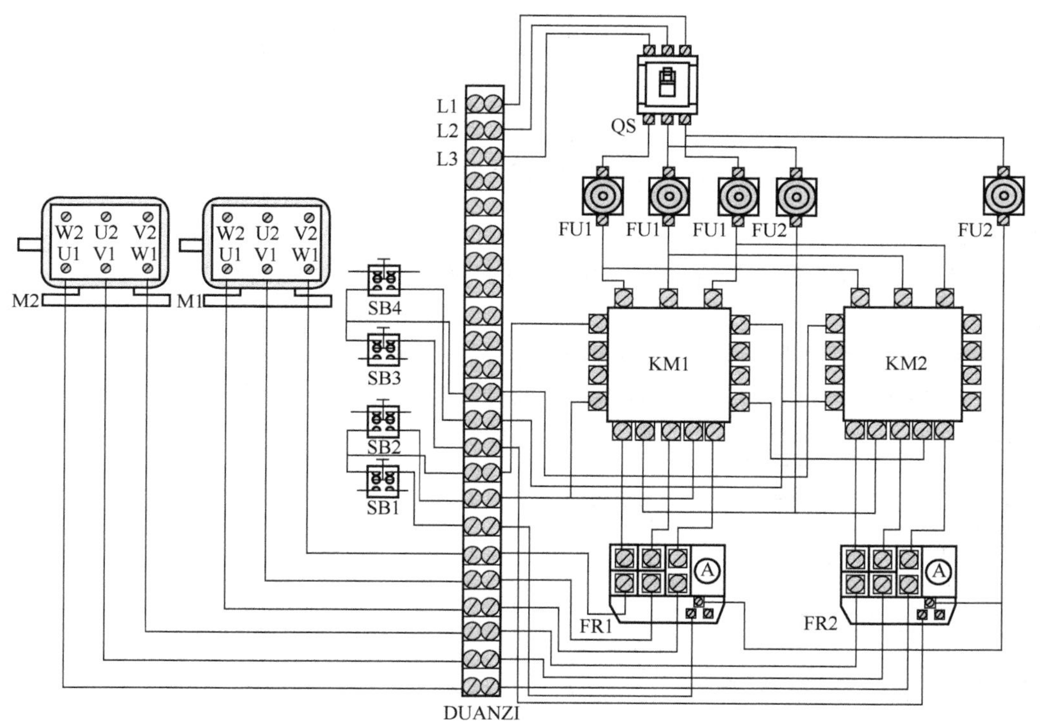

图 3-29　两台电动机的顺序控制电路（接线图一）

3.2.12　行程控制电路

行程控制就是用运动部件上的挡铁碰撞行程开关而使其触点动作，以接通或断开电路，来控制机械行程。

行程开关（又称限位开关）可以完成行程控制或限位保护。例如，在行程的两个终端处各安装一个行程开关，并将这两个行程开关的动断触点串接在控制电路中，就可以达到行程

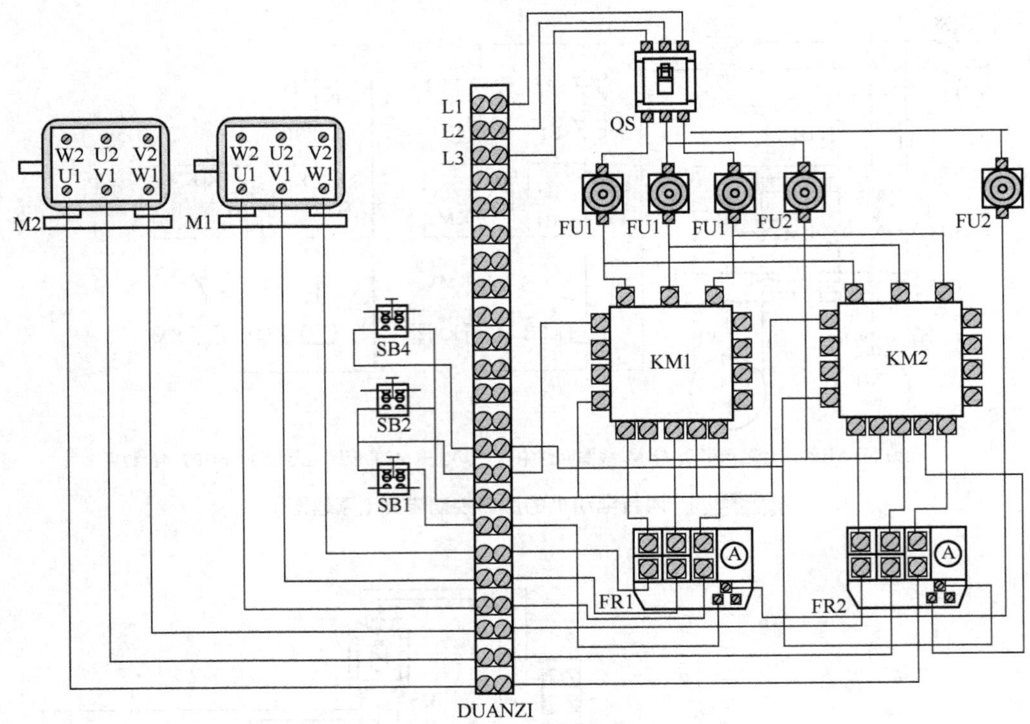

图 3-30　两台电动机的顺序控制电路（接线图二）

控制或限位保护。

行程控制或限位保护在摇臂钻床、万能铣床、桥式起重机及各种其他生产机械中经常被采用。

图 3-31(a) 所示为小车限位控制电路的原理图，它是行程控制的一个典型实例。其接线图如图 3-32 所示。该电路的工作原理如下：先合上电源开关 QS；然后按下向前按钮 SB2，

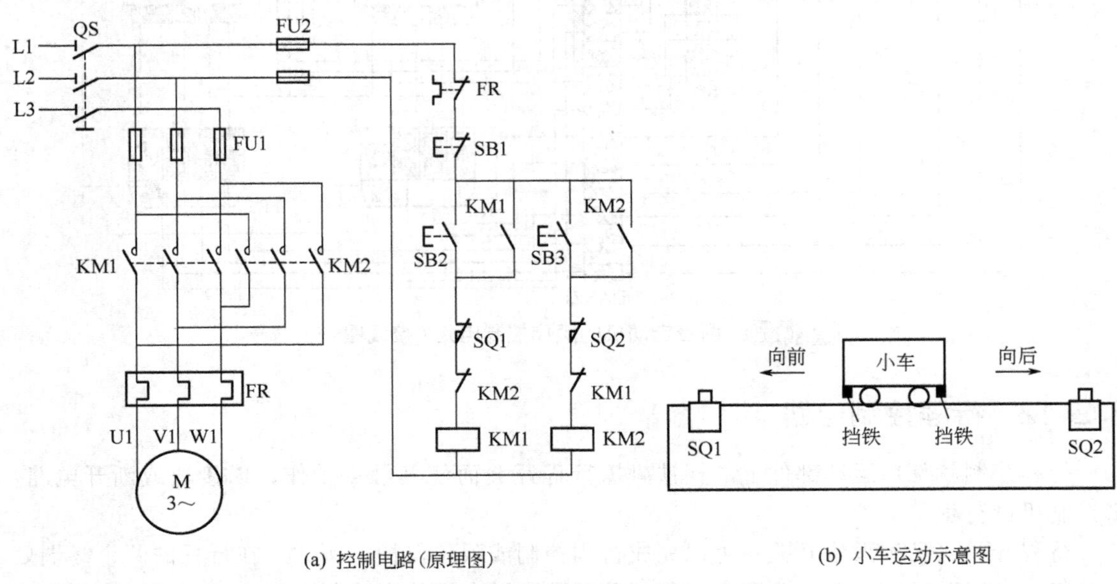

(a) 控制电路(原理图)　　(b) 小车运动示意图

图 3-31　行程控制电路

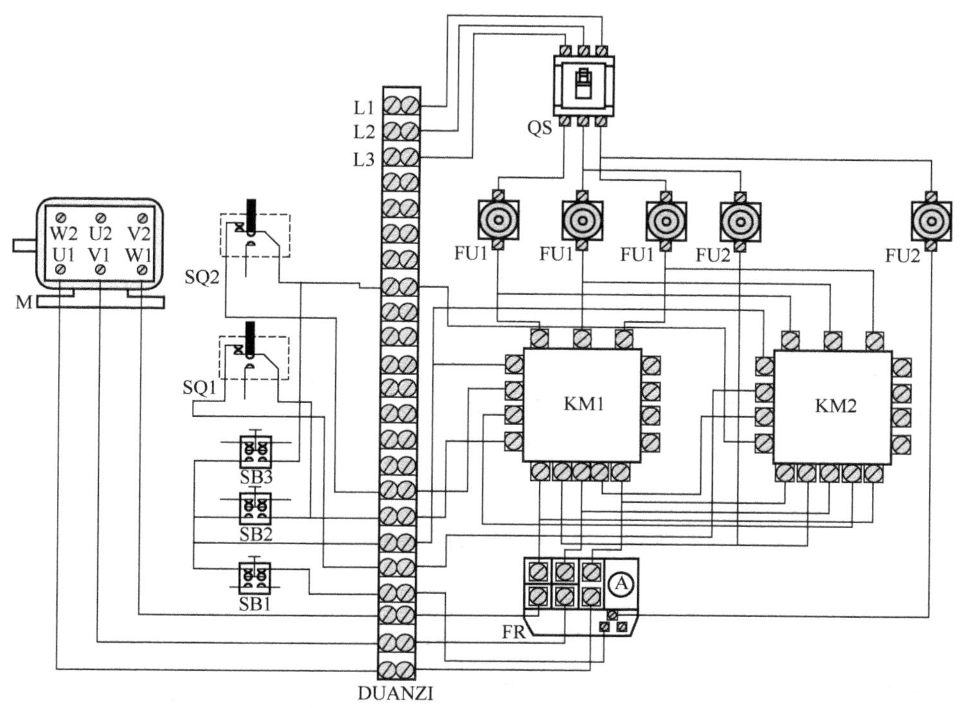

图 3-32 行程控制电路（接线图）

接触器 KM1 因线圈得电而吸合并自锁，电动机正转，小车向前运行；当小车运行到终端位置时，小车上的挡铁碰撞行程开关 SQ1，使 SQ1 的动断触点断开，接触器 KM1 因线圈失电而释放，电动机断电，小车停止前进。此时即使再按下向前按钮 SB2，接触器 KM1 的线圈也不会得电，保证了小车不会超过行程开关 SQ1 所在位置。

当按下向后按钮 SB3 时，接触器 KM2 因线圈得电而吸合并自锁，电动机反转，小车向后运行，行程开关 SQ1 复位，触点闭合。当小车运行到另一终端位置时，行程开关 SQ2 的动断触点被撞开，接触器 KM2 因线圈失电而释放，电动机断电，小车停止运行。

3.2.13 自动往复循环控制电路

有些生产机械，要求工作台在一定距离内能自动往复，不断循环，以使工件能连续加工。其对电动机的基本要求仍然是启动、停止和反向控制，所不同的是当工作台运动到一定位置时，能自动地改变电动机工作状态。

常用的自动往复循环控制电路如图 3-33 所示。

先合上电源开关 QS，然后按下启动按钮 SB2，接触器 KM1 因线圈得电而吸合并自锁，电动机正转启动，通过机械传动装置拖动工作台向左移动，当工作台移动到一定位置时，挡铁 1 碰撞行程开关 SQ1，使其动断触点断开，接触器 KM1 因线圈断电而释放，电动机停止，与此同时行程开关 SQ1 的动合触点闭合，接触器 KM2 因线圈得电而吸合并自锁，电动机反转，拖动工作台向右移动。同时，行程开关 SQ1 复位，为下次正转做准备。当工作台向右移动到一定位置时，挡铁 2 碰撞行程开关 SQ2，使其动断触点断开，接触器 KM2 因线圈断电而释放，电动机停止，与此同时行程开关 SQ2 的动合触点闭合，使接触器 KM1 线圈又得电，电动机又开始正转，拖动工作台向左移动。如此周而复始，使工作台在预定的行程

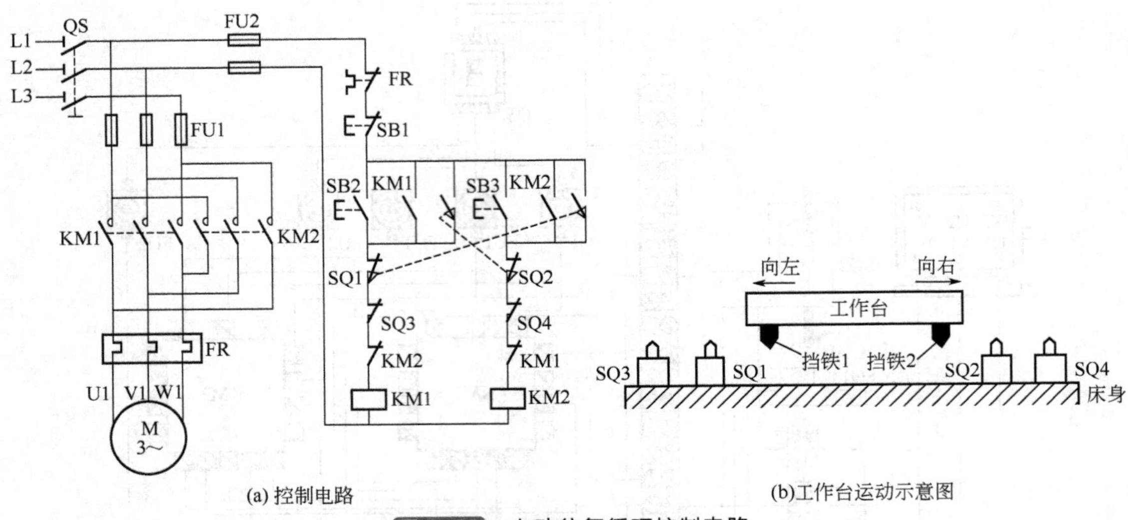

(a) 控制电路　　(b)工作台运动示意图

图 3-33　自动往复循环控制电路

内自动往复移动。

工作台的行程可通过移动挡铁（或行程开关 SQ1 和 SQ2）的位置来调节，以适应加工零件的不同要求。行程开关 SQ3 和 SQ4 用来作限位保护，安装在工作台往复运动的极限位置上，以防止行程开关 SQ1 和 SQ2 失灵，工作台继续运动不停止而造成事故。

带有点动的自动往复循环控制电路如图 3-34 所示，它是在图 3-33 中加入了点动按钮 SB4 和 SB5，以供点动调整工作台位置时使用。其工作原理与图 3-33 基本相同。

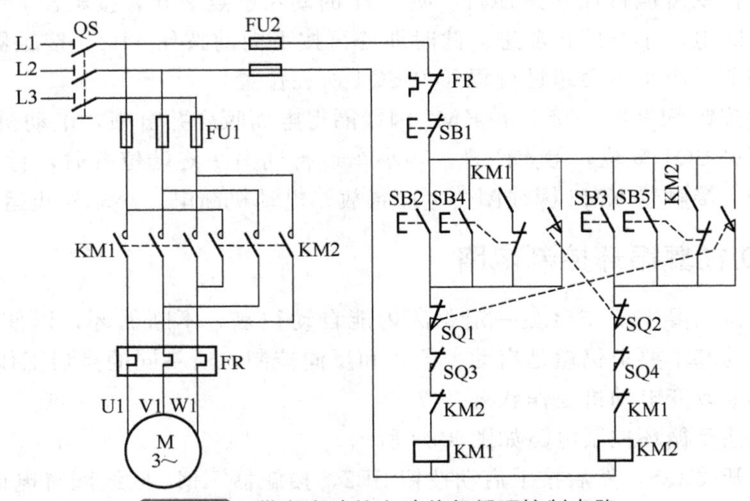

图 3-34　带有点动的自动往复循环控制电路

3.2.14　无进给切削的自动循环控制电路

为了提高加工精度，有的生产机械对自动往复循环还提出了一些特殊要求。以钻孔加工过程自动化为例，钻削加工时刀架的自动循环如图 3-35 所示。其具体要求是：刀架能自动地由位置 1 移动到位置 2 进行钻削加工；刀架到达位置 2 时不再进给，但钻头继续旋转，进行无进给切削以提高工件加工精度，短暂时间后刀架再自动退回位置 1。

无进给切削的自动循环控制电路如图 3-36 所示。这里采用行程开关 SQ1 和 SQ2 分别作为测量刀架运动到位置 1 和 2 的测量元件，由它们给出的控制信号通过接触器控制刀架位移电动机。按下进给按钮 SB2，正向接触器 KM1 因线圈得电而吸合并自锁，刀架位移电动机正转，刀架进给，当刀架到达位置 2 时，挡铁碰撞行程开关 SQ2，其动断触点断开，正转接触器 KM1 因线圈断电而释放，刀架位移电动机停止工作，刀架不再进给，但钻头继续旋转（其拖动电动机在图 3-36 中未绘出）进行无进给切削。与此同时，行程开关 SQ2 的动合触点闭合，接通时间继电器 KT 的线圈，开始计算无进给切削时间。到达预定无进给切削时间后，时间继电器 KT 延时闭合的动合触点闭合，使反转接触器 KM2 因线圈得电而吸合并自锁，刀架位移电动机反转，于是刀架开始返回。当刀架退回到位置 1 时，挡铁碰撞行程开关 SQ1，其动断触点断开，反转继电器 KM2 因线圈断电而释放，刀架位移电动机停止，刀架自动停止运动。

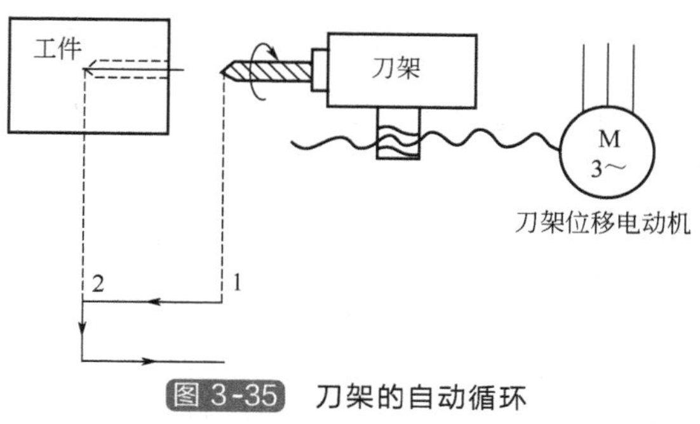

图 3-35　刀架的自动循环

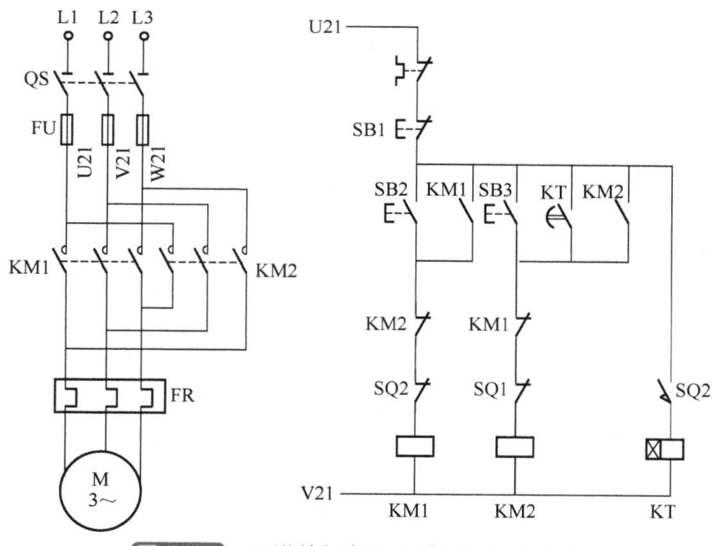

图 3-36　无进给切削的自动循环控制电路

3.3　直流电动机基本控制电路

3.3.1　交流电源驱动直流电动机控制电路

图 3-37 是一种最简单的交流电源驱动直流电动机控制电路，该控制电路是用 24V 交流电源经二极管桥式整流变为直流后，加到直流电动机上。这种控制电路比较简单，但是由于直流电压脉动比较大，使直流电动机的转矩波动较大，但对于高速旋转的直流电动机，这些影响都非常小，因此应用范围很广。

3.3.2 串励直流电动机刀开关可逆运行控制电路

由直流电动机的工作原理可知，将电枢绕组（或励磁绕组）反接，即改变电枢绕组（或励磁绕组）的电流方向，可以改变直流电动机的旋转方向。也就是说，改变直流电动机的旋转方向有以下两种方法：一是改变电枢电流的方向；二是改变励磁电流的方向。但是不能同时改变这两个电流的方向。

串励直流电动机刀开关可逆运行控制电路如图 3-38 所示。图中，S 为双刀双掷开关，切换刀开关S时，由于只改变电枢绕组的电流方向，而励磁绕组的电流方向始终不变，因此可以改变串励直流电动机的旋转方向。这种电路可用在电瓶车上。

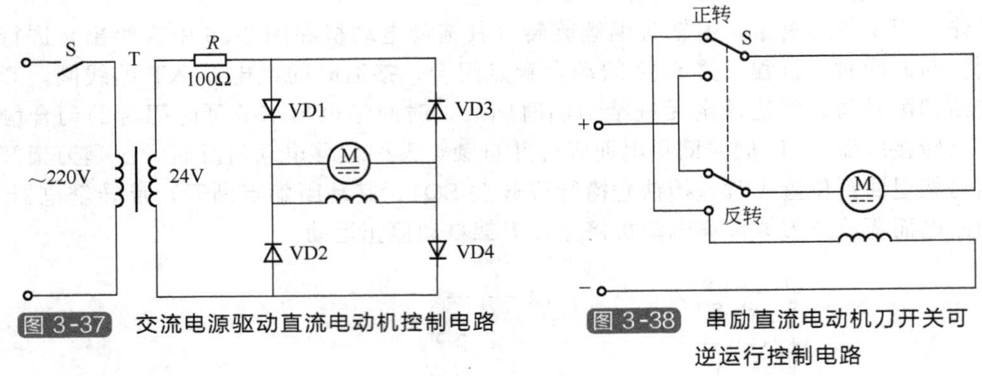

图 3-37 交流电源驱动直流电动机控制电路

图 3-38 串励直流电动机刀开关可逆运行控制电路

3.3.3 并励直流电动机可逆运行控制电路

因为并励和他励直流电动机励磁绕组的匝数多，电感量大，若要使励磁电流改变方向，一方面，在将励磁绕组从电源上断开时，绕组中会产生较大的自感电动势，很容易把励磁绕组的绝缘击穿；另一方面，在改变励磁电流方向时，由于中间有一段时间励磁电流为零，容易出现“飞车”现象。所以一般情况下，并励和他励直流电动机多采用改变电枢绕组中电流的方向来改变电动机的旋转方向。

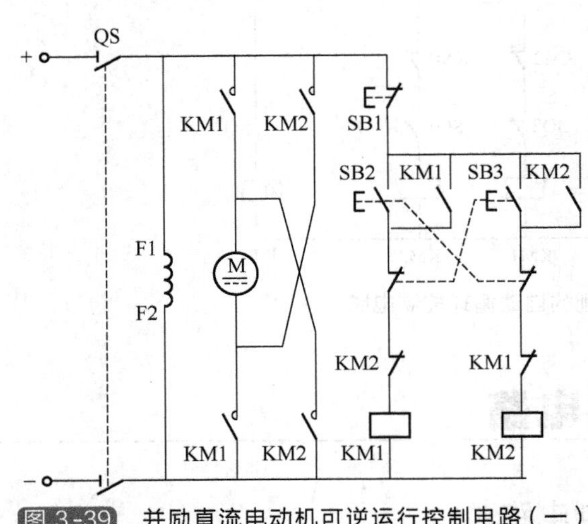

图 3-39 并励直流电动机可逆运行控制电路（一）

图 3-39 是一种并励直流电动机正反向（可逆）运行控制电路，其控制部分与交流异步电动机正反向（可逆）运行控制电路相同，故工作原理也基本相同。

图 3-40 也是一种并励直流电动机可逆运行控制电路。图中，KM1、KM2 为正反转接触器，R_f为放电电阻，SB2 为正转启动按钮，SB3 为反转启动按钮，SB1 为停止按钮。

正转启动时，合上电源开关 QS，按下正转启动按钮 SB2，正转直流接触器 KM1 线圈得电吸合并自锁，KM1 的主触点闭合，电动机的励磁绕组得到励磁电流，与此同时接通电枢回路，电动机正向启动并运行。另外，由于在 KM1 通电时，其串联在 KM2 线圈电路中

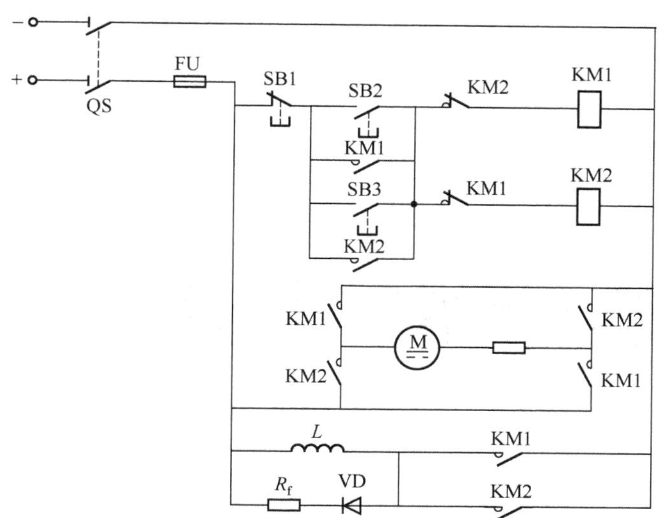

图 3-40　并励直流电动机可逆运行控制电路（二）

的常闭触点断开，切断了反转控制接触器 KM2 的回路，使 KM2 不能得电，起到互锁作用，确保电动机正转能正常进行。

若要使正在正转的电动机反转时，应先按下停止按钮 SB1，使正转接触器断电复位后，再按下反转启动按钮 SB3，反转接触器 KM2 线圈得电并自锁，KM2 的主触点闭合，使电动机的励磁绕组中的电流方向不变（与正转运行时相同），而反向接通电枢回路，直流电动机反向启动并运行。另外，KM2 串联在 KM1 线圈电路中的常闭触点断开，使 KM1 不能得电，起到互锁作用。

若要电动机停转，只需按下停止按钮 SB1，KM1（或 KM2）断电，主触点切断电动机电枢电源，电动机停转。

为了防止过电压损坏电动机，在励磁回路中接有放电电阻 R_f，其阻值一般为励磁绕组电阻的 5～8 倍。

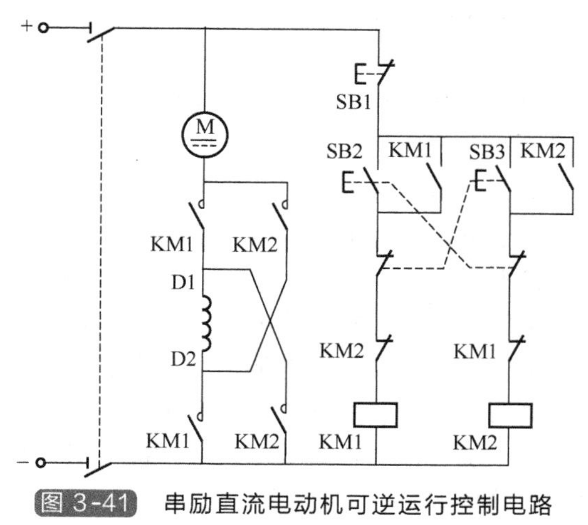

图 3-41　串励直流电动机可逆运行控制电路

3.3.4　串励直流电动机可逆运行控制电路

因为串励直流电动机励磁绕组的匝数少，电感量小，而且励磁绕组两端的电压较低，反接较容易。所以一般情况下，串励直流电动机多采用改变励磁绕组中电流的方向来改变电动机的旋转方向。图 3-41 是串励直流电动机正反向（可逆）运行控制电路，其控制部分与图 3-39 完全相同，故动作原理也基本相同。

第4章 常用电动机启动控制电路

4.1 笼型三相异步电动机定子绕组串电阻（或电抗器）减压启动控制电路

对于大中容量的笼型异步电动机，当电动机容量超过其供电变压器的规定值（变压器只为动力用时，取变压器容量的25%；变压器为动力、照明共用时，取变压器容量的35%）时，一般应采用减压启动方式，以防止过大的启动电流引起很大的线路压降，并影响电网的供电质量。另外，由于笼型三相异步电动机的启动电流约为额定电流的4～7倍，在电动机频繁启动的情况下，过大的启动电流将会造成电动机严重发热，以致加速绝缘老化，大大缩短电动机的使用寿命。因此，也应采用减压启动方式。

减压启动是指降低电动机定子绕组的相电压进行启动，以限制电动机的启动电流。当电动机的转速升高到一定值时，再使定子绕组电压恢复到额定值。由于电动机的电磁转矩与定子绕组相电压的二次方成正比，减压启动时，电动机的启动转矩将大大降低，因此，减压启动方法仅适用于空载或轻载时的启动。

定子绕组串联电阻（或电抗器）减压启动是在三相异步电动机的定子绕组电路中串入电阻（或电抗器），启动时，利用串入的电阻（或电抗器）起降压限流作用，待电动机转速升到一定值时，将电阻（或电抗器）切除，使电动机在额定电压下稳定运行。由于定子绕组电路中串入的电阻要消耗电能，所以大、中型电动机常采用串电抗器的减压启动方法，它们的控制电路是一样的。现仅以串电阻启动控制电路为例说明其工作原理。

定子绕组串电阻（或电抗器）减压启动控制电路有手动接触器控制及时间继电器自动控制等几种形式。

4.1.1 手动接触器控制的串电阻减压启动控制电路

手动接触器控制的串电阻减压启动控制电路的原理图如图4-1所示。由控制电路可以看出，接触器KM1和KM2是按顺序工作的。

图4-1(a) 所示控制电路的工作原理如下：欲启动电动机，先合上电源开关QS，然后按下启动按钮SB2，接触器KM1因线圈得电而吸合并自锁，接触器KM1主触点闭合，电动

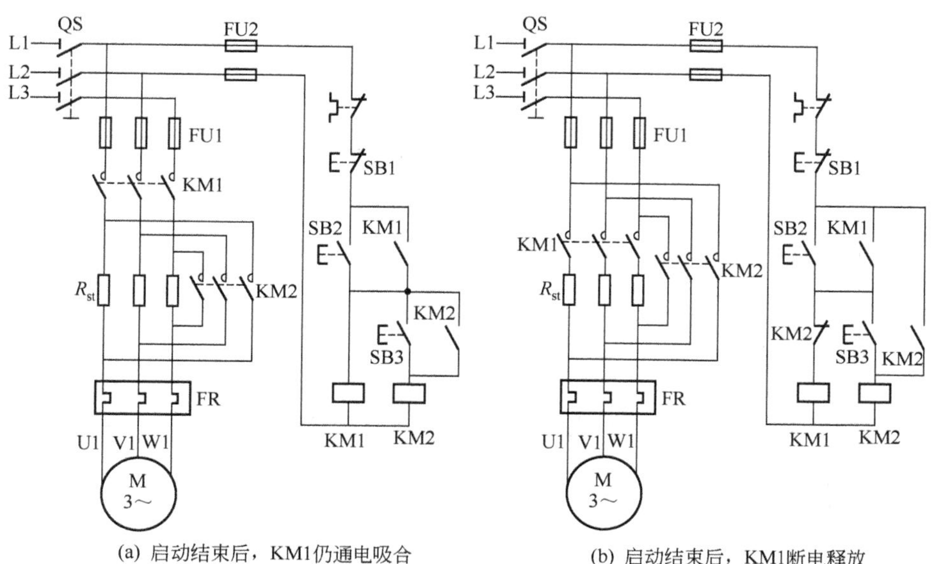

(a) 启动结束后，KM1仍通电吸合　　(b) 启动结束后，KM1断电释放

图 4-1　手动接触器控制的串电阻减压启动控制电路

机 M 定子绕组串电阻 R_{st} 减压启动。当电动机的转速接近额定值时，按下按钮 SB3，接触器 KM2 因线圈得电而吸合并自锁，接触器 KM2 主触点闭合，将启动电阻 R_{st} 短接，使电动机 M 全压运行。图 4-1(b) 所示控制电路的工作原理与图 4-1(a) 的不同之处是：接触器 KM2 吸合时，其一副动断辅助触点断开，使接触器 KM1 因线圈断电而释放。

该控制电路的缺点是，从启动到全压运行需人工操作，所以启动时要按两次按钮，很不方便，故一般采用时间继电器控制的自动控制电路。

4.1.2　时间继电器控制的串电阻减压启动控制电路

时间继电器控制的串电阻减压启动控制电路的原理图如图 4-2 所示。它用时间继电器代替按钮 SB3，启动时只需按一次启动按钮，从启动到全压运行由时间继电器自动完成。

图 4-2(a) 所示控制电路工作原理如下：欲启动电动机，先合上电源开关 QS，然后按下启动按钮 SB2，接触器 KM1 与时间继电器 KT 因线圈得电而同时吸合并自锁，接触器 KM1 主触点闭合，电动机 M 定子绕组串电阻 R_{st} 减压启动。当时间继电器 KT 到达预先给定的延时值时，其延时闭合的动合触点闭合，接触器 KM2 因线圈得电而吸合，KM2 主触点闭合，将启动电阻 R_{st} 短接，使电动机 M 全压运行。采用该控制电路，在电动机运行时，接触器 KM1、KM2 和时间继电器 KT 线圈内都通有电流。为了避免这一缺点，可改进为图 4-2(b) 所示的控制电路。

图 4-2(b) 所示控制电路工作原理如下：欲启动电动机，先合上电源开关 QS，然后按下启动按钮 SB2，接触器 KM1 与时间继电器 KT 因线圈得电而同时吸合并自锁，接触器 KM1 主触点闭合，电动机 M 定子绕组串电阻 R_{st} 降压启动。当时间继电器 KT 到达预先给定的延时值时，其延时闭合的动合触点闭合，接触器 KM2 因线圈得电而吸合并自锁，KM2 主触点闭合，将启动电阻 R_{st} 短接，使电动机 M 全压运行。与此同时，接触器 KM2 的动断辅助触点断开，使接触器 KM1 因线圈断电而释放。所以电动机全压运行时，只有接触器 KM2 接入电路。

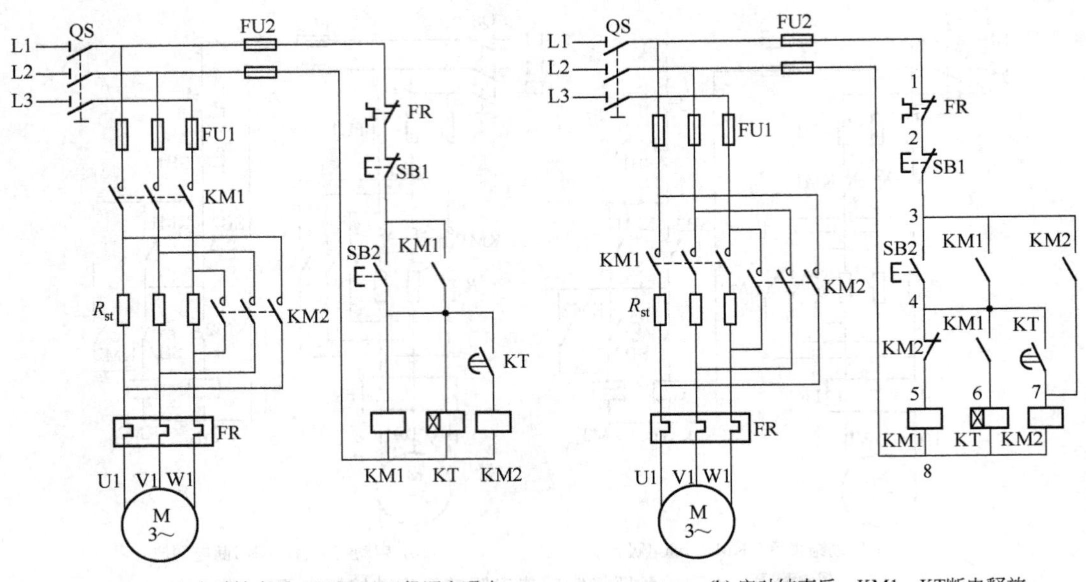

(a) 启动结束后，KM1、KT仍通电吸合　　(b) 启动结束后，KM1、KT断电释放

图 4-2　时间继电器控制的串电阻减压启动控制电路

4.1.3　定子绕组串入的启动电阻或启动电抗的简易计算

定子绕组串电阻或电抗器减压启动的原理图如图 4-3(a) 及 (b) 所示。启动时接触器 KM1 闭合，KM2 断开，电动机定子绕组通过电阻 R_{st} 或电抗 X_{st} 接入电网减压启动。启动后，KM2 闭合，切除 R_{st} 或 X_{st}，电动机全压正常运行。选用合适的电阻 R_{st} 或电抗 X_{st}，可有效地限制启动电流。

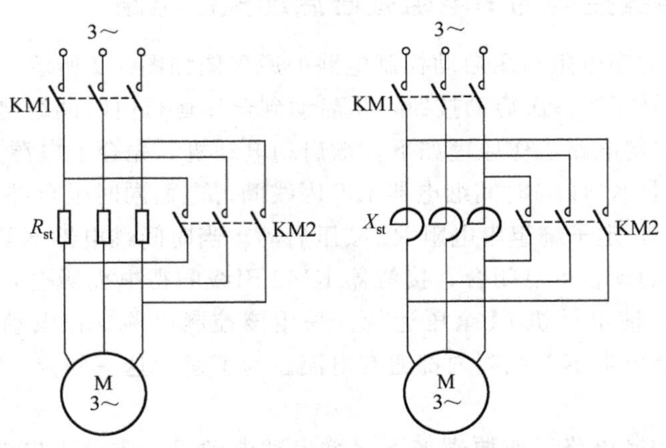

(a) 定子绕组串电阻减压启动　　(b) 定子绕组串电抗器减压启动

图 4-3　定子绕组串电阻或电抗器减压启动的原理图

图 4-4(a) 和图 4-4(b) 分别示出了直接启动和定子绕组串电抗器启动的每相等值电路图。

从图 4-4(a) 上可见加在定子绕组上的电压为电源电压 U_1。从图 4-4(b) 上可见加定子绕组上电压为 U_1'。而电抗器 X_{st} 分去了一部分电压。由于定子绕组的电压降低了，也就减

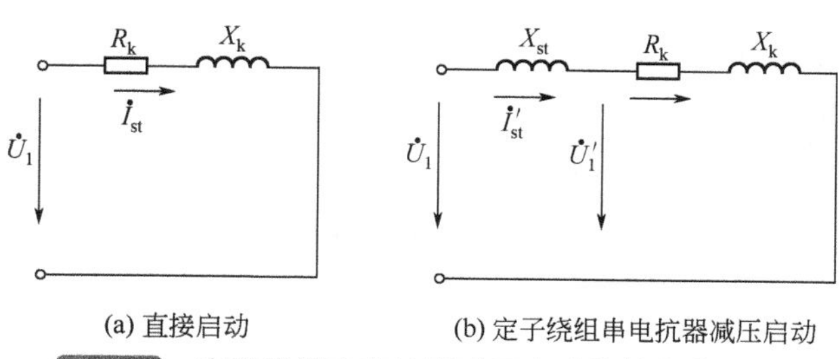

图 4-4 定子绕组串电抗器减压启动的等值电路图

小了启动电流。设电动机的短路阻抗为 Z_k（由于三相异步电动机的短路电抗 X_k 近似等于 Z_k，因此，串电抗器 X_{st} 启动时，可以近似把 Z_k 看成电抗性质，把 Z_k 的模直接与 X_{st} 相加，而不考虑阻抗角，其误差并不大），全压启动时的启动电流为 I_{st}，启动转矩为 T_{st}。当电动机定子绕组串电阻或电抗器后，电动机的启动电流为 I'_{st}，启动转矩为 T'_{st}，全压启动时的启动电流 I_{st} 与降压启动电流 I'_{st} 之比为 a，则上述各物理量之间的关系为

$$\left.\begin{aligned}\frac{U'_1}{U_1}&=\frac{Z_k}{Z_k+X_{st}}=\frac{1}{a}\\\frac{I'_{st}}{I_{st}}&=\frac{U'_1}{U_1}=\frac{1}{a}=\frac{Z_k}{Z_k+X_{st}}\\\frac{T'_{st}}{T_{st}}&=\left(\frac{U'_1}{U_1}\right)^2=\frac{1}{a^2}=\left(\frac{Z_k}{Z_k+X_{st}}\right)^2\end{aligned}\right\}\tag{4-1}$$

从式(4-1) 可见定子串电抗器启动，使启动电流降低为直接启动时的$\frac{1}{a}$倍，而启动转矩则降低为直接启动时的$\frac{1}{a^2}$倍。只能适用于空载启动或轻载启动。

工程实际中，往往先给定线路允许的电动机启动电流 I'_{st} 的大小，再计算启动电抗 X_{st} 的大小，计算公式推导如下

$$\frac{I'_{st}}{I_{st}}=\frac{1}{a}=\frac{Z_k}{Z_k+X_{st}}$$

$$aZ_k=Z_k+X_{st}$$

则

$$X_{st}=(a-1)Z_k\tag{4-2}$$

当电动机的绕组为 Y 接时，电动机的短路阻抗为

$$Z_k=\frac{U_N}{\sqrt{3}I_{st}}=\frac{U_N}{\sqrt{3}K_II_N}\tag{4-3}$$

定子回路串电阻启动也属于降压启动，也可以降低启动电流。但外串电阻器有较大的有功功率损耗，不利于节能，不适用于大、中型异步电动机。

例 4-1 一台笼型三相异步电动机：额定功率 $P_N=75\text{kW}$，额定电压 $U_N=380\text{V}$，额定电流 $I_N=136\text{A}$，电动机的定子绕组为 Y 接，启动电流倍数 $K_I=6.5$，启动转矩倍数 $K_T=1.1$，供电变压器限制该电动机最大启动电流为 500A。

（1）若电动机空载启动，启动时采用定子绕组串电抗器启动，求每相串入的电抗最少应是多大？

（2）若拖动 $T_L=0.3T_N$ 恒转矩负载，可不可以采用定子串电抗器方法启动？若可以，计算每相串入的电抗值的范围是多少？

解:

(1) 空载启动每相串入电抗值计算

直接启动的启动电流 I_{st}

$$I_{st}=K_I I_N=6.5\times136=884\text{A}$$

直接启动电流 I_{st} 与串电抗（最小值）时的启动电流的比值 a

$$a=\frac{I_{st}}{I'_{st}}=\frac{884}{500}=1.768$$

因为电动机的定子绕组为Y接，所以电动机的短路阻抗 Z_k 为

$$Z_k=\frac{U_N}{\sqrt{3}I_{st}}=\frac{380}{\sqrt{3}\times884}=0.248\Omega$$

每相串入电抗 X_{st} 最小值根据式(4-2) 计算为

$$X_{st}=(a-1)\ Z_k=(1.768-1)\ \times0.248=0.190\Omega$$

(2) 拖动 $T_L=0.3T_N$ 恒转矩负载启动的计算

串电抗启动时最小启动转矩为

$$T'_{st1}=1.1T_L=1.1\times0.3T_N=0.33T_N$$

串电抗器启动转矩和直接启动转矩之比值

$$\frac{T'_{st1}}{T_{st}}=\frac{0.33T_N}{K_T T_N}=\frac{0.33}{1.1}=0.3=\frac{1}{a_1^2}$$

串电抗器启动电流与直接启动电流比值

$$\frac{I'_{st1}}{I_{st}}=\frac{1}{a_1}=\sqrt{\frac{1}{a_1^2}}=\sqrt{0.3}=0.548$$

启动电流

$$I'_{st1}=\frac{1}{a_1}I_{st}=0.548\times884=484.4\text{A}<500\text{A}$$

可以串电抗启动。因为 $\frac{1}{a_1}=0.548$，所以 $a_1=1.825$，故每相串入的电抗最大值为

$$X_{st1}=(a_1-1)Z_k=(1.825-1)\times0.248=0.205\Omega$$

每相串入电抗的最小值为 $X_{st}=0.190\Omega$ 时，$T'_{st}=\frac{1}{a_1^2}T_{st}=\frac{1}{a_1^2}K_T T_N=0.3\times1.1T_N=0.352T_N>T'_{st1}$，因此电抗值的范围即为 0.190～ 0.205Ω。

4.2 笼型三相异步电动机自耦变压器（启动补偿器）减压启动控制电路

自耦变压器减压启动又称启动补偿器减压启动，是利用自耦变压器来降低启动时加在电动机定子绕组上的电压，达到限制启动电流的目的。启动结束后将自耦变压器切除，使电动机全压运行。自耦变压器减压启动常采用一种叫做自耦减压启动器（又称启动补偿器）的控制设备来实现，可分手动控制与自动控制两种。

4.2.1 手动控制的自耦减压启动器减压启动

图 4-5 所示为 QJ3 型自耦减压启动器控制电路，自耦变压器的抽头可以根据电动机启动

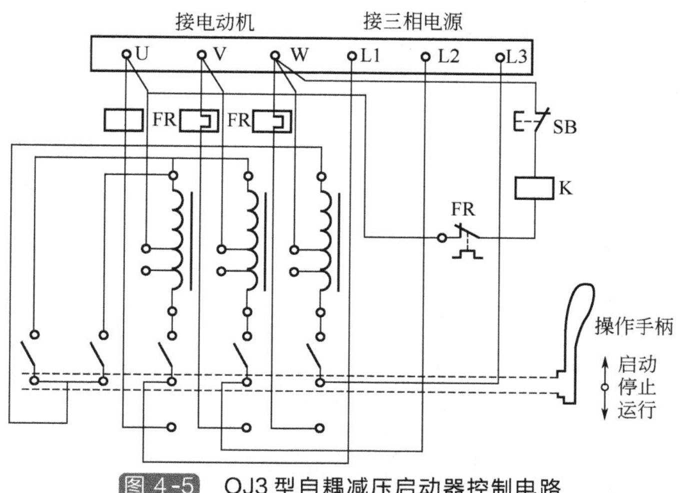

图 4-5　QJ3 型自耦减压启动器控制电路

时负载的大小来选择。

启动时，先把操作手柄转到“启动”位置，这时自耦变压器的三相绕组连接成 Y 接法，三个首端与三相电源相连接，三个抽头与电动机相连接，电动机在降压下启动。当电动机的转速上升到较高转速时，将操作手柄转到“运行”位置，电动机与三相电源直接连接，电动机在全压下运行，自耦变压器失去作用。若欲停止，只要按下按钮 SB，则失压脱扣器 K 的线圈断电，机械机构使操作手柄回到“停止”位置，电动机即停止。

4.2.2　时间继电器控制的自耦变压器减压启动

图 4-6 所示为时间继电器控制的自耦变压器减压启动控制电路的原理图。启动时，先合上电源开关 QS，然后按下启动按钮 SB2，接触器 KM1、KM2 与时间继电器 KT 因线圈得电而同时吸合并自锁，接触器 KM1、KM2 的主触点闭合，电动机定子绕组经自耦变压器接至电源减压启动。当时间继电器 KT 到达延时值时，其动断触点断开，使接触器 KM1 因线圈断电而释放，KM1 主触点断开；与此同时，时间继电器 KT 延时闭合的动合触点闭合，使接触器 KM3 因线圈得电而吸合并自锁，KM3 主触点闭合，电动机进入全压正常运行，而此时接触器 KM3 的动断辅助触点也同时断开，使接触器 KM2 与时间继电器 KT 因线圈断电而释放，KM2 主触点断开，将自耦变压器从电网上切除。

自耦变压器减压启动与定子绕组串电阻减压启动相比较，在同样的启动转矩时，对电网的电流冲击小，功率损耗小。缺点是自耦变压器相对电阻器结构复杂、价格较高。因此，自耦变压器减压启动主要用于启动较大容量的电动机，以减小启动电流对电网的影响。

4.2.3　自耦变压器减压启动的简易计算

自耦变压器减压启动又称为启动补偿器降压启动。这种启动方法只利用一台自耦变压器来降低加于三相异步电动机定子绕组上的端电压，其控制电路如图 4-7 所示。

采用自耦变压器降压启动时，应将自耦变压器的高压侧接电源，低压侧接电动机。设自耦变压器的二次电压 U_2 与一次侧电压 U_1 之比为 a，则

$$a=\frac{U_2}{U_1}=\frac{N_2}{N_1}=\frac{1}{K} \tag{4-4}$$

式中 N_1——自耦变压器一次绕组的匝数；

N_2——自耦变压器二次绕组的匝数；

K——自耦变压器的变比。

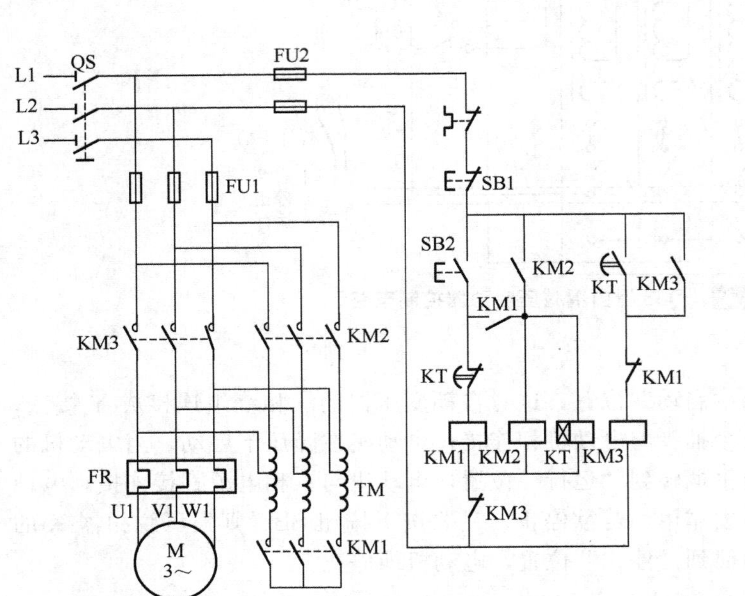

图 4-6 时间继电器控制的自耦变压器减压启动控制电路

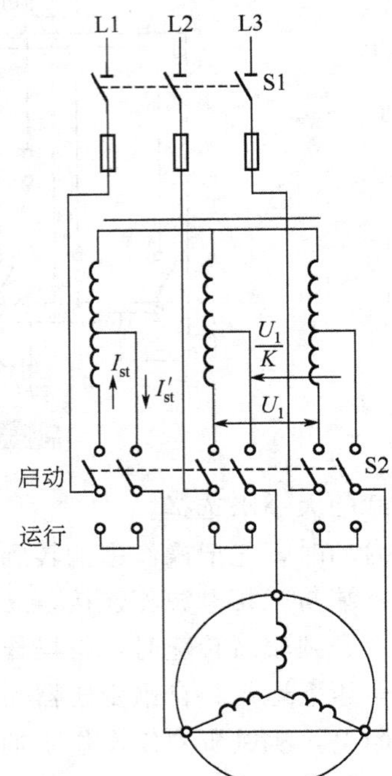

图 4-7 自耦变压器减压启动原理图

因为当三相异步电动机定子绕组的接法一定时，电动机的启动电流与在电动机定子绕组上所施加的电压成正比。所以，采用自耦变压器降压启动时电动机的启动电流 I''_{st} 与直接启动时电动机的启动电流 I_{st} 之间的关系为

$$\frac{I''_{st}}{I_{st}}=\frac{U_2}{U_1}=\frac{N_2}{N_1}=\frac{1}{K} \tag{4-5}$$

由于自耦变压器一、二次侧的容量相等，即 $U_1I_1=U_2I_2$，因此自耦变压器的一次电流 I_1 与自耦变压器的二次电流 I_2 之间的关系为

$$\frac{I_1}{I_2}=\frac{U_2}{U_1}=\frac{N_2}{N_1}=\frac{1}{K} \tag{4-6}$$

因为采用自耦变压器降压启动时，电网提供的启动电流 $I'_{st}=I_1$，而自耦变压器二次电流 $I_2=I''_{st}$，所以，采用自耦变压器降压启动时电网提供的启动电流 I'_{st} 与直接启动时电网提供的启动电流 I_{st} 的比值为

$$\frac{I'_{st}}{I_{st}}=\frac{I'_{st}}{I_{st}}\times\frac{I_2}{I_2}=\frac{I'_{st}}{I_2}\times\frac{I_2}{I_{st}}=\frac{I_1}{I_2}\times\frac{I''_{st}}{I_{st}}=\frac{1}{K^2} \tag{4-7}$$

由于三相异步电动机的启动转矩与定子绕组相电压的平方成正比。若直接启动时电动机的启动转矩为 T_{st}，采用自耦变压器降压启动时的启动转矩为 T'_{st}，则

$$\frac{T'_{st}}{T_{st}}=\left(\frac{U_2}{U_1}\right)^2=\left(\frac{N_2}{N_1}\right)^2=\frac{1}{K^2} \tag{4-8}$$

由此可见，采用自耦变压器降压启动时，与直接启动相比较，电压降低为原来的$\frac{N_2}{N_1}$，启动电流与启动转矩降低为原来直接启动时的$\left(\frac{N_2}{N_1}\right)^2$。

实际上，启动用的自耦变压器一般备有几个抽头可供选择。例如，QJ_2型有三种抽头，其电压等级分别是电源电压的 55%$\left(即\frac{N_2}{N_1}=55\%\right)$、64%、73%；$QJ_3$型也有三种抽头，分别为 40%、60%、80%等。选用不同的抽头比$\frac{N_2}{N_1}$，即不同的 $a\left(=\frac{1}{K}\right)$值，就可以得到不同的启动电流和启动转矩，以满足不同的启动要求。

与 Y-△启动相比，自耦变压器启动有几种电压可供选择，比较灵活，在启动次数少、容量较大的笼型异步电动机上应用较为广泛。但是自耦变压器体积大，价格高，维修麻烦，而且不允许频繁启动，也不能带重负载启动。

4.3　笼型三相异步电动机星形-三角形（Y-△）减压启动控制电路

Y-△启动只能用于正常运行时定子绕组为△形连接（其定子绕组相电压等于电动机的额定电压）的三相异步电动机，而且定子绕组应有 6 个接线端子。启动时将定子绕组接成 Y 形（其定子绕组相电压降为电动机额定电压的$\frac{1}{\sqrt{3}}$倍），待电动机的转速升到一定程度时，再改接成△形，使电动机正常运行。Y-△启动控制电路有按钮切换控制和时间继电器自动切换控制两种。

4.3.1　按钮切换的控制电路

按钮切换控制电路的原理图如图 4-8 所示。启动时，先合上电源开关 QS，然后按下启

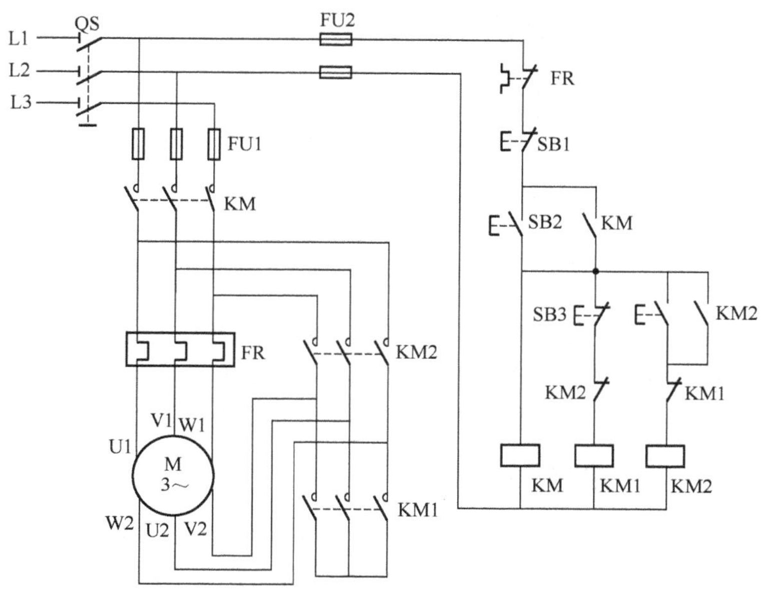

图 4-8　按钮切换 Y-△减压启动控制电路

动按钮 SB2，接触器 KM、KM1 因线圈得电而同时吸合并自锁，接触器 KM1 的主触点闭合，将电动机的定子绕组接成 Y 形，而与此同时，接触器 KM 的主触点闭合，将电动机接至电源，电动机以 Y 接法启动。将电动机的转速升高到一定值时，按下按钮 SB3，使接触器 KM1 因线圈断电而释放，KM1 主触点断开，使电动机 Y 接法启动结束；与此同时，接触器 KM1 的动断辅助触点恢复闭合，使接触器 KM2 因线圈得电而吸合并自锁，KM2 主触点闭合，将电动机的定子绕组接成△形，使电动机以△接法投入正常运行，而接触器 KM2 的动断辅助触点也断开，起到了与接触器 KM1 的联锁作用。

4.3.2 时间继电器自动切换的控制电路

图 4-9 为时间继电器自动切换 Y-△减压启动控制电路的原理图。启动时，先合上电源开关 QS，然后按下启动按钮 SB2，接触器 KM、KM1 与时间继电器 KT 因线圈得电而同时吸合并自锁，接触器 KM1 的主触点闭合，将电动机的定子绕组接成 Y 形，而与此同时，接触器 KM 的主触点闭合，将电动机接至电源，电动机以 Y 接法启动。当时间继电器 KT 到达延时值时，其延时断开的动断触点断开，使接触器 KM1 因线圈断电而释放，KM1 主触点断开，使电动机 Y 接法启动结束；而与此同时，时间继电器 KT 延时闭合的动合触点闭合，使接触器 KM2 因线圈得电而吸合并自锁，KM2 主触点闭合，将电动机的定子绕组接成△形，使电动机△接法投入正常运行。

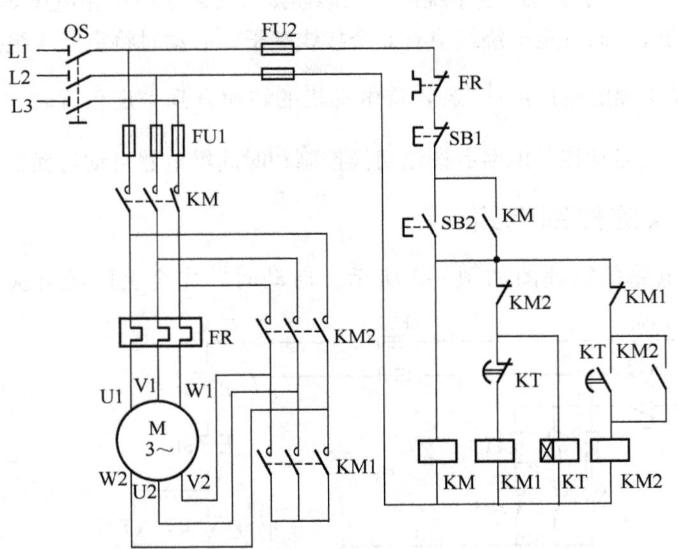

图 4-9 时间继电器控制 Y-△减压启动控制电路

Y-△启动的优点在于 Y 形启动时启动电流只是原来 △形接法时的 1/3，启动电流较小，而且结构简单、价格便宜。缺点是 Y 形启动时启动转矩也相应下降为原来△形接法时的 1/3，启动转矩较小，因而 Y-△ 启动只适用于空载或轻载启动的场合。

4.3.3 Y-△减压启动的简易计算

星-三角（Y-△）启动只适用于在正常运行时定子绕组为三角形连接且三相绕组首尾六个端子全部引出来的电动机。Y-△启动的原理图如图 4-10 所示。启动时先合上电源开关 S1，再把转换开关 S2 投向“启动”位置（Y），此时定子绕组为星形连接（简称 Y 接），加在定子每相绕组上的电压为电动机的额定电压 U_{1N} 的 $\frac{1}{\sqrt{3}}$ 倍，当电动机的转速升到接近额定转速时，再把转换开关 K_2 投向“运行”位置（△），此时定子绕组换为三角形连接（简称△接），电动机定子每相绕组加额定电压 U_{1N} 运行，故这种启动方法称为 Y-△换接降压启动，简称 Y-△启动。由于切换时电动机的转速已接近正常运行时的转速，所以冲击电流就不大了。

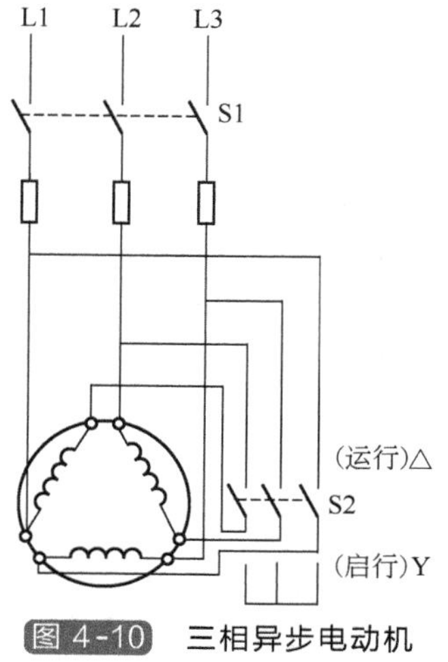

图 4-10　三相异步电动机 Y-△启动原理图

对于正常运行时定子绕组为△接的三相异步电动机，当采用直接启动时，定子绕组为△接，如图 4-11(a) 所示，此时电动机定子绕组的电压 $U_{1\phi}=U_{1N}$，设电动机启动时每相阻抗为 Z_k，则采用直接启动时，电动机定子绕组的相电流 $I_{st△}$ 为

$$I_{st\triangle}=\frac{U_{1\phi}}{Z_{st}}=\frac{U_{1N}}{Z_k} \tag{4-9}$$

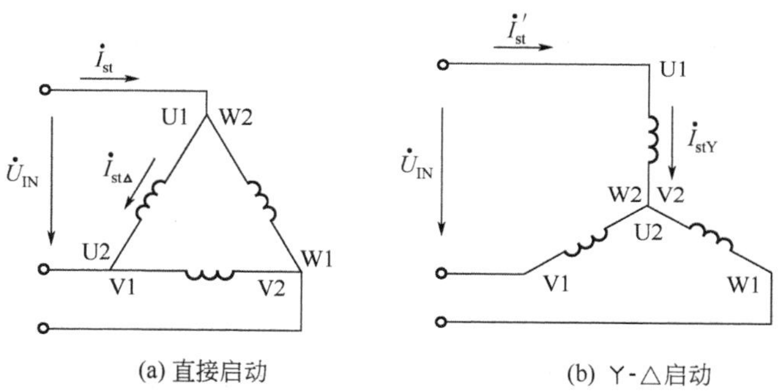

(a) 直接启动　　(b) Y-△启动

图 4-11　三相异步电动机 Y-△启动的启动电流

由于此时电动机定子绕组为△接，所以电动机定子绕组的线电流（即直接启动时电网提供的启动电流）I_{st} 应为

$$I_{st}=\sqrt{3}I_{st\triangle}=\sqrt{3}\frac{U_{1N}}{Z_k} \tag{4-10}$$

对于正常运行时定子绕组为△接的三相异步电动机，若采用 Y-△启动，启动时定子绕组为 Y 接，如图 4-11(b) 所示，此时电动机定子绕组的相电压 $U'_{1\phi}=\frac{1}{\sqrt{3}}U_{1N}$，同样，设电动机启动时每相阻抗为 Z_k，则采用 Y-△启动法进行启动时，电动机定子绕组的相电流 I_{stY} 为

$$I_{stY}=\frac{U'_{1\phi}}{Z_k}=\frac{U_{1N}}{\sqrt{3}Z_k} \tag{4-11}$$

由于此时电动机定子绕组为 Y 接，所以电动机定子绕组的线电流（即采用 Y-△启动法进行启动时电网提供的启动电流）I'_{st} 应为

$$I'_{st}=I_{stY}=\frac{U_{1N}}{\sqrt{3}Z_k}$$

上述两种启动方法由电网提供的启动电流的比值为

$$\frac{I'_{st}}{I_{st}}=\frac{\dfrac{U_{1N}}{\sqrt{3}Z_k}}{\sqrt{3}\dfrac{U_{1N}}{Z_k}}=\frac{1}{3} \tag{4-12}$$

由此可见，对于同一台三相异步电动机，采用Y-△启动时，由电网提供的启动电流仅为采用直接启动时的1/3。

由于三相异步电动机的启动转矩与定子绕组相电压的平方成正比。若采用△接直接启动时的启动转矩为T_{st}，采用Y-△启动时电动机的启动转矩为T'_{st}，则

$$\frac{T'_{st}}{T_{st}}=\left(\frac{U'_{1\phi}}{U_{1\phi}}\right)^2=\left(\frac{\frac{1}{\sqrt{3}}U_{1N}}{U_{1N}}\right)^2=\frac{1}{3} \tag{4-13}$$

由此可见，采用Y-△启动时，电动机的启动转矩也减小为采用△接直接启动时的1/3。

由以上分析可以看出，Y-△启动具有启动设备较简单，体积较小，重量较轻，价格便宜，维修方便等优点。但它的应用有一定的条件限制。其应用条件如下：

① 只适用于正常运行时定子绕组为△接的异步电动机，且必须引出六个出线端。

② 由于启动转矩减小为直接启动转矩的1/3，所以只适用于空载或轻载启动。

例4-2 有一台笼型三相异步电动机，额定功率$P_N=30\text{kW}$，额定电压$U_N=380\text{V}$，额定电流$I_N=57\text{A}$，额定功率因数$\cos\phi_N=0.87$，额定转速$n_N=1470\text{r/min}$。启动电流倍数$\frac{I_{st}}{I_N}=K_I=7$，启动转矩倍数$\frac{T_{st}}{T_N}=K_T=1.2$，定子绕组为△接。其供电变压器要求启动电流≤165A，负载启动转矩$T_L=73.5\text{N}\cdot\text{m}$。试选择一种合适的启动方法，写出必要的计算数据。

解 电动机的额定转矩T_N为

$$T_N=9550\frac{P_N}{n_N}=9550\times\frac{30}{1470}=194.9(\text{N}\cdot\text{m})$$

正常启动时要求启动转矩不小于T_{st1}，而

$$T_{st1}=1.2T_L=1.2\times73.5=88.2(\text{N}\cdot\text{m})$$

(1) 校核是否能直接启动

$$I_{st}=K_I I_N=7\times57=399\text{A}>165\text{A}$$

$$T_{st}=K_T T_N=1.2\times194.9=233.9\text{N}\cdot\text{m}>88.2\text{N}\cdot\text{m}$$

因为$I_{st}>165\text{A}$，线路不能承受这样大的冲击电流，所以不能采用直接启动。

(2) 校核是否能采用Y-△启动

Y-△启动时的启动电流I'_{st}为

$$I'_{st}=\frac{1}{3}I_{st}=\frac{1}{3}\times399=133\text{A}<165\text{A}$$

Y-△启动时的启动转矩T'_{st}为

$$T'_{st}=\frac{1}{3}T_{st}=\frac{1}{3}\times233.9=78\text{N}\cdot\text{m}<88.2\text{N}\cdot\text{m}$$

因为$T'_{st}<T_{st1}$，故不能采用Y-△启动。

(3) 校核能否采用自耦变压器降压启动

设选用QJ_2型自耦变压器，抽头有55%、64%、73%三种。抽头为55%时，启动电流与启动转矩分别为

$$I'_{st}=\left(\frac{N_2}{N_1}\right)^2 I_{st}=0.55^2\times399=120.7\text{A}<165\text{A}$$

$$T'_{st}=\left(\frac{N_2}{N_1}\right)^2 T_{st}=0.55^2\times233.9=70.8\text{N}\cdot\text{m}<88.2\text{N}\cdot\text{m}$$

因为 $T'_{st}<T_{st1}$，故不能采用 55%的抽头。

抽头为 64%时，启动电流与启动转矩分别为

$$I'_{st}=\left(\frac{N_2}{N_1}\right)^2 I_{st}=0.64^2\times399=163.4\text{A}<165\text{A}$$

$$T'_{st}=\left(\frac{N_2}{N_1}\right)^2 T_{st}=0.64^2\times233.9=95.8\text{N}\cdot\text{m}>88.2\text{N}\cdot\text{m}$$

可以采用 64%的抽头。

抽头为 73%时，启动电流与启动转矩分别为

$$I'_{st}=\left(\frac{N_2}{N_1}\right)^2 I_{st}=0.73^2\times399=212.6\text{A}>165\text{A}$$

$$T'_{st}=\left(\frac{N_2}{N_1}\right)^2 T_{st}=0.73^2\times233.9=124.6\text{N}\cdot\text{m}>88.2\text{N}\cdot\text{m}$$

因为 $I'_{st}>165\text{A}$，所以不能采用 73%的抽头。

前面所介绍的几种三相异步电动机降压启动方法，主要目的都是减小启动电流，但是电动机的启动转矩也都跟着减小，因此，只适合空载或轻载启动。对于重载启动，不仅要求启动电流小，而且要求启动转矩大的场合，就应考虑采用启动性能较好的绕线转子三相异步电动机。

4.4　笼型三相异步电动机延边三角形减压启动控制电路

延边三角形减压启动仅适用于定子绕组为特殊设计的三相异步电动机，它的定子绕组有 9 根引出线，如图 4-12(a) 所示，其中 U3、V3、W3 分别为三相绕组的抽头。

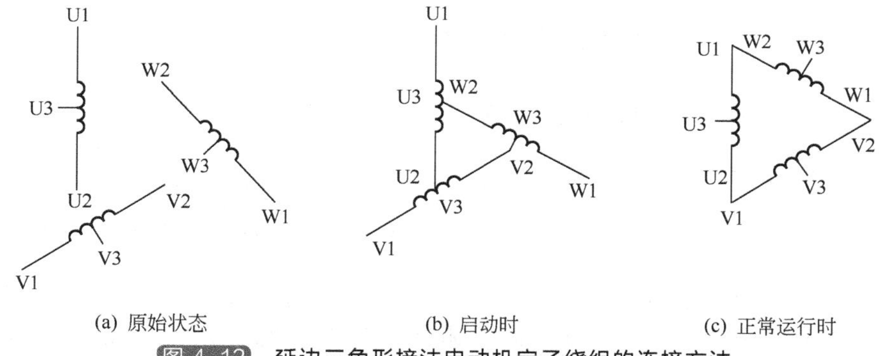

(a) 原始状态　(b) 启动时　(c) 正常运行时

图 4-12　延边三角形接法电动机定子绕组的连接方法

如前所述，Y-△启动有很多优点，但不足的是启动转矩太小，设想如果兼取星形接法启动电流小，而三角形接法启动转矩大的优点，可在启动时，把定子三相绕组的一部分接成△形，而另一部分接成 Y 形，使整个绕组接成如图 4-12(b) 所示电路。由于该电路像一个三角形的三个边延长以后的图形，所以称为延边三角形启动。待电动机启动结束以后，再将绕组换接成三角形接法，如图 4-12(c) 所示，使电动机在额定电压下正常运行。

4.4.1 延边三角形减压启动控制电路

延边三角形减压启动控制电路的原理图如图 4-13 所示。该电路的工作原理如下：启动时，先合上电源开关 QS，然后按下启动按钮 SB2，接触器 KM、KM1 与时间继电器 KT 因线圈得电而同时吸合并自锁，接触器 KM1 的主触点闭合，将电动机的定子绕组接成延边三角形。而与此同时，接触器 KM 的主触点闭合，将电动机接至电源，电动机为延边三角形接法减压启动（其定子绕组的相电压低于电动机的额定电压）。当时间继电器 KT 到达延时值时，其延时断开的动断触点断开，使接触器 KM1 因线圈断电而释放，KM1 主触点断开，使电动机延边三角形接法启动结束。与此同时，时间继电器 KT 延时闭合的动合触点闭合，使接触器 KM2 因线圈断电而吸合并自锁，KM2 主触点闭合，将电动机的定子绕组接成三角形，使电动机按三角形接法投入正常运行（其定子绕组相电压等于电动机的额定电压）。此时，接触器 KM2 的动断辅助触点也已断开，使时间继电器 KT 因线圈断电而释放，起到了与接触器 KM1 和时间继电器 KT 的联锁作用。

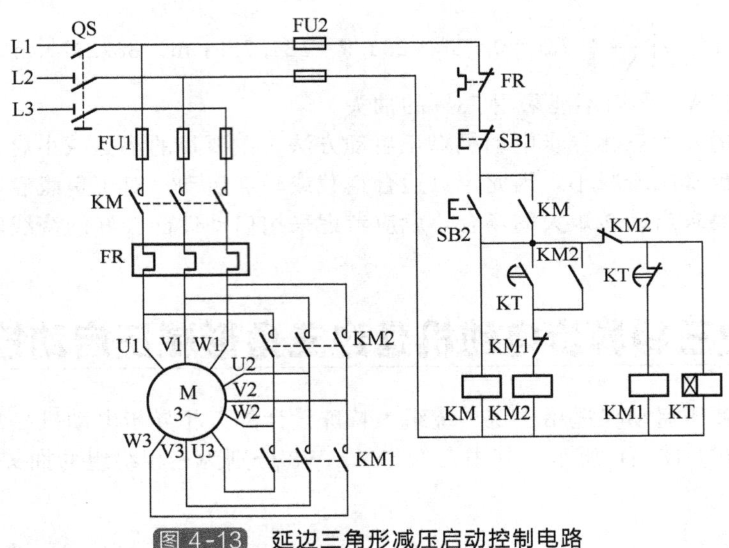

图 4-13 延边三角形减压启动控制电路

4.4.2 延边三角形减压启动的简易计算

延边三角形接法实际上就是把星形接法和三角形接法结合在一起，因此它的每相绕组所受到的电压，小于三角形接法时的线电压，大于星形接法时的$\frac{1}{\sqrt{3}}$线电压，而介于此二者之间，究竟是多少，则决定于相绕组中星形部分的匝数和三角形部分的匝数之比。例如，根据实际经验，当这两部分绕组的匝数相等时，其效果相当于加到电动机每相绕组的电压约为$\frac{1}{\sqrt{2}}$线电压时的情况，随之启动时电网提供的启动电流和电动机的启动转矩都约减小为直接启动时的一半，即$\left(\frac{1}{\sqrt{2}}\right)^2=\frac{1}{2}$。

一般情况下，在定子绕组上可设置几种抽头，使两部分的匝数比为 2∶1，1∶1，1∶2。每种匝数比对应不同的启动电流和启动转矩。它们与三角形接法直接启动的性能比较见

表 4-1。表中，U_1为三角形接法时的线电压；I_{st}、T_{st}为三角形接法直接启动时的启动电流和启动转矩。从表中可以看出，Y 接部分比例越大，每相绕组电压越低。启动电流也随之下降，启动转矩也降得越多。

表 4-1　延边三角形启动与三角形接法直接启动的性能比较

Y 接部分与△接部分的比例	每相绕组电压	启动电流	启动转矩
2∶1	$0.66U_1$	$0.43I_{st}$	$0.43T_{st}$
1∶1	$0.71U_1$	$0.50I_{st}$	$0.50T_{st}$
1∶2	$0.78U_1$	$0.60I_{st}$	$0.60T_{st}$

采用延边三角形启动的笼型异步电动机，除了简单的绕组接线切换装置之外不需要其他专用启动设备。启动方法很简单，启动时，只进行绕组切换即可。

延边三角形启动的特点是：启动电流和启动转矩比直接启动时小，但是比星-三角启动时高，而且可以采用不同的星形部分的匝数和三角形部分的匝数之比来适用于不同的使用要求。该启动方法的缺点是电机绕组比较复杂。

4.5　绕线转子三相异步电动机转子回路串电阻启动控制电路

对于笼型三相异步电动机，无论采用哪一种减压启动方法来减小启动电流时，电动机的启动转矩都随之减小。所以对于不仅要求启动电流小，而且要求启动转矩大的场合，就不得不采用启动性能较好的绕线转子三相异步电动机。

绕线转子三相异步电动机的特点是可以在转子回路中串入启动电阻，串接在三相转子绕组中的启动电阻，一般都接成 Y 形。在开始启动时，启动电阻全部接入，以减小启动电流，保持较高的启动转矩。随着启动过程的进行，启动电阻应逐段短接（即切除）；启动完毕时，启动电阻全部被切除，电动机在额定转速下运行。实现这种切换的方法有采用时间继电器控制和采用电流继电器控制两种。

4.5.1　采用时间继电器控制的转子回路串电阻启动控制电路

图 4-14 是采用时间继电器控制的绕线转子三相异步电动机转子回路串电阻启动的控制电路。为了减小电动机的启动电流，在电动机的转子回路中，串联有三级启动电阻R_{st1}、R_{st2}和R_{st3}。

启动时，先合上电源开关 QS，然后按下启动按钮 SB2，使接触器 KM 因线圈得电而吸合并自锁，接触器 KM 的主触点闭合，使电动机 M 在串入全部启动电阻下启动；与此同时，接触器 KM 的动合辅助触点闭合，使时间继电器 KT1 因线圈得电而吸合。经一定时间后，时间继电器 KT1 延时闭合的动合触点闭合，使接触器 KM1 因线圈得电而吸合，KM1 的主触点闭合，将电阻R_{st1}切除（即短接）；与此同时，接触器 KM1 的动合辅助触点闭合，使时间继电器 KT2 因线圈得电而吸合。又经一定时间后，时间继电器 KT2 延时闭合的动合触点闭合，使接触器 KM2 因线圈得电而吸合，KM2 的主触点闭合，这样又将电阻R_{st2}切除；同时，接触器 KM2 的动合辅助触点闭合，使时间继电器 KT3 因线圈得电而吸合。再经一定时间后，时间继电器 KT3 延时闭合的动合触点闭合，使接触器 KM3 因线圈得电而吸合并自锁，KM3 的主触点闭合，将转子回路串入的启动电阻全部切除，电动机投入正常运行。同时，接触器 KM3 的动断辅助触点断开，使时间继电器 KT1 因线圈断电而释放，并依次使 KM1、KT2、KM2、KT3 释放，只有接触器 KM 和 KM3 仍保持吸合。

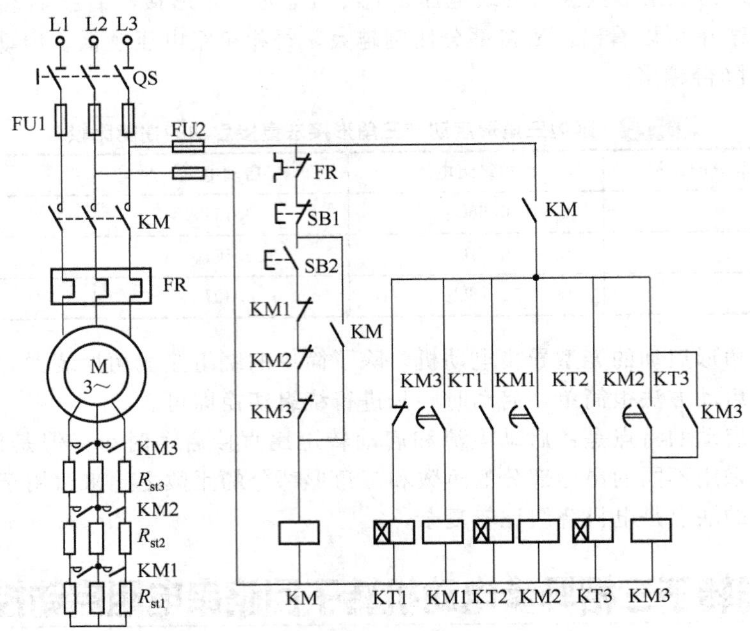

图 4-14 时间继电器控制的绕线转子三相异步电动机转子回路串电阻启动的控制电路

4.5.2 采用电流继电器控制的转子回路串电阻启动控制电路

图 4-15 是采用电流继电器控制的绕线转子三相异步电动机转子回路串电阻启动控制电路。

在图 4-15 所示的电动机转子回路中，也串联有三级启动电阻 R_{st1}、R_{st2} 和 R_{st3}。该控制电路是根据电动机在启动过程中转子回路里电流的大小来逐级切除启动电阻的。

图 4-15 中，KA1、KA2 和 KA3 是电流继电器，它们的线圈串联在电动机的转子回路中，电流继电器的选择原则是：它们的吸合电流可以相等，但释放电流不等，且使 KA1 的释放电流大于 KA2 的释放电流，而 KA2 的释放电流大于 KA3 的释放电流。图中 KM 是中间继电器。

启动时，先合上隔离开关 QS，然后按下启动按钮 SB2，使接触器 KM0 因线圈得电而吸合并自锁，KM0 的主触点闭合，电动机在接入全部启动电阻的情况下启动；同时，接触器 KM0 的动合辅助触点闭合，使中间继电器 KM 因线圈得电而吸合。另外，由于刚启动时，电动机转子电流很大，电流继电器 KA1、KA2 和 KA3 都吸合，它们的动断触点断开，于是接触器 KM1、KM2 和 KM3 都不动作，全部启动电阻都接入电动机的转子电路。随着电动机的转速升高，电动机转子回路的电流逐渐减小，当电流小于电流继电器 KA1 的释放电流时，KA1 立即释放，其动断触点闭合，使接触器 KM1 因线圈得电而吸合，KM1 的主触点闭合，把第一段启动电阻 R_{st1} 切除（即短接）。当第一段电阻 R_{st1} 被切除时，转子电流重新增大，随着转速上升，转子电流又逐渐减小，当电流小于电流继电器 KA2 的释放电流时，KA2 立即释放，其动断触点闭合，使接触器 KM2 因线圈得电而吸合，KM2 主触点闭合，又把第二段启动电阻 R_{st2} 切除。如此继续下去，直到全部启动电阻被切除，电动机启动完毕，进入正常运行状态。

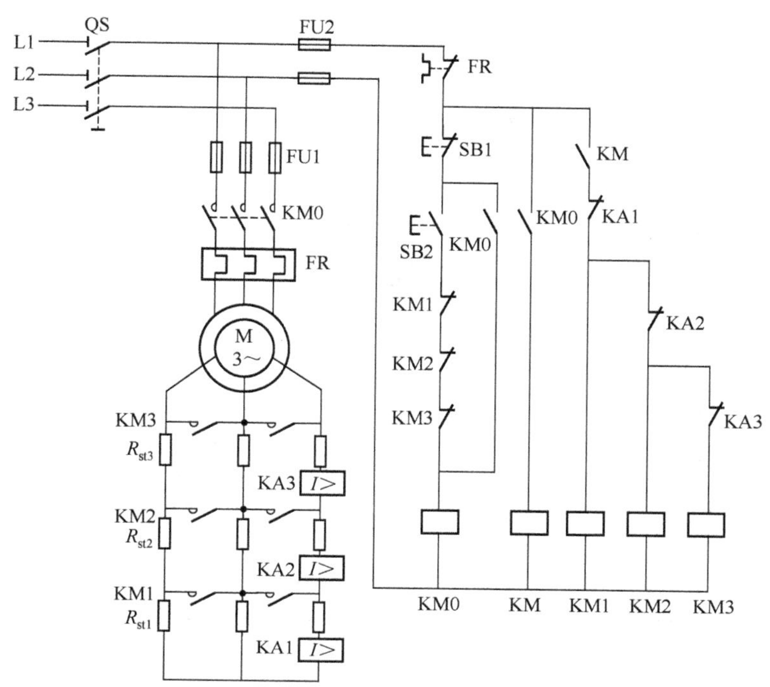

图 4-15　电流继电器控制的绕线转子三相异步电动机转子回路串电阻启动控制电路

控制电路中，中间继电器 KM 的作用是保证刚开始启动时，接入全部启动电阻。由于电动机开始启动时，启动电流由零增大到最大值需一定时间。这样就有可能出现，在启动瞬间，电流继电器 KA1、KA2 和 KA3 还未动作，接触器 KM1、KM2 和 KM3 的吸合而将把启动电阻 R_{st1}、R_{st2} 和 R_{st3} 短接（切除），相当于电动机直接启动。控制电路中采用了中间继电器 KM 以后，不管电流继电器 KA1 等有无动作，开始启动时可由 KM 的动合触点来切断接触器 KM1 等线圈的通电回路，这就保证了启动时将启动电阻全部接入转子回路。

4.5.3　转子回路串电阻分级启动的简易计算

绕线转子三相异步电动机的转子上有对称的三相绕组，正常运行时，转子三相绕组通过集电环短接。启动时，可以在转子回路中串入启动电阻 R_{st}。在三相异步电动机的转子回路中串入适当的电阻，不仅可以使启动电流减小，而且可以使启动转矩增大。如果外串电阻 R_{st} 的大小合适，则启动转矩 T_{st} 可以达到电动机的最大转矩 T_{max}，即可以做到 $T_{st}=T_{max}$。启动结束后，可以切除外串电阻，电动机的效率不受影响。

为了使整个启动过程中尽量保持较大的启动转矩，绕线转子三相异步电动机可以采用逐级切除转子启动电阻的分级启动。绕线转子异步电动机转子回路串电阻分级启动的原理图如图 4-16(a) 所示，在开始启动时，将启动电阻全部接入，以减小启动电流，保持较高的启动转矩，随着启动过程的进行，启动电阻应逐段短接（即切除），启动完毕时，启动电阻全部被切除，电动机在额定转速下运行。

图 4-16(b) 所示为绕线转子三相异步电动机转子串电阻分级启动时的机械特性，图中，R_2 为每相转子绕组的电阻；R_{st1}、R_{st2}、R_{st3} 分别为各级启动时每相转子绕组中串入的启动电阻；R_{z1}、R_{z2}、R_{z3} 分别为各级启动时转子回路每相的总电阻；T_1 为最大启动转矩；T_2

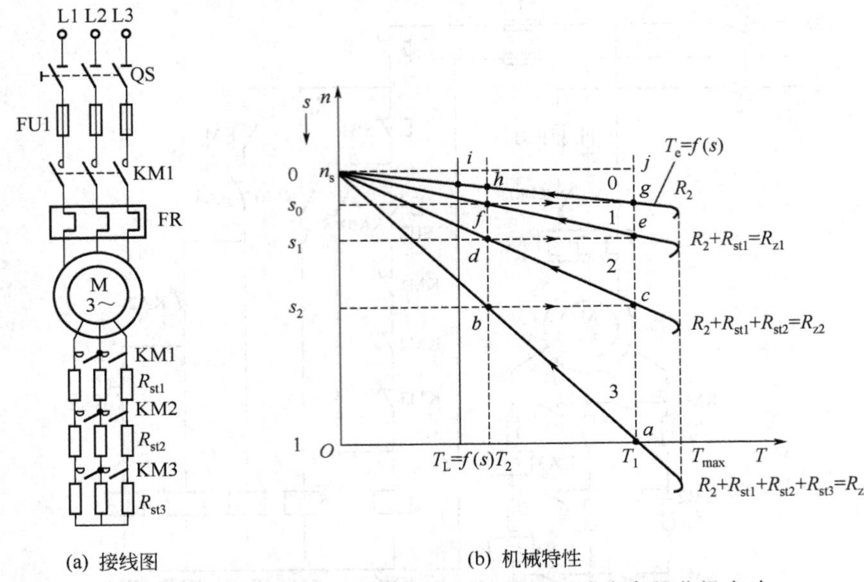

(a) 接线图　　(b) 机械特性

图 4-16　绕线转子三相异步电动机转子回路串电阻分级启动

为最小启动转矩（或称切换转矩）；T_{max}为电动机的最大转矩；曲线 0 为转子不串电阻时电动机的机械特性；曲线 1、2、3 为转子串入不同电阻时电动机的机械特性。其启动过程如下：

① 启动时，接触器触点 KM1、KM2、KM3 断开，绕线转子三相异步电动机定子绕组接额定电压，转子绕组每相串入启动电阻（R_{st1}、R_{st2}、R_{st3}），电动机开始启动。启动点为机械特性曲线 3 上的 a 点，启动转矩 T_1大于负载转矩 T_L，电动机的转速开始上升。

② 随着转速升高，电动机的电磁转矩 T_e沿着曲线 3 逐渐减小，到 b 点时，$T_e=T_2$（$>T_L$），为了加大电磁转矩，缩短启动时间，接触器触点 KM3 闭合，切除启动电阻 R_{st3}。忽略异步电动机的电磁惯性，只计拖动系统的机械惯性，则电动机的运行点从 b 点变到机械特性曲线 2 上的 c 点，该点电动机的电磁转矩 $T_e=T_1$。

③ 转速继续上升，到 d 点，$T_e=T_2$时，接触器触点 KM2 闭合，切除启动电阻 R_{st2}。电动机的运行点从 d 点变到机械特性曲线 1 上的 e 点，该点电动机的电磁转矩 $T_e=T_1$。

④ 转速继续上升，到 f 点，$T_e=T_2$时，接触器触点 KM1 闭合，切除启动电阻 R_{st1}。电动机的运行点从 f 点变到固有机械特性曲线 0 上的 g 点，该点电动机的电磁转矩 $T_e=T_1$。

⑤ 转速继续上升，到 h 点，最后稳定运行在 i 点。

上述启动过程中，转子回路外串电阻分三级切除，故称为三级启动。

下面介绍各级启动电阻的计算。

设 α 为启动转矩比，则

$$\alpha=\frac{T_1}{T_2}=\sqrt[m]{\frac{T_N}{s_N T_1}}=\sqrt[m+1]{\frac{T_N}{s_N T_2}}$$

式中　T_N——电动机的额定转矩；

s_N——电动机的额定转差率；

m——启动级数；

T_1——最大启动转矩；

T_2——最小启动转矩（或称为切换转矩）。

各级启动时转子回路每相的总电阻为

$$R_{z1}=\alpha R_2$$
$$R_{z2}=\alpha R_{z1}=\alpha^2 R_2$$
$$R_{z3}=\alpha R_{z2}=\alpha^3 R_2$$
$$\vdots$$
$$R_{zm}=\alpha R_{z(m-1)}=\alpha^m R_2$$

各级启动时，每相转子绕组中串入的启动电阻为

$$R_{st1}=R_{z1}-R_2$$
$$R_{st2}=R_{z2}-R_{z1}$$
$$R_{st3}=R_{z3}-R_{z2}$$
$$\vdots$$
$$R_{stm}=R_{zm}-R_{z(m-1)}$$

例如，已知启动级数 m，当给定 T_1时，计算启动电阻的步骤如下：

① 计算启动转矩比 $\alpha=\sqrt[m]{\dfrac{T_N}{s_N T_1}}$

② 校核是否 $T_2\geqslant(1.1\sim1.2)T_L$，不合适则需修改 T_1，甚至修改启动级数 m；并重新计算 α，再校核 T_2，直至 T_2大小合适为止。

③ 根据每相转子绕组的电阻 R_2和重新计算出的启动转矩比 α，计算各级启动电阻。

如果已知启动级数 m，当给定 T_2时，计算步骤与上述步骤相似，先计算启动转矩比 $\alpha=\sqrt[m+1]{\dfrac{T_N}{s_N T_2}}$，再校核是否满足 $(1.5\sim2)T_L\leqslant T_1\leqslant 0.85T_{max}$，若不合适，需修改 T_2，甚至修改启动级数 m，并重新计算 α，直至 T_1大小合适为止，然后再根据重新计算出的启动转矩比 α 和转子电阻 R_2，计算各级启动电阻。

若已知的是 T_1和 T_2，则应先计算启动转矩比 $\alpha=\dfrac{T_1}{T_2}$，再计算启动级数 $m=\dfrac{\lg\left(\dfrac{T_N}{s_N T_1}\right)}{\lg\alpha}$，一般情况下，计算出的 m 往往不是整数，应取接近的整数，然后再根据取定的 m，重新计算 α，再校核 T_2（或 T_1），直至合适为止。最后再根据重新计算出的启动转矩比 α 和转子电阻 R_2，计算各级启动电阻。

上述计算方法是以机械特性曲线线性化为前提，有一定误差。

例 4-3　某生产机械用绕线转子三相异步电动机拖动，其有关技术数据为：电动机的极数 $2p=4$，额定电压 $U_N=380V$，额定频率 $f_N=50Hz$，额定功率 $P_N=30kW$，额定转速 $n_N=1460r/min$，转子开路电压 $E_{2N}=225V$，转子额定电流 $I_{2N}=76A$，电动机的过载能力 $\lambda_m=\dfrac{T_{max}}{T_N}=2.6$。启动时负载转矩 $T_L=0.75T_N$。采用转子串电阻三级启动，求各级启动电阻。

解　电动机的同步转速 n_s为

$$n_s=\frac{60f_N}{p}=\frac{60\times50}{2}=1500(r/min)$$

额定转差率 s_N 为

$$s_N=\frac{n_s-n_N}{n_s}=\frac{1500-1460}{1500}=0.027$$

转子每相电阻 R_2 为

$$R_2\approx\frac{s_N E_{2N}}{\sqrt{3}I_{2N}}=\frac{0.027\times255}{\sqrt{3}\times76}=0.052(\Omega)$$

最大转矩 T_{max} 为

$$T_{max}=\lambda_m T_N=2.6T_N$$

启动时负载转矩 T_L 为

$$T_L=0.75T_N$$

因为 $2T_L=2\times0.75\ T_N=1.5T_N$；$0.85T_{max}=0.85\times2.6T_N=2.21T_N$，

所以取 $T_1=2.2T_N$。

启动转矩比 α 为

$$\alpha=\sqrt[m]{\frac{T_N}{s_N T_1}}=\sqrt[3]{\frac{T_N}{0.027\times2.2T_N}}=2.56$$

以下校核切换转矩 T_2

$$T_2=\frac{T_1}{\alpha}=\frac{2.2T_N}{2.56}=0.859T_N$$

因为 $1.1T_L=1.1\times0.75T_N=0.825T_N$，所以 $T_2>1.1T_L$ 合适。

各级启动时转子回路每相的总电阻为

$$R_{z1}=\alpha R_2=2.56\times0.052=0.133(\Omega)$$
$$R_{z2}=\alpha^2 R_2=2.56^2\times0.052=0.341(\Omega)$$
$$R_{z3}=\alpha^3 R_2=2.56^3\times0.052=0.872(\Omega)$$

各级启动时，每相转子绕组中串入的启动电阻为

$$R_{st1}=R_{z1}-R_2=0.133-0.052=0.081(\Omega)$$
$$R_{st2}=R_{z2}-R_{z1}=0.341-0.133=0.208(\Omega)$$
$$R_{st3}=R_{z3}-R_{z2}=0.872-0.341=0.531(\Omega)$$

启动电阻通常用金属电阻丝（小容量电动机用）或铸铁电阻片（大容量电动机用）制成。一般说，启动电阻是按短时运行设计的，如果长期流过较大电流，就会过热而损坏，所以启动完毕时，应把它全部切除。

绕线转子三相异步电动机转子绕组串电阻分级启动的主要优点是可以得到最大的启动转矩。但是要求启动过程中启动转矩尽量大，则启动级数就要多，特别是容量大的电动机，这就将需要较多的设备，使得设备投资大，维修不太方便。而且启动过程中能量损耗大，不经济。

4.6 绕线转子三相异步电动机转子绕组串接频敏变阻器启动控制电路

频敏变阻器实质上是一个铁芯损耗非常大的三相电抗器，通常接成星形。它的阻抗值随着电流频率的变化而显著地变化，电流频率高时，阻抗值也高，电流频率越低，阻抗值也越低。所以，频敏变阻器是绕线转子异步电动机较为理想的一种启动设备，常用于较大容量的绕线转子三相异步电动机的启动控制。

启动时，将频敏变阻器串接在绕线转子三相异步电动机的转子回路中。在电动机启动过程中，转子感应电动势的频率是变化的，转子电流的频率也随之变化。刚启动时，转子转速 $n=0$，电动机的转差率 $s=1$，转子感应电动势的频率最高（$f_2=sf_1=f_1$），转子电流的频率也最高，频敏变阻器的阻抗也就最大。随着电动机转速上升，转差率 s 减小。转子电流的频率降低，频敏变阻器的阻抗也随之减小，相当于转子绕组串电阻启动控制电路中，随着电动机的转速上升，自动逐级切除启动电阻。

图 4-17 是一种采用频敏变阻器的启动控制电路。该电路可以实现自动和手动两种控制。

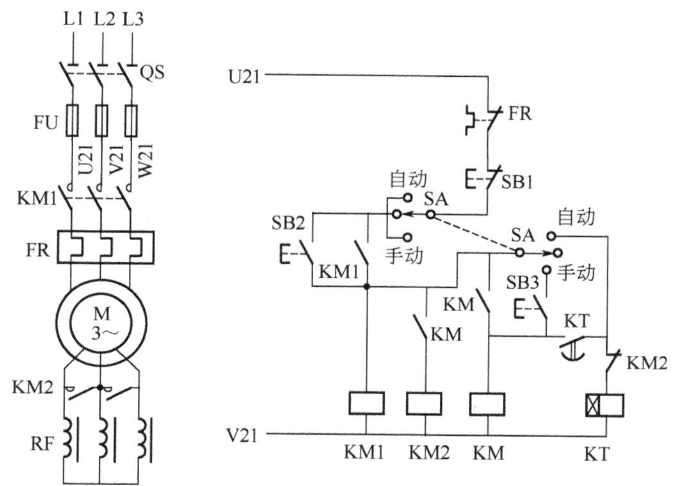

图 4-17　绕线转子三相异步电动机频敏变阻器启动控制电路

自动控制时，将转换开关 SA 置于“自动”位置，然后按下启动按钮 SB2，使接触器 KM1 因线圈得电而吸合并自锁，KM1 的主触点闭合，电动机转子绕组串接频敏变阻器 RF 启动，与此同时，时间继电器 KT 也因线圈得电而吸合。经过一段延时时间以后，时间继电器 KT 延时闭合的动合触点闭合，使中间继电器 KM 因线圈得电而吸合并自锁，KM 的动合触点闭合，使接触器 KM2 因线圈得电而吸合，KM2 的主触点闭合，使频敏变阻器被短接，电动机启动完毕，进入正常运行状态。与此同时，接触器 KM2 的动断辅助触点断开，使时间继电器 KT 因线圈断电而释放。

手动控制时，将转换开关 SA 置于“手动”位置，然后按下启动按钮 SB2，使接触器 KM1 因线圈得电而吸合并自锁，KM1 的主触点闭合，电动机转子绕组串接频敏变阻器 RF 启动。待电动机的转速升到一定程度时，按下按钮 SB3，使中间继电器 KM 因线圈得电而吸合并自锁，KM 的动合触点闭合，使接触器 KM2 因线圈得电而吸合，KM2 的主触点闭合，使频敏变阻器被短接，电动机启动完毕，进入正常运行。

4.7　三相异步电动机软启动器常用控制电路

三相异步电动机因为结构简单、体积小、重量轻、价格便宜、维护方便等特点，在生产和生活中得到了广泛的应用，成为当今传动工程中最常用的动力来源。但是，如果这些电动机连接电源系统直接启动，将会产生过大的启动电流，该电流通常达电动机额定电流的 4～7 倍，甚至更高。为了满足电动机自身启动条件、负载传动机械的工艺要求、保护其他用电设备正常工作的需要，应当在电动机启动过程中采取必要的措施控制其启动过程，降低启动电流冲击和转矩冲击。

为了降低启动电流，必须使用启动辅助装置。传统的启动辅助装置有定子串电抗器启动装置、转子串电阻启动（针对绕线电动机）装置、星-三角启动器、自耦变压器启动器等。但传统的启动辅助装置，要么启动电流和机械冲击仍过大，要么体积庞大笨重。随着电力电子技术和微机技术、现代控制技术的发展，出现了一些新型的启动装置，如变频调速器和晶闸管电动机软启动器。

由于变频调速器结构复杂和价格高等因素，决定了其主要用于电动机调速领域，一般不单纯用于电动机启动控制。

晶闸管电动机软启动器也被成称为可控硅电动机软启动器，或者固态电子式软启动器，它是一种集电动机软启动、软停车、轻载节能和多种保护功能于一体的新颖电动机控制装置，它不仅有效地解决了电动机启动过程中电流冲击和转矩冲击问题，还可以根据应用条件的不同设置其工作状态，有很强的灵活性和适应性。晶闸管电动机软启动器通常都由微型计算机作为其控制核心，因此可以方便地满足电力拖动的要求，所以，电动机的软启动器正得到越来越广泛地应用。

4.7.1 由软启动器组成的电动机启动控制电路

由软启动器组成的电动机启动控制电路，除去主要电器设备——软启动器外，为了实现与电网、电动机之间的电连接可靠工作，仍需施加起保护协调与控制作用的低压电器，如刀开关、熔断器（快速熔断器）、刀熔开关、断路器、热继电器等，实现功能不同，线路配置也不同。

最简单的软启动应用电路由一台软启动器和一只自动空气断路器 QF 组成，无旁路接触器，如图 4-18 所示。

带旁路接触器的电路方案如图 4-19 和图 4-20 所示。旁路接触器（KM 或 KM2）用以在软启动器启动结束后旁路晶闸管通电回路使用。旁路接触器的通断一般由软启动器继电器输出口自动控制，由于在这种工作方式下旁路接触器通断时触点承受的电流冲击较小，所以旁路接触器电气寿命很长，其容量按电动机额定电流选择，无需考虑放大容量。

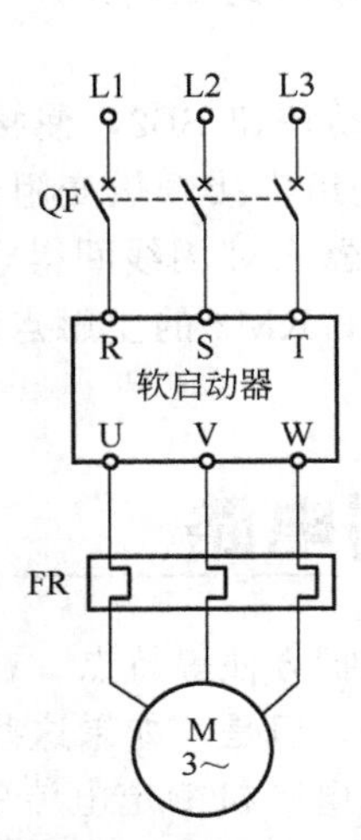

图 4-18 软启动最简单应用电路

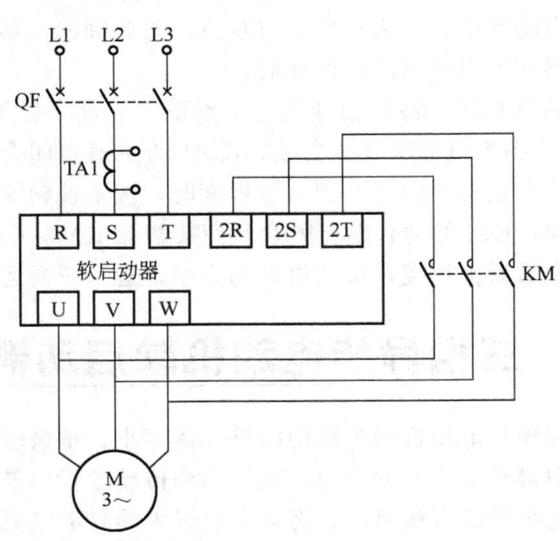

图 4-19 带旁路接触器电路方案

图 4-21 是一个带旁路接触器的正反转电路方案，其中 KM1 为主接触器，KM3 为旁路接触器，KM2 为反方向运转接触器。KM1、KM2 应当具备电气、机械双重互锁，利用两者的切换可以操纵正向与反向运行。软启动完成后的旁路运行由软启动内部的继电器逻辑输出信号控制。

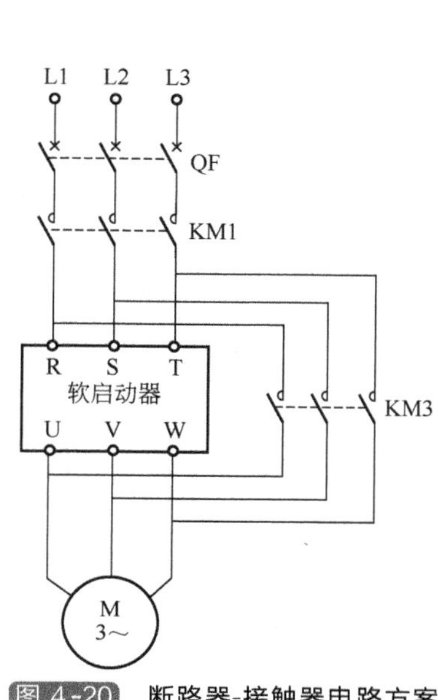

图 4-20　断路器-接触器电路方案

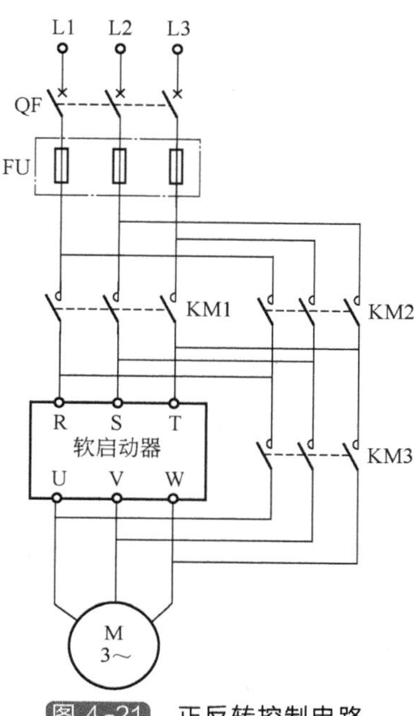

图 4-21　正反转控制电路

4.7.2　电动机软启动器容量的选择

软启动器容量的选择原则上应大于所拖动电动机的容量。

软启动器的额定容量通常有两种标称：一种按对应的电动机功率标称；另一种按软启动器的最大允许工作电流标称。

选择软启动器的容量时应注意以下两点。

① 以所带电动机的额定功率标称，则不同电压等级的产品其额定电流不同。例如：75kW 软启动器，其电压等级若为 AC380V，则其额定电流为 160A；其电压等级若为 AC660V，则其额定电流为 100A。

② 以软启动器最大允许工作电流来标称，则不同电压等级的产品其额定容量不同。例如：160A 软启动器，电压等级若为 AC380V，则其额定容量为 75kV・A；电压等级若为 AC660V，则其额定容量为 132kV・A。

软启动器容量的选择还应综合考虑，如软启动器的带载能力、工作制、环境条件、冷却条件等。

额定电流与被控电动机功率对应关系见表 4-2。

这里需要说明的是：作为一个通用原则，电动机全电压堵转转矩比负载启动转矩高得越多，越便于对启动过程的控制；但单纯提高软启动器的容量而不加大电动机容量是不能够提高电动机的启动转矩的。

表 4-2 额定电流与被控电动机功率对应关系

额定电流 I_e /A	电动机额定功率 P_e/kW				
	220～230V	380～400/450V	500V	660V	1140V
30	7.5	15	22	—	—
50	11	22	30	—	—
60	17	30	45	55	—
100	22	45	55	75	132
125	30	55	75	90	160
160	37	75	110	132	250
200	55	110	132	185	315
250	75	132	185	220	400
400	100	185	220	315	—
500	110	220	280	380	—
630	160	315	400	500	—

注：本表所列电动机是四极三相异步电动机。

必须加大软启动器容量的情况主要有以下几种。

① 在线全压运行的软启动器或使用了节能控制方式的软启动器经常处于重载状态下运行。

② 电动机用于连续变动负载或断续负载，且周期较短，电动机有可能短时间过载运行时。

③ 电动机用于重复短时工作制，且周期小于厂家规定的启动时间间隔，则在启动期间可能引起软启动器过载时。

④ 有些负载过于沉重，或者电网容量太小，启动时，电动机启动时间太长，使软启动器过载跳闸。

⑤ 对加速时间有特殊要求的负载，电动机加速时间的长短是一个与惯性大小有关的相对概念。某些负载要求较短的加速时间，电动机的加速电流将比较大。

⑥ 过渡过程有较大冲击电流的负载，可能导致过电流保护动作时。

4.8 用启动变阻器手动控制直流电动机启动的控制电路

对于小容量直流电动机，有时用人工手动办法启动。虽然启动变阻器的型式很多，但其原理基本相同。图 4-22 所示为三点启动器及其接线图。启动变阻器中有许多电阻 R，分别接于静触点 1、2、3、4、5。启动器的动触点随可转动的手柄 6 移动，手柄上附有衔铁及其复位弹簧 7，弧形铜条 8 的一端经电磁铁 9 与励磁绕组接通，同时环形铜条 8 还经电阻 R 与电枢绕组接通。

启动时，先合上电源开关，然后转动启动变阻器手柄，把手柄从 0 位移到触点 1 上时，接通励磁电路，同时将变阻器全部电阻串入电枢电路，电动机开始启动运转，随着转速的升高，把手柄依次移到静触点 2、3、4 等位置，将启动电阻逐级切除。当手柄移至触点 5 时，电磁铁吸住手柄衔铁，此时启动电阻全部被切除，电动机启动完毕，进入正常运行。

当电动机停止工作切除电源或励磁回路断开时，电磁铁由于线圈断电，吸力消失，在恢复弹簧的作用下，手柄自动返回“0”位，以备下次启动，并可起失磁保护作用。

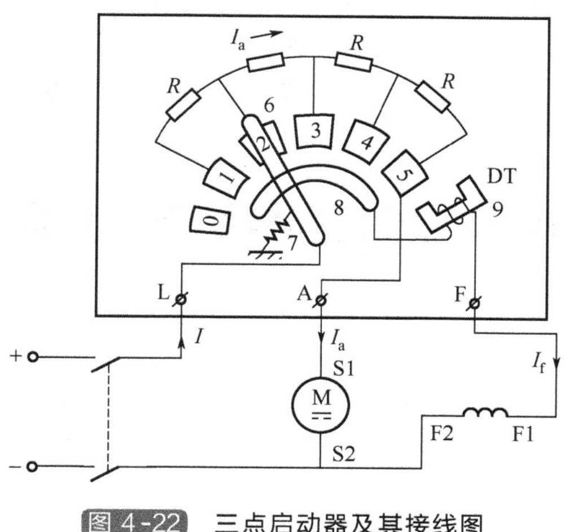

图 4-22　三点启动器及其接线图

4.9　并励直流电动机电枢回路串电阻启动控制电路

并励直流电动机的电枢电阻比较小，所以常在电枢回路中串入附加电阻来启动，以限制启动电流。

图 4-23 所示为并励直流电动机电枢回路串电阻启动控制电路的原理图。图中，KA1 为过电流继电器，作直流电动机的短路和过载保护；KA2 为欠电流继电器，作励磁绕组的失磁保护。图中 KT 为时间继电器，其触点是当时间继电器释放时延时闭合的动断触点，该触点的特点是当时间继电器吸合时，触点立即断开；当时间继电器释放时，触点延时闭合。

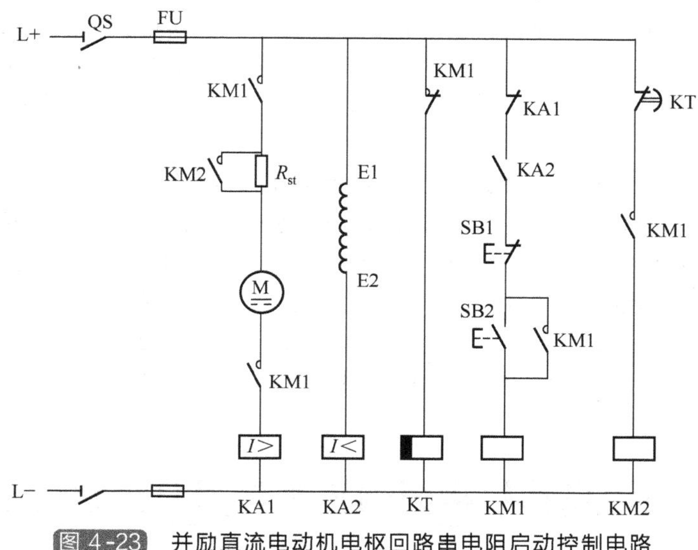

图 4-23　并励直流电动机电枢回路串电阻启动控制电路

启动时，合上电源开关 QS，励磁绕组得电励磁，欠电流继电器 KA2 线圈得电吸合，KA2 动合触点闭合，接通控制电路电源；同时时间继电器 KT 线圈得电吸合，时间继电器

KT在释放时延时闭合的动断触点瞬时断开。然后按下启动按钮SB2，接触器KM1线圈得电吸合，KM1主触点闭合，电动机串电阻器R_{st}启动；KM1的动断触点断开，时间继电器KT的线圈断电释放，KT在释放时延时闭合的动断触点延时闭合，接触器KM2的线圈得电吸合，KM2的主触点闭合将电阻器R_{st}短接，电动机在全压下运行。

4.10 他励直流电动机电枢回路串电阻分级启动控制电路

图4-24是一种用时间继电器控制的他励直流电动机电枢回路串电阻分级启动控制电路，它有两级启动电阻。图中KT1和KT2为时间继电器，其触点是当时间继电器释放时延时闭合的动断触点，该触点的特点是当时间继电器吸合时，触点立即断开；当时间继电器释放时，触点延时闭合。该电路中，触点KT1的延时时间小于触点KT2的延时时间。

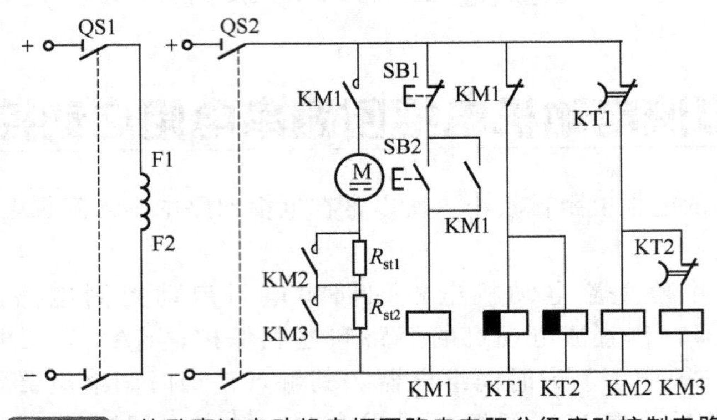

图4-24 他励直流电动机电枢回路串电阻分级启动控制电路

启动时，首先合上开关QS1和QS2，励磁绕组首先得到励磁电流，与此同时，时间继电器KT1和KT2因线圈得电而同时吸合，它们在释放时延时闭合的动断触点KT1和KT2立即断开，使接触器KM2和KM3线圈断电，于是，并联在启动电阻R_{st1}和R_{st2}上的接触器动合触点KM2和KM3处于断开状态，从而保证了电动机在启动时全部电阻串入电枢回路中。

然后按下启动按钮SB2，接触器KM1因线圈得电而吸合并自锁，电动机在串入全部启动电阻的情况下启动。与此同时，KM1的动断触点断开，使时间继电器KT1和KT2因线圈断电而释放。经过一段延时时间后，时间继电器KT1延时闭合的动断触点闭合，接触器KM2因线圈得电而吸合，其动合触点闭合，将启动电阻R_{st1}短接，电动机继续加速。再经过一段延时时间后，时间继电器KT2延时闭合的动断触点闭合，接触器KM3因线圈得电而吸合，其动合触点闭合，将启动电阻R_{st2}短接，电动机启动完毕，投入正常运行。

4.11 并励直流电动机电枢回路串电阻分级启动控制电路

图4-25是一种用时间继电器控制的并励直流电动机电枢回路串电阻分级启动控制电路，除主电路部分与他励直流电动机电枢回路串电阻分级启动控制电路有所不同外，其余完全相同。因此，两种控制电路的动作原理也基本相同，故不赘述。

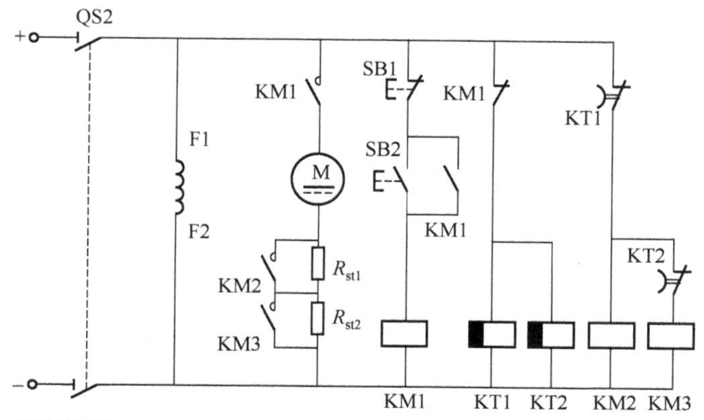

图 4-25　并励直流电动机电枢回路串电阻分级启动控制电路

4.12　直流电动机电枢回路串电阻启动的简易计算

4.12.1　电枢回路串电阻启动时启动电阻的简易计算

直流电动机的运行情况可以用基本方程来研究。在稳态情况下，研究直流电动机可用下列方程组

$$U=E_a+I_aR_a$$
$$E_a=C_e\Phi n$$
$$T_e=C_T\Phi I_a$$
$$Te=T_L=T_2+T_0$$

式中　U——电枢绕组的电压，V；

I_a——电枢电流，A；

R_a——电枢回路总电阻，Ω；

E_a——电枢绕组感应电动势，V；

T_e——电动机的电磁转矩，N·m；

C_e，C_T——电动机的电动势常数和转矩常数，$C_T=9.55C_e$；

Φ——电动机的每极磁通量，Wb；

n——电动机的转速，r/min；

T_L——负载转矩，N·m，它等于电动机的输出转矩 T_2 与空载转矩 T_0 之和。

在启动瞬间，电动机的转速 $n=0$，电枢电动势 $E_a=0$，因此电枢电流 $I_a=\dfrac{U-E_a}{R_a}=\dfrac{U}{R_a}$ 将达到很大的数值（因为 R_a 数值很小），以致电网电压突然降低，影响电网上其他用户的正常用电，并且还使电动机绕组发热和受到很大电磁力的冲击。因此要求启动时，电流不超过允许范围。但从电磁转矩 $T_e=C_T\Phi I_a$ 来看，则要求启动时电流大些，才能获得较大的启动转矩。由此可见，上述两方面的要求是互相矛盾的。因此应对直流电动机的启动提出下列基本要求。

① 有足够大的启动转矩。

② 启动电流限制在允许范围内。

③ 启动时间短，符合生产技术要求。

④ 启动设备简单、经济、可靠。

这些要求是互相联系又互相制约的，应结合具体情况进行取舍。

为了限制直流电动机的启动电流，启动时可以将启动电阻 R_{st} 串入电枢回路，待转速上升后，再逐步将启动电阻切除。由于启动瞬间，转速 $n\approx0$，电枢电动势 $E_a\approx0$，串入电阻后启动电流 I_{st} 为

$$I_{st}=\frac{U_N-E_a}{R_a+R_{st}}=\frac{U_N}{R_a+R_{st}}$$

可见，只要 R_{st} 的值选择得当，就能将启动电流限制在允许范围之内。

若已知负载转矩 T_L，可根据启动条件的要求，确定串入电枢回路的启动电阻 R_{st} 的大小，以保证启动电流在允许的范围内，并使启动转矩足够大。

电枢回路串电阻启动所需设备不多，广泛地用于各种直流电动机中，但把此方法用于启动频繁的大容量直流电动机时，则启动变阻器将十分笨重，并且在启动过程中启动电阻将消耗大量电能，很不经济。因此，对于大中型直流电动机则宜采用降低电枢电压启动。

例 4-4 某他励直流电动机额定功率 $P_N=30\text{kW}$，额定电压 $U_N=440\text{V}$，额定电流 $I_N=77.8\text{A}$，额定转速 $n_N=1500\text{r/min}$，电枢回路总电阻 $R_{st}=0.376\Omega$，电动机拖动额定负载运行，负载为恒转矩负载。

(1) 若采用电枢回路串电阻启动，启动电流 $I_{st}=2I_N$ 时，计算应串入的启动电阻 R_{st} 及启动转矩 T_{st}。

(2) 若采用降低电枢电压启动，条件同上，求电枢电压应降至多少并计算启动转矩。

解 因为他励直流电动机的电枢电流 I_a 等于电动机的电流 I，所以他励直流电动机的额定电枢电流 I_{aN} 等于电动机的额定电流 I_N。

(1) 电枢回路串电阻启动时，应串电阻 R_{st}

$$R_{st}=\frac{U_N}{I_{st}}-R_a=\frac{U_N}{2I_N}-R_a=\frac{440}{2\times77.8}-0.376=2.452\ (\Omega)$$

额定电枢电动势 E_{aN} 为

$$E_{aN}=U_N-I_{aN}R_a=440-77.8\times0.376=410.75\ (\text{V})$$

$$C_e\Phi_N=\frac{E_{aN}}{n_N}=\frac{410.75}{1500}=0.274$$

$$C_T\Phi_N=9.55C_e\Phi_N=9.55\times0.274=2.615$$

额定电磁转矩 T_{eN} 为

$$T_{eN}=C_T\Phi_N I_{aN}=2.615\times77.8=203.45\ (\text{N}\cdot\text{m})$$

启动转矩 T_{st} 为

$$T_{st}=C_T\Phi_N I_{st}=C_T\Phi_N\ (2I_N)\ =2.615\times2\times77.8$$
$$=406.91\ (\text{N}\cdot\text{m})$$

(2) 降压启动时，启动电压 U_{st}

$$U_{st}=I_{st}R_a=2I_NR_a=2\times77.8\times0.376=58.5\ (\text{V})$$

启动转矩 T_{st}

$$T_{st}=C_T\Phi_N I_{st}=C_T\Phi_N(2I_N)=2.615\times2\times77.8$$
$$=406.91\ (\text{N}\cdot\text{m})$$

4.12.2　电枢回路串电阻分级启动时各级启动电阻的简易计算

在电枢回路串电阻启动过程中，随着转速的上升，电枢电动势 E_a 逐渐增大，电枢电流 $I_a=\frac{U_N-E_a}{R_a+R_{st}}$将逐渐减小，电磁转矩 $T_e=C_T\Phi I_a$ 也逐渐减小，转速上升也逐渐缓慢，为了缩短启动时间，加快启动过程，则需要在整个启动过程中保持较大的电磁转矩及较小的启动电流，因此可采用逐段切除启动电阻分级启动方式。

现以串三段电阻为例来加以分析，其电气原理图和机械特性如图 4-26(a)、(b) 所示。

(1) 分级启动过程

在图 4-26 中，R_a 为电枢绕组的电阻；R_{st1}、R_{st2}、R_{st3}分别为各级启动时在电枢回路中串加的启动电阻；R_1、R_2、R_3分别为各级启动时电枢回路总电阻，KM1、KM2、KM3 为接触器的动合触点；曲线 0 为电枢不串电阻时电动机的机械特性；曲线 1、2、3 分别为电枢串入不同电阻时电动机的机械特性。T_1、T_2分别为最大启动转矩和最小启动转矩（又称切换转矩）；I_1、I_2分别为最大启动电流和最小启动电流（又称切换电流）。

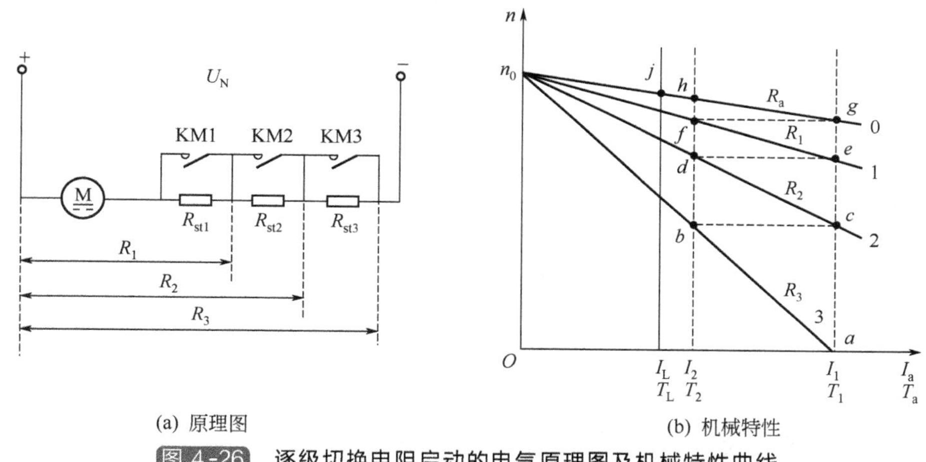

(a) 原理图　　(b) 机械特性

图 4-26　逐级切换电阻启动的电气原理图及机械特性曲线

① 启动时，接触器触点 KM1、KM2、KM3 断开，先将电动机加上励磁，再接通电枢电源电压 U_N，在 $n=0$ 时，最大启动电流 $I_1=\frac{U_N}{R_3}$，启动点为机械特性曲线 3 与横轴的交点 a，显然，$I_1>I_L$，即 $T_1>T_L$，电动机由 a 点开始启动。

② 随着转速升高，电动机的电磁转矩 T_e沿着曲线 3 逐渐减小，到 b 点时，$T_e=T_2$ ($>T_L$)，为了加大电磁转矩，缩短启动时间，接触器触点 KM3 闭合，切除启动电阻 R_{st3}。在切换瞬间，转速不能突变，则电动机的运行点由 b 点过渡到机械特性曲线 2 上的 c 点，该点电动机的电磁转矩 $T_e=T_1$。

③ 转速继续上升，到 d 点，$T_e=T_2$时，接触器触点 KM2 闭合，切除启动电阻 R_{st2}。电动机的运行点从 d 点过渡到机械特性曲线 1 上的 e 点，该点电磁转矩 $T_e=T_1$。

④ 转速继续上升，到 f 点，$T_e=T_2$时，接触器触点 KM1 闭合，切除启动电阻 R_{st1}。电动机的运行点从 f 点过渡到固有机械特性曲线 0 上的 g 点，该点电磁转矩 $T_e=T_1$。

⑤ 转速继续上升，经 h 点最后稳定运行在 j 点。

(2) 最大启动电流 I_1 和切换电流 I_2 的选择

在启动过程中，每切除一级启动电阻，启动电流便将突然跃升。通常把启动电流 I_{st} 限制在所规定的最大启动电流 I_1 与最小启动电流 I_2 之间。为了保证足够的启动转矩，且使启动时间不致过长，启动电流也不宜限制过小。通常取 $I_1=(1.5\sim2.0)I_N$ 和 $I_2=(1.1\sim1.2)I_N$。若要求快速启动，则 I_1 可选大些，若要求平稳缓慢启动，则 I_1 可选小些。在设计启动电阻容量时，则取它们的几何平均值作为额定启动电流。即

$$I_{st}=\sqrt{I_1 I_2}=(1.3\sim1.6)I_N$$

分级启动时，每一级的 I_1（或 T_1）和 I_2（或 T_2）都取得相同，这样可使电动机启动时加速度均匀。此时，令

$$\beta=\frac{I_1}{I_2}=\frac{T_1}{T_2}$$

β 称为启动电流比（或启动转矩比）。

(3) 启动电阻的计算

若已知电枢电阻 R_a 和启动电流比 β，则各级启动时，电枢回路总电阻为

$$R_1=\beta R_a$$
$$R_2=\beta R_1=\beta^2 R_a$$
$$R_3=\beta R_2=\beta^3 R_a$$
$$\vdots$$
$$R_m=\beta R_{m-1}=\beta^m R_a$$

各级启动时，在电枢回路中外串的启动电阻为

$$R_{st1}=R_1-R_a$$
$$R_{st2}=R_2-R_1$$
$$R_{st3}=R_3-R_2$$
$$\vdots$$
$$R_{stm}=R_m-R_{m-1}$$

若启动级数为 m，则最大电枢回路总电阻 $R_m=\beta^m R_a$。

(4) 启动转矩比 β 与启动级数

$$\beta=\sqrt[m]{\frac{R_m}{R_a}}$$

$$m=\frac{\lg\frac{R_m}{R_a}}{\lg\beta}$$

(5) 启动电阻计算步骤

① 启动级数已知为 m 时，按下述步骤进行。

a. 初选 I_1。

b. 计算最大电枢回路总电阻 $R_m=\frac{U}{I_1}$。

c. 计算启动电流比 $\beta=\sqrt[m]{\frac{R_m}{R_a}}$。

d. 计算 I_2，并校核其是否满足取值范围要求，否则应修正 I_1，并重新计算以上各项。

e. 计算各级启动时电枢回路总电阻及各级启动时在电枢回路中外串的启动电阻。

② 启动级数未知时，按下述步骤进行。

a. 初选最大启动电流 I_1 和切换电流 I_2，并计算启动电流比 β。

b. 计算最大电枢回路总电阻 $R_m=\dfrac{U}{I_1}$。

c. 计算启动级数 m，即

$$m=\frac{\lg\dfrac{R_m}{R_a}}{\lg\beta}$$

若求得 m 为小数，则应取近邻的较大的整数（如 $m=2.68$，则应取 $m=3$）。然后将所取 m 代入下式对 β 值进行修正。

$$\beta=\sqrt[m]{\frac{R_m}{R_a}}$$

再用修正后的 β 对 I_2 进行修正。修正后的 I_2 应满足取值范围的要求，否则应另选级数 m，再重新修正 β 和 I_2 值。

d. 根据修正后的 β 值，计算各级启动时电枢回路总电阻及各级启动时在电枢回路中外串的启动电阻。

在上述计算中需用到直流电动机电枢绕组电阻 R_a，一般情况下可查有关技术数据得到 R_a，也可以根据电动机铭牌上的额定值由下式估算

$$R_a\approx\frac{1}{2}\times\frac{U_NI_N-P_N}{I_N^2}\ (\Omega)$$

式中　P_N——直流电动机的额定功率，W；

U_N——直流电动机的额定电压，V；

I_N——直流电动机的额定电流，A。

例 4-5　一他励直流电动机，额定功率 $P_N=22\text{kW}$，额定电压 $U_N=220\text{V}$，额定电流 $I_N=120\text{A}$，额定转速 $n_N=1000\text{r/min}$。采用电枢回路串电阻分级启动，启动级数 $m=3$，求各级启动电阻。

解　因启动级数已知，所以按上述第一种情况进行启动电阻计算。

（1）初选 I_1

选取最大启动电流 $I_1=2I_N=2\times120=240$（A）

（2）计算最大电枢回路总电阻 R_m

$$R_m=\frac{U_N}{I_1}=\frac{220}{240}=0.917\ (\Omega)$$

（3）计算启动电流比 β，首先估算电枢绕组电阻 R_a

$$R_a=\frac{1}{2}\times\frac{U_NI_N-P_N}{I_N^2}=\frac{1}{2}\times\frac{220\times120-22000}{120^2}=0.153\ (\Omega)$$

$$\beta=\sqrt[m]{\frac{R_m}{R_a}}=\sqrt[3]{\frac{0.917}{0.153}}=1.816$$

（4）计算 I_2 并校核是否合格

$$I_2=\frac{I_1}{\beta}=\frac{240}{1.816}=132.16\ (\text{A})$$

$$1.1I_N = 1.1\times120 = 132\ (A)$$

$$1.2I_N = 1.2\times120 = 144\ (A)$$

因为 $1.1I_N < I_2 < 1.2I_N$，所以 I_2 校核合格。

（5）计算各级启动时电枢回路总电阻

$$R_1 = \beta R_a = 1.816\times0.153 = 0.278\ (\Omega)$$

$$R_2 = \beta^2 R_a = 1.816^2\times0.153 = 0.505\ (\Omega)$$

$$R_3 = \beta^3 R_a = 1.816^3\times0.153 = 0.916\ (\Omega)$$

（6）计算各级启动时电枢回路中外串的启动电阻

$$R_{st1} = R_1 - R_a = 0.278 - 0.153 = 0.125\ (\Omega)$$

$$R_{st2} = R_2 - R_1 = 0.505 - 0.278 = 0.227\ (\Omega)$$

$$R_{st3} = R_3 - R_2 = 0.916 - 0.505 = 0.411\ (\Omega)$$

4.13 串励直流电动机串电阻启动控制电路

图 4-27 是一种用时间继电器控制的串励直流电动机启动控制电路，它也是有两级启动电阻。图中时间继电器 KT1 和 KT2 的触点的动作原理与图 4-24 中的触点 KT1 和 KT2 相同。

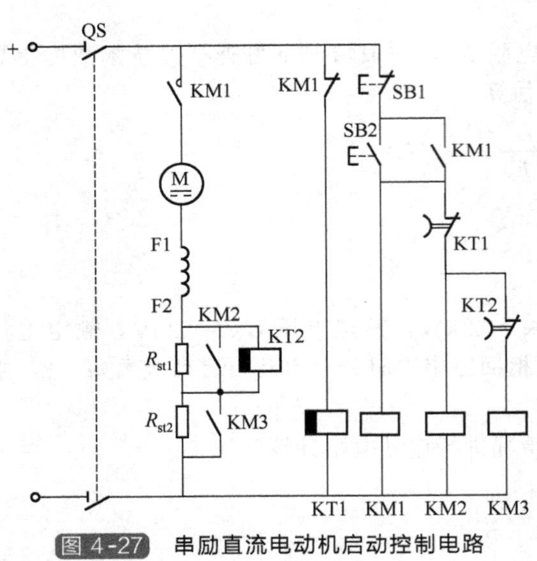

图 4-27 串励直流电动机启动控制电路

启动时，先合上电源开关 QS，时间继电器 KT1 因线圈得电而吸合，其释放时延时闭合的动断触点 KT1 立即断开。然后按下启动按钮 SB2，接触器 KM1 因线圈得电而吸合并自锁，KM1 的主触点闭合，接通主电路，电动机串电阻 R_{st1} 和 R_{st2} 启动，因刚启动时，电阻 R_{st1} 两端电压较高，时间继电器 KT2 吸合，其释放时延时闭合的动断触点 KT2 立即断开；与此同时，KM1 的动断辅助触点断开，使时间继电器 KT1 因线圈断电而释放。经过一段延时时间后，KT1 延时闭合的动断触点闭合，接触器 KM2 因线圈得电而吸合，其动合触点闭合，将启动电阻 R_{st1} 短接，同时使时间继电器 KT2 因线圈电压为零而释放。再经过一段延时时间后，KT2 延时闭合的动断触点闭合，接触器 KM3 因线圈得电而吸合，其动合触点闭合，将启动电阻 R_{st2} 短接，电动机启动完毕，投入正常运行。

必须注意，串励直流电动机不能在空载或轻载的情况下启动、运行。

4.14 并励直流电动机串电阻启动可逆运行控制电路

并励直流电动机的正反转控制常用的方法为电枢反接法，这种方法是保持磁场方向不变而改变电枢电流的方向，使电动机反转。此法常用于并励直流电动机。并励直流电动机串电阻启动可逆运行的控制电路如图 4-28 所示。图中 KT 为时间继电器，其触点是当时间继电器释放时延时闭合的动断触点，该触点的特点是当时间继电器吸合时，触点立即断开；当时间继电器释放时，触点延时闭合。

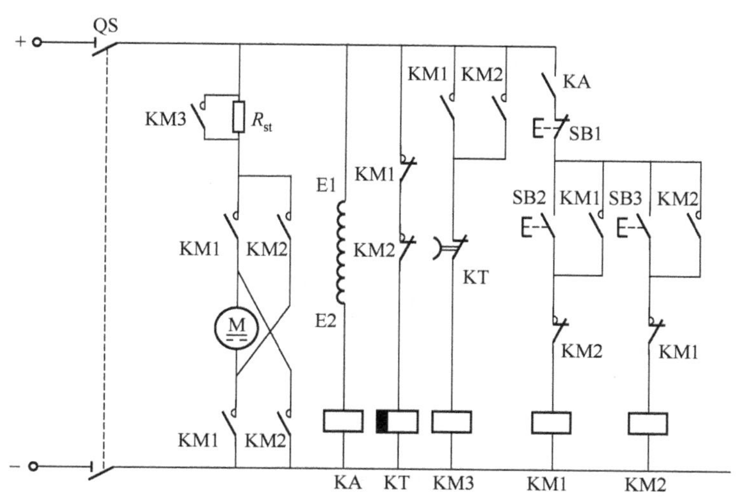

图 4-28 并励直流电动机串电阻启动可逆运行控制电路

启动直流电动机前，首先先合上电源开关 QS，励磁绕组得电励磁，欠电流继电器 KA 线圈得电，KA 动合触点闭合，接通控制电路电源；与此同时，时间继电器 KT 因线圈得电而吸合，其释放时延时闭合的动断触点 KT 立即断开，使接触器 KM3 线圈断电，于是，并联在启动电阻 R_{st}上的接触器 KM3 的动合触点 KM3 处于断开状态，从而保证了电动机在启动时启动电阻串入电枢回路中。

① 正转启动。启动时按下正转启动按钮 SB2，接触器 KM1 线圈得电吸合，KM1 的动合触点闭合，接通主电路，电动机串电阻 R_{st}启动，电动机正向启动。与此同时，接触器 KM1 的动合辅助触点闭合，为接通接触器 KM3 做准备，而接触器 KM1 的动断辅助触点断开，使时间继电器 KA 的线圈失电。时间继电器 KA 的线圈失电后，再经过一段延时时间后，时间继电器 KA 的释放时延时闭合的动断触点闭合，使接触器 KM3 的线圈得电吸合，KM3 的动合触点闭合，将电动机电枢回路中串入的启动电阻 R_{st} 短路（即切除启动电阻 R_{st}），电动机启动完毕，投入正常运行。

② 反转启动。若要反转，则需先按下停止按钮 SB1，使接触器 KM1 断电释放，KM1 的联锁触点闭合。这时再按下反转启动按钮 SB3，接触器 KM2 线圈得电吸合，KM2 的动合触头闭合，使电枢电流反向，电动机反转运行。

4.15 串励直流电动机串电阻启动可逆运行控制电路

串励直流电动机的正反转控制方法中有磁场反接法，这种方法是保持电枢电流方向不变而改变磁场方向（即励磁电流的方向），使电动机反转。因为串励直流电动机电枢绕组两端的电压很高，而励磁绕组两端的电压很低，反接较容易。内燃机车、电力机车的反转均用此法。串励直流电动机串电阻启动可逆运行控制电路的原理图如图 4-29 所示。

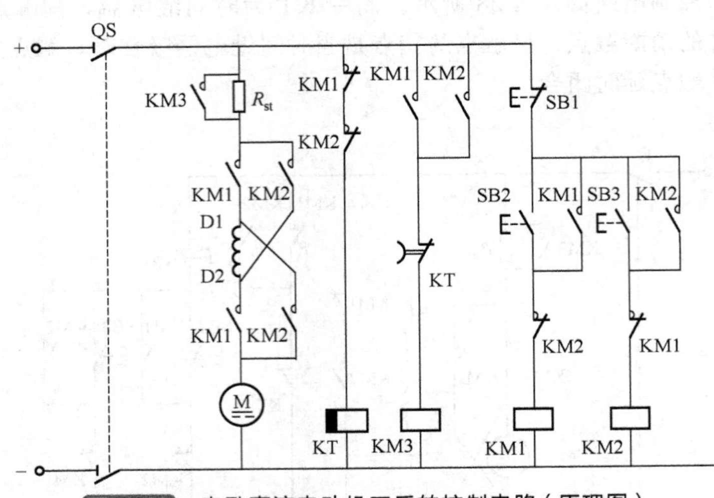

图 4-29　串励直流电动机正反转控制电路（原理图）

由于串励直流电动机串电阻启动可逆运行控制电路图中的控制电路部分与并励直流电动机串电阻启动可逆运行控制电路图中的控制电路部分基本相同，所以其工作原理可参照并励直流电动机串电阻启动可逆运行控制电路进行分析。

第5章 常用电动机调速控制电路

5.1 单绕组双速变极调速异步电动机的控制电路

将三相笼型异步电动机的定子绕组，经过不同的换接，来改变其定子绕组的极对数 p，可以改变它的旋转磁场的转速，从而改变转子的转速。这种通过改变定子绕组的极对数 p，而得到多种转速的电动机，称为变极多速异步电动机。由于笼型转子本身没有固定的极数，它的极数随定子磁场的极数而定，变换极数时比较方便，所以变极多速异步电动机都采用笼型转子。

改变定子绕组的极对数，一般有以下三种方法：

① 在定子槽内放置一套绕组，改变其不同的接线组合，得到不同的极对数，即单绕组变极多速电动机，简称单绕组多速电动机。

② 在定子槽内放置两套具有不同极对数的独立绕组，即双绕组双速电动机。

③ 在定子槽内放置两套具有不同极对数的独立绕组，而且每套绕组又可以有不同的接线组合，得到不同的极对数，即双绕组多速电动机。

上述三种变极方法中，第一种方法绕制简单，出线头较少，用铜量也较省，所以被广泛采用。

变极调速设备简单、运行可靠，是一种比较经济的调速方法，它属于有级调速电机，适用于不需要平滑调节转速的场合。

由于单绕组变极双速异步电动机是变极调速中最常用的一种形式，所以下面仅以单绕组变极双速异步电动机为例进行分析。

图 5-1 是一台 4/2 极的双速异步电动机定子绕组接线示意图。要使电动机在低速时工作，只需将电动机定子绕组的 1、2、3 三个出线端接三相交流电源，而将 4、5、6 三个出线端悬空，此时电动机定子绕组为三角形（△）连接，如图 5-1(a) 所示，磁极为 4 极，同步转速为 1500r/min。

要使电动机高速工作，只需将电动机定子绕组的 4、5、6 三个出线端接三相交流电源，而将 1、2、3 三个出线端连接在一起，此时电动机定子绕组为两路星形（又称双星形，用 YY 或 2Y 表示）连接，如图 5-1(b) 所示，磁极为 2 极，同步转速为 3000r/min。

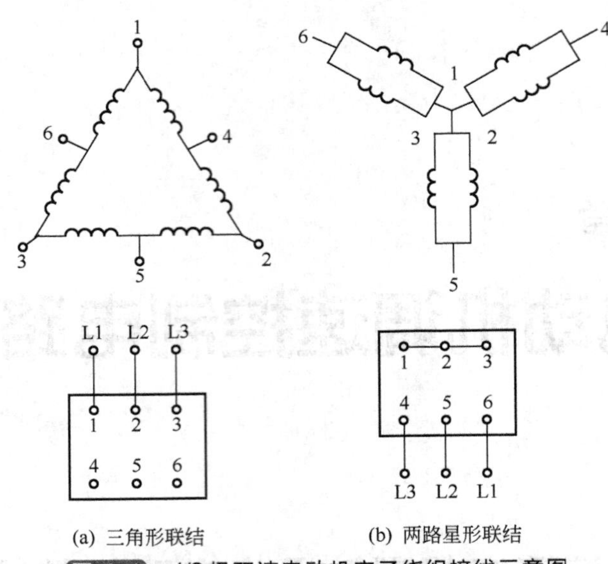

图 5-1　4/2 极双速电动机定子绕组接线示意图

必须注意，从一种接法改为另一种接法时，为使变极后电动机的转向不改变，应在变极时把接至电动机的 3 根电源线对调其中任意 2 根，如图 5-1 所示，一般的倍极比单绕组变极都是这样。

单绕组双速异步电动机的控制电路，一般有以下两种。

5.1.1　采用接触器控制的单绕组双速电动机控制电路

采用接触器控制单绕组双速异步电动机的控制电路的原理图如图 5-2 所示。该电路工作原理如下：

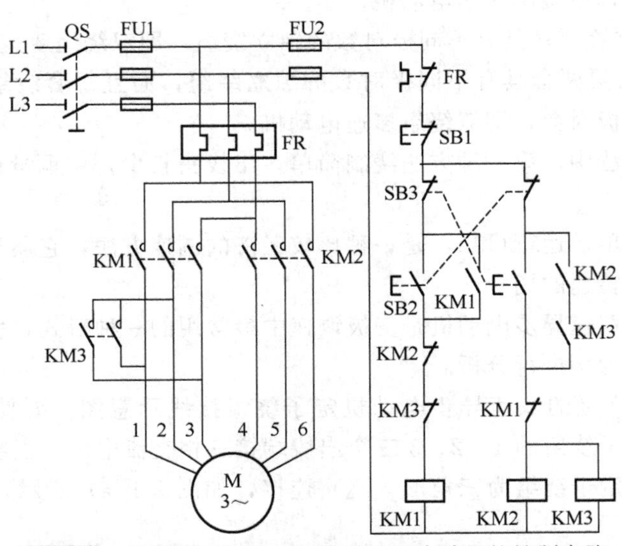

图 5-2　接触器控制单绕组双速异步电动机的控制电路

先合上电源开关 QS，低速控制时，按下低速启动按钮 SB2，使接触器 KM1 因线圈得电而吸合并自锁，KM1 的主触点闭合，使电动机 M 作三角形（△）连接，以低速运转。与此同时 KM1 的动断辅助触点断开。如需换为高速时，按下高速启动按钮 SB3，于是接触器 KM1 因线圈断电而释放；同时接触器 KM2、KM3 因线圈得电而同时吸合并自锁，KM2、KM3 的主触点闭合，使电动机 M 作两路星形（YY）连接，并且将电源相序改接，因此，电动机以高速同方向运转。与此同时，接触器 KM2、KM3 起联锁作用的动断辅助触点断开。

当电动机静止时，若按下高速启动按钮 SB3，将使接触器 KM2 与 KM3 因线圈得电而同时吸合并自锁，KM2 与 KM3 主触点闭合，使电动机 M 作两路星形（YY）连接，电动机将直接高速启动。

5.1.2 采用时间继电器控制的单绕组双速电动机控制电路

采用时间继电器控制的单绕组双速异步电动机的控制电路原理图如图 5-3 所示。该电路的工作原理如下：

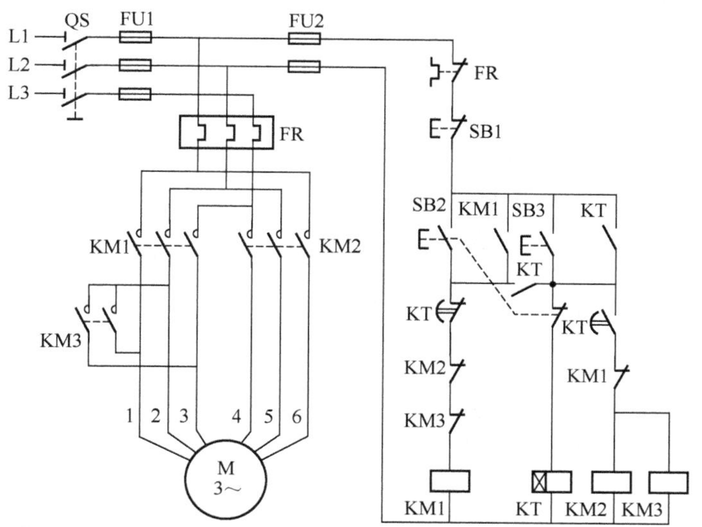

图 5-3 用时间继电器控制的单绕组双速异步电动机控制电路

先合上电源开关 QS，低速控制时，按下低速启动按钮 SB2，使接触器 KM1 因线圈得电而吸合并自锁，KM1 的主触点闭合，使电动机 M 作三角形（△）连接，以低速运转。同时，接触器 KM1 的动断辅助触点断开，使接触器 KM2、KM3 处于断电状态。

当电动机静止时，若按下高速启动按钮 SB3，电动机 M 将先作三角形（△）连接，以低速启动，经过一段延时时间后，电动机 M 自动转为两路星形（YY）连接，再以高速运行。其动作过程如下：按下按钮 SB3，时间继电器 KT 因线圈得电而吸合，并由其瞬时闭合的动合触点自锁；与此同时 KT 的另一副瞬时闭合的动合触点闭合，使接触器 KM1 因线圈得电而吸合并自锁，KM1 的主触点闭合，使电动机 M 作三角形（△）连接，以低速启动；经过一段延时时间后，时间继电器 KT 延时断开的动断触点断开，使接触器 KM1 因线圈断电而释放；而与此同时，时间继电器 KT 延时闭合的动合触点闭合，使接触器 KM2、KM3 因线圈得电而同时吸合，KM2、KM3 主触点闭合，使电动机 M 作两路星形（YY）连接，并且将电源相序改接，因此，电动机以高速同方向运行；而且，KM2、KM3 起联锁作用的动断辅助触点也同时断开，使 KM1 处于断电状态。

5.2 绕线转子三相异步电动机转子回路串电阻调速控制电路

绕线转子三相异步电动机的调速可以采用改变转子电路中电阻的调速方法。随着转子回路串联电阻的增大，电动机的转速降低，所以串联在转子回路中的电阻也称为调速电阻。

5.2.1 转子回路串电阻调速控制电路

绕线转子三相异步电动机转子回路串电阻调速的控制电路如图 5-4 所示。它也可以用作转子回路串电阻启动，所不同的是，一般启动用的电阻都是短时工作的，而调速用的电阻应为长期工作的。

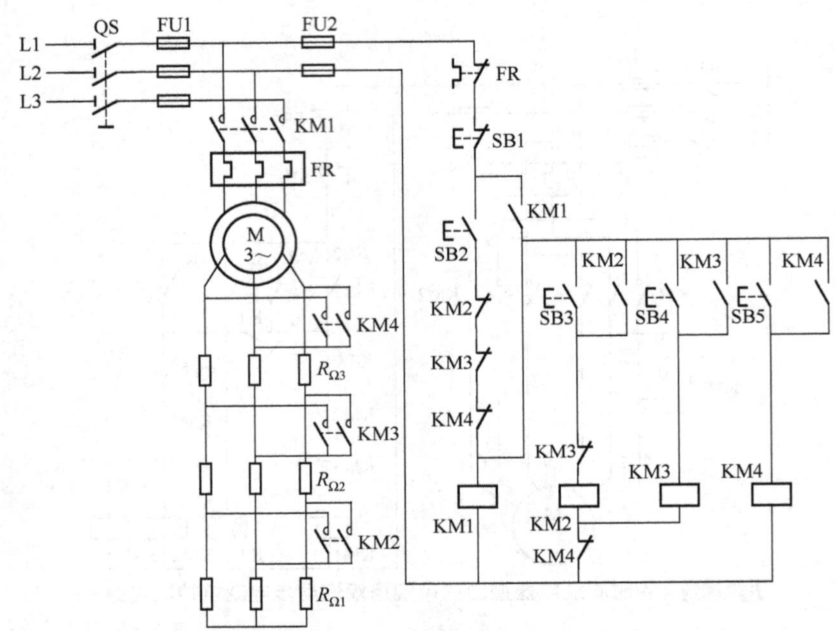

图 5-4 绕线式异步电动机转子回路串电阻调速控制电路

按下按钮 SB2，使接触器 KM1 因线圈得电而吸合并自锁，KM1 主触点闭合，使电动机 M 转子绕组串接全部电阻低速运行。当分别按下按钮 SB3、SB4、SB5 时，将分别使接触器 KM2、KM3、KM4 因线圈得电而吸合并自锁，其主触点闭合，并分别将转子绕组外接电阻 $R_{\Omega1}$、$R_{\Omega2}$、$R_{\Omega3}$短接（切除），电动机将以不同的转速运行。当外接电阻全部被短接后，电动机的转速最高。而此时接触器 KM2、KM3 均因线圈断电而释放，仅有 KM1、KM4 因线圈得电吸合。

按下按钮 SB1，接触器 KM1 等线圈断电释放，电动机断电停止。

绕线转子三相异步电动机转子回路串电阻调速的最大缺点是，如果把转速调得越低，就需要在转子回路串入越大的电阻，随之转子铜耗就越大，电动机的效率也就越低，故很不经济。但由于这种调速方法简单、便于操作，所以目前在起重机、吊车一类的短时工作的生产机械上仍被普遍采用。

5.2.2　转子回路串电阻调速的简易计算

绕线转子三相异步电动机转子回路串电阻调速属于改变转差率 s 的调速方式。由绕线转子三相异步电动机转子回路串电阻多级启动可知，它也能实现调速，所不同的是：一般启动用的变阻器都是短时工作的。而调速用的变阻器应为长期工作的。绕线转子三相异步电动机转子回路串电阻调速原理图如图 5-5(a) 所示。

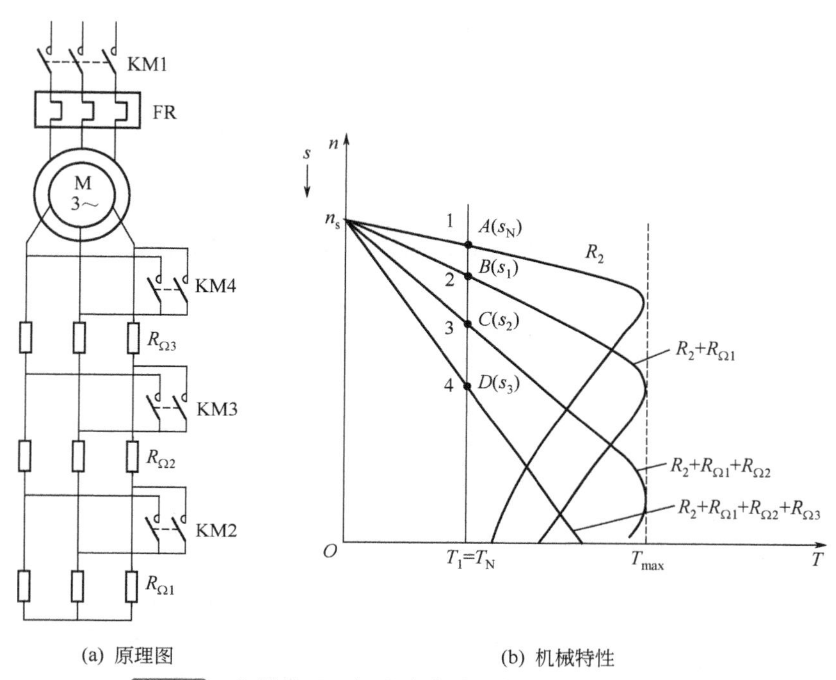

(a) 原理图　　(b) 机械特性

图 5-5　绕线转子三相异步电动机转子回路串电阻调速

绕线转子异步电动机转子回路串电阻调速时电动机的机械特性如图 5-5(b) 所示。图中，R_2 为绕线转子绕组的电阻；$R_{\Omega1}$、$R_{\Omega2}$、$R_{\Omega3}$ 分别为在转子回路中外串的调速电阻；曲线 1 为转子回路没有串入调速电阻时的机械特性；曲线 2、3、4 则分别为转子回路串入 $R_{\Omega1}$、$R_{\Omega2}$、$R_{\Omega3}$ 时的机械特性。

由图 5-5(b) 可见，在异步电动机转子回路中串入的电阻越大，电动机的机械特性曲线越偏向下方，在一定负载转矩 T_L 下，转子回路的电阻越大，电动机的转速越低。

在恒转矩调速时，$T_e=T_L=$常数，从电磁转矩的参数表达可知，若定子绕组电阻 R_1、定子绕组漏电抗 $X_{1\sigma}$ 和转子绕组漏电抗的归算值 $X'_{2\sigma}$ 皆不变，欲保持 T_e 不变，则应有 $\frac{R'_2}{s}$ 不变。这说明，恒转矩调速时，电动机的转差率 s 将随转子回路总电阻（R_2+R_Ω）成正比例变化。R_2+R_Ω 增加一倍，则转差率也增加一倍。因此，若在保持负载转矩不变的条件下调速，则应有

$$\frac{R_2}{s_N}=\frac{R_2+R_{\Omega1}}{s_1}=\frac{R_2+R_{\Omega1}+R_{\Omega2}}{s_2}=\frac{R_2+R_{\Omega1}+R_{\Omega2}+R_{\Omega3}}{s_3}=\cdots$$

上式说明，转差率 s 将随着转子回路的总电阻成正比地变化，如图 5-5(b) 中所示对应不同电阻时的工作点 A、B、C、D。而与上述各工作点对应的电动机的转差率分别为 s_N、s_1、s_2、s_3。

现在来阐明绕线转子异步电动机转子回路串电阻调速的物理过程。设电动机拖动恒转矩性质的额定负载运行，其工作点位于图 5-5(b) 中的 A 点，此时电动机的转差率为 s_N，电动机的转速为 $n_N=n_s(1-s_N)$。当串入电阻 $R_{\Omega 1}$的瞬间，由于转子有惯性，电动机的转速还来不及改变，转子绕组的感应电动势未变，转子电流却因转子电路阻抗增加而减小，由于电动机中的主磁通未变，相应地电磁转矩也减小，电动机的转速开始下降。随着转速的下降，电动机气隙中的旋转磁场与转子导体相对运动的速度逐渐增大，转子绕组中的感应电动势开始增大，随之转子电流又开始增加，相应地电磁转矩也逐渐增大，这个过程一直进行到电磁转矩 T_e与负载转矩互相平衡为止。这时电动机在一个较低转速下稳定运行。

当转子回路串入调速电阻 $R_{\Omega 1}$时，电动机的机械特性曲线由曲线 1 变为曲线 2，如图 5-5(b) 所示。若负载转矩 T_L保持不变，则电动机的运行点将从 A 点变到 B 点，相应的转差率从 s_N增加到 s_1，电动机的转速则从 $n_S(1-s_N)$ 降到 $n_S(1-s_1)$。增加调速电阻，电动机的机械特性愈向下移，转速便愈下降。

这种调速方法只能从空载转速向下调速，调速范围不大，负载转矩 T_L小时，调速范围更小。当转差率较大，即电动机的转速较低时，转子回路（包括外接调速电阻 R_Ω）中的功率损耗较大，因此效率较低，由于转子要分级串电阻，体积大、笨重，且为有级调速。这种调速方法的另一缺点是，转子串入调速电阻后，电动机的机械特性变软，负载转矩稍有变化即会引起很大的转速波动。

这种调速方法的主要优点是设备简单，初投资少，其调速电阻还可兼作启动电阻和制动电阻使用。因此多用于对调速性能要求不高且断续工作的生产机械，如桥式起重机等。

例 5-1 一台绕线转子三相异步电动机，极数 $2p=8$，额定功率 $P_N=30$kW，额定电压 $U_N=380$V，额定频率 $f_N=50$Hz，额定电流 $I_N=65.3$A，额定转速 $n_N=713$r/min，转子电压（指定子绕组加额定频率的额定电压，转子绕组开路时，集电环间的电压）$E_{2N}=200$V，转子额定电流（电动机额定运行时的转子电流）$I_{2N}=97$A。电动机拖动的负载为恒转矩负载。假定负载为额定负载，现要求将电动机的转速降低到 450r/min，试求每相转子绕组中应串入多大电阻？

解 (1) 电动机的同步转速 n_S

$$n_S=\frac{60f}{p}=\frac{60\times 50}{4}=750\ (\text{r/min})$$

(2) 电动机的额定转差率 s_N

$$s_N=\frac{n_S-n_N}{n_S}=\frac{750-713}{750}=0.049$$

(3) 转速降为 $n=450$r/min 时，电动机的转差率 s

$$s=\frac{n_S-n}{n_S}=\frac{750-450}{750}=0.4$$

(4) 估算转子绕组每相电阻 R_2

$$R_2\approx\frac{s_N E_{2N}}{\sqrt{3}I_{2N}}=\frac{0.049\times 200}{\sqrt{3}\times 97}=0.058\ (\Omega)$$

(5) 转子回路每相应串入的调速电阻 R_Ω

因为
$$\frac{R_2}{s_N}=\frac{R_2+R_\Omega}{s}$$

所以
$$R_\Omega=R_2\left(\frac{s}{s_N}-1\right)=0.058\times\left(\frac{0.4}{0.049}-1\right)=0.415\ (\Omega)$$

5.3 电磁调速三相异步电动机控制电路

电磁调速三相异步电动机又称滑差电动机，是一种交流无级调速电动机。它由三相异步电动机、电磁转差离合器和测速发电机等组成，可通过控制器进行较广范围的平滑调速，其调速比一般 10∶1。可以广泛地应用在纺织、印染、化工、造纸、电缆等部门的恒转矩负载及风机类负载。

中小型电磁调速异步电动机是组合式结构；较大的电磁调速异步电动机是整体式结构。笼型三相异步电动机为原动机，测速发电机安装在电磁调速异步电动机的输出轴上，用来控制和指示电机的转速；电磁转差离合器是电磁调速的关键部件，电机的平滑调速就是通过它的作用来实现的。

电磁转差离合器有两个旋转部分，即电枢和磁极。电枢制成圆筒形结构，通常由铸钢加工而成。它是直接固定在异步电动机的轴伸上，随异步电动机旋转，属主动部分；磁极制成爪形结构，有励磁绕组，固定在输出轴上，属从动部分。磁极的励磁绕组经集电环通入直流励磁。

电磁调速异步电动机控制电路的原理图如图 5-6 所示。图中 VC 是晶闸管可控整流电源，其作用是将交流电变换成直流电，供给电磁转差（滑差）离合器的直流励磁电流，电流的大小可通过电位器 R_P 进行调节。

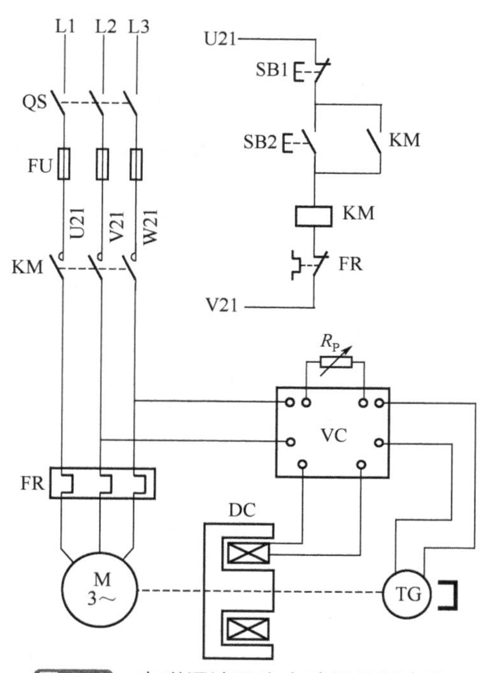

图 5-6　电磁调速异步电动机控制电路

欲启动电动机，先合上电源开关 QS，然后按下启动按钮 SB2，接触器 KM 因线圈得电而吸合并自锁，KM 的主触点闭合，三相异步电动机运转，同时也接通了晶闸管可控整流装置 VC 的电源，使电磁转差（滑差）离合器磁极的励磁线圈得到励磁电流，此时磁极随电动机及离合器电枢同向转动。调节电位器 R_P，即可改变爪形磁极的转速，从而调节了被拖动负载的转速。图 5-6 中 TG 为测速发电机，由它取出的电动机转速信号，反馈给晶闸管可控整流电路，以调整和稳定电动机的转速，改善电磁调速异步电动机的机械特性。

由于电磁转差（滑差）离合器是依靠电枢中的感应电流而工作的，感应电流会引起电枢发热，在一定的负载转矩下，转速越低，则转差就越大，感应电流也就越大，电枢发热也就越严重。因此，电磁调速异步电动机不宜长期低速运行。

5.4 变频调速三相异步电动机控制电路

当直流电源向交流负载供电时，必须经过直流-交流变换，能够实现直流（DC）-交流（AC）变换的电路称为逆变电路。

利用电力半导体器件的通断作用，将工频交流电变换为另一频率的交流电的控制电路称为变频电路。根据变换方式的不同，可分为交-交和交-直-交两种形式。

把直流变交流、交流变交流的技术称为变频技术。

变频器是一种静止的频率变换器，它可以把电力配电网 50Hz 恒定频率的交流电，变换成频率、电压均可调节的交流电。变频器可以作为交流电动机的电源装置，实现变频调速，还可以用于中频电源加热器、不间断电源（UPS）、高频淬火机等。

交流电动机变频调速是利用交流电动机的同步转速随电源频率变化的特点，通过改变交流电动机的供电频率进行调速的方法。

在异步电动机的诸多调速方法中，变频调速的性能最好，它调速范围大、稳定性好、可靠性高、运行效率高、节电效果好，有着广泛的应用范围和可观的社会效益和经济效益。所以，变频调速已成为当今节电、改造传统工业、改善工艺流程、提高生产过程自动化水平、提高产品质量、推动技术进步的主要手段之一，也是国际上技术更新换代最快的领域之一。

5.4.1 水泵、风机类负载变频调速控制电路

风机、水泵类负载如果采用变频调速，可以取得非常好的节能效果，可以比调节挡板（或阀门）控制风量（或流量）节能 40%～50%。

（1）电动机正转运行变频调速控制电路

电动机正转运行变频调速控制电路如图 5-7 所示。调节频率给定电位器 R_P，可设定电动机运行速度。按下运行按钮 SB1，继电器 KA 得电吸合并自锁，其常开触点闭合，FR-COM 连接，电动机按照预先设定的转速运行；停止时，按下停止按钮 SB2，KA 失电，FR-COM 断开，电动机停止。

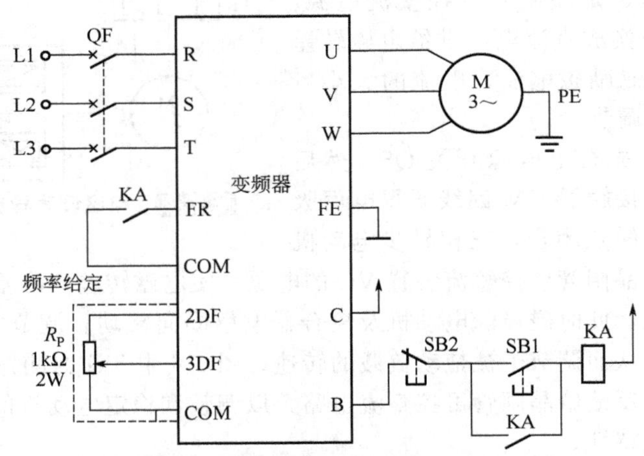

图 5-7 电动机正转运行变频调速控制电路

（2）采用国产 JP6C 型变频器的三速运行控制电路

采用国产 JP6C 型变频器的三速运行控制电路如图 5-8 所示。JP6C 型变频器设有多速选择信号端子（这里仅用三速），因此不需要选用件。频率的给定可以有三种速度，高速、中速和低速用各自的给定电位器调速。继电器 KA1、KA2、KA3 相互连锁。如按下按钮 SB1，继电器 KA1 吸合并自锁，其常开触点闭合，X_1-COM 连接，另一副触点将 FWD-COM 连接，电动机按高速指令运行；同样，按下按钮 SB2 和 SB3，电动机将分别按中速和低速指令运行。

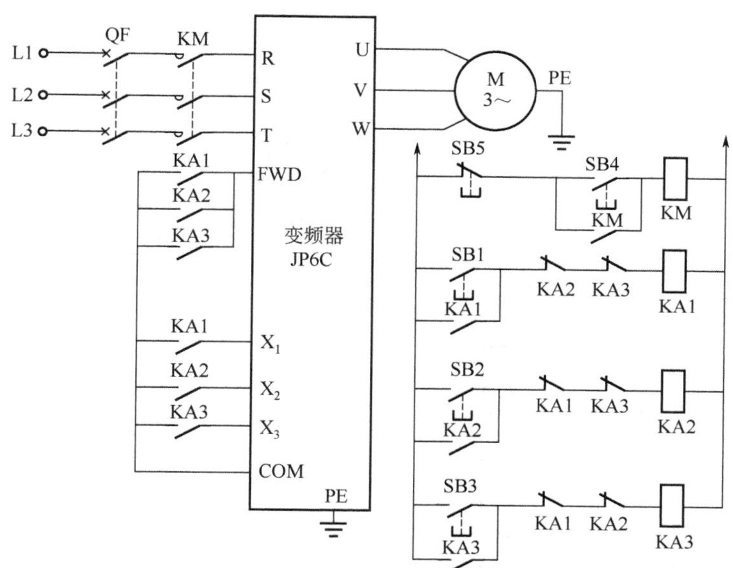

图 5-8　采用国产 JP6C 型变频器的三速运行控制电路

5.4.2　粉末供料器与出料传送带变频调速控制电路

对于原料等制造工艺，要提高生产率和质量，关键是提高计量与混料精度。对于在计量器与混料器之前的粉末出料供给装置，需要根据原料的种类和大小控制供给量，并使出料传动带的速度同步变化。

将变频器引入这样的过程可使计量装置和混料器的原料供给量均匀，提高计量与混料精度，保证质量稳定。

粉末供料器的电动机一般使用标准齿轮电动机恒速运行，或用电磁转差离合器变速电动机及机械变速器，引入变频器的目的如下。

① 通过对供料器的调速控制供给量，使其随粉末大小、种类而变化，从而容易实现原料混合化的最佳化。

② 通过使现有电动机高速化来提高生产率。

③ 拖动电动机位于粉尘很多的环境，采用变频器后，可使用笼型全封闭户外型电动机，从而使维护容易。

④ 与机械式变速相比，可实现远距离操作，而且容易实现与下面传送带的连动比率运行。

图 5-9 所示例子是对粉末供料器和出料传动带采用变频器控制，由远距离集中管理室设定相应于最佳粉末供给量的供料器速度，并与此相连动，按一定比例控制传动带的速度，供料器与传动带的速度是通过集中监视盘的变频器输出频率仪表，将频率还原为速度来进行指示的，可始终远距离监视。另外，供料器和传动带还可以分别手动操作。

粉末供料器采用的是一般电动机，出料传动带是齿轮式电动机。

使用效果：

① 调配的产品因其混合比例恒定而提高了质量，且材料利用率也提高。

② 对于多品种的原料组合可以远距离高精度地操作实施，节省人力效果显著。

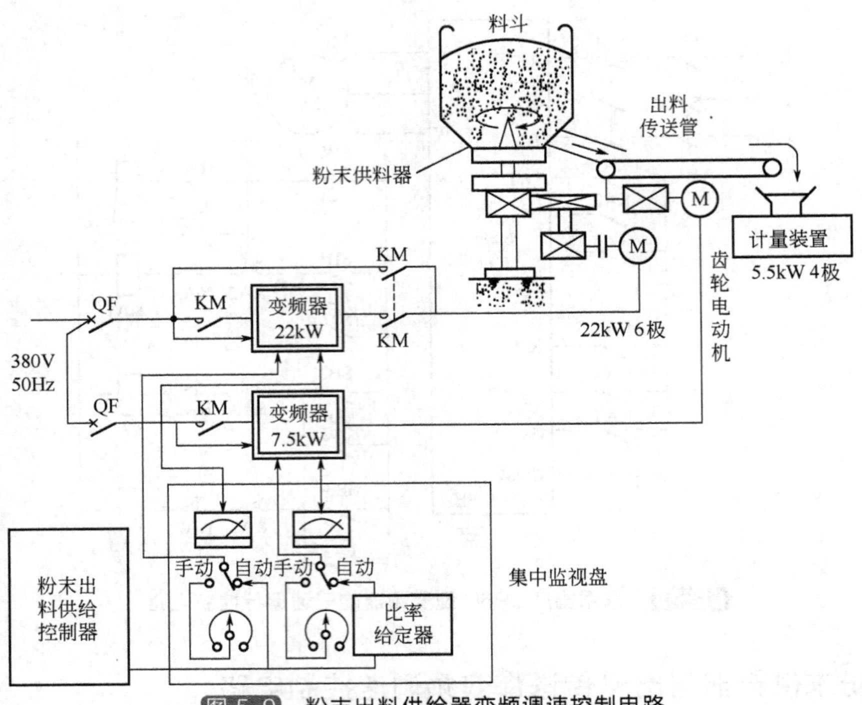

图 5-9　粉末出料供给器变频调速控制电路

③ 与机械式或原来的电气式不同，免除了保养的麻烦。

注意事项：

① 粉末供料器在启动时的负载转矩较恒速运行时大，而变频器传动的电动机启动转矩较工频电源运转时的启动转矩小，所以必须考虑负载特性，选用较原来容量大的电动机和变频器。

② 由于料斗内粉末或其湿度的影响，可能发生堵塞，造成启动转矩异常大而无法启动。在这种情况下，应能直接用工频电源启动，然后再用工频电源/变频器切换选择开关切换为变频器运行。

运行中如发生堵塞，变频器过电流会使失速防止功能起作用，变频器输出频率逐渐降低，电动机减速，从而可防止变频器的过电流跳闸造成停机。

5.4.3 变频器容量的选择

变频器容量的选择由很多因素决定，例如电动机容量、电动机额定电流、电动机加速时间等。其中，最主要的是电动机额定电流。

(1) 一台变频器驱动一台电动机时

当连续恒载运转时，所需变频器的容量必须同时满足下列各项计算公式：

满足负载输出：$P_{CN} \geqslant \dfrac{kP_M}{\eta\cos\varphi}$

满足电动机容量：$P_{CN} \geqslant \sqrt{3}kU_M I_M \times 10^{-3}$

满足电动机电流：$I_{CN} \geqslant kI_M$

式中　P_{CN}——变频器的额定容量，kV·A；

　　I_{CN}——变频器的额定电流，A；

P_M——负载要求的电动机的轴输出功率，kW；
U_M——电动机的额定电压，V；
I_M——电动机的额定电流，A；
η——电动机的效率（通常约为 0.85）；
$\cos\varphi$——电动机的功率因数（通常约为 0.75）；
k——电流波形的修正系数（对 PWM 控制方式的变频器，取 1.05～1.10）。

（2）一台变频器驱动多台电动机时

当一台变频器同时驱动多台电动机，即成组驱动时，一定要保证变频器的额定输出电流大于所有电动机额定电流的总和。对于连续运行的变频器，当过载能力为 150%、持续时间为 1min 时，必须同时满足下列两项计算公式。

① 满足驱动时容量，即

$$jP_{CN}\geqslant\frac{kP_M}{\eta\cos\varphi}[N_T+N_S(k_S-1)]=P_{CN1}\left[1+\frac{N_S}{N_T}(k_S-1)\right]$$

$$P_{CN1}=\frac{kP_MN_T}{\eta\cos\varphi}$$

② 满足电动机电流，即

$$jI_{CN}\geqslant N_TI_M\left[1+\frac{N_S}{N_T}(k_S-1)\right]$$

式中　P_{CN}——变频器的额定容量，kV·A；
I_{CN}——变频器的额定电流，A；
P_M——负载要求的电动机的轴输出功率，kW；
I_M——电动机的额定电流，A；
η——电动机的效率（通常约为 0.85）；
$\cos\varphi$——电动机的功率因数（通常约为 0.75）；
N_T——电动机并联的台数；
N_S——电动机同时启动的台数；
k——电流波形的修正系数（对 PWM 控制方式的变频器，取 1.05～1.10）；
k_S——电动机启动电流与电动机额定电流之比；
P_{CN1}——连续容量，kV·A；
j——系数，当电动机加速时间在 1min 以内时，$j=1.5$；当电动机加速时间在 1min 以上时，$j=1.0$。

（3）大惯性负载启动时

变频器的容量应满足

$$P_{CN}\geqslant\frac{kn_M}{9550\eta\cos\varphi}\left(T_L+\frac{GD^2n_M}{375t_A}\right)$$

式中　P_{CN}——变频器的额定容量，kV·A；
GD^2——换算到电动机轴上的总飞轮力矩，N·m²；
T_L——负载转矩，N·m；
η——电动机的效率（通常约为 0.85）；
$\cos\varphi$——电动机的功率因数（通常约为 0.75）；
t_A——电动机加速时间，s，根据负载要求确定；

k——电流波形的修正系数（对 PWM 控制方式的变频器，取 1.05～1.10）。

n_M——电动机的额定转速，r/min。

例 5-2 一台笼型三相异步电动机，极数为 4 极，额定功率为 5.5kW、额定电压 380V、额定电流为 11.6A、额定频率为 50Hz、额定效率为 85.5%、额定功率因数为 0.84。试选择一台通用变频器（采用 PWM 控制方式）。

解 因为采用 PWM 控制方式的变频器，所以取电流波形的修正系数 $k=1.10$，根据已知条件可得

$$P_{CN} \geqslant \frac{kP_M}{\eta\cos\varphi} = \frac{1.10 \times 5.5}{0.855 \times 0.84} = 8.424(\text{kV} \cdot \text{A})$$

$$P_{CN} \geqslant \sqrt{3}kU_M I_M \times 10^{-3} = \sqrt{3} \times 1.10 \times 380 \times 11.6 \times 10^{-3} = 8.398(\text{kV} \cdot \text{A})$$

$$I_{CN} \geqslant kI_M = 1.10 \times 11.6 = 12.76(\text{A})$$

故可选用 L100-055HFE 型或 L100-055HFU 型通用变频器，其额定容量 $P_{CN}=10.3$kV·A，额定输出电流 $I_{CN}=13$A，可以满足上述要求。

例 5-3 一台笼型三相异步电动机，极数为 6 极、额定功率为 5.5kW、额定电压为 380V、额定电流为 12.6A、额定频率为 50Hz、额定效率为 85.3%、额定功率因数为 0.78。试选择一台通用变频器（采用 PWM 控制方式）。

解 因为采用 PWM 控制方式，所以取电流波形的修正系数 $k=1.10$，根据已知条件可得

$$P_{CN} \geqslant \frac{kP_M}{\eta\cos\varphi} = \frac{1.10 \times 5.5}{0.853 \times 0.78} = 9.093(\text{kV} \cdot \text{A})$$

$$P_{CN} \geqslant \sqrt{3}kU_M I_M \times 10^{-3} = \sqrt{3} \times 1.10 \times 380 \times 12.6 \times 10^{-3} = 9.122(\text{kV} \cdot \text{A})$$

$$I_{CN} \geqslant kI_M = 1.10 \times 12.6 = 13.86(\text{A})$$

故可选用 L100-075HFE 型或 L100-075HFU 型通用变频器，其 $P_{CN}=12.7$kV·A，$I_{CN}=16$A，可以满足上述要求。

5.4.4 变频调速的简易计算

在改变异步电动机电源频率 f_1时，异步电动机的参数也在变化。三相异步电动机定子绕组的感应电动势 E_1为

$$E_1 = 4.44 f_1 k_{W1} N_1 \Phi_m$$

式中 E_1——定子绕组的感应电动势，V；

k_{W1}——电动机定子绕组的绕组系数；

N_1——电动机定子绕组每相串联匝数；

Φ_m——电动机气隙每极磁通（又称气隙磁通或主磁通），Wb。

如果忽略电动机定子绕组的阻抗压降，则电动机定子绕组的电源电压 U_1近似等于定子绕组的感应电动势 E_1，即

$$U_1 \approx E_1 = 4.44 f_1 k_{W1} N_1 \Phi_m$$

由上式可以看出，在变频调速时，若保持电源电压 U_1不变，则气隙每极磁通 Φ_m将随频率 f_1的改变而成反比变化。一般电动机在额定频率下工作时磁路已经饱和，如果电源频率 f_1低于额定频率时，气隙每极磁通 Φ_m将会增加，电动机的磁路将过饱和，以致引起励磁电流急剧增加，从而使电动机的铁损耗大大增加，并导致电动机的温度升高、功率因数和效率均下降，这是不允许的；如果电源频率 f_1高于额定频率时，气隙每极磁通 Φ_m将会减

小，因为电动机的电磁转矩与每极磁通和转子电流有功分量的乘积成正比，所以在负载转矩不变的条件下，Φ_m的减小，势必会导致转子电流增大，为了保证电动机的电流不超过允许值，则将会使电动机的最大转矩减小，过载能力下降。综上所述，变频调速时，通常希望气隙每极磁通 Φ_m 近似不变，这就要求频率 f_1 与电源电压 U_1 之间能协调控制。若要 Φ_m 近似不变，则应使

$$\frac{U_1}{f_1} \approx 4.44 k_{W1} N_1 \Phi_m = 常数$$

另一方面，也希望变频调速时，电动机的过载能力 $\lambda_m = \frac{T_{max}}{T_N}$ 保持不变。

由电机学有关分析可得，在变频调速时，若要电动机的过载能力不变，则电源电压、频率和额定转矩应保持下列关系

$$\frac{U_1'}{U_1} = \frac{f_1'}{f_1}\sqrt{\frac{T_N'}{T_N}}$$

式中　U_1，f_1，T_N——变频前的电源电压、频率和电动机的额定转矩；

U_1'，f_1'，T_N'——变频后的电源电压、频率和电动机的额定转矩。

从上式可得对应于下面三种负载，电压应随频率的改变而调节。

(1) 恒转矩负载

对于恒转矩负载，变频调速时希望 $T_N' = T_N$，即$\frac{T_N'}{T_N} = 1$，所以要求

$$\frac{U_1'}{U_1} = \frac{f_1'}{f_1}\sqrt{\frac{T_N'}{T_N}} = \frac{f_1'}{f_1}$$

即加到电动机上的电压必须随频率成正比变化，这个条件也就是$\frac{U_1}{f_1}$=常数，可见这时气隙每极磁通 Φ_m也近似保持不变。这说明变频调速特别适用于恒转矩调速。

(2) 恒功率负载

对于恒功率负载，$P_N = T_N\omega = T_N\frac{2\pi n}{60}$=常数，由于 $n \propto f$，所以，变频调速时希望$\frac{T_N'}{T_N} = \frac{n}{n'} = \frac{f_1}{f_1'}$，以使　$P_N = T_N\frac{2\pi n}{60} = T_N'\frac{2\pi n'}{60}$=常数。于是要求

$$\frac{U_1'}{U_1} = \frac{f_1'}{f_1}\sqrt{\frac{T_N'}{T_N}} = \frac{f_1'}{f_1}\sqrt{\frac{f_1}{f_1'}} = \sqrt{\frac{f_1'}{f_1}}$$

即加到电动机上的电压必须随频率的开方成正比变化。

(3) 风机、泵类负载

风机、泵类负载的特点是其转矩随转速的平方成正比变化，即 $T_N \propto n^2$，所以，对于风机、泵类负载，变频调速时希望$\frac{T_N'}{T_N} = \left(\frac{n'}{n}\right)^2 = \left(\frac{f_1'}{f_1}\right)^2$，所以要求

$$\frac{U_1'}{U_1} = \frac{f_1'}{f_1}\sqrt{\frac{T_N'}{T_N}} = \frac{f_1'}{f_1}\sqrt{\left(\frac{f_1'}{f_1}\right)^2} = \left(\frac{f_1'}{f_1}\right)^2$$

即加到电动机上的电压必须随频率的平方成正比变化。

实际情况与上面分析的结果有些出入，主要因为电动机的铁芯总是有一定程度的饱和，其次，由于电动机的转速改变时，电动机的冷却条件也改变了。

例 5-4 一台笼型三相异步电动机，极数 $2p=4$，额定功率 $P_N=30\text{kW}$，额定电压=380V，额定频率 $f_N=50\text{Hz}$，额定电流 $I_N=56.8\text{A}$，额定转速 $n_N=1470\text{r/min}$，拖动 $T_L=0.8T_N$的恒转矩负载，若采用变频调速，保持$\dfrac{U_1}{f_1}$=常数，试计算将此电动机转速调为 900r/min 时，变频电源输出的线电压 U_1'和频率 f_1'各为多少？

解 电动机的同步转速 n_S

$$n_S=\frac{60f_1}{p}=\frac{60f_N}{p}=\frac{60\times50}{2}=1500\ (\text{r/min})$$

电动机在固有机械特性上的额定转差率 s_N 为

$$s_N=\frac{n_S-n_N}{n_S}=\frac{1500-1470}{1500}=0.02$$

负载转矩 $T_L=0.8T_N$时，对应的转差率 s 为

$$s=\frac{T_L}{T_N}s_N=0.8\times0.02=0.016$$

则 $T_L=0.8T_N$时的转速降 Δn 为

$$\Delta n=sn_S=0.016\times1500=24\ (\text{r/min})$$

因为电动机变频调速时的人为机械特性的斜率不变，即转速降落值 Δn 不变，所以，变频以后电动机的同步转速 n_S'为

$$n_S'=n'+\Delta n=900+24=924\ (\text{r/min})$$

若使 $n'=900\text{r/min}$，则变频电源输出的频率 f_1'和线电压 U_1'为

$$f_1'=\frac{pn_S'}{60}=\frac{2\times924}{60}=30.8\ (\text{Hz})$$

$$U_1'=\frac{U_1}{f_1}f_1'=\frac{U_N}{f_N}f_1'=\frac{380}{50}\times30.8=234.08\ (\text{V})$$

5.5 直流电动机改变电枢电压调速控制电路

5.5.1 改变电枢电压调速控制电路

直流电动机改变电枢电压的简易调速控制电路的原理图如图 5-10 所示。该控制电路是将交流电压经桥式整流后的直流电压，通过晶闸管 V 加到直流电动机的电枢绕组上。调节电位器 R_P 的值，则能改变晶闸管 V 的导通角，从而改变输出直流电压的大小，实现直流电动机调速。

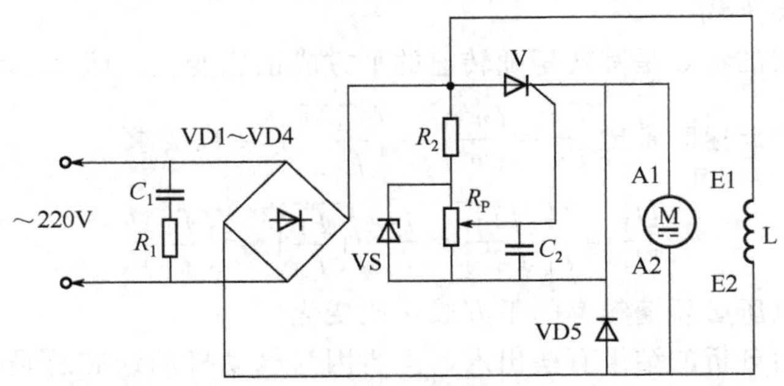

图 5-10 直流电动机改变电枢电压的简易调速控制电路

为了使电动机在低速时运转平稳，在移相回路中接入稳压管 VS，以保证触发脉冲的稳定。VD5 起续流作用。只要调节 R_P 的电阻值就能实现调速。

本电路操作简单，在小容量直流电动机及单相串励式手电钻中得到广泛应用。

通常，对于小容量直流电动机，可采用单相桥式可控整流电路对直流电动机的电枢绕组供电，如图 5-11 所示，单相桥式可控整流电路输出的直流电压为

$$U_d = 0.9U\cos\alpha$$

式中，U 为单相交流电压的有效值；α 为晶闸管的触发控制角；U_d 为整流电路输出的直流电压。改变控制角就能改变整流电压，从而改变整流电动机的转速。图 5-11 中的 L 为平波电抗器，用来减小电流的脉动，保持电流的连续。

对于容量较大的直流电动机，可采用三相桥式可控整流电路对直流电动机的电枢绕组供电，如图 5-12 所示，三相桥式可控整流电路输出的直流电压为

$$U_d = 2.34U\cos\alpha$$

式中，U 为单相交流电压的有效值；α 为晶闸管的触发控制角；U_d 为整流电路输出的直流电压。改变控制角就能改变整流电压，从而改变整流电动机的转速。图 5-12 中的 L 为平波电抗器，用来减小电流的脉动，保持电流的连续。

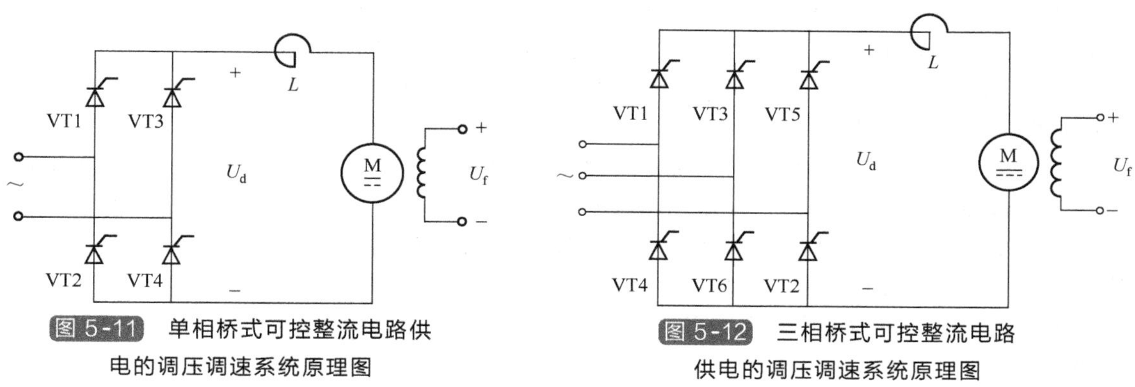

图 5-11　单相桥式可控整流电路供电的调压调速系统原理图

图 5-12　三相桥式可控整流电路供电的调压调速系统原理图

5.5.2　改变电枢电压调速的简易计算

直流电动机具有良好的调速性能，可以在宽广的范围内平滑而经济地调速，特别适用于对调速性能要求较高的电力拖动系统中。

对直流电动机进行调速，可采取多种途径。当在直流电动机的电枢回路中串入外加调节电阻（又称调速电阻）R_Ω时，可得直流电动机的转速表达方式为

$$n = \frac{U - I_a(R_a + R_\Omega)}{C_e\Phi}$$

从上式可见，直流电动机的调速方法有以下三种：

① 改变串入电枢回路中的调速电阻 R_Ω；

② 改变加于电枢回路的端电压 U；

③ 改变励磁电流 I_f，以改变主极磁通 Φ。

他励直流电动机拖动负载运行时，若保持电动机的每极磁通为额定磁通 Φ_N，而且在电动机的电枢回路不串外接电阻，即 $R_\Omega = 0$，则他励直流电动机的机械特性方程式为

$$n = \frac{U}{C_e\Phi_N} - \frac{R_a}{C_e C_T \Phi_N^2} T_e$$

由上式可知，当改变电动机电枢绕组的端电压U时，电动机就可运行于不同的转速，且电压U越低，电动机的转速n越低。他励直流电动机改变电枢端电压调速时的机械特性如图5-13所示，图中，曲线1、2、3、4分别为对应于不同电枢端电压时电动机的机械特性曲线；曲线5为负载的机械特性曲线。从图中可以看出，改变电枢端电压后，电动机的理想空载转速n_0随电压的降低而下降。但是，电动机的机械特性的斜率不变，即电动机的机械特性的硬度不变。

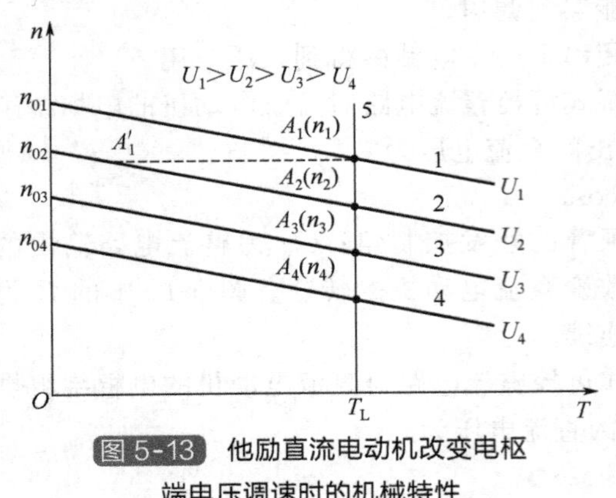

图5-13 他励直流电动机改变电枢端电压调速时的机械特性

由以上分析可知，当他励直流电动机改变电枢端电压调速时，随着电枢端电压的降低，电动机机械特性平行地向下移动，如图5-13所示，当带恒转矩负载T_L时，在不同的电枢端电压U_1、U_2、U_3、U_4时，电动机的转速分别为n_1、n_2、n_3、n_4。由于调速过程中电动机的机械特性只是平行地上下移动而不改变其斜率，因此调速时，电动机机械特性的硬度不变，这是改变电枢端电压调速的优点。而且降低电枢端电压调速的平滑性好，当电枢端电压连续变化时，转速也能连续变化，可实现无级调速，调速范围大，稳定性好。

改变电枢端电压调速，对于串励直流电动机来说，也是适用的。在电力牵引机车中，常把两台串励直流电动机从并联运行改为串联运行，以使加于每台电动机的电压从全压降为半压。

例5-5 一台他励直流电动机，额定功率$P_N=22kW$，额定电压$U_N=220V$，额定电流$I_N=115A$，额定转速$n_N=1500r/min$，电枢回路总电阻$R_a=0.1\Omega$，忽略空载转矩T_0，负载为恒转矩负载，当电动机带额定负载运行时，要求把转速降到1000r/min，忽略电枢反应，试计算：采用降低电源电压调速时，需把电枢绕组端电压U降到多少？

解 因为电动机为他励直流电动机，所以额定电枢电流$I_{aN}=I_N=115A$，额定电枢电动势E_{aN}为

$$E_{aN}=U_N-I_{aN}R_a=220-115\times0.1=208.5\ (V)$$

由此求得

$$C_e\Phi_N=\frac{E_{aN}}{n_N}=\frac{208.5}{1500}=0.139[V/(r/min)]$$

转速降到$n=1000r/min$时，因为调速前后每极磁通未变，即$\Phi=\Phi_N$，所以

$$E_a=C_e\Phi_N n=0.139\times1000=139(V)$$

转速降到$n=1000r/min$时，因为负载转矩未变，每极磁通未变，所以调速前后电枢电流不变，即$I_a=I_{aN}$，于是，电枢绕组端电压应为

$$U=E_a+I_aR_a=139+115\times0.1=150.5(V)$$

5.6 直流电动机电枢回路串电阻调速控制电路

5.6.1 电枢回路串电阻调速控制电路

并励直流电动机电枢回路串电阻调速的控制电路如图5-14所示。该电路的主电路部分与并励直流电动机电枢回路串电阻启动的控制电路基本相同。由直流电动机电枢回路串电阻

多级启动可知，它也能实现调速，所不同的是：一般启动用的变阻器都是短时工作的，而调速用的变阻器应为长期工作的。

在图 5-14 中，接触器 KM1 为主接触器，控制直流电动机启动与运行；接触器 KM2 和接触器 KM3 分别用于将调速电阻 $R_{\Omega 1}$和 $R_{\Omega 2}$短路（即切除），使电动机中速或高速运行。

5.6.2 电枢回路串电阻调速时电阻的简易计算

他励直流电动机拖动负载运行时，保持电枢绕组电源电压为额定电压 U_N、每极磁通为额定磁通 Φ_N，在电枢回路中串入调速电阻 R_Ω时，电动机的机械特性方程式为

$$n=\frac{U_N}{C_e\Phi_N}-\frac{R_a+R_\Omega}{C_eC_T\Phi_N^2}T_e$$

由上式可知，在电枢回路中串入不同的电阻 R_Ω，电动机就可运行于不同的转速，且调速电阻 R_Ω越大，电动机的转速 n 越低。他励直流电动机电枢回路串电阻调速时的机械特性如图 5-15 所示，图中，曲线 1 为 $R_\Omega=0$ 时电动机的机械特性曲线（即固有机械特性曲线）；曲线 2 和曲线 3 分别为 $R_\Omega=R_{\Omega 1}$和 $R_\Omega=R_{\Omega 2}$时电动机的机械特性曲线（即人为机械特性曲线）；曲线 4 为负载的机械特性曲线。从图中可以看出，串入不同的 R_Ω时，电动机的理想空载转速 n_0不变，但是电动机机械特性的斜率随 R_Ω的增加而变大，即随着 R_Ω的增加，电动机的机械特性变软。

由以上分析可知，在他励直流电动机电枢回路中串入的调速电阻 R_Ω越大，则电动机的机械特性越软，电动机的转速 n 也就越低（见图 5-15）。但是，如果电动机拖动恒转矩负载调速，则调速前后，电动机的电磁转矩 T_e和电枢电流 I_a不变。

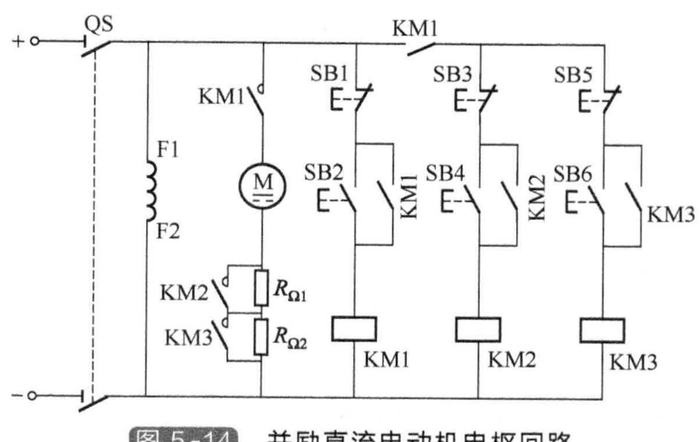

图 5-14 并励直流电动机电枢回路串电阻调速控制电路

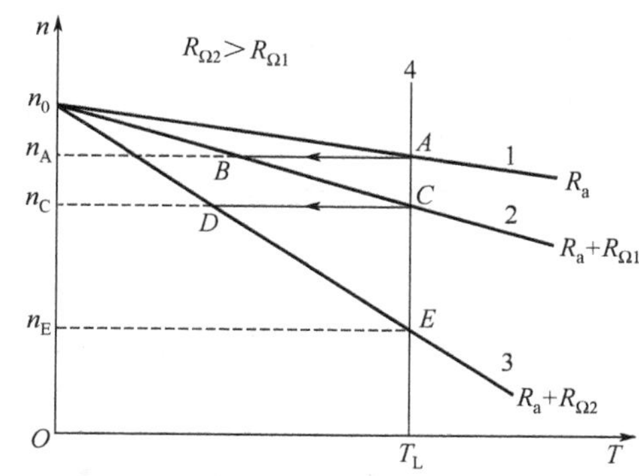

图 5-15 他励直流电动机电枢回路串电阻调速时的机械特性

这种调速方法，以调速电阻 $R_\Omega=0$ 时的转速为最高转速，只能“调低”，不能“调高”。即只能使电动机的转速在额定转速以下调节。

在电枢回路串电阻调速，设备简单，操作方便，调速电阻又可作启动电阻用。但是，由于电阻只能分段调节，故调速不均匀，属有级调速，调速平滑性差。而且随着调速电阻的增大，电动机的机械特性变软，使得在负载变化时，引起转速波动较大，即转速对负载的变化反应敏感，机组运行的稳定性差。另外，在调速过程中，较大的电枢电流要流过电枢回路中所串联的调速电阻，将会使调速电阻上的电能损耗增大，速度越低，调速电阻串得越大，电能损耗也就越大，则电动机的效率越低。

并励、串励、复励直流电动机利用串入电枢回路的电阻调速的物理过程及有关优缺点与

他励直流电动机类似，这里不再重复。

例 5-6 例 5-5 中的他励直流电动机，仍忽略空载转矩 T_0，负载仍为恒转矩负载，电动机带额定负载运行时，如果要求把转速降到 1000r/min，忽略电枢反应，试计算：采用电枢回路串电阻调速时，电枢回路应串入的调速电阻 R_Ω。

解 因为前面已求得，电动机的转速降为 1000r/min 时，电动机的电枢电动势 $E_a=139V$，电枢电流 $I_a=I_{aN}=115A$，所以，采用电枢回路串电阻调速，使电动机的转速降为 1000r/min 时，电枢回路的总电阻应为

$$R_a+R_\Omega=\frac{U_N-E_a}{I_a}=\frac{U_N-E_{aN}}{I_{aN}}=\frac{220-139}{115}=0.704\ (\Omega)$$

由此求得电枢绕组应串入的调速电阻 R_Ω 应为

$$R_\Omega=0.704-R_a=0.704-0.1=0.604\ (\Omega)$$

5.7 单相异步电动机电抗器调速控制电路

单相异步电动机电抗器调速控制电路如图 5-16 所示。把电抗器 L 串联到单相异步电动机的电源回路中，通过切换电抗器的线圈抽头实现调速。

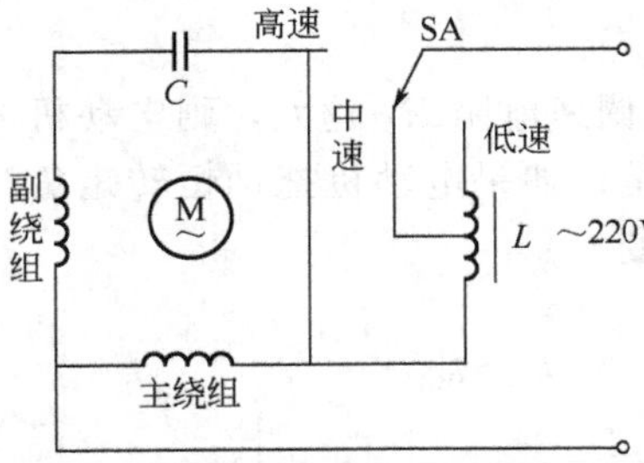

图 5-16 单相异步电动机电抗器调速控制电路

当将调速开关 SA 拨到“低速”挡时，电动机的主绕组与电抗器 L 串联后接电源，电源电压的一部分降落在电抗器 L 的全部线圈上，因而电动机主绕组的工作电压降为最低，产生的磁场减为最弱，电动机的转差率增为最大，电动机为低速运行；当将调速开关 SA 拨到“高速”挡时，电动机主绕组在额定电压下运行，电动机的转速达到最高；当将调速开关 SA 拨到“中速”挡，电动机主绕组的工作电压介于高速和低速之间，因此电动机为中速运行。

使用该电路时，应根据电动机在低速、中速时的工作电压和电流，确定电抗器的端电压和电流，由此确定其参数。

5.8 单相异步电动机绕组抽头 L-1 型接法调速控制电路

调速绕组又称中间绕组，用调速绕组调速是在单相异步电动机的定子槽内适当嵌入调速绕组，这些调速绕组可以与主绕组同槽，也可以与副绕组同槽，但调速绕组总是在槽的上层。调速绕组与主绕组或副绕组串联，也可以与主、副绕组一起串联。调速绕组有几个中间抽头，改变调速开关的位置，可以调节电动机的转速。

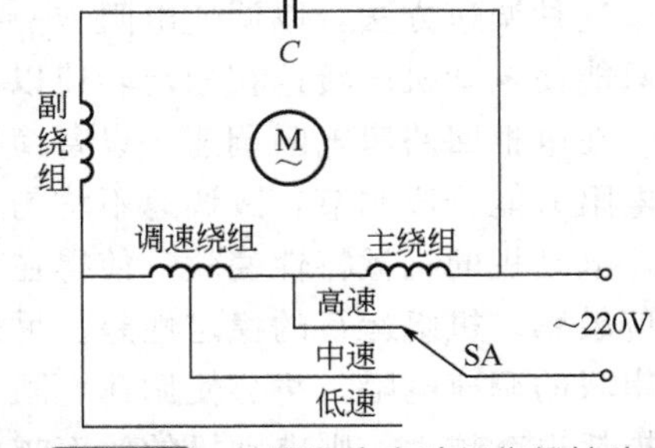

图 5-17 单相异步电动机绕组抽头 L-1 型接法调速控制电路

图 5-17 所示为单相异步电动机绕组抽头 L-1 型接法三速调速电路。L-1 型接法的特点是调速绕组与主绕组串联，且在空间上同相位，因此调速绕组与主绕组是同槽分布的。而且全部绕组能在高、中、低三速运

行中均参与工作。其缺点是低速时效率低。

当调速开关 SA 拨至“低速”挡时，调速绕组全部串入主绕组中，因而主绕组的工作电压降低，产生的磁场减弱，转速降低；当 SA 拨至“高速”挡，主绕组在额定电压下运行，转速达到最高；当 SA 拨至“中速”挡时，调速绕组的 1/2 串接到主绕组中，电动机中速运转。

5.9　单相异步电动机绕组抽头 L-2 型接法调速控制电路

图 5-18 所示为单相异步电动机绕组抽头 L-2 型接法调速控制电路。在 L-2 型接法中，其调速绕组与副绕组串联，且它们在空间上是同相位，因此调速绕组与副绕组是同槽分布的。在同一槽中，调速绕组嵌在上面，副绕组嵌在下面。

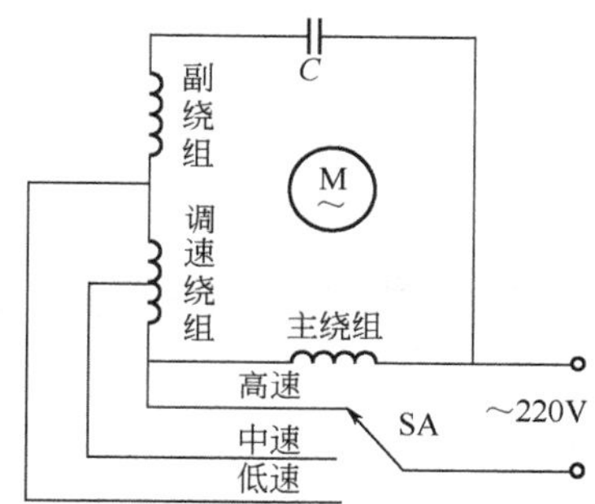

图 5-18　单相异步电动机绕组抽头 L-2 型接法调速控制电路

当调速开关 SA 拨至“低速”挡时，调速绕组全部串入主绕组中，因而转速降低；当 SA 拨至“高速”挡，主绕组在额定电压下运行，转速达到最高；当 SA 拨至“中速”挡时，调速绕组部分串入副绕组，部分串接到主绕组中，电动机中速运转。

5.10　单相异步电动机绕组抽头 T 型接法调速控制电路

单相电动机绕组抽头 T 型接法调速控制电路，如图 5-19 所示。一般来说，调速绕组与主绕组同槽嵌放。调速绕组串接在主绕组和副绕组并联的电路外面，对主绕组和副绕组同时起着调压作用，通过改变电压以调节磁场强度达到调速的目的。T 型接法调速的单相异步电动机性能较好，电能利用合理、省电。

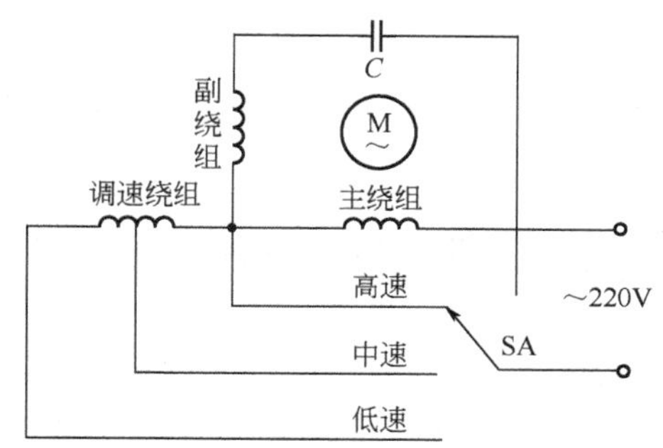

图 5-19　单相异步电动机绕组抽头 T 型接法调速控制电路

5.11 单相异步电动机串接电容调速控制电路

某些单速单相异步电动机，可采用串接电容 C_1、C_2，改成三速电动机，如图 5-20 所示。C_1、C_2 必须用纸介电容或油浸纸介电容，其电容量的大小直接关系到电动机的速度。它通过电容降压以调节磁场强度达到调速的目的。电容容量应根据单相异步电动机的功率选定，一般由试验决定，但耐压应大于 400V。

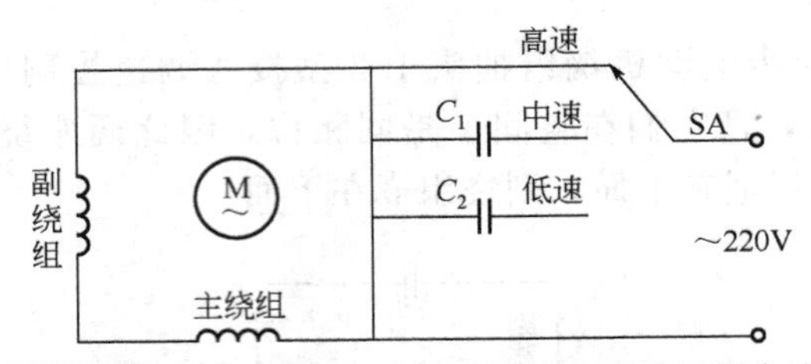

图 5-20 单相异步电动机串接电容调速控制电路

5.12 单相异步电动机晶闸管无级调速控制电路

单相异步电动机晶闸管调速是通过电子电路控制加在电动机定子绕组上的电压的大小，达到调速的目的。

单相异步电动机晶闸管无级调速控制电路很多，图 5-21 为较简单经济的一种。从图中可以看出，通过调节电位器 R_P，即可调节晶闸管 VT 的导通角，改变输出电压，从而达到无级调节电动机转速的目的。当电位器 R_P 的阻值小时，晶闸管 VT 的导通角度大，输出电压高，电动机的转速高；反之，当电位器 R_P 的阻值大时，晶闸管 VT 的导通角度小，输出电压低，电动机的转速低。

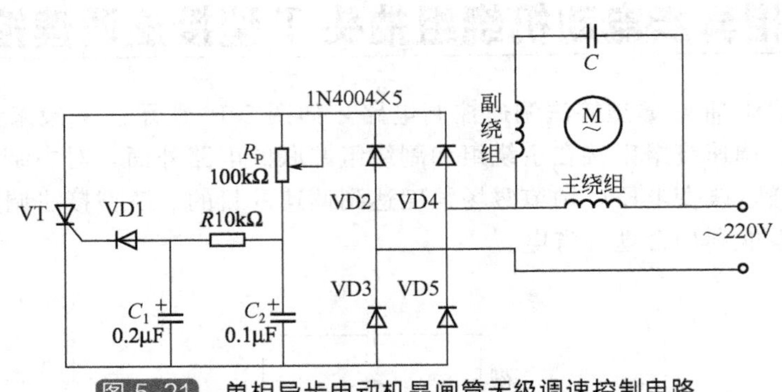

图 5-21 单相异步电动机晶闸管无级调速控制电路

5.13 双速单相异步电动机控制电路

双速单相异步电动机由主绕组Ⅰ、主绕组Ⅱ、副绕组Ⅰ、副绕组Ⅱ、公共绕组等组成。电动机的两套绕组装在同一个定子上，两套绕组分别为 12 极低速绕组（由主绕组Ⅰ、副绕组Ⅰ、公共绕组组成）和 2 极高速绕组（由主绕组Ⅱ和副绕组Ⅱ组成）。

双速单相异步电动机控制电路如图 5-22 所示。该电路由换挡开关 SA 以及电容器 C 等组成。

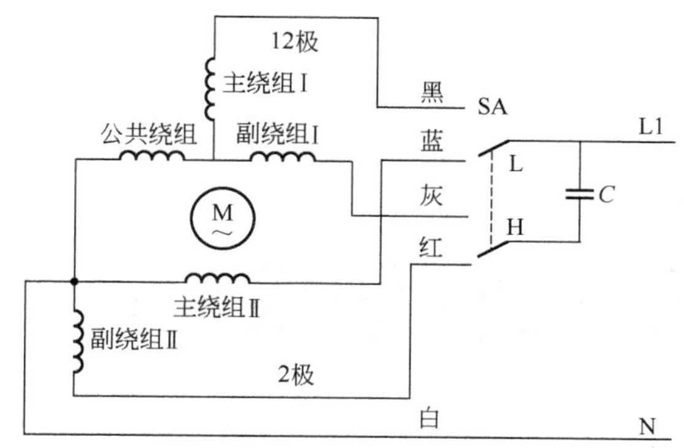

图 5-22　双速单相异步电动机控制电路

使用高速挡时，将开关 SA 置于“H”挡，主绕组Ⅰ、副绕组Ⅰ和公共绕组退出，主绕组Ⅱ和副绕组Ⅱ参与工作，并且副绕组Ⅱ与电容器 C 串联成为启动回路，如图 5-23(a) 所示。

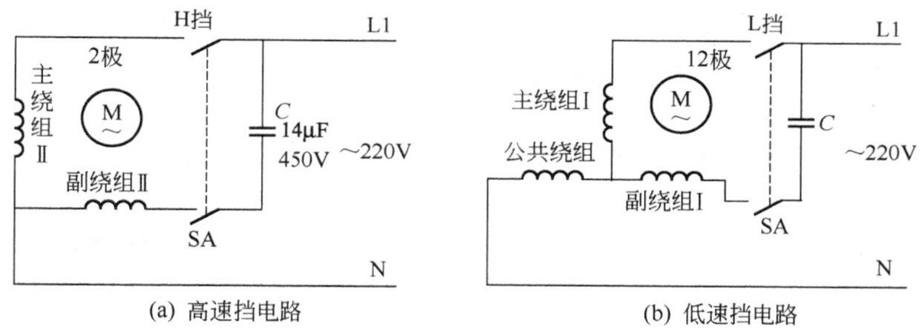

图 5-23　双速单相异步电动机控制电路分解图

使用低速挡时，将开关置于“L”挡，主绕组Ⅱ和副绕组Ⅱ退出，主绕组Ⅰ、副绕组Ⅰ和公共绕组参与工作，副绕组Ⅰ与电容器串联成为启动回路，如图 5-23(b) 所示。这时公共绕组串联在工作零线 N 与主绕组Ⅰ、副绕组Ⅰ（含电容器 C）之间，转速为 450r/min 左右。

第6章 常用电动机制动控制电路

6.1 三相异步电动机正转反接的反接制动控制电路

当三相异步电动机运行时，若电动机转子的转向与定子旋转磁场的转向相反，转差率 $s>1$，则该三相异步电动机就运行于电磁制动状态，这种运行状态称为反接制动。实现反接制动有正转反接和正接反转两种方法。

正转反接的反接制动又称为改变定子绕组电源相序的反接制动（或称定子绕组两相反接的反接制动）。

正转反接的反接制动是将运动中的电动机的电源反接（即将任意两根电源线的接法交换）以改变电动机定子绕组中的电源相序，从而使定子绕组产出的旋转磁场反向，使转子受到与原旋转方向相反的制动转矩而迅速停止。在制动过程中，当电动机的转速接近于零时，应及时切断三相电源，防止电动机反向启动。

6.1.1 单向（不可逆）启动、反接制动控制电路

三相异步电动机单向（不可逆）启动、反接制动控制电路的原理图如图 6-1 所示。该控制电路可以实现单向启动与运行，以及反接制动。

启动时，先合上电源开关 QS，然后按下启动按钮 SB2，使接触器 KM1 因线圈得电而吸合并自锁，KM1 的主触点闭合，电动机 M 接通电源直接启动，当电动机转速升高到一定数值（此数值可调）时，速度继电器 KS 的动合触点闭合，因 KM1 的动断辅助触点已断开，这时接触器 KM2 线圈不通电，KS 的动合触点的闭合，仅为反接制动做好了准备。

停车时，按下停止按钮 SB1，接触器 KM1 首先因线圈断电而释放，KM1 的主触点断开，电动机断电，作惯性运转，与此同时 KM1 的动断辅助触点闭合复位，又由于此时电动机的惯性很高，速度继电器 KS 的动合触点依然处于闭合状态，所以按钮 SB1 的动合触点闭合时，使接触器 KM2 因线圈得电而吸合并自锁，KM2 的主触点闭合，电动机便串入限流电阻 R 进入反接制动状态，使电动机的转速迅速下降。当转速降至速度继电器 KS 整定值以下时，KS 的动合触点断开复位，接触器 KM2 因线圈断电而释放，电动机断电，反接制动结束，防止了反向启动。

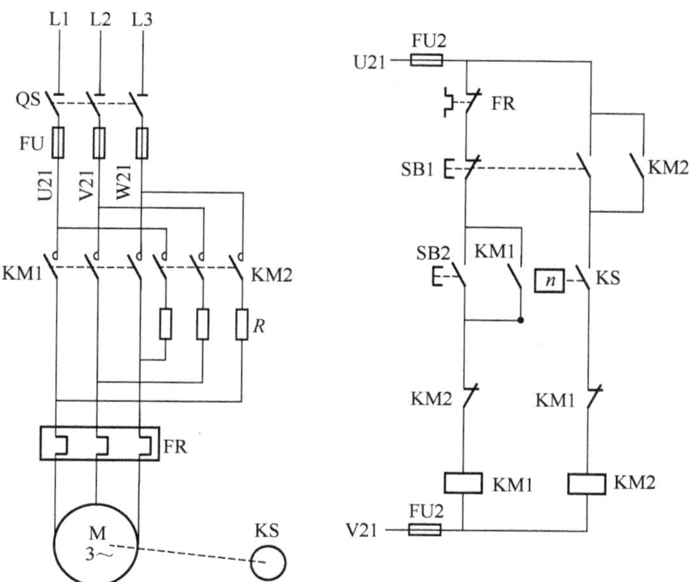

图 6-1　三相异步电动机单向启动、反接制动控制电路

由于反接制动时，旋转磁场与转子的相对速度很高，转子感应电动势很大，转子电流比直接启动时的电流还大。因此，反接制动电流一般为电动机额定电流的 10 倍左右（相当于全压直接启动时电流的 2 倍）。故应在主电路中串接一定的电阻 R，以限制反接制动电流。反接制动电阻有三相对称和两相不对称两种接法。

6.1.2 双向（可逆）启动、反接制动控制电路

三相异步电动机双向（可逆）启动、反接制动控制电路，如图 6-2 所示。该控制电路可以实现可逆启动与运行，并可实现反接制动。

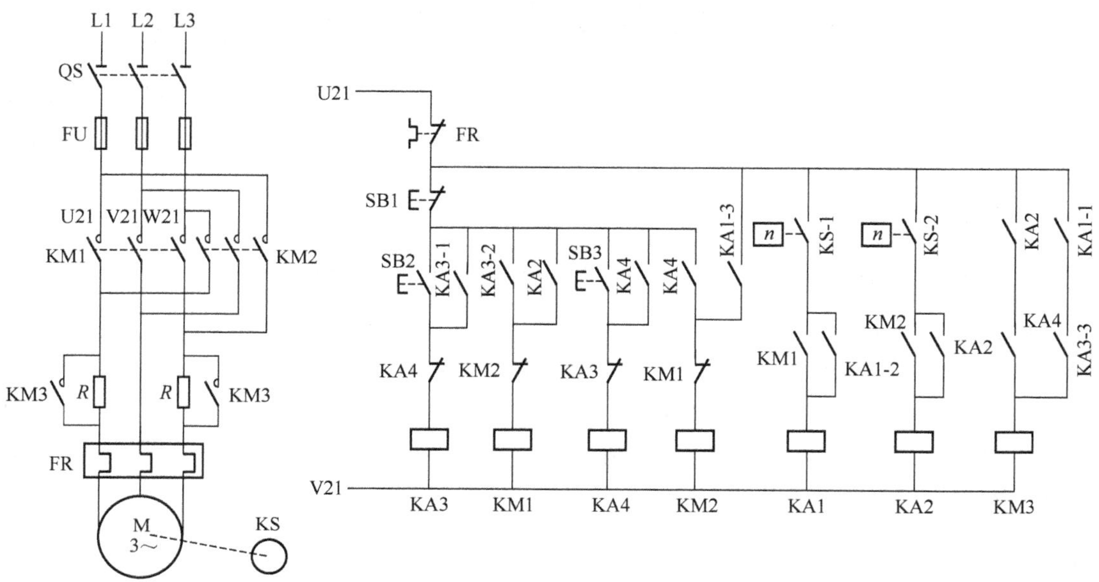

图 6-2　三相异步电动机可逆启动、反接制动控制电路

正向启动时，先合上电源开关 QS，然后按下正向启动按钮 SB2，中间继电器 KA3 因线圈得电而吸合并自锁，其动断触点 KA3 断开；而其动合触点 KA3-3 闭合，为接触器 KM3 线圈通电做准备；与此同时，其动合触点 KA3-2 闭合，使接触器 KM1 因线圈得电而吸合。这时，KM1 的动断辅助触点断开；而 KM1 的动合辅助触点闭合，为中间继电器 KA1 线圈通电做准备；与此同时，KM1 的主触点闭合，使电动机定子绕组串电阻 R 降压启动，当电动机转速 n 升至一定值时，速度继电器 KS 的触点 KS-1 闭合，使中间继电器 KA1 因线圈得电而吸合并自锁。其动合触点 KA1-3 闭合，为接触器 KM2 线圈通电做准备；与此同时，其动合触点 KA1-1 闭合，使接触器 KM3 因线圈得电而吸合，KM3 的主触点闭合，将电阻 R 短接，电动机全压运行。

停车时，按下停止按钮 SB1，中间继电器 KA3 因线圈断电而释放，KA3 的各触点复位，其中动合触点 KA3-3 断开，使接触器 KM3 因线圈断电而释放，KM3 的主触点断开，将电阻 R 串入电动机定子电路；与此同时，中间继电器 KA3 的动合触点 KA3-2 断开，使接触器 KM1 因线圈断电而释放，KM1 的主触点断开，电动机断电，作惯性运转；而此时因接触器 KM1 的动断辅助触点闭合，使接触器 KM2 因线圈得电而吸合，KM2 的主触点闭合，电动机便串入限流电阻 R 进入反接制动状态，使电动机的转速迅速下降，当转速降至速度继电器 KS 的整定值以下时，KS 的动合触点 KS-1 断开，使中间继电器 KA1 因线圈断电而释放，KA1 各触点复位。其中，动合触点 KA1-3 断开，使接触器 KM2 因线圈断电而释放，KM2 的主触点断开，反接制动结束。

相反方向的启动和制动控制原理与上述基本相同，只是启动时按下的是反向启动按钮 SB3，电路便通过 KA4 接通 KM2，三相电源反接，使电动机反向启动。停车时，通过速度继电器 KS 的动合触点 KS-2 及中间继电器 KA2 控制反接制动过程的完成。不过这时接触器 KM1 便成为反向运行时的反接制动接触器了。

反接制动的优点是制动转矩大、制动快。缺点是制动过程中冲击强烈。所以，反接制动一般只适用于系统惯性较大、制动要求迅速且不频繁的场合。

6.2 三相异步电动机正接反转的反接制动控制电路

正接反转的反接制动又称为转速反向的反接制动（或称为转子反转的反接制动），这种反接制动用于位能性负载，使重物获得稳定的下放速度。由于正接反转的反接制动的目的不是停车，而是使重物获得稳定的下放速度，故正接反转的反接制动又称为倒拉反转运行。即属于反接制动运行。

6.2.1 绕线转子电动机正接反转的反接制动控制电路

绕线转子三相异步电动机正接反转的反接制动接线图如图 6-3(a) 所示，其制动原理图如图 6-3(b) 所示。当绕线转子三相异步电动机拖动起重机下放重物时，若电动机的定子绕组仍按作为电动运行时（即提升重物时）的接法接线，即所谓正接，而利用在转子回路中串入较大电阻 R_{ad}，可以使电动机转子的转速下降。而在转子回路中串接的电阻增加到一定值时，转子开始反转，重物则开始下降。

6.2.2 绕线转子电动机正接反转的反接制动的简易计算

正接反转的制动原理与在转子回路串电阻调速基本相同。当绕线转子三相异步电动机提升重物时，电动机在其固有机械特性曲线 1 上的 A 点稳定运行，如图 6-4 所示。当异步电动机下放重物时在转子回路中串入较大电阻 R_{ad}，电动机的人为机械特性曲线的斜率随串入电阻 R_{ad}的增加而增大，如图 6-4 所示中的曲线 2、3 所示。而转子转速 n 逐步减小至零，如图 6-4 中的 A、B、C 点所示。此时如果在转子回路中串入的电阻 R_{ad}继续增加，由于电磁转矩 T_e小于负载转矩 T_L，转子就开始反转（重物向下降落）而进入反接制动状态，当电阻 R_{ad}增加到 R_{ad3}时，电动机稳定运行于 D 点，从而保证了重物以较低的均匀转速慢慢下降，而不致将重物损坏。

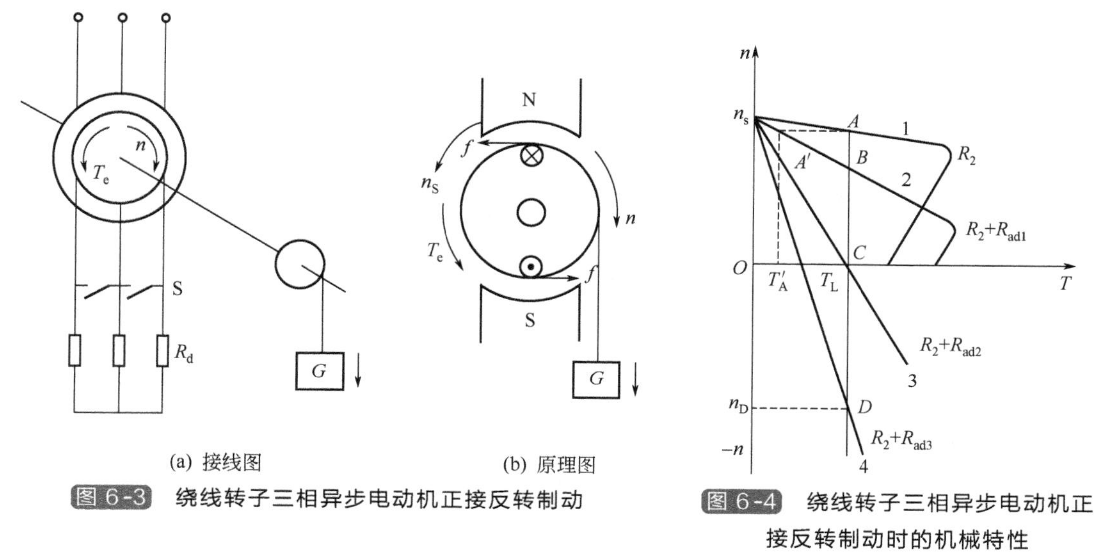

(a) 接线图　　(b) 原理图

图 6-3　绕线转子三相异步电动机正接反转制动

图 6-4　绕线转子三相异步电动机正接反转制动时的机械特性

显然，调节在转子回路中串入的电阻 R_{ad}可以控制重物下放的速度。利用同一转矩下转子电阻与电动机的转差率成正比的关系，即

$$\frac{s_D}{s_A}=\frac{R_2+R_{ad}}{R_2}$$

可以求出在需要的下放速度 n_D时，转子回路中需要串入的附加电阻 R_{ad}的数值。

$$R_{ad}=\left(\frac{s_D}{s_A}-1\right)R_2$$

式中　R_2——绕线转子异步电动机转子绕组的电阻；

s_A——反接制动开始时电动机的转差率；

s_D——以稳定速度下放重物时电动机的转差率。

例 6-1　一台绕线转子三相异步电动机拖动起重机主钩，其额定功率 $P_N=20$kW，额定电压 $U_N=380$V，定、转子绕组均为 Y 接，极数 $2p=6$，电动机的额定转速 $n_N=960$r/min，电动机的过载能力 $\lambda_m=2$，转子额定电动势 $E_{2N}=208$V，转子额定电流 $I_{2N}=76$A。升降某重物的转矩 $T_L=T_N$，忽略空载转矩 T_0，请计算：

（1）转子回路每相串入 $R_{adA}=0.88\Omega$ 时转子转速；

（2）转速为-430r/min 时转子回路每相串入电阻值。

解：

（1）转子每相串入 $R_{adA}=0.88\Omega$ 后的转速 n_A的计算

电动机的同步转速

$$n_S=\frac{60f}{p}=\frac{60\times50}{3}=1000\text{r/min}$$

额定转差率

$$s_N=\frac{n_S-n_N}{n_S}=\frac{1000-960}{1000}=0.04$$

转子每相电阻

$$R_2=\frac{s_N E_{2N}}{\sqrt{3}I_{2N}}=\frac{0.04\times208}{\sqrt{3}\times76}=0.0632\Omega$$

设转子每相串入 R_{adA}后，转速为 n_A，转差率为 s_A，则

$$\frac{s_A}{s_N}=\frac{R_2+R_{adA}}{R_2}$$

$$s_A=\frac{R_2+R_{adA}}{R_2}s_N=\frac{0.0632+0.88}{0.0632}\times0.04=0.597$$

$$n_A=(1-s_A)n_S=(1-0.597)\times1000=403\text{r/min}$$

（2）转速为－430r/min 时转子每相串入电阻 R_{adB}的计算

转差率

$$s_B=\frac{n_1-n_B}{n_1}=\frac{1000-(-430)}{1000}=1.43$$

转子每相串入电阻值为 R_{adB}，则

$$\frac{s_B}{s_N}=\frac{R_2+R_{adB}}{R_2}$$

$$R_{adB}=\left(\frac{s_B}{s_N}-1\right)R_2=\left(\frac{1.43}{0.04}-1\right)\times0.0632=2.2\Omega$$

6.3 三相异步电动机能耗制动控制电路

所谓三相异步电动机的能耗制动，就是在电动机脱离三相电源后，立即在定子绕组中加入一个直流电源，以产生一个恒定的磁场，惯性运转的转子绕组切割恒定磁场产生制动转矩，使电动机迅速停转。

根据直流电源的整流方式，能耗制动分为半波整流能耗制动和全波整流能耗制动。根据能耗制动时间控制的原则，又可分为时间继电器控制和速度继电器控制两种。由于半波整流能耗制动控制电路与全波整流能耗制动控制电路除整流电路部分不同外，其他部分基本相同，所以，下面仅以全波整流电路为例进行分析。

6.3.1 按时间原则控制的全波整流单向能耗制动控制电路

图 6-5 所示为一种按时间原则控制的全波整流单向能耗制动控制电路的原理图，它仅可用于单向（不可逆）运行的三相异步电动机。

启动时，先合上电源开关，然后按下启动按钮 SB2，使接触器 KM1 因线圈得电而吸合并自锁，KM1 的主触点闭合，电动机 M 接通电源直接启动。与此同时，KM1 的动断辅助触点断开。

停车时，按下停止按钮 SB1，首先使接触器 KM1 因线圈断电而释放，KM1 的主触点断

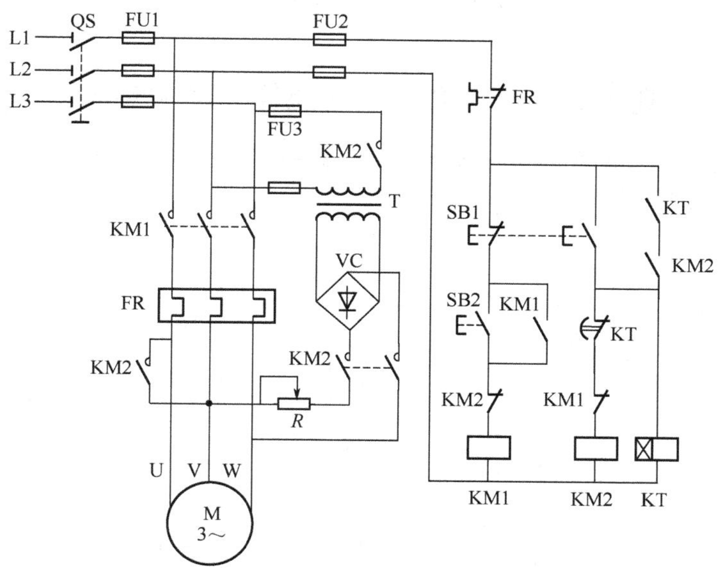

图 6-5　按时间原则控制的全波整流单向能耗制动控制电路

开，电动机断电，作惯性运转，而 KM1 的各辅助触点均复位；与此同时，接触器 KM2 与时间继电器 KT 因线圈得电而同时吸合，并通过 KM2 的动合辅助触点及时间继电器 KT 瞬时闭合的动合触点自锁，KM2 的主触点闭合，电动机进入直流电流，进入能耗制动状态。当到达延时时间后，时间继电器 KT 延时断开的动断触点断开，使 KM2 与 KT 因线圈断电而释放，KM2 的主触点断开，切断电动机的直流电源，能耗制动结束。

6.3.2　按时间原则控制的全波整流可逆能耗制动控制电路

图 6-6 所示为一种按时间原则控制的全波整流可逆能耗制动控制电路的原理图，它可用于双向（可逆）运行的三相异步电动机。

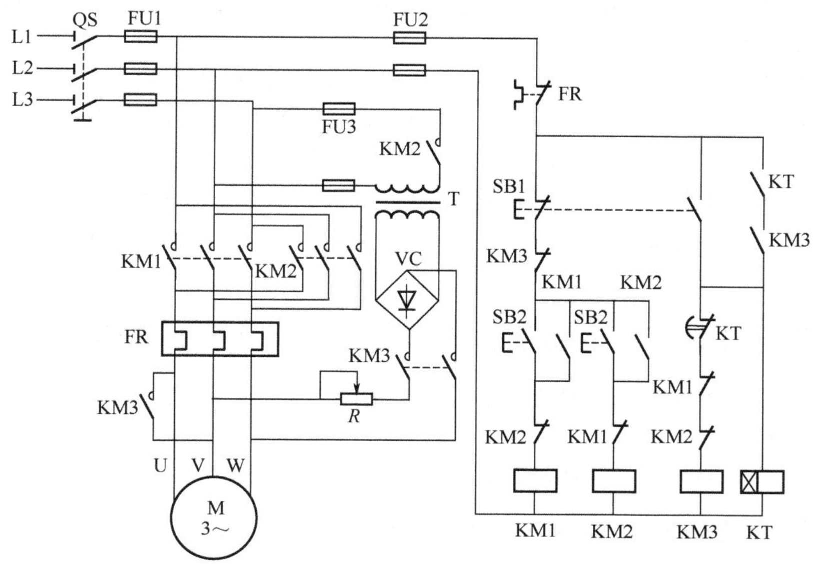

图 6-6　按时间原则控制的全波整流可逆能耗制动控制电路

按时间原则控制的全波整流可逆能耗制动控制线路的工作原理与单向能耗制动相似，故不赘述。

6.3.3 按速度原则控制的全波整流单向能耗制动控制电路

图 6-7 所示为一种按速度原则控制的全波整流单向能耗制动控制电路，它仅可用于单向（不可逆）运行的三相异步电动机。

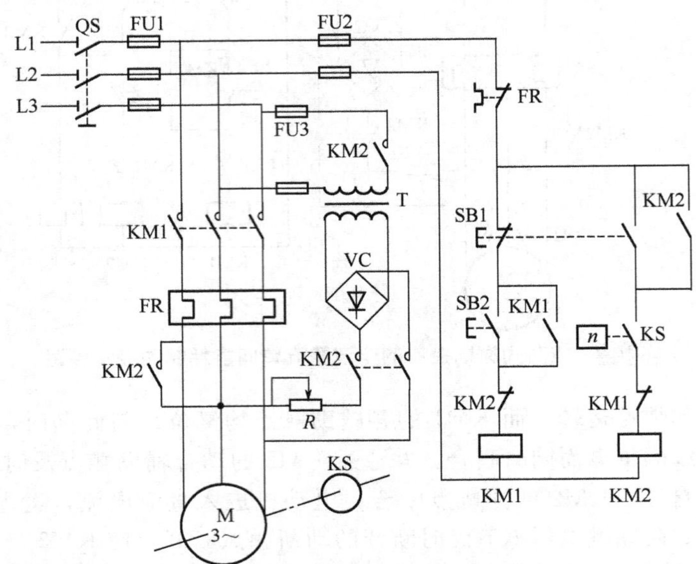

图 6-7 按速度原则控制的全波整流单向能耗制动控制电路

启动时，先合上电源开关，然后按下启动按钮 SB2，使接触器 KM1 因线圈得电而吸合并自锁，KM1 的主触点闭合，电动机 M 接通电源直接启动。与此同时，KM1 的动断辅助触点断开。当电动机的转速升高到一定数值（此数值可调）时，速度继电器 KS 的动合触点闭合，因 KM1 的动断辅助触点已断开，这时接触器 KM2 线圈不通电，KS 的动合触点的闭合，仅为反接制动做好了准备。

停车时，按下停止按钮 SB1，接触器 KM1 首先因线圈断电而释放，KM1 的主触点断开，电动机断电，作惯性运转，而 KM1 的各辅助触点均复位；与此同时，接触器 KM2 因线圈得电而吸合并自锁，KM2 的主触点闭合，电动机通入直流电源，进入能耗制动状态，使电动机的转速迅速下降。当转速降至速度继电器 KS 的整定值以下时，KS 的动合触点断开，使接触器 KM2 因线圈断电而释放，KM2 的主触点断开，切断电动机的直流电源，能耗制动结束。

6.3.4 按速度原则控制的全波整流可逆能耗制动控制电路

图 6-8 所示为一种按速度原则控制的全波整流可逆能耗制动控制电路的原理图，它可用于双向（可逆）运行的三相异步电动机。

按速度原则控制的可逆能耗制动控制电路的工作原理与单向能耗制动相似，故不赘述。

6.3.5 三相异步电动机能耗制动的简易计算

当正在运转中的三相异步电动机突然切断电源时，由于其转动部分储存的动能，将使转

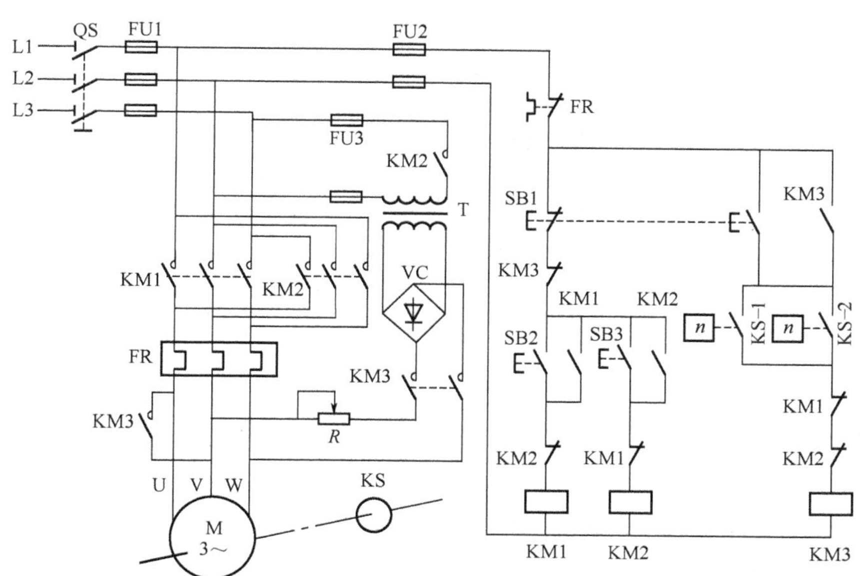

图 6-8　按速度原则控制的全波整流可逆能耗制动控制电路

子继续旋转，直至转动部分所储存的动能全部消耗完毕，电动机才会停止转动。如果不采取任何措施，动能只能消耗在运转所产生的风阻和轴承摩擦损耗上，因为这些损耗很小，所以电动机需要较长的时间才能停转。能耗制动是在电动机断电后，立即在定子绕组中通入直流励磁电流，产生制动转矩，使电动机迅速停转。

为了实现三相异步电动机的能耗制动，应将处于电动运行状态的三相异步电动机的定子绕组从交流电源上切除，并立即把它接到直流电源上去，而三相异步电动机的转子绕组或是直接短路，或是经过电阻 R_{ad} 短路。三相异步电动机能耗制动接线图如图 6-9(a) 所示。

当把电动机定子绕组的三相交流电源切断后，将其三相定子绕组的任意两个端点立即接上直流电源，此时，在定子绕组中将产生一个静止的磁场，如图 6-9(b) 所示，而转子因机械惯性仍继续旋转，转子导体则切割此静止磁场而感应电动势和电流，其转子电流与磁场相互作用将产生电磁转矩 T_e，该电磁转矩 T_e 的方向可由左手定则判定，如图 6-9(b) 所示，从图中可见，电磁转矩 T_e 的方向与转子转动的方向相反，为一制动转矩，将使电动机转子的转速 n 下降。当转子的转速降为零时，转子绕组中的感应电动势和电流为零，电动机的电磁转矩也降为零，制动过程结束。这种制动方法把转子的动能转变为电能消耗在转子绕组的铜耗中，故称为能耗制动。

由能耗制动的工作原理可知，其制动转矩与直流磁场、转子感应电流的大小有关，故能耗制动在高速时制动效果较好，当电动机的转速较低时，由于转子感应电流和电动机的电磁转矩均较小，制动效果较差。改变定子绕组中的直流励磁电流或改变绕线转子电动机转子回路中串入的电阻 R_{ad}，均可以调节制动转矩的大小。

三相异步电动机能耗制动时的机械特性如图 6-10 所示，从图中可以看出，当直流励磁一定，而转子电阻增加时，产生最大制动转矩时的转速也随之增加，但是产生的最大转矩值不变，如图 6-10 中的曲线 1 和曲线 3 所示；当转子回路的电阻不变，而增大直流励磁时，则产生的最大制动转矩增大，但产生最大制动转矩时的转速不变，如图 6-10 中的曲线 1 和曲线 2 所示。

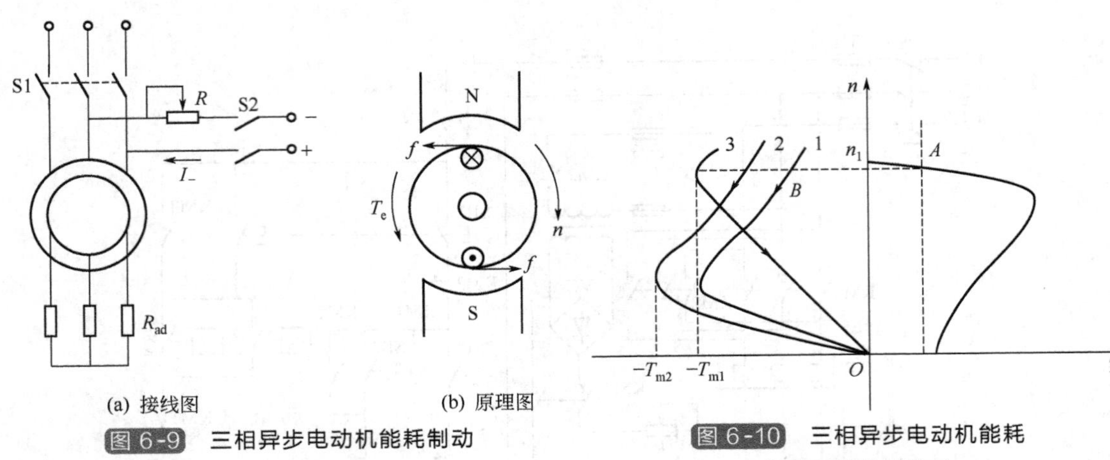

(a) 接线图 (b) 原理图

图 6-9 三相异步电动机能耗制动

图 6-10 三相异步电动机能耗制动时的机械特性

采用能耗制动停车时，考虑到既要有较大的制动转矩，又不要使定、转子回路电流过大而使绕组过热，根据经验，对于图 6-9 所示接线方式的三相异步电动机，能耗制动时，可用下列各式计算异步电动机定子直流电流 I_- 和转子回路所串电阻 R_{ad}。

对于笼型异步电动机取

$$I_- = (4 \sim 5) I_0$$

对于绕线转子异步电动机

$$I_- = (2 \sim 3) I_0$$

$$R_{ad} = (0.2 \sim 0.4) \frac{E_{2N}}{\sqrt{3} I_{2N}} - R_2$$

式中 I_0——三相异步电动机的空载电流，A，$I_0 = (0.2 \sim 0.5) I_{1N}$；

I_{1N}——三相异步电动机的定子额定电流，A；

I_{2N}——三相异步电动机的转子额定电流，A；

E_{2N}——三相异步电动机的转子额定电动势，V；

R_2——三相异步电动机的转子绕组电阻，Ω。

6.4 直流电动机反接制动控制电路

6.4.1 刀开关控制的他励直流电动机反接制动控制电路

图 6-11 为刀开关控制的他励直流电动机反接制动控制电路。图中 S 是双向双刀开关 S。

当双向双刀开关 S 扳在图中位置“1”时，他励直流电动机正常运行，电磁转矩属于拖动性质的转矩。

当需要停车时，将双向双刀开关 S 扳向图中位置“2”，因为开关 S 刚刚扳向下边瞬间，由于机械惯性的存在，电动机的转速不会突变，励磁也并没有改变，只改变了电枢两端的电压极性，从而使电动机电磁转矩反向成为制动性质的转矩，因而使电动机的转速迅速下降。若在转速下降到零的瞬间，立即断开电源，反接制动结束，电动机将立即停转。如果转速下降到零的瞬间没有断开电源，电动机则将反向转动。

直流电动机反接制动时应注意以下几点：

① 对于他励或并励直流电动机，制动时应保持励磁电流的大小和方向不变。将电枢绕组电源反接时，应在电枢回路中串入限流电阻。

② 对于串励直流电动机，制动时一般只将电枢绕组反接，并串入制动电阻（又称限流电阻）R_L。如果直接将电源极性反接，则由于电枢电流和励磁电流同时反向，因而由它们产生的电磁转矩 T_e的方向却不改变，不能实现反接制动。

③ 当电动机的转速下降到零时，必须及时断开电源，否则电动机将反转。

④ 由于制动过程中，电枢电流较大，会使电动机发热，因此这种制动方法不适合频繁启停的生产机械。

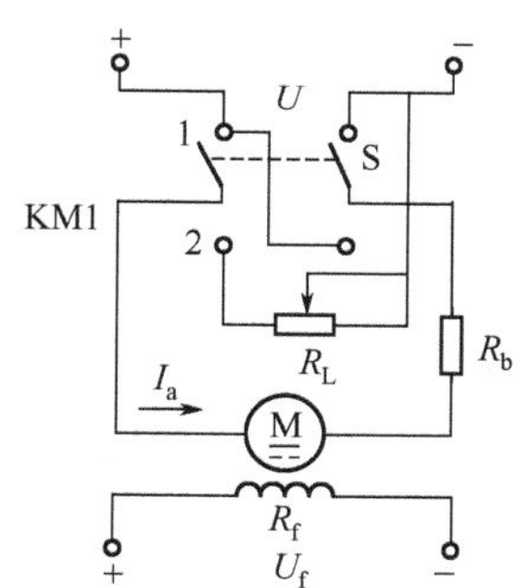

图 6-11　刀开关控制的他励直流电动机反接制动控制电路

6.4.2　按钮控制的并励直流电动机反接制动控制电路

图 6-12 是用按钮控制的并励直流电动机反接制动控制电路的原理图，图中，KM1 是运行接触器，KM2 是制动接触器。

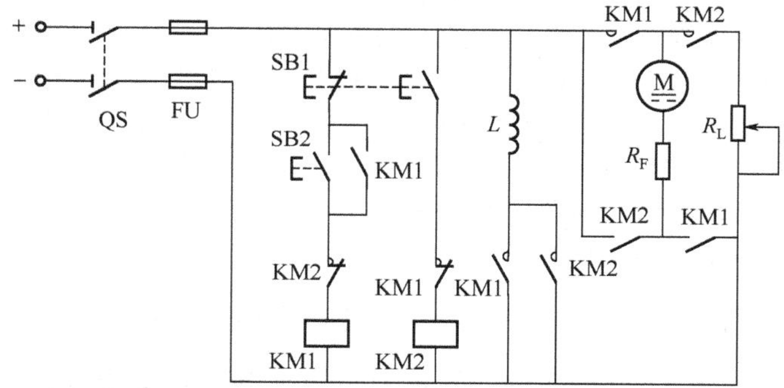

图 6-12　按钮控制的并励直流电动机反接制动控制电路

制动时，按下停止按钮 SB1，其常闭触点断开，使运行接触器 KM1 断电释放，切断电枢电源。与此同时 SB1 的常开触点闭合，接通制动接触器 KM2 线圈电路，KM2 吸合，将直流电动机电枢电源反接，于是电动机电磁转矩成为制动转矩，使电动机转速迅速下降到接近零时，放开停止按钮 SB1，制动过程结束。R_L为制动电阻。

6.4.3　直流电动机反接制动的简易计算

他励直流电动机反接制动可分为电压反接的反接制动（简称电压反接制动或反接制动）和转速反向的反接制动（又称倒拉反转运行）两种方法。

（1）电压反接的反接制动

电压反接制动是把正向运行的他励直流电动机的电枢绕组电压突然反接，同时在电枢回路中串入限流的反接制动电阻 R_L来实现的，其原理接线图如图 6-11 所示。

反接制动时的电枢电流 I_a是由电源电压 U_N和电枢电动势 E_a共同建立的，因此数值较大。为使制动时的电枢电流在允许值以内，反接制动时应在电枢回路中串入起限流作用的制动电阻 R_L，制动电阻 R_L可参考下式选择

$$R_L \geqslant \frac{U_N + E_a}{(2\sim2.5)I_{aN}} - R_a$$

或

$$R_L \geqslant \frac{2U_N}{(2\sim2.5)I_{aN}} - R_a$$

式中　R_a——电枢绕组电阻，Ω；

I_{aN}——额定电枢电流，A；

U_N——电枢绕组的额定电压，V。

由于电枢绕组的额定电压U_N与制动瞬间的电枢电动势E_a近似相等，即$U_N \approx E_a$，所以反接制动时在电枢回路中串入的制动电阻R_L要比能耗制动时串入的制动电阻几乎大一倍。

反接制动的优点是制动转矩大，制动时间短。缺点是制动时要由电网供给功率，电网所供给的功率和机组的动能全部消耗在电枢回路电阻及制动电阻R_L上，因此很不经济。而且制动过程中冲击强烈，易损坏传动零件。

（2）转速反向的反接制动

一台他励直流电动机拖动位能性恒转矩负载运行，运行点为图 6-13 中电动机的机械特性（曲线 1）与负载的机械特性（曲线 3）的交点 A，此时电动机以转速 n_A 提升重物。

若在该直流电动机的电枢回路中串入电阻时，电动机的转速 n 将下降。但是，如果突然在电动机电枢回路中串入一个足够大的电阻 R_L，则电动机的机械特性将立即变为图 6-13 中的曲线 2。由于机械惯性，电动机的转速 n_A 来不及突变，电动机的运行点将由曲线 1 上的 A 点过渡到曲线 2 上的 B 点。从图 6-13 可以看出，在 B 点，电动机的电磁转矩 T_{eB} 小于负载转矩 T_L，即 $T_{eB} < T_L$，电动机将沿曲线 2 减速，到 C 点时，电动机的转速为零，电动运行状态结束。此时，电动机的电磁转矩 T_{eC} 仍小于负载转矩 T_L，电动机在重物作用下反向加速，运行点进入第四象限，开始下放重物。

下放重物时，由于电动机的转速 n 反向，即 $n<0$，所以电动机的电枢电动势 E_a 也随之反向，但是电枢电流 $I_a = \dfrac{U_N - (-E_a)}{R_a + R_L}$ 与电动运行时的方向一致，因此电动机的电磁转矩 T_e 仍为正。此时电磁转矩 T_e 与电动机的转速 n 的方向相反，电磁转矩 T_e 为制动性质的转矩。所以可以判断出电动机进入制动状态。电动机沿曲线 2 反向加速，电动机的电磁转矩 T_e 也逐渐增大，当到达 D 点时，$T_e = T_L$，电动机以转速 n_D 均匀下放重物。这种情况是由于位能性负载拖着电动机反转而发生的，而且有稳定运行点 D，故称为倒拉反转运行。倒拉反转运行时各物理量的方向如图 6-14 所示。

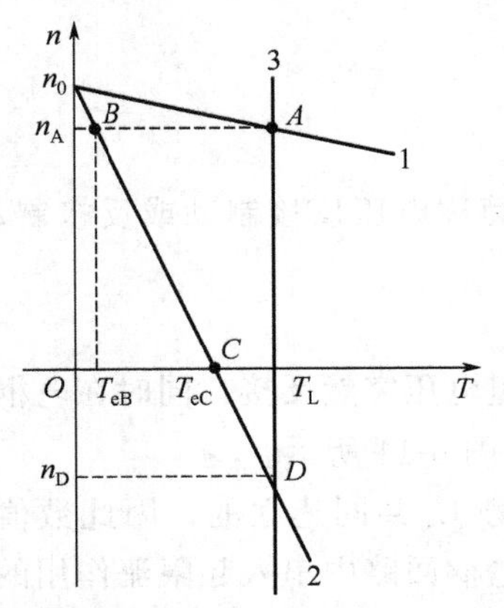

图 6-13　倒拉反转运行时的机械特性

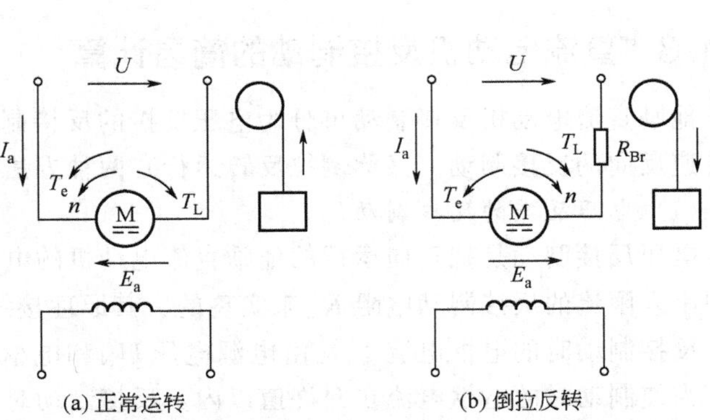

图 6-14　倒拉反转运行时各物理量的方向

倒拉反转运行的功率关系与电压反接制动过程的功率关系一样，区别仅在于机械能的来源，在电压反接制动中，向电动机输送的机械功率是负载所释放的动能；而在倒拉反转运行中，机械功率则是负载的位能变化提供的。因此，倒拉反转制动方式不能用来停车，只能用于下放重物。倒拉反转运行时，电枢回路中应串入的制动电阻 R_L 可由下式求得

$$R_L=\frac{U_N+E_a}{I_a}-R_a$$

式中　I_a——带负载运行时的电枢电流，即 $I_a=\frac{T_L}{T_N}I_{aN}$（$T_N$ 为电动机的额定转矩；I_{aN} 为电动机的额定电枢电流；T_L 为负载转矩）。

例 6-2　一台他励直流电动机，额定功率 $P_N=5.5$kW，额定电压 $U_N=220$V，额定电流 $I_N=30.3$A，额定转速 $n_N=1000$r/min，电枢回路总电阻 $R_a=0.74\Omega$，忽略空载转矩 T_0，电动机带额定负载运行，要求电枢电流最大值 $I_{amax}\leqslant 2I_{aN}$，若该电动机正在运行于正向电动状态，试计算：

（1）负载为恒转矩负载，若采用反接制动停车时，在电枢回路中应串入的制动电阻最小值 R_{Lmin} 是多少？

（2）若负载为位能性恒转矩负载，例如起重机，忽略传动机构损耗，要求电动机运行在 -500r/min 匀速下放重物，采用倒拉反转运行，在电枢回路中应串入的制动电阻 R_L 是多少？

解

（1）负载为恒转矩负载，采用反接制动时，在电枢回路中应串入的 R_{Lmin}

① 计算额定运行时的电枢感应电动势 E_{aN}

$$E_{aN}=U_N-I_{aN}R_a=220-30.3\times 0.74=197.6(\text{V})$$

② 反接制动时应串入的制动电阻最小值 R_{Lmin}

$$R_{Lmin}=\frac{U_N+E_{aN}}{I_{amax}}-R_a=\frac{U_N+E_{aN}}{2I_{aN}}-R_a=\frac{220+197.6}{2\times 30.3}-0.74=6.15\ (\Omega)$$

（2）负载为位能性恒转矩负载，采用倒拉反转运行时，在电枢回路中应串入的 R_L

① 转速 $n=-500$r/min 时的电枢感应电动势 E_a

$$E_a=\frac{n}{n_N}E_{aN}=\frac{-500}{1000}\times 197.6=-98.8\ (\text{V})$$

② 应在电枢回路中串入的制动电阻 R_L

$$R_L=\frac{U_N-E_a}{I_{aN}}-R_a=\frac{220-(-98.8)}{30.3}-0.74=9.78\ (\Omega)$$

6.5　直流电动机能耗制动控制电路

6.5.1　按钮控制的并励直流电动机能耗制动控制电路

图 6-15 是按钮控制的并励直流电动机能耗制动控制电路的原理图。当按下停止按钮 SB1 时，KM1 线圈断电释放，其动合触点（也称常开触点）将电动机的电枢从电源上断开，与此同时，接触器 KM2 得电吸合，接触器 KM2 的动合触点闭合，使电动机的电枢绕组与一个外加电阻 R_L（制动电阻）串联构成闭合回路，这时励磁绕组则仍然接在电源上。由于

电动机的惯性而旋转使它成为发电机。这时电枢电流的方向与原来的电枢电流方向相反，电枢就产生制动性质的电磁转矩，以反抗由于惯性所产生的力矩，使电动机迅速停止旋转。调整制动电阻R_L的阻值，可调整制动时间，制动电阻R_L越小，制动越迅速，R_L值越大，则制动时间越长。

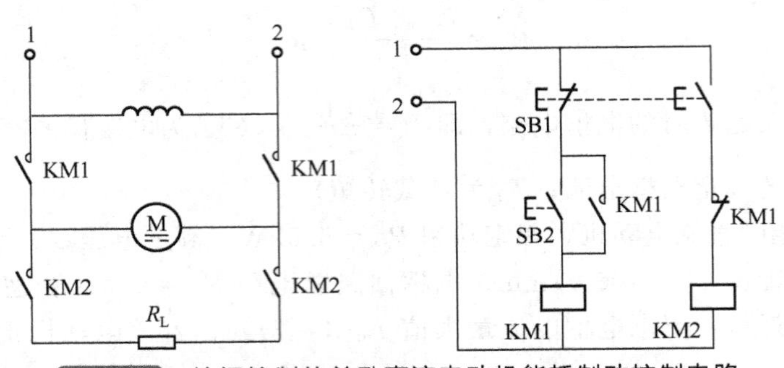

图 6-15 按钮控制的并励直流电动机能耗制动控制电路

直流电动机能耗制动时应注意以下几点。

① 对于他励或并励直流电动机，制动时应保持励磁电流大小和方向不变。切断电枢绕组电源后，立即将电枢与制动电阻R_L接通，构成闭合回路。

② 对于串励直流电动机，制动时电枢电流与励磁电流不能同时反向，否则无法产生制动转矩。所以，串励直流电动机能耗制动时，应在切断电源后，立即将励磁绕组与电枢绕组反向串联，再串入制动电阻R_L，构成闭合回路，或将串励改为他励形式。

③ 制动电阻R_L的大小要选择适当，电阻过大，制动缓慢；电阻过小，电枢绕组中的电流将超过电枢电流的允许值。

④ 能耗制动操作简便，但低速时制动转矩很小，停转较慢。为加快停转，可加上机械制动闸。

6.5.2 电压继电器控制的并励直流电动机能耗制动控制电路

电压继电器控制的并励直流电动机能耗制动控制电路的原理图如图 6-16 所示。

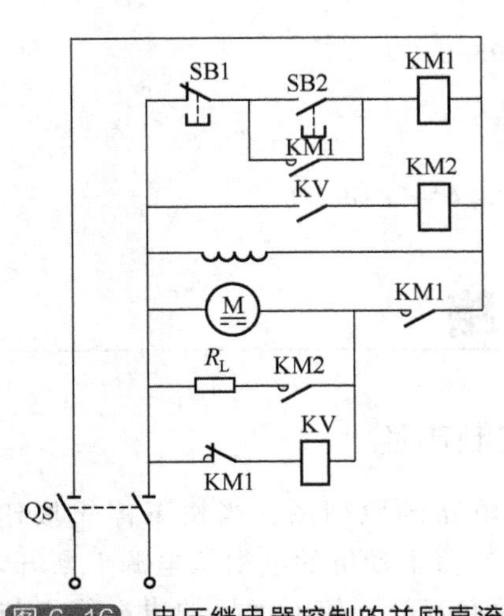

图 6-16 电压继电器控制的并励直流电动机能耗制动控制电路（原理图）

需要制动时，按下停止按钮 SB1，接触器 KM1 失电释放，其动断触点复位，电压继电器 KV 得电吸合，KV 的动合触点闭合使制动接触器 KM2 得电吸合，接触器 KM2 的动合触点闭合，使电动机的电枢绕组与一个外加电阻R_L（制动电阻）串联构成闭合回路。此时由于励磁电流方向未变，电动机所产生的电磁转矩为制动转矩，使电动机 M 迅速停转。电枢反电动势低于电压继电器 KV 的释放电压时，KV 释放，接触器 KM2 失电释放，制动完毕。

6.5.3 直流电动机能耗制动的简易计算

以他励直流电动机拖动反抗性恒转矩负载为例，其接线图及机械特性如图 6-17 所示。

制动前，他励直流电机作电动机运行，其接线图、

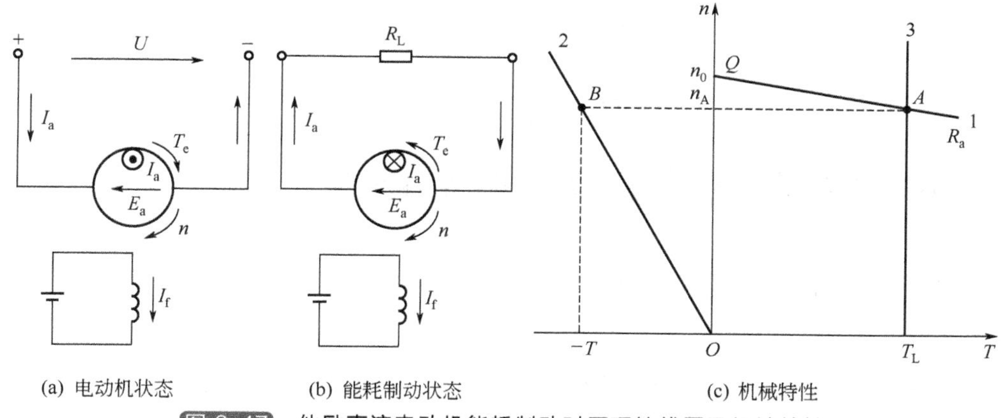

(a) 电动机状态　　(b) 能耗制动状态　　(c) 机械特性

图 6-17　他励直流电动机能耗制动时原理接线图及机械特性

电枢绕组电源电压 U、电枢绕组感应电动势 E_a、电枢电流 I_a、电动机的电磁转矩 T_e 和电动机的转向如图 6-17(a) 所示。此时，电动机的机械特性为图 6-17(c) 中的曲线 1，它与负载的机械特性曲线相交于工作点 A，电动机的转速为 n_A。

能耗制动时的接线如图 6-17(b) 所示。首先切断电枢绕组的电源，$U=0$，并立即将电枢回路经电阻 R_L 闭合。此时电机内磁场依然不变，机组储存的动能使电枢（又称转子）继续旋转。因为能耗制动过程中，电枢绕组的感应电动势 $E_a=C_e\Phi_N n>0$，所以电枢电流的表达式为

$$I_a=\frac{U-E_a}{R_a+R_L}=-\frac{E_a}{R_a+R_L}$$

从上式可知，能耗制动时电枢电流 I_a 和电磁转矩 T_e 都与原来电动机运行状态时的方向相反。此时，电磁转矩 T_e 的方向与电枢旋转方向相反而起制动作用，加快了机组的停车，一直到把机组储藏的动能完全消耗在制动电阻 R_L 和机组本身的损耗上时，机组就停止转动，故称能耗制动。

直流电动机能耗制动方法简单，操作简便，制动时利用机组的动能来取得制动转矩，电动机脱离电网，不需要吸收电功率，比较经济、安全。但制动转矩在低速时变得很小，故通常当转速降到较低时，就加上机械制动闸，使电动机更快停转。

一般可按最大制动电流不大于 2～2.5 倍额定电枢电流 I_{aN} 来计算制动电阻 R_L，即

$$R_L\geqslant\frac{E_a}{(2\sim2.5)I_{aN}}-R_a$$

式中　R_a——电枢绕组电阻，Ω；

E_a——制动前电枢电动势，V；

I_{aN}——额定电枢电流，A。

例 6-3　例 6-2 中的他励直流电动机，仍忽略空载转矩 T_0，负载仍为恒转矩负载，电动机带额定负载运行时，忽略电枢反应，采用能耗制动停车，要求电枢电流最大值 $I_{amax}\leqslant 2I_{aN}$，试计算：在电枢回路中应串入的制动电阻最小值 R_{Lmin} 是多少？

解　负载为恒转矩负载，采用能耗制动时，在电枢回路中应串入的 R_{Lmin}

因为该电动机的励磁方式为他励，所以电动机的额定电枢电流 $I_{aN}=I_N=30.3\text{A}$。

① 计算额定运行时的电枢感应电动势 E_{aN}

$$E_{aN}=U_N-I_{aN}R_a=220-30.3\times0.74=197.6(V)$$

② 能耗制动时应串入的制动电阻最小值R_{Lmin}

$$R_{Lmin}=\frac{E_{aN}}{I_{amax}}-R_a=\frac{E_{aN}}{2I_{aN}}-R_a=\frac{197.6}{2\times30.3}-0.74=2.52\ (\Omega)$$

6.6 串励直流电动机制动控制电路

6.6.1 串励直流电动机能耗制动控制电路

(1) 自励式能耗制动

自励式能耗制动的原理是，当电动机断开电源后，将励磁绕组反接并与电枢绕组和制动电阻串联构成闭合回路，使惯性运转的电枢处于自励发电状态，产生与原方向相反的电流和电磁转矩，迫使电动机迅速停转。串励电动机自励式能耗制动控制电路图如图 6-18 所示。

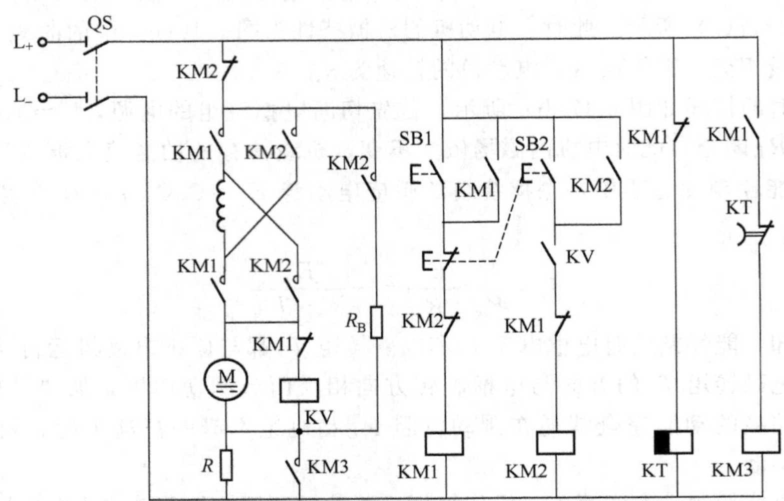

图 6-18 串励电动机自励式能耗制动控制电路图

自励式能耗制动设备简单，在高速时，制动力矩大，制动效果好。但在低速时，制动力矩减小很快，使制动效果变差。

(2) 他励式能耗制动

他励式能耗制动原理图如图 6-19 所示。制动时，切断电动机电源，将电枢绕组与放电电阻 R_1 接通，励磁绕组与电枢绕组断开后串入分压电阻 R_2，再接入外加直流电源励磁。由于串励绕组电阻很小，若外加电源与电枢电源共用时，需要在串励回路串入较大的降压电阻。这种制动方法不仅需要外加的直流电源设备，而且励磁电路消耗的功率较大，所以经济性较差。

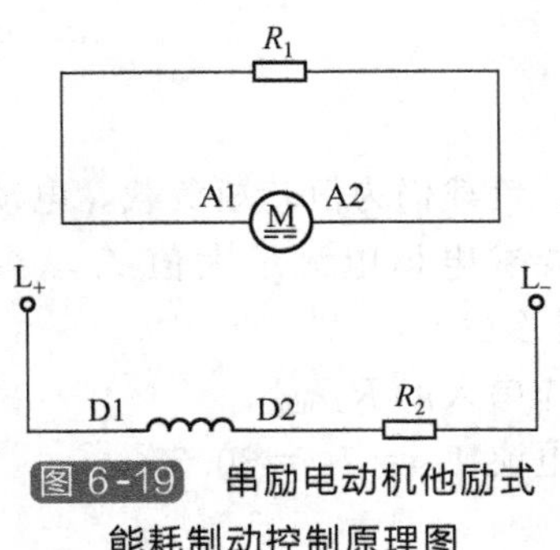

图 6-19 串励电动机他励式能耗制动控制原理图

小型串励直流电动机作为伺服电动机使用时，采用的他励式能耗制动控制电路图如图 6-20 所示。其中，R_1 和 R_2 为电枢绕组的放电电阻，减小它们的阻值可使制动力矩增大；R_3 是限流电阻，防止电动机启动电流过大；R 是励磁绕组的分压电阻；SQ1 和 SQ2 是行程开关。电路的工作原理请自行分析。

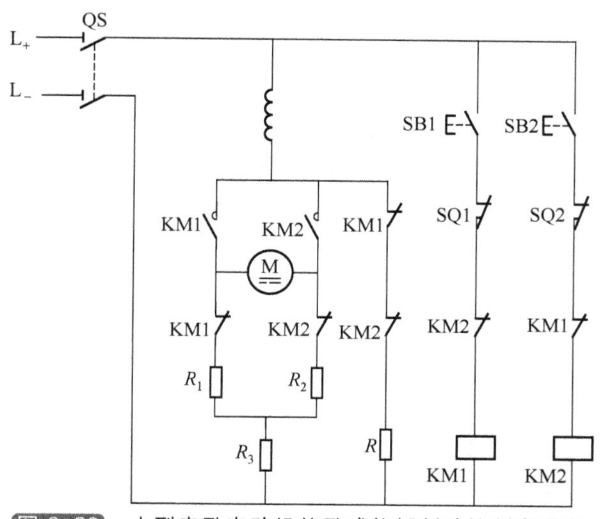

图 6-20 小型串励电动机他励式能耗制动控制电路图

6.6.2 串励直流电动机反接制动控制电路

串励直流电动机反接制动可通过位能负载时转速反向法和电枢直接反接法两种方式来实现。

（1）位能负载时转速反向法

这种方法通过强迫电动机的转速反向，使电动机的转速方向与电磁转矩的方向相反来实现制动。如提升机下放重物时，电动机在重物（位能负载）的作用下，转速 n 与电磁转矩 T_e 反向，使电动机处于制动状态，如图 6-21 所示。

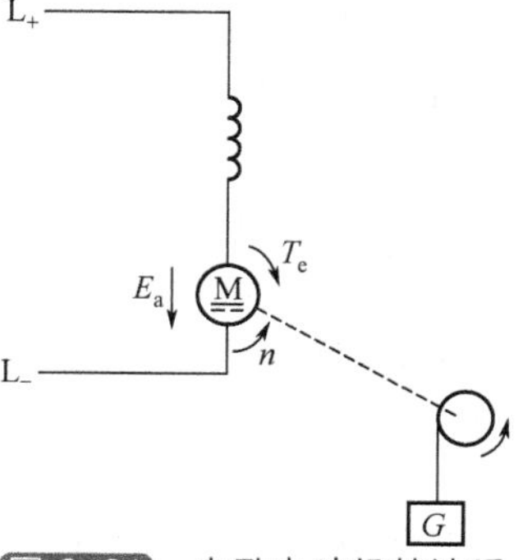

图 6-21 串励电动机转速反向法制动控制原理图

（2）电枢直接反接法

它是切断电动机的电源后，将电枢绕组串入制动电阻后反接，并保持其励磁电流方向不变的制动方法。必须注意的是，采用电枢反接制动时，不能直接将电源极性反接，否则，由于电枢电流和励磁电流同时反向，起不到制动作用。串励电动机反接制动自动控制电路图如图 6-22 所示。

图 6-22 中 AC 是主令控制器，用来控制电动机的正反转；KM 是线路接触器；KM1 是正转接触器；KM2 是反转接触器；KA 是过电流继电器，用来对电动机进行过载和短路保护；KV 是零压保护继电器；KA1、KA2 是中间继电器；R_1、R_2 是启动电阻；R_B 是制动电阻。

该电路的工作原理如下：

准备启动：将主令控制器 AC 手柄放在“0”位→合上电源开关 QS→零压继电器 KV 线圈得电→KV 常开触头闭合自锁。

电动机正转：将控制器 AC 手柄向前扳向“1”位置→AC 触头（2-4）、（2-5）闭合→KM 和 KM1 线圈得电→KM 和 KM1 主触头闭合→电动机 M 串入电阻 R_1、R_2 和 R_B 启

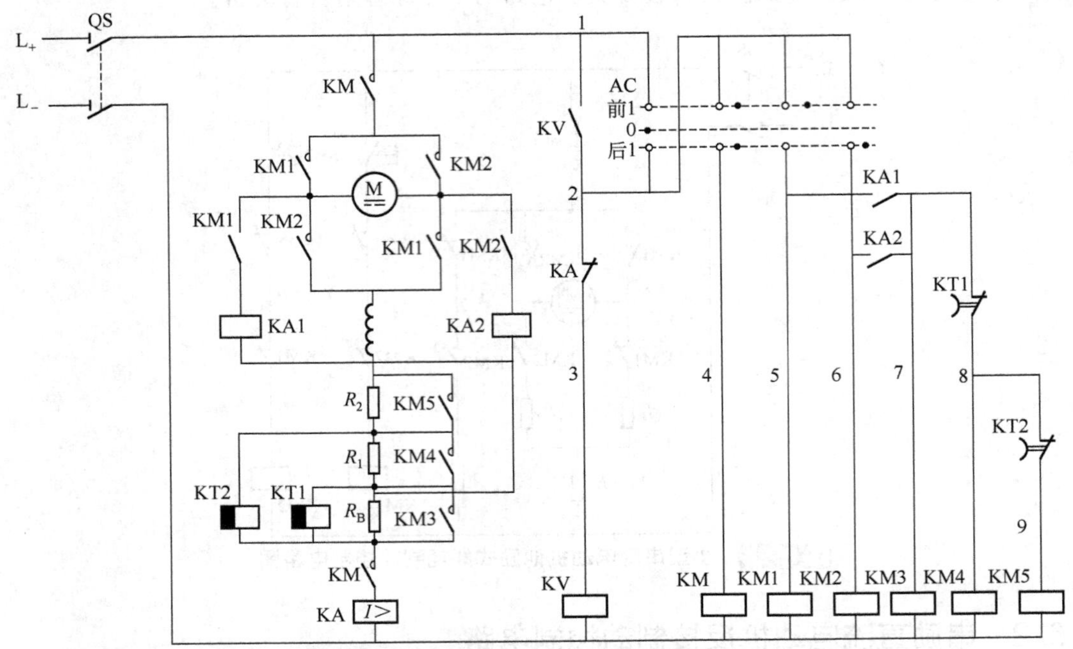

图 6-22　串励电动机反接制动自动控制电路图

动→KT1、KT2 线圈得电→它们的常闭触头瞬时分断→KM4、KM5 处于断电状态。

因 KM1 得电时其辅助常开触头闭合→KA1 线圈得电→KA1 常开触头闭合→KM3、KM4、KM5 依次得电动作→KM3、KM4、KM5 常开触头依次闭合短接电阻 R_B、R_1、R_2→电动机启动完毕进入正常运转。

电动机反转：将主令控制器 AC 手柄由正转位置向后扳向“1”反转位置，这时，接触器 KM1 和中间继电器 KA1 失电，其触头复位，电动机由于惯性仍沿正转方向转动。但电枢电源则由于接触器 KM、KM2 的接通而反向，使电动机运行在反接制动状态，而中间继电器 KA2 线圈上的电压变得很小，并未吸合，KA2 常开触头分断，接触器 KM3 线圈失电，KM3 常开触头分断，制动电阻 R_B 接入电枢电路，电动机进行反接制动，其转速迅速下降。当转速降到接近于零时，KA2 线圈上的电压升到吸合电压，此时，KA2 线圈得电，KA2 常开触头闭合，使 KM3 的得电动作，R_B 被短接，电动机进入反转启动运转。其详细过程请自行分析。

若要电动机停转，把主令控制器手柄扳向“0”位即可。

第7章 常用保护电路

7.1 电动机过载保护电路

7.1.1 电动机双闸式保护电路

三相交流电动机启动电流很大，一般是额定电流的4～7倍，故选用的熔丝电流较大，一般只能起到短路保护的作用，不能起到过载保护的作用。若选用的熔丝电流小一些，可以起到过载保护的作用，但电动机正常启动时，会因为启动电流较大，而造成熔丝熔断，使电动机不能正常启动。这对保护运行中的电动机很不利。如果采用双闸式保护电路，则可以解决上述问题。电动机双闸式保护指用两只刀开关控制，电动机双闸式保护控制电路如图7-1所示。图中刀开关Q1用于电动机启动、刀开关Q2用于电动机运行。

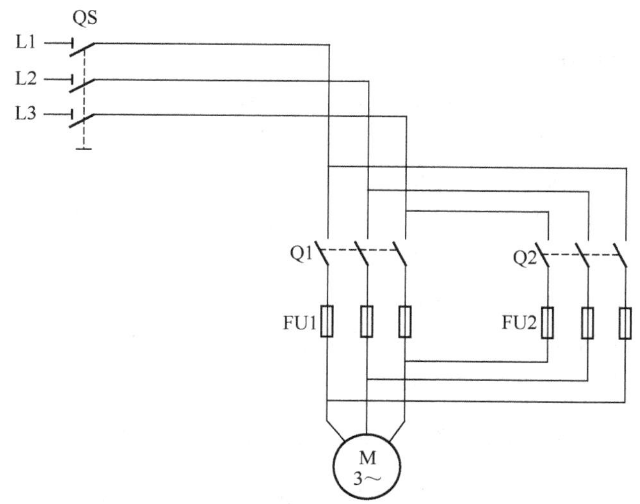

图7-1 电动机双闸式保护电路

启动时先合上启动刀开关Q1，由于熔断器FU1的熔丝额定电流较大（一般为电动机额定电流的1.5～2.5倍），因此启动时熔丝不会熔断。当电动机进入正常运行后，再合上运行刀开关 Q2，断开启动刀开关 Q1。由于熔断器 FU2 的熔丝额定电流较小（一般等于电动机的额定电流），所以在电动机正常运行的情况下，熔丝不会熔断。但是，当电动机发生过载或断相运行时，电流增加到电动机额定电流的 1.73 倍左右，可使熔断器 FU2 的熔丝熔断，断开电源，保护电动机不被烧毁。

7.1.2 采用热继电器作电动机过载保护的控制电路

图 7-2 是一种采用热继电器作电动机过载保护的控制电路。

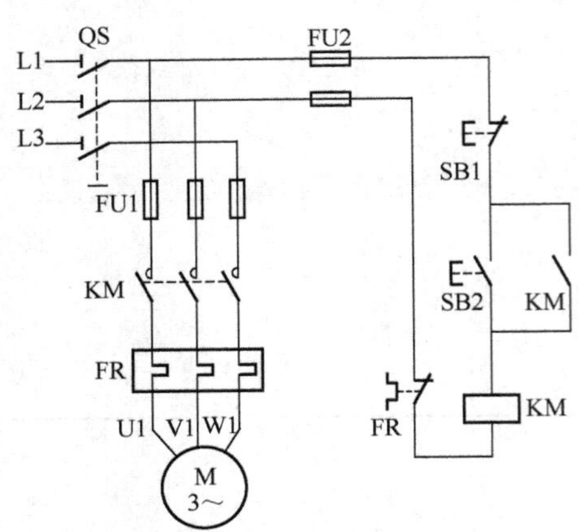

图 7-2 采用热继电器作电动机过载保护的控制电路

热继电器是一种过载保护继电器，将它的发热元件串接到电动机的主电路中，紧贴热元件处装有双金属片（由两种不同膨胀系数的金属片压接而成）。若有较大的电流流过热元件时，热元件产生的热量将会使双金属片弯曲，当弯曲到一定程度时，便会将脱扣器打开，从而使热继电器 FR 的常闭触点断开。使接触器 KM 的线圈失电释放，接触器 KM 的主触点断开，电动机立即停止运转，达到过载保护的目的。

7.1.3 启动时双路熔断器并联控制电路

由热继电器和熔断器组成的三相异步电动机保护系统，通常前者作为过载保护用，后者作为短路保护用。在这种保护系统中，如果热继电器失灵，而过载电流又不能使熔断器熔断，则会烧毁电动机。如果电动机能顺利启动，而运行时熔断器熔丝的额定电流等于电动机额定电流，则发生过载时，即使热继电器失灵，熔断器也会熔断，从而保护了电动机。图 7-3 所示为一种启动时双路熔断器并联控制电路。

电动机启动时，两路熔断器装置并联工作。电动机启动完毕，正常运行时，第二路熔断器 FU2 自动退出。这样，由于第一路熔断器 FU1 的熔丝的额定电流和电动机的额定电流一致，一旦发生过电流或其他故障，能将熔丝熔断，保护电动机。

图 7-3 中时间继电器 KT1 的延时动作触点的动作特点为当时间继电器线圈得电时，触点延时闭合，时间继电器 KT1 的作用是保证熔断器 FU2 并上后，接触器 KM2 再动作，电动机才开始启动，KT1 的延时时间应调到最小位置（一般为零点几秒）。

图 7-3 中时间继电器 KT2 的延时动作触点的动作特点为当时间继电器线圈得电时，触点延时断开，时间继电器 KT2 的作用是待电动机启动结束后，切除第二路熔断器 FU2。KT2 的延时时间应调到电动机启动完毕。

选择熔丝时，FU1 熔丝的额定电流应等于电动机的额定电流，FU2 熔丝的额定电流一般与 FU1 的一样大，如果是重负荷启动或频繁启动，则应酌情增大。

7.1.4 电动机启动与运转熔断器自动切换控制电路

电动机启动与运转熔断器自动切换控制电路如图 7-4 所示，图中 KM2 与 FU2 分别为启动接触器与启动熔断器，图中 KM1 与 FU1 分别为运行接触器与运行熔断器。

图 7-4 中时间继电器 KT 的延时动作触点的动作特点为当时间继电器线圈得电时，触点延时闭合。其作用是，在启动过程结束后，将时间继电器 KT 和启动接触器 KM2 切除。

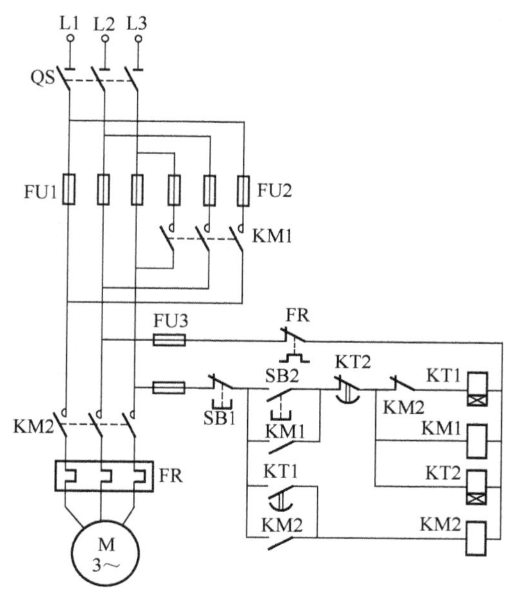

图 7-3 启动时双路熔断器并联控制电路

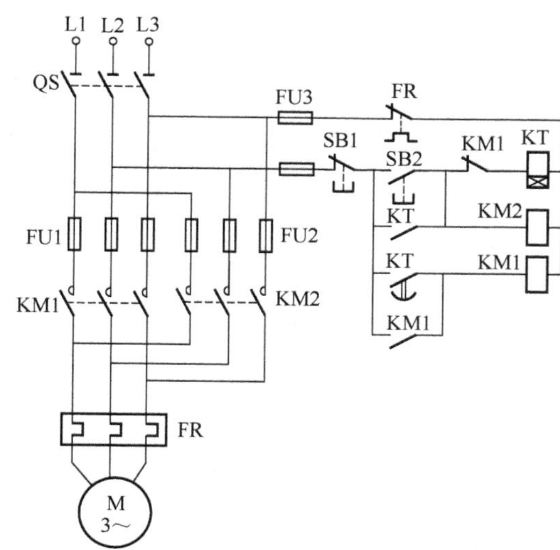

图 7-4 电动机启动与运转熔断器自动切换控制电路

电动机启动熔断器 FU2 熔丝的额定电流按满足启动要求选择，运行熔断器 FU1 熔丝的额定电流按电动机额定电流选择。时间继电器 KT 的延长时间（3～30s）视负载大小而定。

7.1.5 使用电流互感器和热继电器的电动机过载保护电路（一）

为了防止电动机过载损坏，常采用热继电器 FR 进行过载保护。对于容量较大的电动机，如果没有合适的热继电器，则可以用电流互感器 TA 变流，将热继电器接在电流互感器 TA 的二次侧进行保护。使用电流互感器和热继电器的电动机过电流保护电路如图 7-5 所示。热继电器动作电流一般设定为电动机额定电流通过电流互感器变比换算后的电流值。通常，过载 1.25 倍，在 20min 内动作；过载 6～10 倍时，瞬时动作。

使用电流互感器的热继电器保护动作电流值可按如下方法计算：

① 首先选择电流互感器，按电动机额定电流的 3 倍来选择。如电动机的额定电流为 200A，则电流互感器变比为 600/5。

② 再将电动机额定电流除以变比即为热继电器的整定电流值。

③ 最后按其整定电流值选择热继电器，最好整定电流为热继电器额定电流的中间值。

7.1.6 使用电流互感器和热继电器的电动机过载保护电路（二）

为了防止电动机过载损坏，常采用热继电器 FR 进行过载保护。对于容量较大的电动机，额定电流较大时，如果没有合适的热继电器，可以用电流互感器 TA 变流后，再接热继电器进行保护。如果启动时负载惯性转矩大，启动时间长（5s 以上），则在启动时可将热继电器短接，如图 7-6 所示。

图 7-6 中时间继电器 KT 的延时动作触点的动作特点为当时间继电器线圈得电时，触点瞬时闭合；当时间继电器线圈断电时，触点延时断开。其作用是，在启动过程中，将热继电器短接。

热继电器动作电流一般设定为电动机额定电流通过电流互感器电流比换算后的电流。

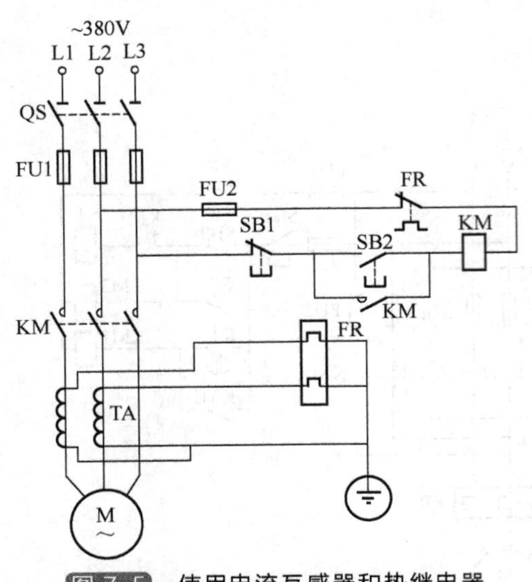

图 7-5 使用电流互感器和热继电器的电动机过载保护电路（一）

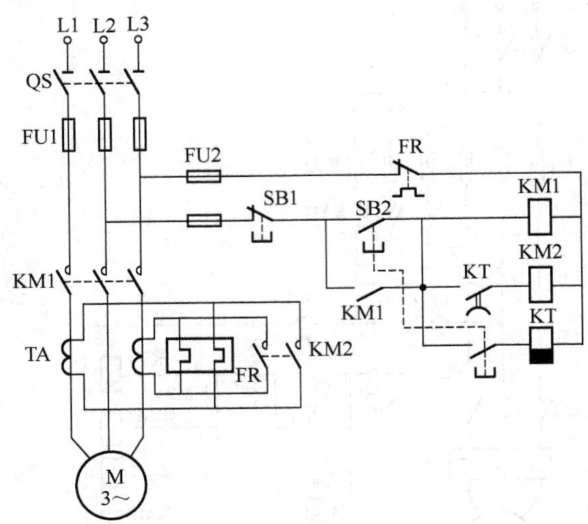

图 7-6 使用电流互感器和热继电器的电动机过载保护电路（二）

7. 1. 7 使用电流互感器和过电流继电器的电动机保护电路

图 7-7 所示是由过电流继电器和电流互感器配合组成的电动机过电流保护控制电路。它的特点是灵敏度高，可靠性强，电路切断速度快。它既能对过载作定时保护，又能对短路作瞬时动作。本控制电路适用于大容量的电动机运行保护。

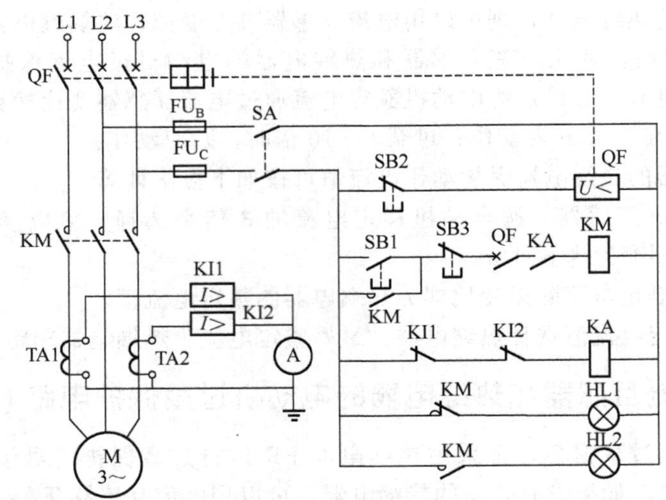

图 7-7 使用电流互感器和过电流继电器的电动机过电流保护电路

启动时，合上控制开关 SA，空气开关 QF 得电吸合，中间继电器线圈 KA 经过过电流继电器 KI1、KI2 的常闭触点得电吸合，KA 的常开触点闭合。这时按下按钮 SB1，接触器 KM 得电吸合，接通主电路，使电动机运转。

当电动机电流增大到某一数值时，过电流继电器迅速动作，其常闭触点 KI1、KI2 断开，使中间继电器线圈 KA 失电释放，KA 的常开触点断开，切断接触器 KM 的控制回路，从而使电动机即刻停止。

7.1.8　使用晶闸管的电动机过电流保护电路

采用晶闸管控制的电动机过电流保护电路，属电流开关型保护电路，如图 7-8 所示。

合上电源开关 QS，因电流互感器 TA1～TA3 的二次中无感应电动势，晶闸管 VTH 的门极无触发电压而关断，继电器 KA 处于释放状态，其常闭触头闭合，接触器 KM 线圈得电，主触头闭合，电动机启动运行。电动机正常运行时，TA1～TA3 二次的感应电动势较小，不足以触发 VTH 导通。当电动机任一相出现过电流时，电流互感器二次的感应电动势增大，经整流桥 VC1、VC2、VC3 整流，C_3、C_4、C_5 滤波，通过或门电路（VD2～VD4），使 VTH 触发导通，KA 线圈得电，其常闭触头断开，KM 线圈失电，主触头复位，电动机停转。

检修时，应断开电源开关 QS。如果未断开电源开关 QS，故障排除后，VTH 仍维持导通，此时应按一下复位按钮 SB，使 VTH 关断。

7.1.9　三相电动机过电流保护电路

三相电动机过电流保护电路如图 7-9 所示。它使用一只电流互感器来感应电流，在三相电动机电流出现超过正常工作电流时，KA 达到吸合电流而吸合，使主回路断电，从而保护电动机。

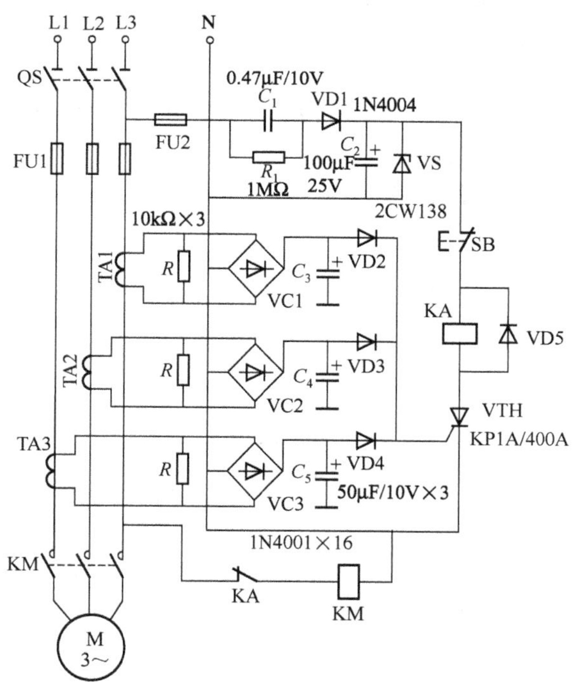

图 7-8　使用晶闸管控制的电动机过电流保护电路

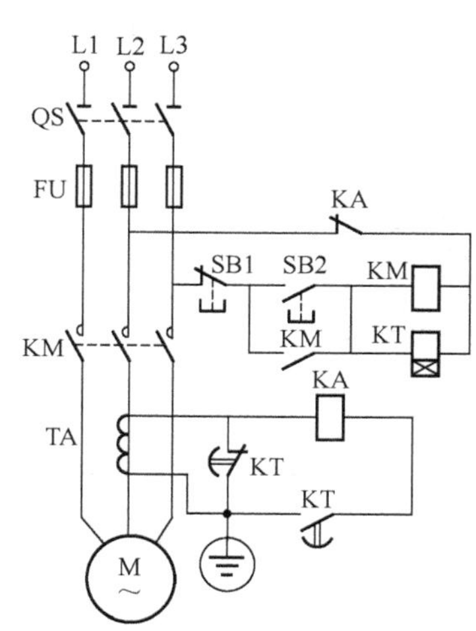

图 7-9　三相电动机过电流保护电路

图 7-9 中的时间继电器 KT 有两个延时动作触头，其中一个延时动作触头与电流互感器并联，其动作特点为当时间继电器线圈得电时，触头延时断开。其中另一个延时动作触头经中间继电器的线圈与电流互感器串联，其动作特点为当时间继电器线圈得电时，触头延时闭合。

由于电动机在启动时，电流很大，所以本电路将时间继电器的常闭触头先短接电流互感器，当电动机启动完毕后，时间继电器 KT 动作，KT 的常闭触头断开，KT 的常开触头闭合，把中间继电器 KA 的线圈接入电流互感器电路中。电动机运行时，若电动机过流，则中间继电器 KA 动作，其常闭触头断开。此时接触器 KM 的线圈失电释放，KM 的主触头断开，使电动机的主回路断电，从而使电动机过电流时断开电源，保护电动机。

7.2 电动机断相保护电路

7.2.1 电动机断相（断丝电压）保护电路

由于熔丝熔断造成电动机断相运行的情况相当普遍，从而提出了断丝电压（又称熔丝电压）保护电路。断丝电压保护只适用于因熔丝熔断而产生的断相运行，所以局限性较大。图 7-10所示电路把电压继电器 KV1、KV2、KV3 分别并联在 3 个熔断器的两端。

正常情况下，由于熔丝电阻很小，熔断器两端的电压很低，所以继电器不动作。当某相熔丝熔断时，在该相熔断器两端产生 30～170V 电压（0.5～75kW 电动机），在该相熔断器两端并联的继电器线圈得电，其常闭触点断开，从而使接触器 KM 线圈失电，KM 的主触点复位，电动机停转，起到熔丝熔断的保护。

熔丝熔断后，熔断器两端电压的大小与电动机所拖动的负载的大小（即电动机的转速）有关，利用断丝电压使继电器吸合，继电器的吸合电压一般整定为小于 60V。

7.2.2 采用热继电器的断相保护电路

三相异步电动机采用热继电器的断相保护电路如图 7-11 所示。对于 Y 连接的三相异步电动机，正常运行时，其 Y 连接的绕组中性点与零线 N 间无电流。当电动机因故障断相运行时，通过热继电器 FR2 的电流，使 FR2 的热元件受热弯曲，其常闭触点断开，KM 的线圈失电、KM 的主触点释放，电动机 M 停止运行。

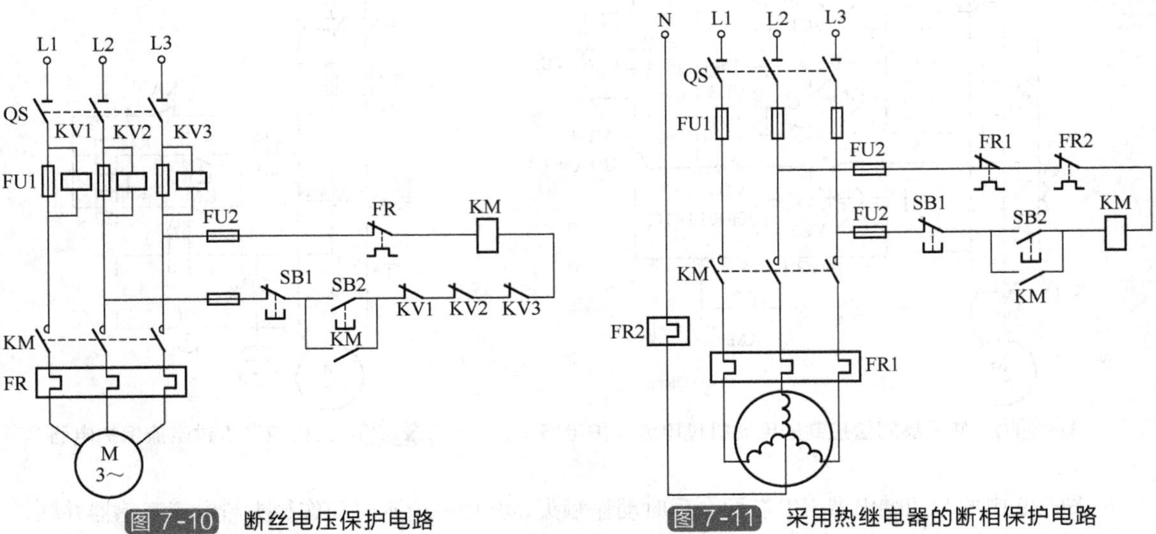

图 7-10 断丝电压保护电路

图 7-11 采用热继电器的断相保护电路

热继电器的电流整定值应略大于 Y 连接的绕组中性点与零线 N 间的不平衡电流。该保护电路的特点是不管何处断相均能动作，有较宽的电流适应范围，通用性强；不另外使用电源，不会因保护电路的电源故障而拒动。

7.2.3 电动机断相自动保护电路

图7-12是一种采用三只互感器测量三相电流平衡状态的电动机断相自动保护电路。

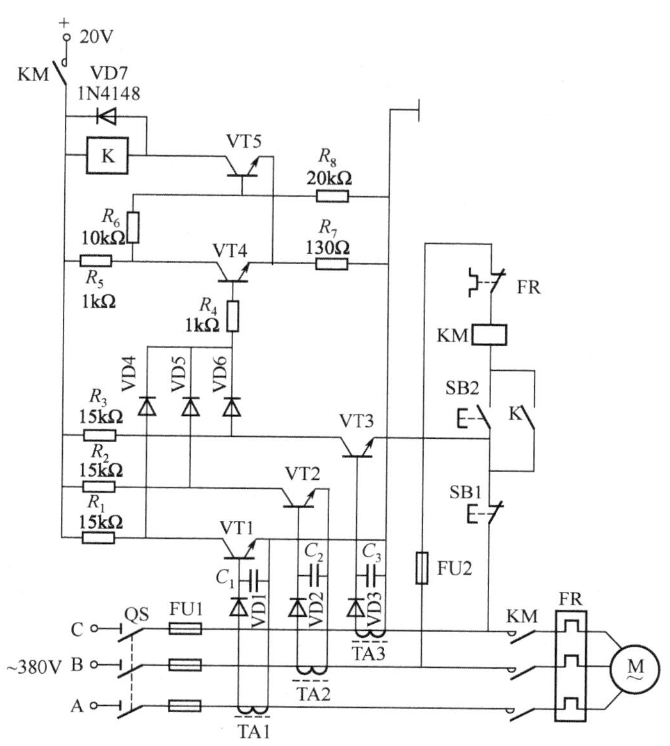

图7-12 电动机断相自动保护电路

当按下启动按钮SB2时，接触器KM得电，常开触点闭合，保护器电源接通工作。当电动机三相均有电流时TA1、TA2、TA3的感应电压经VD1、VD2、VD3使三极管VT1、VT2、VT3饱和，三极管VT1、VT2、VT3的集电极输出电位为零，VD4～VD6构成的二极管或门电路输出为零，VT4截止，VT5饱和，继电器K得电工作，其常开触点闭合，电动机正常运行。当断相启动或运行时，其中任意一只三极管将截止，或门输出高电位，使VT4饱和，VT5截止，继电器K失电断开，接触器KM线圈将失去自锁而失电释放，KM三相主触点断开，电动机M停止运行。

图7-12中的三极管VT1～VT4选用3DG6；VT5选用3DG12；继电器K选用JR－4型；VD1～VD4选用1N4004，VD7选用1N4148。

7.2.4 电容器组成的零序电压电动机断相保护电路(一)

图7-13是一种由电容器组成的零序电压电动机断相保护电路，该保护电路采用3个电容器接成Y连接，构成一个人为中性点，适用于Y或△连接电动机的断相保护。

当发生断相故障时，因人为中性点电位发生偏移，使继电器KA的线圈得电，其常闭触点断开，使接触器KM的线圈失电，KM的主触点复位，从而使电动机断电，保护电动机定子绕组不被破坏。

由于此断相保护电路是在三相电源上投入3只电容器进行运行，而电容器在低压交流电网上又能起到无功功率补偿作用，故该断相保护电路在正常工作时，不消耗电能，相反还会提高电动机的功率因数，具有节电和断相保护两种功能。

7.2.5 电容器组成的零序电压电动机断相保护电路（二）

图7-14是另一种由电容器组成的零序电压电动机断相保护电路，其特点是在电动机的三相电源接线柱上，各用导线引出，分别接在电容 C_1、C_2、C_3 上，并通过这三只电容器，使其产生一个人为中性点，当电动机正常运行时，人为中性点的电压为零，与三相四线制电路的中性点电位一致，故此两点电压通过整流后无电压输出，继电器KA不动作。当电动机电源某一相断相时，则人为中性点的电压会明显上升，电压高达12V时，继电器KA便吸合，其常闭触点断开，使接触器KM的线圈失电，KM的主触点复位，从而使电动机断电，达到保护电动机的目的。

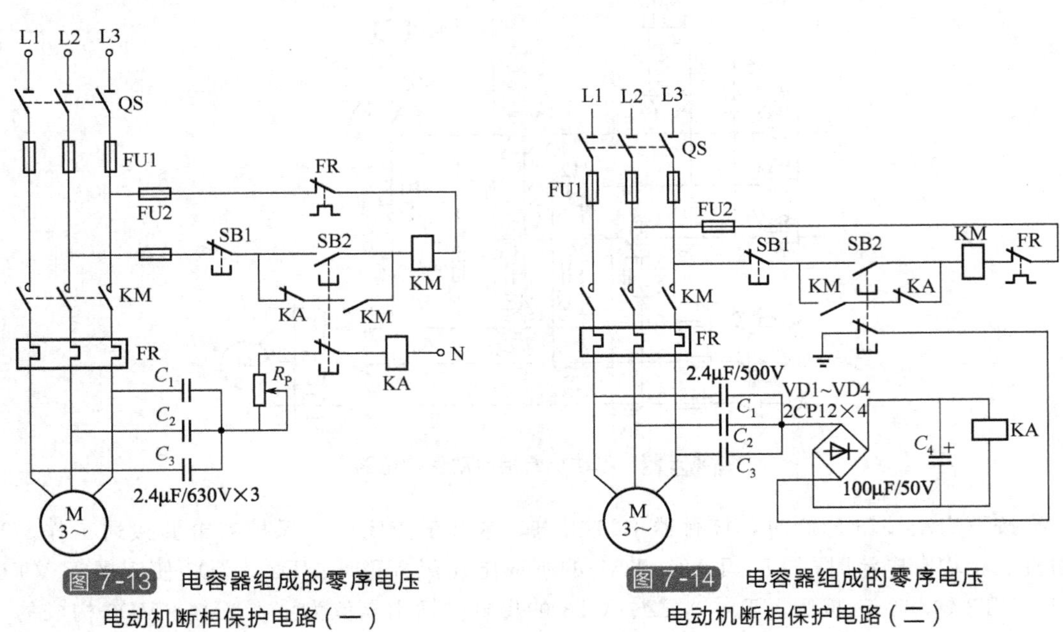

图7-13 电容器组成的零序电压电动机断相保护电路（一）

图7-14 电容器组成的零序电压电动机断相保护电路（二）

由于此断相保护电路是在A、B、C三相电源上投入三只电容器进行运行工作，而电容器在低压交流电电网上又能起到无功功率补偿作用，故断相保护器在正常工作时，不浪费电，相反还会提高电动机的功率因数，具有节电和断相保护两种功能。该电路动作灵敏，在电动机断相小于或等于1s时，继电器KA便会动作。该电路无论负载轻重，也无论是星形连接的电动机，还是三角形连接的电动机均可使用。本电路适用于0.1～22kW的电动机。换用容量更大的继电器，则可在30kW以上的电动机上使用。

为了防止电动机在启动时交流接触器触点不同步引起继电器误动作，该电路采用一常闭的双连按钮作启动按钮，可以在电动机启动的同时断开保护电路与三相四线制中性点的连线。待电动机启动完毕，操作者松手使按钮复位后，断相保护电路才能正常工作。

7.2.6 电容器组成的零序电压电动机断相保护电路（三）

该电动机断相保护器电路由电容器 C_1～C_5、二极管VD1～VD5、电阻器 R_1、R_2、稳压二极管 VS、发光二极管 VL、单结晶体管 VU 和继电器 K 组成，如图 7-15 所示。

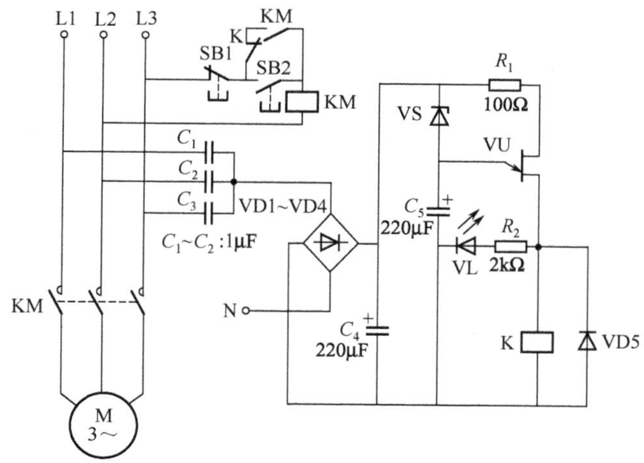

图 7-15　电容器组成的零序电压电动机断相保护电路（三）

在 L1～L3 三相电源正常时，电容器 C_1～C_3 构成的人为中性点上的交流电压较低，该电压经二极管 VD1～VD4 整流、电容器 C_4 滤波后，不足以使稳压二极管 VS 和单结晶体管 VU 导通，继电器 K 不能吸合，电动机 M 正常运转。

当三相电源中缺少某一相电压时，在人为中性点与零线 N 之间将迅速产生 12V 左右的交流电压。此电压经 VD1～VD4 整流及 C_4 滤波后，使 VS 击穿导通，电容器 C_5 开始充电，延时几秒钟（C_5 充电结束）后，VU 导通，发光二极管 VL 点亮，继电器 K 吸合，其常闭触点断开，使交流接触器 KM 的线圈失电，KM 的主触点断开，切断电动机 M 的工作电源。

当三相电源恢复正常后，经过短暂的延时 VU 截止，继电器 K 释放，此时可按动启动按钮 SB2 重新启动电动机。

7.2.7　简单的星形连接电动机零序电压断相保护电路

图 7-16 是一种简单的星形连接电动机零序电压断相保护电路。因为星形连接的电动机的中性点对地电压为零，所以在中性点与地之间连接一个 18V 的继电器，即可起到电动机的断相保护作用。

对于 Y 连接的三相异步电动机，正常运行时，其 Y 绕组中性点与地之间无电压。当电动机因故障使某一相断电时，会造成电动机的中性点电位偏移，中性点与地存在电位差，从而使继电器 K 吸合，其常闭触点断开，使接触器 KM 的线圈失电，KM 的主触点断开，使电动机停转，保护电动机不被烧坏。此方法是一种简单易行的保护方法。

7.2.8　采用欠电流继电器的断相保护电路

图 7-17 是一种采用 3 只欠电流继电器 KA 的断相保护电路。

合上电源开关 QS，按下启动按钮 SB2，接触器 KM 线圈得电，KM 的主触点闭合，电动机启动运行，同时 3 只欠电流继电器 KA1、KA2、KA3 得电吸合，3 只欠电流继电器的常开触点闭合，与此同时接触器 KM 的常开辅助触点闭合，接触器 KM 的线圈自锁。电动机正常运行。

当电动机发生断相故障时，接在该断相上的欠电流继电器释放，其常开触点 KA1、

KA2 或 KA3 复位，使得接触器 KM 的线圈自锁电路断开，KM 的主触点复位，电动机停转，从而保护了电动机。

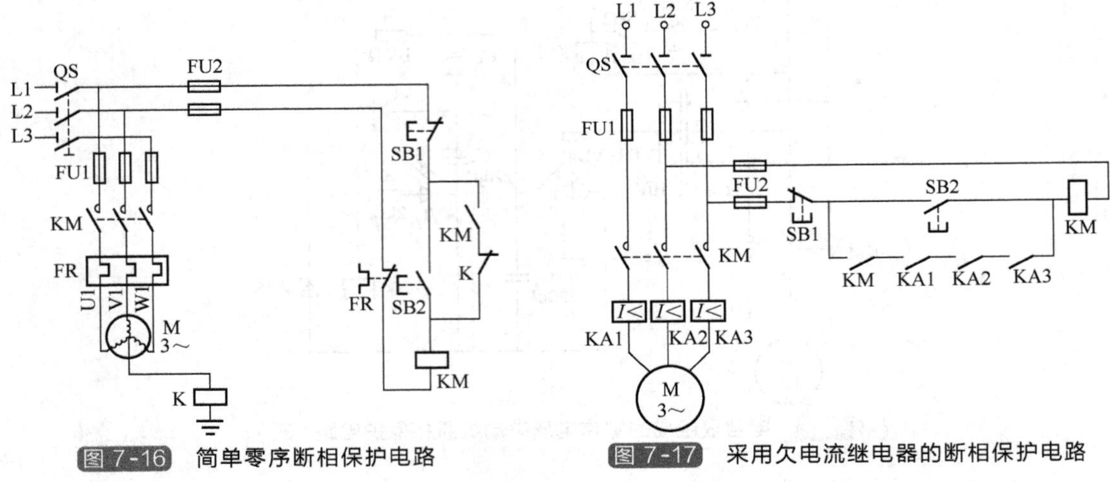

图 7-16　简单零序断相保护电路　　图 7-17　采用欠电流继电器的断相保护电路

7.2.9　零序电流断相保护电路

零序电流断相保护电路如图 7-18 所示，其特点是以零序电流使电子继电器动作，以达到断相保护的目的。图中 TA 是零序电流互感器。

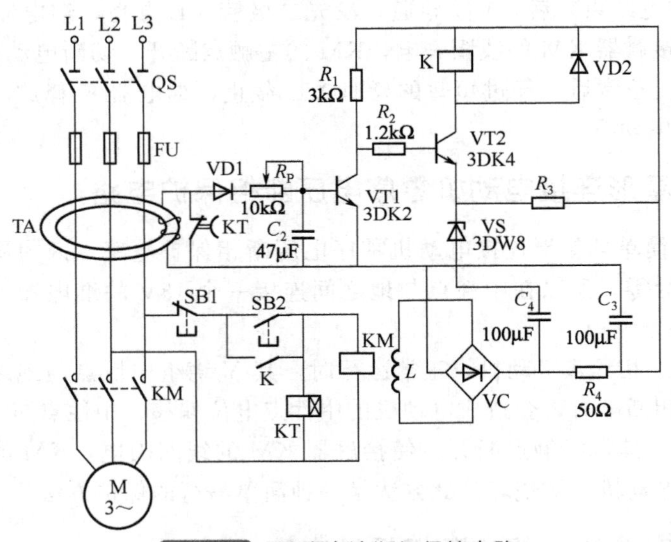

图 7-18　零序电流断相保护电路

按下启动按钮 SB2，接触器 KM 和时间继电器 KT 吸合，电动机 M 投入正常运行。此时电动机三相负载平衡，零序电流互感器 TA 次级电流等于零，晶体管 VT1 处于截止状态；晶体管 VT2 处于导通状态，继电器 K 吸合，K 的常开触头闭合，使 KM 和 KT 自锁。

当发生断相时，TA 次级产生的感应电流经二极管 VD1 整流，使 VT1 由截止翻转为导通，而 VT2 由导通翻转为截止（VT2 的电源由 KM 的线圈外加绕的 L 绕组取出 15～18V，经桥式整流电路 VC 整流后供给）。继电器 K 失电，K 的常开触头断开，使接触器 KM 和时间继电器 KT 的线圈失电，接触器 KM 的主触点断开，切断电动机电源，达到了电动机断相保护之目的。

时间继电器 KT 的作用是为了避开电动机启动时的不平衡电流，时间继电器 KT 的延时断开的常闭触点可以将 TA 的次级在电动机 M 启动过程中暂时短路。对于启动时三相电流平衡的电动机则无需增加 KT。

7.2.10　Y 连接电动机断相保护电路

图 7-19 所示电路是一种 Y 连接电动机断相保护电路，该电路适用于 7.5kW 以下的电动机。

按下启动按钮 SB2，接触器 KM 的线圈得电，KM 吸合，松开 SB2，KM 自保，电动机 M 运行。当三相交流电中某一相断路时，电动机的中性点与零线之间出现电位差。此电压经过整流、滤波、稳压后，使继电器 K 得电吸合，K 的常闭触点断开，使 KM 失电释放，KM 的主触点断开，从而使电动机 M 断电，保护电动机定子绕组不被烧毁。

7.2.11　△连接电动机零序电压继电器断相保护电路

图 7-20 所示电路是一种△连接电动机零序电压继电器断相保护电路。该电路采用三只电阻 R_1～R_3 接成一个人为的中性点，当电动机断相时，此中性点的电位发生偏移，使继电器 K 得电吸合，其常闭触点断开，切断了接触器 KM 的线圈回路，KM 失电释放，KM 的主触点断开，从而使电动机 M 断电，保护电动机定子绕组不被烧毁。该电路中的电阻 R_1～R_3 可根据实际经验选定。

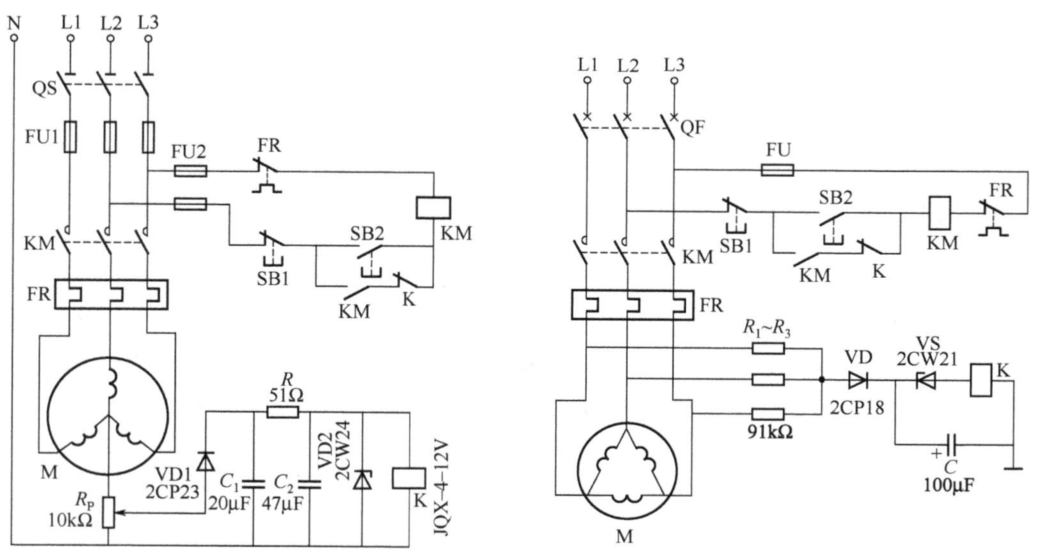

图 7-19　Y 连接电动机断相保护电路

图 7-20　△连接电动机零序电压继电器断相保护电路

7.2.12　带中间继电器的简易断相保护电路

采用中间继电器的断相保护电路，如图 7-21 所示。接触器线圈和继电器线圈分别接于电源 L1、L2 和 L2、L3 上。

合上电源开关 QS，中间继电器 KA 的线圈得电，其常开触点闭合，为接触器 KM 线圈得电做准备。按下启动按钮 SB2，接触器 KM 的线圈得电，KM 的主触头闭合，电动机启动运行。只有当电源三相都有电时，KM 才能得电工作，无论哪一相电源发生断相，KM 的线圈都会失电，KM 的主触点切断电源，以保护电动机。

电动机在运行中，若熔丝熔断，使得其中一相电源断电，由于其他两相电源通过电动机可返回另一相断电的线圈上，为保证接触器、中间继电器可靠释放，应选择释放电压大于 190V 的接触器和中间继电器。

7.2.13 实用的三相电动机断相保护电路

图 7-22 是一种三相电动机断相保护电路。该三相电动机断相保护电路能在电源断相时，自动切断三相电动机电源，起到保护电动机的目的。

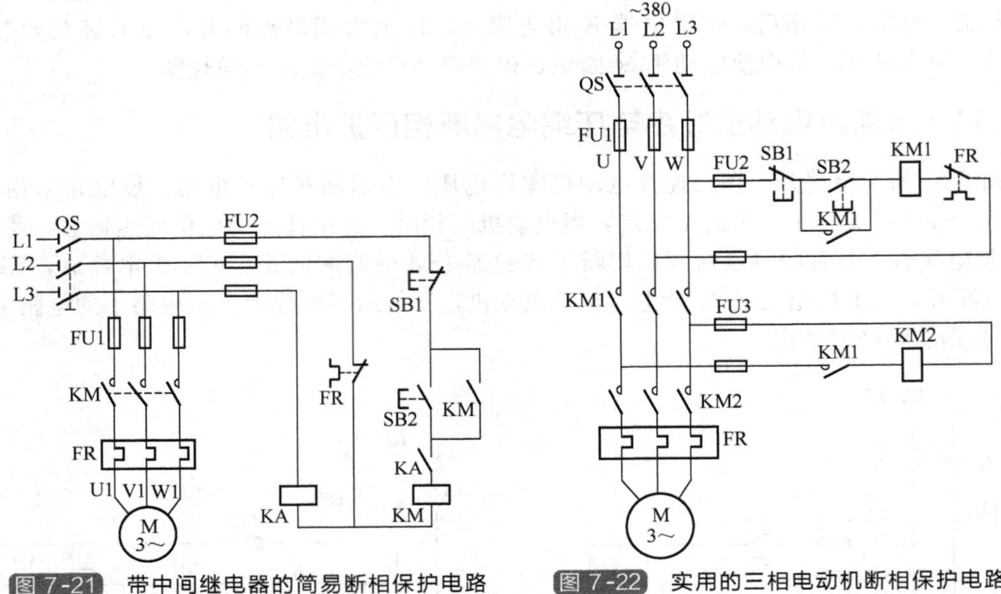

图 7-21 带中间继电器的简易断相保护电路

图 7-22 实用的三相电动机断相保护电路

从图 7-22 中可以看出，电动机控制电路中多了一个同型号的交流接触器，当按下按钮 SB2 时，W 相电源经过按钮 SB1、SB2、接触器 KM1 的线圈到 V 相，使交流接触器 KM1 吸合，同时 KM1 的常开触点闭合，将交流接触器 KM2 的线圈接到 U 相与 W 相之间，使交流接触器 KM2 得电吸合，电动机 M 启动运转。这样，由于多用了一个同型号的接触器，两个接触器线圈的电压分别使用了 U、V、W 三相中的电压回路，故此在 U、V、W 任何一相断相时，它都能使两个接触器中的一个或两个线圈都释放，从而保护电动机不因电源断相而烧毁。

此断相保护电路适用于 10kW 以上的较大型的电动机且负荷较重的场合，能可靠地对电动机进行断相保护。该电路简单、实用、取材方便，效果理想。

7.2.14 三相电源断相保护电路

三相电源断相保护电路如图 7-23 所示，该电路采用了电流互感器 TA 和双向晶闸管 VTH，适用于三相异步电动机的断相保护。合上电源开关 QS，按下启动按钮 SB2，交流接触器 KM 的线圈得电吸合，其主触头闭合，电动机启动运行。此时，电流互感器 TA 有感应信号输出，双向晶闸管 VTH 被触发导通，起到了交流接触器辅助触头自锁的作用。松开 SB2 后，接触器仍会保持吸合，电动机 M 继续运行。

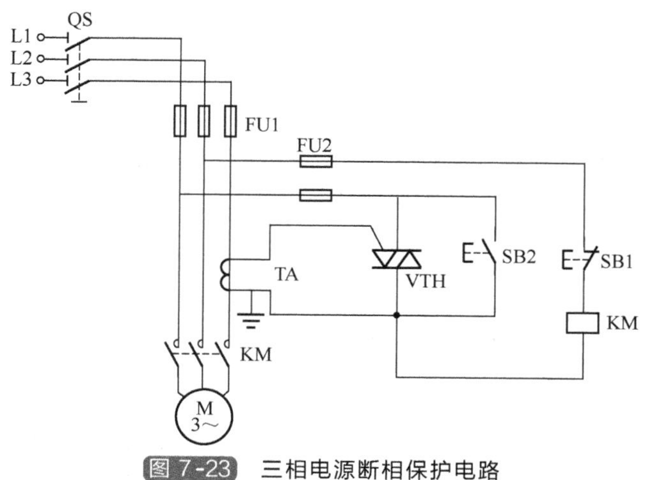

图 7-23 三相电源断相保护电路

该电路的特点是当三相电源中的任意一相断路时，三相异步电动机都可以自动脱离电源，停止运行。例如：当 L1 相或 L2 相断路时，接触器 KM 的线圈将失电释放，切断电动机的电源，实现断相保护；当 L3 相断路时，电流互感器 TA 就没有感应信号输出，晶闸管 VTH 将失去触发信号而关断，接触器 KM 则失电释放，电动机的电源被切断，也可以完成断相保护的任务。

7.3 电动机保护接地电路和电动机保护接零电路

7.3.1 电动机保护接地电路

电动机的保护接地又称为保安接地，就是将电动机的金属外壳用电阻很小的导线与接地极可靠连接起来，以防因电动机绝缘损坏使外壳带电，一旦操作人员接触而导致触电事故发生。

电动机保护接地电路如图 7-24 所示。通常用埋入地下的钢管、钢条作为接地极，其接

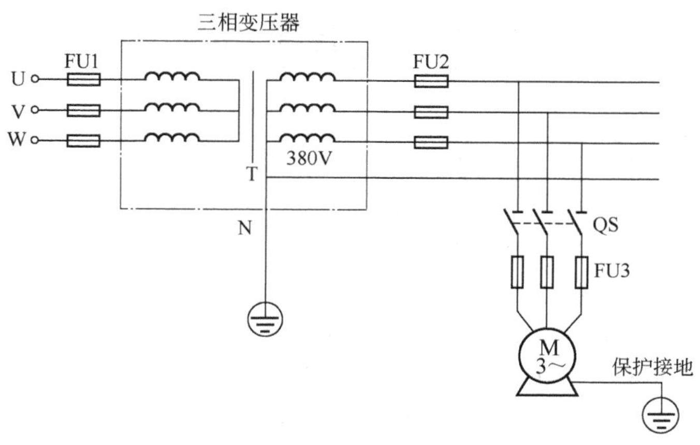

图 7-24 电动机保护接地电路

地电阻应小于 4Ω。

在中性点不接地的低压电力系统中，在正常情况下各种电气设备的不带电的金属外壳，除有规定外都应接地。

7.3.2 电动机保护接零电路

电动机保护接零也称为电动机保安接零，它是指将电动机的外壳用电阻很小的导线与电网的保护中性线相互连接。这种安全措施适用于中性点直接接地、电压为 380V/220V 的三相四线制配电系统中。电动机保护接零电路如图 7-25 所示。

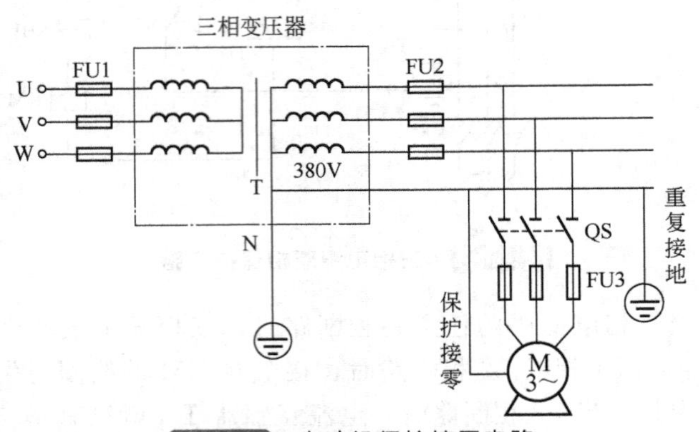

图 7-25 电动机保护接零电路

保护接零的基本作用是保证人身安全。当电动机线圈的绝缘被破坏，某相带电部分碰到设备外壳时，通过设备外壳形成该相对中性线的单相短路，短路电流促使线路上过电流保护装置迅速动作，把故障部分断开，消除触电危险，从而保护人身安全。

采用保护接零时，除系统的中性点接地外，还必须在零线上一处或多处进行接地，这称为重复接地，如图 7-25 所示。

保护接地和保护接零是维护人身安全的两种技术措施，但是它们的适用范围不同，保护原理不同，并且电路结构也不同。在应用此方法时，应注意在同一个三相四线制电网中，不允许一部分电气设备采用接零保护，而另一部分电气设备采用接地保护，否则会出现严重的安全问题。

7.4 直流电动机失磁、过电流保护电路

7.4.1 直流电动机失磁保护电路

直流电动机失磁保护电路的作用是防止电动机工作中因失磁而发生“飞车”事故。这种保护是通过在直流电动机励磁回路中串入欠电流继电器来实现的。

他励直流电动机失磁保护电路如图 7-26 所示，当电动机的励磁电流消失或减小到设定值时，欠电流继电器 KA 释放，其常开触点断开，接触器 KM1 或 KM2 断电释放，切断直流电动机的电枢回路，电动机断电停车，实现保护电动机的目的。

如图 7-27 所示，在直流电动机励磁绕组回路中串入硅整流二极管 VD（其整流值只要大于直流电动机的励磁电流即可），并在其两端并联额定值为 0.7V 的电压继电器 KV（JTX-

0.7V)，以此来控制主电路的接触器，也可以实现直流电动机失磁保护，达到防止“飞车”的目的。

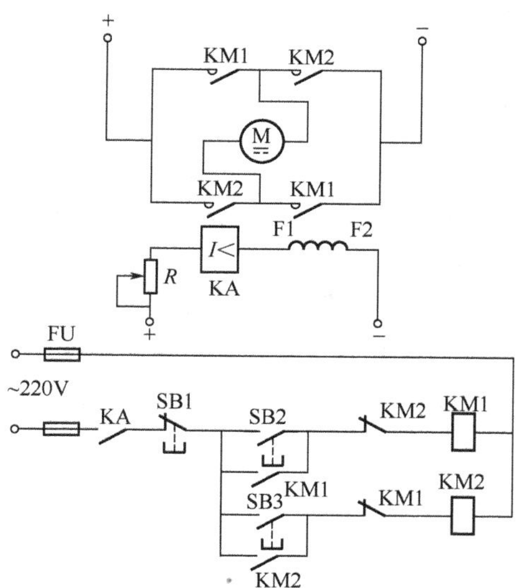

图 7-26　他励直流电动机失磁保护电路（一）

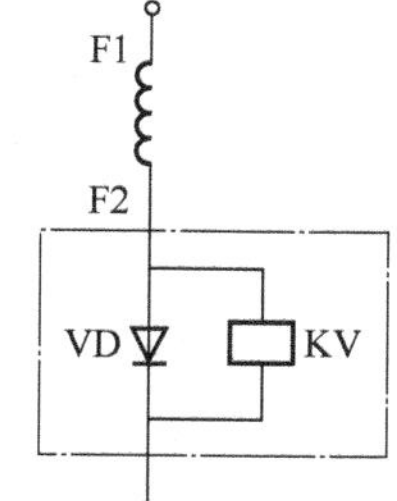

图 7-27　他励直流电动机失磁保护电路（二）

当励磁绕组有电流时，二极管 VD 两端就有 0.7V 电压，使电压继电器 KV 得电吸合，其常开触点闭合，为控制电路中接触器 KM 的线圈得电做准备。当励磁绕组无电流时，VD 两端无电压，KV 线圈不得电，其常开触点仍处于断开状态，这时控制回路 KM 线圈也不能得电，则主电路不得电，电动机不工作。也就是说，若不先提供励磁电流，电动机就无法工作。

7.4.2　直流电动机励磁回路的保护电路

使用直流电动机时，为了确保励磁系统的可靠性，在励磁回路断开时需加保护电路。直流电动机励磁回路的保护电路如图 7-28 所示。

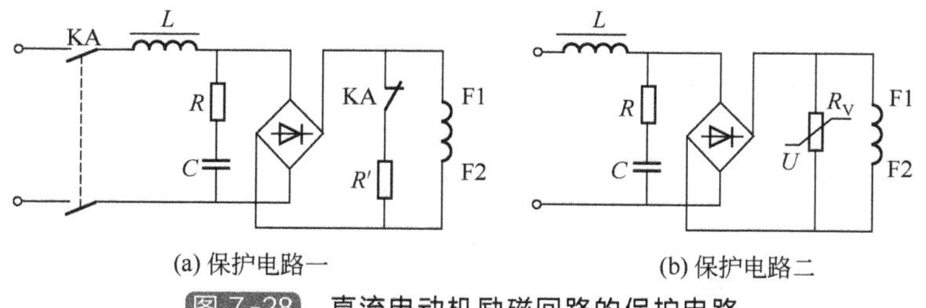

(a) 保护电路一　　(b) 保护电路二

图 7-28　直流电动机励磁回路的保护电路

在图 7-28(a) 所示电路中，电源经电抗器 L 降压，再经桥式整流器整流后，提供直流励磁电流给直流电动机的励磁绕组。电阻 R 与电容 C 组成浪涌吸收电路，防止电源的过电压进入励磁绕组。当励磁绕组电源断开时，在其两端并联一个释放电阻 R'，以防止励磁绕组的自感电动势击穿电源中的整流二极管，其阻值约为励磁绕组电阻（冷态）的 7 倍，功率 50～100W。

在图 7-28(b) 所示电路中，在励磁绕组两端并联一个压敏电阻 R_V，取 R_V 的额定电压为励磁电压的1.5～2.2倍。当工作电压低于R_V的额定电压时，R_V呈现高阻、断开状态；当工作电压高于R_V的额定电压时，R_V呈现低阻、导通状态。当励磁绕组断开瞬间，若励磁绕组的自感电压高于压敏电阻R_V的额定电压，R_V呈现低阻，限制了励磁绕组两端电压，起到保护作用。

7.4.3 直流电动机失磁和过电流保护电路

为了防止直流电动机失去励磁而造成转速猛升（“飞车”），并引起电枢回路过电流，危及直流电源和直流电动机，因此励磁回路接线必须十分可靠，不宜用熔断器作励磁回路的保护，而应采用失磁保护电路。失磁保护很简单，只要在励磁绕组上并联一只失压继电器或串联一只欠电流继电器即可。用过流继电器可以作电动机的过载及短路保护。

直流电动机失磁和过电流保护电路如图7-29所示，图中KUC为欠电流继电器，KOC为过电流继电器。KT1、KT2为时间继电器，其常开触点的动作特点是当时间继电器吸合时，其常开触点延时闭合。

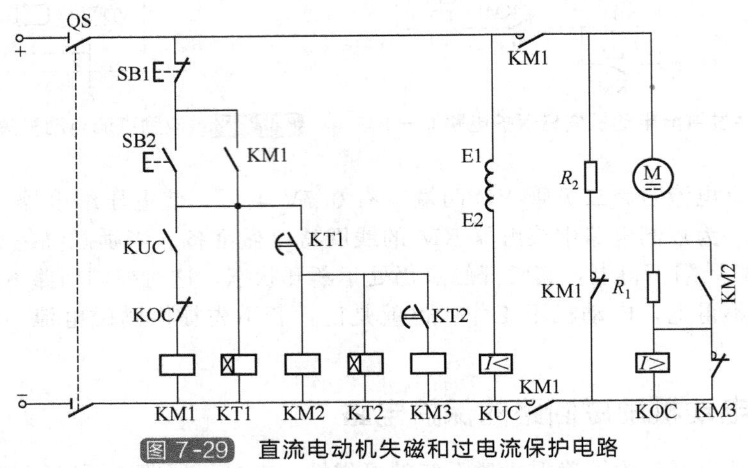

图7-29 直流电动机失磁和过电流保护电路

闭合电源开关QS，欠电流继电器KUC线圈得电，KUC常开触点闭合，为接触器KM1线圈得电做准备。

过电流继电器KOC作直流电动机的过载及短路保护用。直流电动机电枢串电阻启动时，KOC线圈被KM3短接，不受启动电流的影响。电动机正常运行时，KOC处于释放状态、KOC的常闭触点处于闭合状态。电动机过载或短路时，一旦流过KOC线圈的电流超过整定值，过电流继电器KOC吸合，KOC的常闭触点马上断开，使接触器KM1的线圈失电，KM1的主触点断开，切断直流电动机的电源，电动机停转。过电流继电器一般可按电动机额定电流的1.1～1.2倍整定。

欠电流继电器KUC作直流电动机的失磁保护，它串联在励磁回路中。电动机正常运行时，KUC处于吸合状态，KUC的常开触点处于闭合状态。当励磁失磁或励磁电流小于电流整定值时，欠电流继电器KUC释放，KUC的常开触点复位，切断KM1的自锁回路，使接触器KM1的线圈失电，KM1的主触点断开，切断直流电动机的电源，电动机停转。要求欠电流继电器的额定电流应大于电动机的额定励磁电流，电流整定值按电动机的最小励磁电流的0.8～0.85倍整定。当KM1线圈失电时，KM1常闭主触点复位，接通能耗制动电阻R_2，使电动机迅速停转。

7.5　电动机内部进水保护电路

7.5.1　电动机进水保护电路

在被烧毁的电动机中，因电动机内部进水的达 30%以上。图 7-30(a) 所示的电动机进水保护电路，不仅能及时切断电动机的电源，而且能发出报警声，催促值班人员及时采取措施。

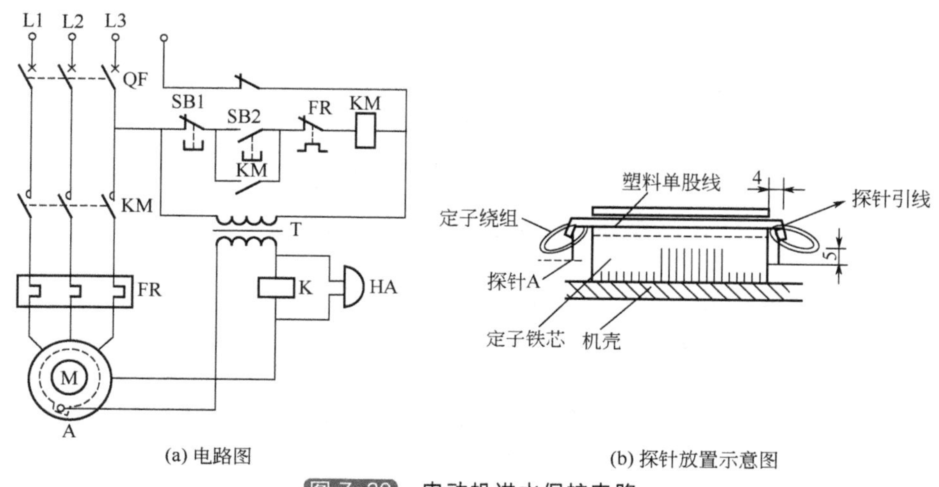

(a) 电路图　　(b) 探针放置示意图

图 7-30　电动机进水保护电路

按下启动按钮 SB2，接触器 KM 得电吸合并自锁，其主触头闭合，电动机 M 能正常运转。倘若此时有水进入电动机，且淹没探针 A，则探针 A 通过水与机壳接通，继电器 K 得电吸合，其常闭触点断开，使接触器 KM 的线圈失电释放，电动机 M 电源被切断，从而保护电动机。在继电器 K 线圈得电的同时，蜂鸣器 HA 也通电鸣叫，催促值班电工前来排除进水故障。

电动机内的探针 A 需要自制，方法如图 7-30 (b) 所示。将一根较细的塑料单股线，穿入电动机靠近底座的定子绕组槽内，将两端线头剥去塑料皮，用焊锡焊成珠状，按图示尺寸将塑料线弯好，并在靠近电动机接线盒的一端，将塑料层剥开少许，用多股线焊牢，再将此多股线（探针引线）引至电动机出线盒（接线盒）。为不使电动机振动引起探针位移，应用工业胶黏剂将探针 A 和探针引线固定牢靠。

7.5.2　电动机过热、进水保护电路

几乎所有烧坏的电动机在损坏前，其绕组的温升都很高；还有许多场合，电动机很容易进水，致使电动机烧毁。图 7-31 是一种电动机过热、进水保护电路，该电路能防止过热、进水而烧毁电动机。

图 7-31 中，R_T 为正温度系数热敏电阻（简称 PTC）；M、N 是埋在电动机定子绕组中的两根靠得很近，且头部剥去绝缘的塑料电线（做法参见图 7-30），用以检测电动机进水。T 是在交流接触器 KM 外层用漆包线加绕的线圈（一般为 290 匝左右，可获得 12V 电压）。

按下启动按钮 SB2，接触器 KM 的线圈得电吸合并自锁，主电路电源接通，电动机 M

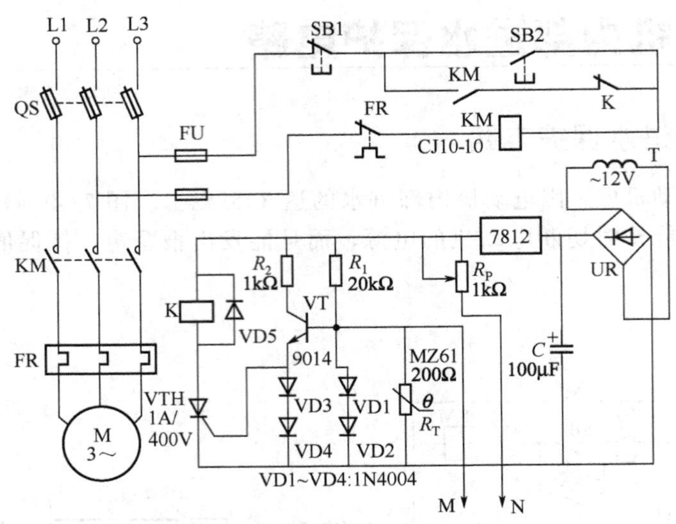

图 7-31　电动机过热、进水保护电路

启动。与此同时，线圈 T 输出电压经桥式整流器（由四只 1N1004 组成）UR 整流及滤波稳压后，向保护器电子线路供电。正常时，晶体管 VT 截止，晶闸管 VTH 因无触发电流而阻断，继电器 K 无电处于释放状态。倘若电动机进水，M、N 两点被水短接，直流电源经 R_P 为晶体管 VT 提供基极偏流，VT 导通，晶闸管 VTH 被触发，继电器 K 吸合，其常闭触点断开，使接触器 KM 的线圈失电释放，电动机 M 停车。若是因断相、过载等原因引起电动机绕组温升超过允许值，则 R_T 的阻值突增几百倍甚至几千倍，改变了电阻 R_1 与 R_T 的分压比，抬高了晶体管 VT 的基极电压，使得 VT 饱和导通，晶闸管 VTH 相继导通，继电器 K 吸合，接触器 KM 断电，从而使电动机的电源被切断，确保电动机不致过热烧毁。

图 7-31 中，晶体管 VT 基极和晶闸管 VTH 的触发回路分别接有四只二极管（VD1～VD4），这是利用二极管的正向压降，防止在电动机发生故障时，VT 的基极电压和 VTH 的触发电压升得过高而损坏晶体管和晶闸管。

7.6　电动机保护器应用电路

7.6.1　电动机保护器典型应用电路

为了更有效地保护电动机，近年来涌现出了许多电动机保护器，电动机保护器又叫电子保护器。它与交流接触器组成电动机保护电路，主要用于对交流 50Hz、额定电流 600A 及以下三相电动机在运行中出现的断相、过载、堵转、三相电流不平衡等故障进行保护。

GT-JDG1-16A 型电动机保护器典型应用电路如图 7-32所示。保护器设有电流刻度指示，线性调节整定电流，操作简单、方便，用户无需现场带负荷调试，只要根据电动机的额定电流值进行调节即可。GT-JDG1-16A 型电动机保护器电流小，对于额定电流较小的电动机，其主电路可直接接在保护器主触点上即可。端子 A1、A2 接电压表 PV，端子 95、98 为保护器内部的一对常闭触点，只要电路发生故障，保护器动作，端子 95、98 内部的常闭触点动作断开，即可切断交流接触器 KM 线圈的电源，从而使电动机 M 停转。

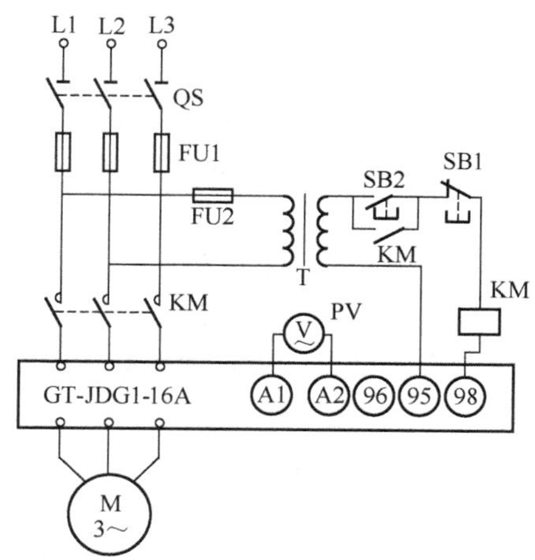

图 7-32 GT-JDG1-16A 型电动机保护器典型应用电路

7.6.2 电动机保护器配合电流互感器应用电路

GT-JDG1-16A 型电动机保护器的工作电流仅为 16A，要想控制较大额定电流的电动机，则可以采用图 7-33 所示电路。图中，TA 为电流互感器；T 为小型电源变压器；SB2 为启动按钮，SB1 为停止按钮。

GT-JDG1-160A 型大功率电动机保护器，在外壳中部有三个穿心孔，这实际上是三相电流互感器，如图 7-34 所示，将电动机的三相电源线穿过这三个穿心孔，主电路即安装完毕。

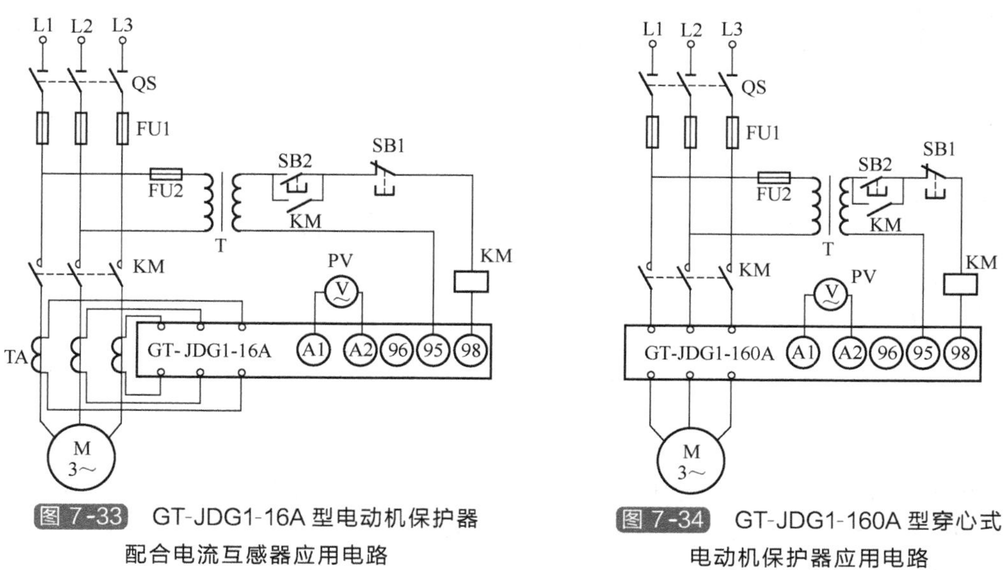

图 7-33 GT-JDG1-16A 型电动机保护器配合电流互感器应用电路

图 7-34 GT-JDG1-160A 型穿心式电动机保护器应用电路

7.7 其他保护电路

7.7.1 电压型漏电保护电路

电压型漏电保护器如图 7-35 所示。该电路是通过检测漏电设备外壳与地之间的电压来实现保护的。

电压型漏电保护器采用 3 只相同的电阻 R_2～R_4 作为辅助中性点 N。如果用电设备漏电，人工辅助中性点 N 与用电设备外壳间的电压达到灵敏电压继电器 K 的动作电压时，继电器 K 吸合，其常闭触点断开，使接触器 KM 的线圈断电释放，接触器 KM 的主触头断开，从而切断用电设备的电源。

图 7-35 中的按钮 SB 和电阻 R_1 组成了一个试验电路。按下试验按钮 SB，继电器 K 线圈中流过一个模拟的接地故障电流，可方便地检查漏电保护装置工作是否正常。

电压型漏电保护器的优点是电路简单。但是它的检测性能差，动作不稳定，已逐步被电流型漏电保护器所取代。

7.7.2 接触器触头粘连设备保护电路

当交流接触器的动、静触头熔焊时，用电设备（如电动机）不能停止，会带来严重后果。当接触器触头粘连时，图 7-36 所示的保护电路，可以把断路器 QF 拉闸，从而可避免事故的发生。

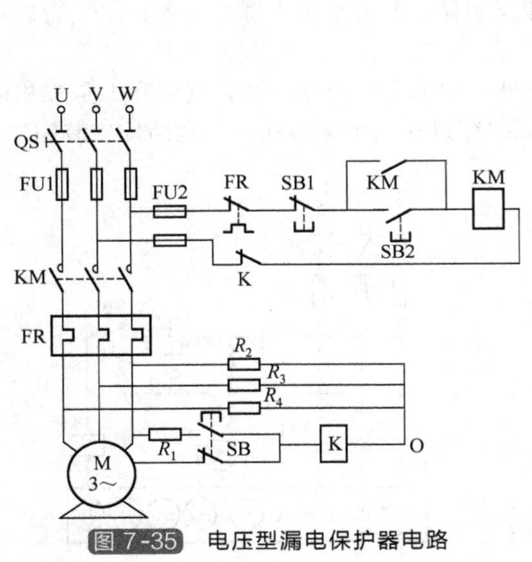

图 7-35 电压型漏电保护器电路

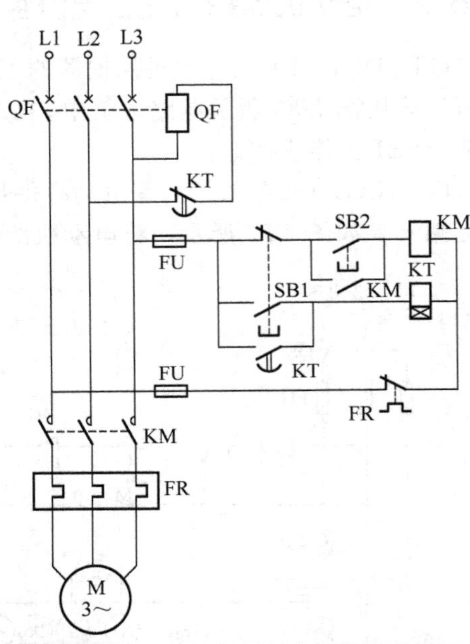

图 7-36 接触器触头粘连设备保护电路

在一般采用接触器控制的电路中，正常情况下，按下停止按钮 SB1，接触器 KM 的线圈失电，接触器 KM 的主触头将断开。但有时 KM 的主触头却熔焊粘连在一起，不能切断用电设备的电源，导致发生人身或设备事故。如果采用图 7-36 所示的保护电路，当接触器的触头发生熔焊时，可以按下停止按钮 SB1 不松手，当按下 SB1 的时间超过 1s 后，时间继电器 KT 的延时闭合的常开触头闭合，时间继电器 KT 自锁；同时时间继电器 KT 的延时分断的常闭触头动作，断开带有失压脱扣控制的断路器 QF 的线圈，促使 QF 主触头跳闸，使电动机 M 断电。

7.7.3 防止水泵空抽保护电路

防止水泵空抽的保护电路如图 7-37 所示，该电路可以保证水泵的使用安全，不会因空抽时间过长而烧毁。

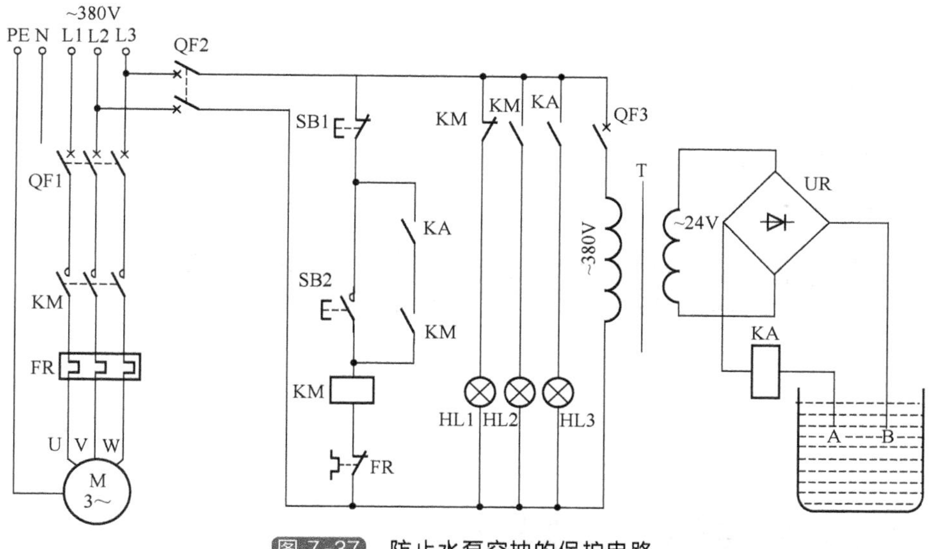

图 7-37 防止水泵空抽的保护电路

防止水泵空抽的保护电路由断路器（QF1、QF2、QF3）、接触器 KM、小型继电器 KA、控制变压器 T、探头（A、B）和指示灯（HL1、HL2、HL3）等组成。

首先合上断路器 QF1、QF2、QF3，此时电动机停止兼电源指示灯 HL1 亮。如果水池内有水，探头 A、B 被水短接，小型继电器 KA 线圈得电吸合，其常开触点闭合，此时有水指示灯 HL3 亮，说明水池内有水。与此同时 KA 的另一组常开触点闭合，为接触器 KM 自锁提供条件。

启动时，按下启动按钮 SB2，交流接触器 KM 线圈得电吸合，且 KM 的常开辅助触点闭合，接触器 KM 自锁。KM 的三相主触点闭合，水泵电动机得电启动运转，带动水泵进行抽水，与此同时，KM 的常闭辅助触点断开，指示灯 HL1 熄灭，而 KM 的常开辅助触点闭合，运行指示灯 HL2 亮，说明水泵运转正常。

当水池内无水时，探头 A、B 悬空，小型继电器 KA 线圈断电释放，KA 的一组常开触点断开，切断交流接触器 KM 线圈回路电源，KM 线圈失电释放，KM 三相主触点断开，水泵电动机失电停止运转，水泵停止抽水。与此同时，运行指示灯 HL2 熄灭、停止兼电源指示灯 HL1 亮。

第8章 常用电动机节电控制电路

8.1 电动机轻载节能器电路

8.1.1 电动机轻载节能器电路（一）

图 8-1 是一种电动机轻载节能器电路，该电路能在电动机空载或轻载运行时，通过电抗器降低电动机的工作电压，以节约电能、提高工作效率。

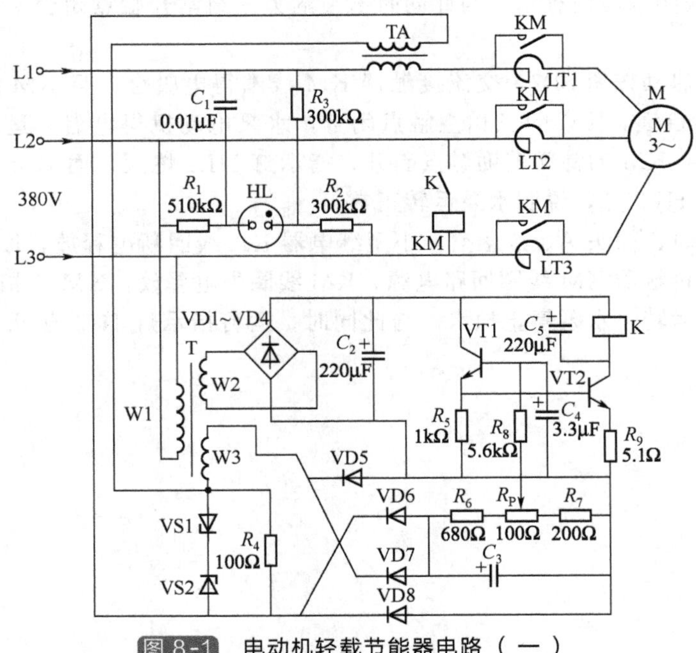

图 8-1 电动机轻载节能器电路（一）

图 8-1 所示的电动机轻载节能器电路由电源电路、电流取样电路、相序指示电路、控制放大电路等组成。其中，电源电路由电源变压器 T、整流二极管 VD1～VD4 和滤波电容器 C_2 等组成；电流取样电流由电流互感器 TA、稳压二极管 VS1、VS2、电阻器 R_4 和二极管

VD5～VD8 组成；相序指示电路由氖指示灯 HL、电阻器 R_1～R_3、电容器 C_1 等组成；控制放大电路由晶体管 VT1、VT2、电阻器 R_5～R_9、电位器 R_P、电容器 C_4、C_5 和继电器 K 等组成；LT1～LT3 为饱和式电抗器。

接通电源瞬间，交流 380V 电压经电抗器 LT1～LT3 供给电动机 M；与此同时，在电流互感 TA 上产生感应信号电压，该电压经 VD5～VD8 处理后，使 VT1 和 VT2 饱和导通，继电器 K 吸合，其常开触头 K1 接通，使交流接触器 KM 也通电吸合，KM 的三组常开触点（并联在 LT1～LT3 上）均接通，使 LT1～LT3 被短接，电动机 M 处于全电压启动运转。

电动机 M 运转后，若其负载较轻或空载，则电流互感器 TA 上产生的感应信号电压将降低，使 VT1 和 VT2 截止，K 和 KM 释放，交流 380V 电压经电抗器 LT1～LT3 为电动机 M 供电，电动机 M 降压运转。当电动机 M 的负载变大、TA 产生的感应信号电压升高至一定值时，VT1 和 VT2 又将导通，使 K 和 KM 吸合，电动机 M 全电压运转。

8.1.2 电动机轻载节能器电路(二)

图 8-2 也是一种电动机轻载节能器电路，该电路用于额定运行时为三角形连接的电动机，它能根据电动机负载大小的变化，对电动机的三角形/星形（△/Y）连接进行自动转换。空载和轻载时，电动机为星形连接；重载和满载时，电动机为三角形连接。在节约电能的同时，改善了功率因数。

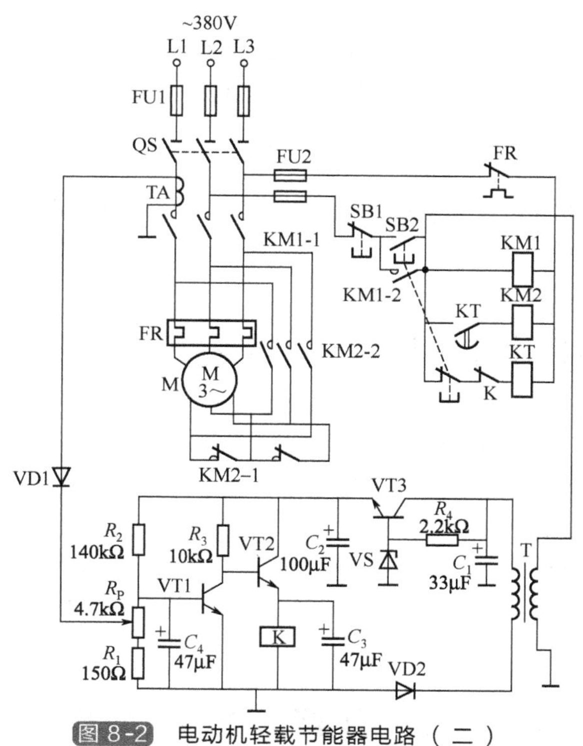

图 8-2 电动机轻载节能器电路（二）

图 8-2 所示的电动机轻载节能器电路由电源电路、电流取样检测电路和控制电路等组成。其中，电源电路由电源变压器 T、电源调整管 VT3、稳压二极管 VS、整流二极管 VD2、电阻器 R_4 和滤波电容器 C_1、C_2 等组成；电流取样检测电路由电流互感器 TA、二极管 VD1、电位器 R_P、电阻器 R_1、R_2、电容器 C_4 等组成；控制电路由电源开关 QS、停

止按钮 SB1、启动按钮 SB2、晶体管 VT1、VT2、继电器 K、时间继电器 KT、交流接触器 KM1、KM2 等组成。

接通电源开关 QS，按动启动按钮 SB2 后，交流接触器 KM1 通电吸合，交流 380V 电压经 KM1 的常开触点加至电动机 M 的三相绕组上，电动机为星形启动。

当电动机轻载时，电流互感器 TA 上的感应电压较低，VT1 截止，VT2 导通，继电器 K 吸合，其常闭触点断开，时间继电器 KT 和交流接触器 KM2 均不动作，电动机 M 三相绕组的尾端经交流接触器 KM2 的常闭触点 KM2-1 接通，电动机 M 在星形连接状态下运行。

当电动机 M 的负载增大到一定程度时，电流互感器 TA 上的感应电压升高至一定值时，VT1 将导通，使 VT2 截止，继电器 K 释放，继电器 K 的常闭触点接通，时间继电器 KT 吸合，其常开触点接通，使交流接触器 KM2 吸合，KM2 的常闭触点 KM2-1 断开，常开触点 KM2-2 接通，电动机 M 由星形连接运转状态变换为三角形连接运转状态。

8.2 电动机 Y-△转换节电电路

8.2.1 用热继电器控制电动机 Y-△转换节电电路

在机床上，电动机的额定容量是按照机床最大切削量设计的，实际在应用中，往往不能满负荷，很大程度上存在着大马拉小车的现象。那么利用三相异步电动机的△形接法改为 Y 形接法后，绕组承受的相电压将为原来的 $1/\sqrt{3}$，线电流减小为原来的 1/3。如果电动机的实际负载也减小为满负载的三分之一，那么电动机可以在 Y 形接法下安全运行，从而使线电流减小，功率因数提高，起到节电作用。

图 8-3 所示是用热继电器控制的电动机 Y-△转换节电电路。当轻载时，热继电器不动作，接触器 KM1、KM2 吸合，电动机接成 Y 形运行；当电动机处于重负荷下运行时，热继电器 FR 动作，其常闭触点断开，常开触点闭合，自动将接触器 KM2 断开，并使接触器 KM3 吸合，电动机切换为△形接法运行。

8.2.2 用电流继电器控制电动机Y-△转换节电电路

用电流继电器控制的电动机 Y-△转换节电电路如图 8-4 所示。当按下启动按钮 SB2 时，接触器 KM1、KM2 吸合，电动机接为 Y 形启动。图中的 SQ 限位开关受主轴操纵杆控制，主轴在工作运转时，SQ 压下闭合，时间继电器 KT 吸合。如空载或轻载时，电流继电器 K1 不动作，电动机 Y 形接法运行不变；如重载时，K1 吸合，这时 KA 随之吸合，切断 KM2 线圈电路，KM2 断电释放，KM3 得电吸合，电动机改为△形运行。工作完毕时，通过主轴操纵杆使 SQ 断开，KT 断电释放，KM3 释放，KM2 线圈得电吸合，于是电动机改为 Y 形接法运行。

8.3 异步电动机无功功率就地补偿电路

8.3.1 直接启动异步电动机就地补偿电路

直接启动异步电动机就地补偿电路如图 8-5 所示。该电路也可以用于自耦减压启动或转子串接频敏变阻器启动电路的就地补偿。该电路将电容器直接并接在电动机的引出线端子上。

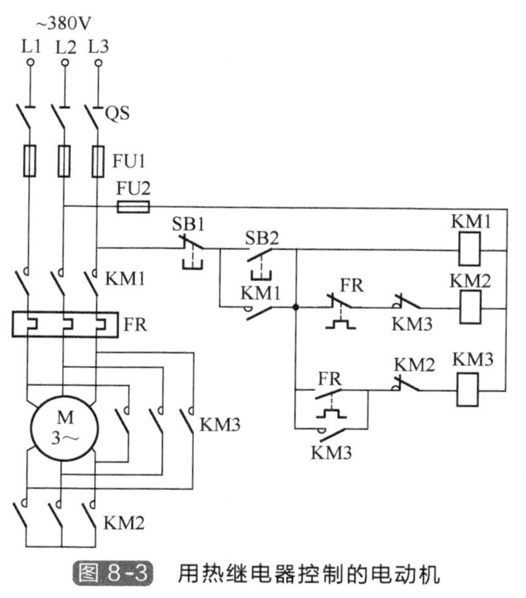

图 8-3　用热继电器控制的电动机 Y-Δ 转换节电电路

图 8-4　用电流继电器控制电动机 Y-Δ 转换节电电路

8.3.2　Y-Δ启动异步电动机就地补偿电路

Y-△启动异步电动机就地补偿电路如图 8-6 所示。

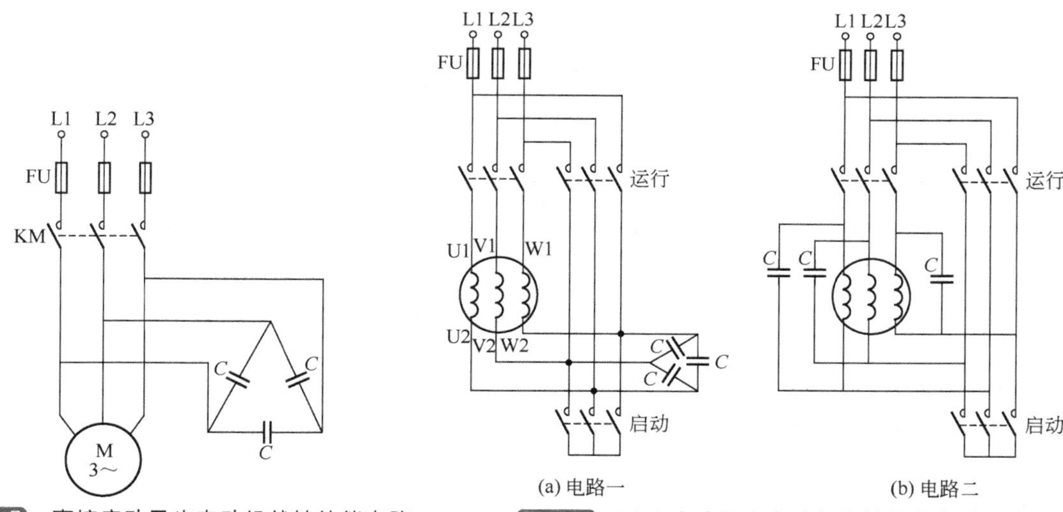

图 8-5　直接启动异步电动机就地补偿电路

图 8-6　Y-Δ启动异步电动机就地补偿电路

采用图 8-6(a) 所示线路时，当电动机绕组 Y 形连接启动时，和电容器连接的 U2、V2、W2 三个端子被短接，成为 Y 形接线的中性点，电容器短接无电压。启动完毕，电动机绕组改为△形接线，电容器与电动机绕组并接。当停机时，电容器不能通过定子绕组放电，所以补偿电容器必须选用 BCMJ 型自愈式金属化膜电容器或类似内部装有放电电阻的电容器。

采用图 8-6(b) 所示线路时，每组单相电容器直接并联在电动机每相绕组的两个端子上。

8.4 电动缝纫机空载节能器电路

8.4.1 电动缝纫机空载节能器电路(一)

中、小型服装厂使用的电动缝纫机(包括平缝机、包缝机等,装机功率为0.25~0.37kW)一般采用机械离合器开关控制系统,实际使用时机器加工的时间较短,手工操作较多。在手工操作或出现操作故障时,电动机处于空载耗电状态。若使用电动缝纫机空载节能电路,可以在手工操作或出现操作故障时,使电动机停止空转,从而达到节电的效果。

图8-7是一种电动缝纫机空载节能电路,它由直流稳压电源电路、传感器控制电路和主控制电路等组成。其中,直流稳压电源电路由降压电容器 C_1、泄放电阻器 R_1、整流桥堆UR、滤波电容器 C_2、C_3、限流电阻器 R_2 和稳压二极管VS组成;传感器控制电路由固定安装在缝纫机离合器操纵杆上的磁铁和霍尔传感器集成电路IC(内含霍尔元件、差分放大器、施密特触发器和输出电路)、电阻器 R_3、R_4、电容器 C_4、晶体管VT、二极管VD、发光二极管VL和继电器K组成;主控制电路由刀开关QS、熔断器FU和交流接触器KM组成。

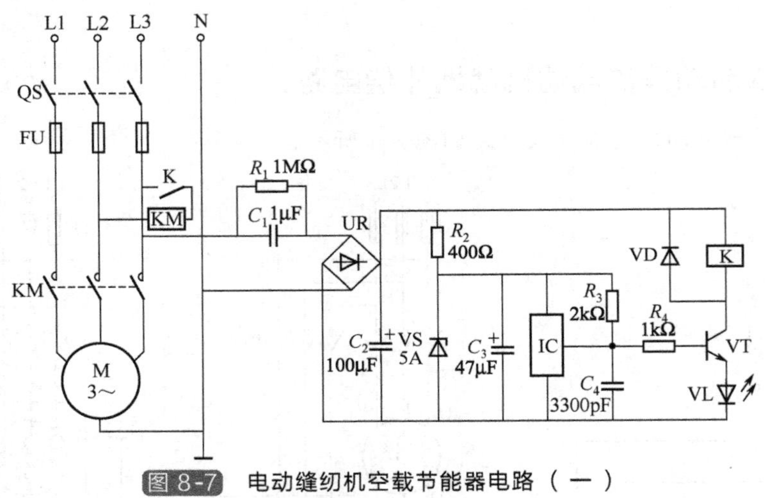

图8-7 电动缝纫机空载节能器电路(一)

接通刀开关QS后,L3端与N端之间的220V交流电压经电容器 C_1 降压、整流桥UR整流、电容器 C_2 滤波后,为继电器K的驱动电路提供+16V工作电压。该+16V电压还经电阻 R_2 限流、稳压二极管VS稳压及电容器 C_3 滤波后,为霍尔传感器集成电路IC提供+5V工作电压。

在操作人员未踏下脚踏板时,IC在磁铁的强磁场作用下输出低电平,使晶体管VT截止,发光二极管VL不发光,继电器K和接触器KM均处于释放状态,电动机M不工作。使用缝纫机时,操作人员踏下脚踏板,使磁铁随离合器操纵杆下移,IC失去强磁场作用,其输出端变为高电平,VT饱和导通,K通电吸合,其常开触点接通,使KM通电吸合,KM的常开主触点将电动机M的工作电源接通,电动机M启动运转,同时VL点亮。

当需要停机或手工操作时,操作人员释放脚踏板,磁铁又回复原挡,使VT截止,VL熄灭,K和KM断电释放,电动机M停转。

8.4.2　电动缝纫机空载节能器电路（二）

图 8-8 也是一种电动缝纫机空载节能电路，该电路由断路器 QF、控制开关 S1、灯开关 S2、S4、脚踏开关 S3、交流接触器 KM 和时间继电器 KT 组成，EL 为照明灯，M 为电动缝纫机的电动机。

使用时，先接通空气断路器 QF，然后接通控制开关 S1 和灯开关 S2，缝纫工人将脚放在离合器踏板上，使脚踏开关 S3 断开，时间继电器 KT 失电释放，KT 延时断开的常闭触点复位，使接触器 KM 得电吸合，其常开主触点闭合，将电动机 M 的电路接通，电动机 M 启动运转，照明灯 EL 点亮，工人可以开始缝纫工作。

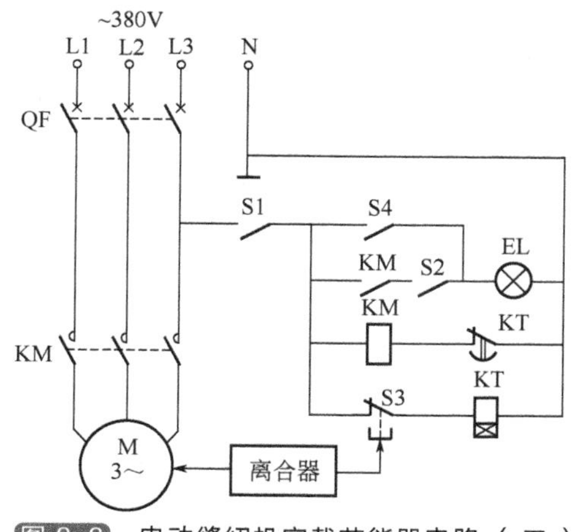

图 8-8　电动缝纫机空载节能器电路（二）

在缝纫间隙或操作中换活时，缝纫工人将脚离开离合器踏板，S3 闭合，时间继电器 KT 通电吸合，延时开始。当达到预定延时时间时，KT 延时断开的常闭触点断开，使 KM 断电释放，电动机 M 停止运转，照明灯 EL 熄灭，从而避免了电动机 M 空载耗电。

当缝纫工人继续工作时，再将踏动离合器踏板，使 S3 断开，KT 断电复位，KM 通电吸合，M 启动运转，又开始缝纫工作。

在电动机 M 停转期间若需要照明时，可接通手动照明灯开关 S4，使照明灯 EL 点亮。

8.5　电机控制中常用低压电器节能电路

8.5.1　交流接触器节能电路

交流接触器是电动机控制电路中的主要部件，它在工作时，铁芯损耗与短路环损耗占电磁系统有功损耗的绝大部分，线圈铜损耗仅占 4%左右。交流接触器节能电路，是将交流接触器改为交流启动、直流保持吸合的工作方式，使其铁芯损耗和短路环损耗降至最低，从而可以节约电能。

图 8-9 是一种交流接触器节能电路，该电路由续流二极管 VD、电解电容器 C、复合启动按钮 SB1、停止按钮 SB2 和交流接触器 KM 组成。

接通电源，按下启动按钮 SB1 时，交流 220V（或 380V）电压经 SB1 的常开触点和 SB2 的常闭触点加至交流接触器 KM 的线圈上，使 KM 通电吸合，KM 的主触点将负载（电动机）的工作电源接通，与此同时 KM 的常开辅助触点将电容器 C 接入 KM 的线圈电路中，C 开始充电。松开 SB1 后，SB1 的常闭触点接通，常开触点断开，电容器 C 的充电电流使接触器 KM 维持吸合状态，同时续流二极管 VD 通过 SB1 和 SB2 并联在 KM 线圈的两端。此后，交流电源在正半周期间对电容器 C 充电，在负半周期间 C 通过 VD 放电，使 KM 始终保持小电流吸合状态。

8.5.2 继电器节能电路

继电器线圈吸合时需较大的启动电流，而吸合后利用很小的电流就可保持吸合状态，从而达到省电节能的目的。

图 8-10 是一种继电器节能电路。在图 8-10(a) 中，电容器 C 平时充满电，晶体管 VT 导通时，C 对接触器 KM 放出瞬间较大电流使 KM 线圈得电吸合，然后电源通过电阻 R 限流使 KM 保持吸合。在图 8-10(b) 中，电容器 C 平时经电阻 R 放电，晶体管 VT 导通时，C 有较大的充电电流通过，KM 线圈便得电吸合，然后电阻 R 限流使接触器 KM 保持吸合，达到省电的目的。

R 的阻值与 C 的容量的选择依试验参数而定。C 只要充满电后对 KM 放电，能使接触器 KM 瞬间吸合即可，而调节 R 的阻值可使电流保持最小。

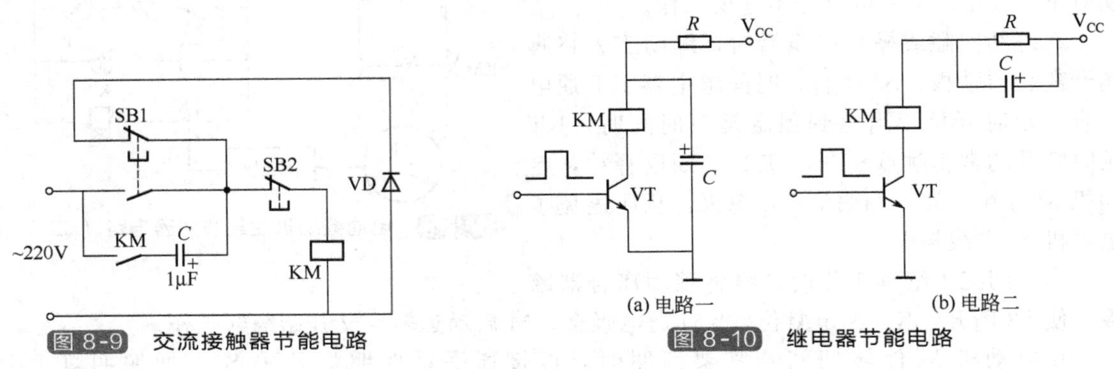

图 8-9 交流接触器节能电路

图 8-10 继电器节能电路

8.5.3 继电器低功耗吸合锁定电路

图 8-11 是一种继电器低功耗吸合锁定电路。晶体管 VT 的基极为低电平时，VT 的集电极电平等于电源电压的一半左右，K、R_P、LED 可构成回路，有 8mA 的电流流过继电器线圈，LED 发光起指示作用。当 VT 基极为高电平时，VT 饱和导通，电源电压几乎全部加于继电器 K 的线圈上，继电器动作吸合。之后，VT 失去触发信号而截止，集电极又变为电源电压的一半左右，使继电器线圈在较小的电流下仍能维持吸合锁定，从而达到降低功耗的目的。

8.6 其他电气设备节电电路

8.6.1 机床空载自停节电电路

机床空载自停节电电路如图 8-12 所示。该电路主要由接触器 KM、时间继电器 KT 等组成。当时间继电器 KT 线圈得电后，其常闭触点经一定的延时断开。

按下启动按钮 SB2，接触器 KM 线圈得电吸合，其主触头闭合，车床电动机启动运转，由连动杆使限位开关 SQ 断开；在加工停止时，把操纵杆打到空挡为止，连动杆便压下限位开关 SQ，此时时间继电器 KT 线圈得电吸合，如果在 KT 延时的时间内，限位开关没有复位，则 KT 的常闭触点经过一定的延时后断开，切断接触器 KM 线圈的电源，KM 失电释放，其主触点断开，电动机停止运转。

延时的时间可根据车床操作而定。如果车工在车床操作时有较长一段时间不工作，即使启动了电动机，空载运行超过 KT 延时时间，也会自动停车，以节约用电。

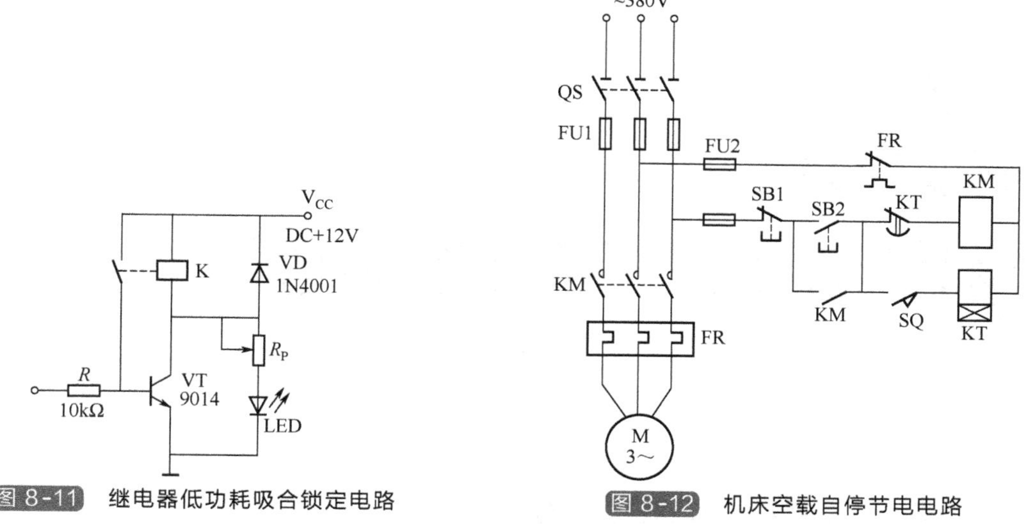

图 8-11　继电器低功耗吸合锁定电路

图 8-12　机床空载自停节电电路

8.6.2 纺织机空载自停节电电路

纺织机空载自停节电电路如图 8-13 所示，图中 VTH1～VTH3 是双向晶闸管，电阻 R_1 和电容器 C 组成吸收电路，R_2 是触发限流电阻，K1 是启动干簧管，其触点为常开触点；K2 是停止干簧管，其触点是常闭触点。Y1、Y2 是磁钢。三相电源 L1、L2、L3 经过 VTH1～VTH3 加到电动机 M 上。

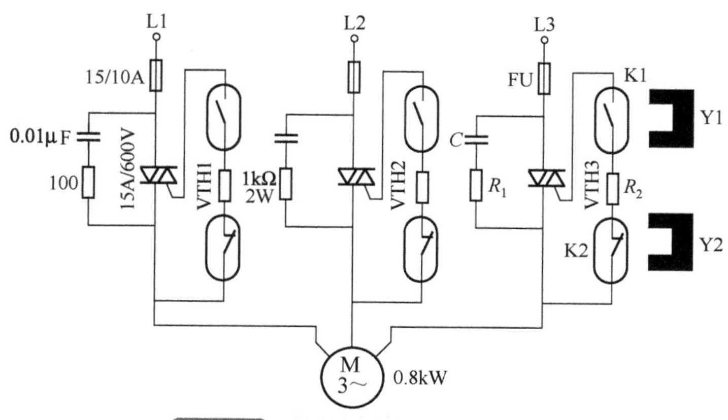

图 8-13　纺织机空载自停节电电路

移动离合器手柄，将磁钢 Y1 推至开机位置，启动干簧管 K1 内部的触点接通，晶闸管 VTH1～VTH3 触发导通，电动机 M 通电运行；停机时，将装在离合器手柄上的磁钢 Y2 靠近停止干簧管 K2，K2 内部的常闭触点断开，触发电路断电，晶闸管 VTH1～VTH3 相继截止，电动机 M 停转。

第9章 常用电动机控制经验电路

9.1 加密的电动机控制电路

为防止误操作电气设备，并防止非操作人员随意按下操作台上的启动按钮而造成设备或人身事故，可采用加密的电动机控制电路，如图 9-1 所示。

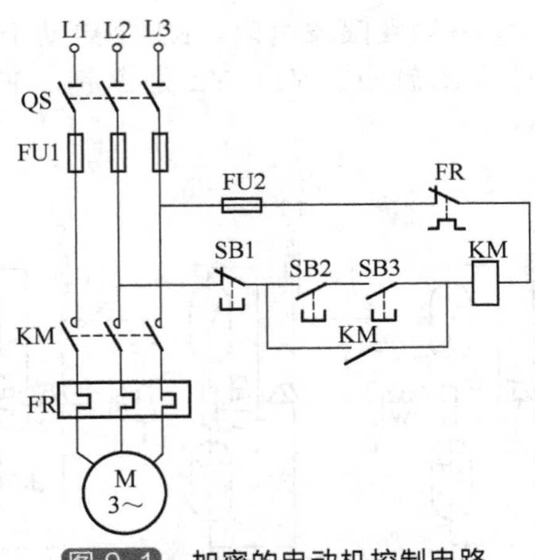

图 9-1 加密的电动机控制电路

操作时，首先按下按钮 SB2，确认无误后，再同时按下加密按钮 SB3，这样控制回路才能接通，KM 线圈才能吸合，电动机 M 才能转动起来。而非操作人员不知其中加密按钮（加密按钮装在隐蔽处），故不能操作此电气设备。

9.2 三相异步电动机低速运行的控制电路

有时由于工作的需要，如机床运动部件准确定位，需要电动机降低速度运行。图 9-2 所示是一种三相异步电动机反接制动后并低速运行的控制电路路，图中只画出了主回路。KM1 和 KM2 为电动机正常运行接触器，KM3 为电动机反接制动接触器。

图 9-2(a) 为△形接法的电动机反接制动并低速运行控制电路。接触器 KM1、KM2 吸合，电动机正常工作，在制动时，接触器 KM1、KM2 释放；接触器 KM3 接通电源，这时电动机绕组中串联二极管，电流中含直流成分，既有助于电动机制动，又能使电动机低速反转，在工作完毕时可切断接触器 KM3 的电源。

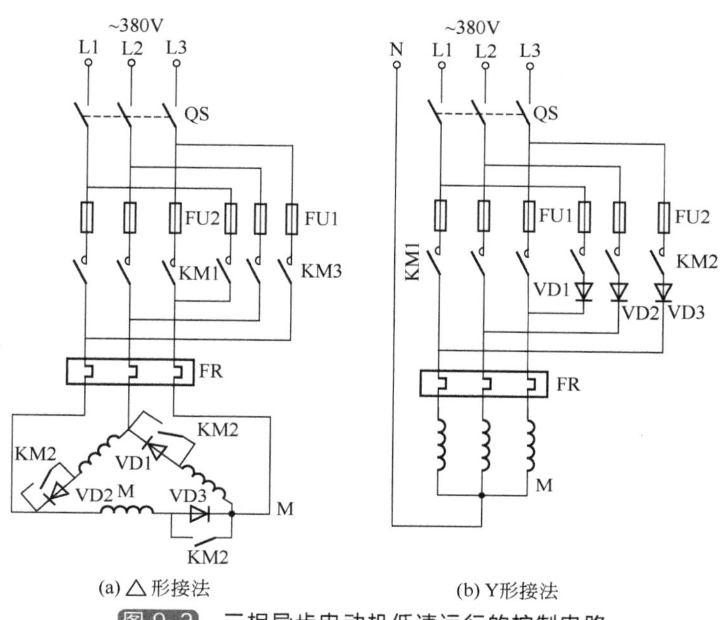

图 9-2　三相异步电动机低速运行的控制电路

图 9-2(b) 为 Y 形接法电动机的反接制动低速运行控制电路。接触器 KM1 吸合，电动机正常工作，在制动时，接触器 KM1 释放；接触器 KM2 接通电源，这时电动机绕组中串联二极管，电流中含直流成分，既有助于电动机制动，又能使电动机低速反转，在工作完毕时可切断接触器 KM2 的电源。

9.3　用安全电压控制电动机的控制电路

在使用环境潮湿的工作场所，为了保障人身安全，需采用安全电压控制电动机。

图 9-3 是一种用安全电压控制电动机的控制电路。该控制电路采用安全电压控制电动机启动、停止，主要用于操作环境条件极差及潮湿、易发生漏电的工作场所，以保证人员在接触按钮时，即使按钮漏电也不会造成触电危险。

该电路采用一台 BK 系列机床控制变压器 T 为控制电路供电，交流接触器 KM 线圈的工作电压为 36V。该控制电路的工作原理与常规的电动机启动、停止控制电路完全一样，只是控制电压由 380V 或 220V 改为 36V 以下而已。使用时需注意，变压器的功率应大于交流接触器线圈标称

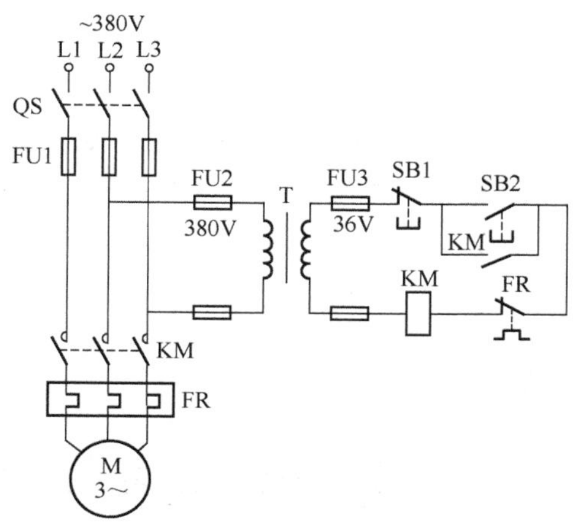

图 9-3　用安全电压控制电动机的控制电路

功率，以免过载烧坏控制变压器的绕组。

9.4 只允许电动机单向运转的控制电路

在某些场合，有时只允许电动机按一个指定的方向运转，即使在电源相序反相时，也要保证电动机的转向不变，否则会造成人身及设备事故。图 9-4 所示的控制电路可通过相序判别器来保证电动机只能按指定的方向运转。

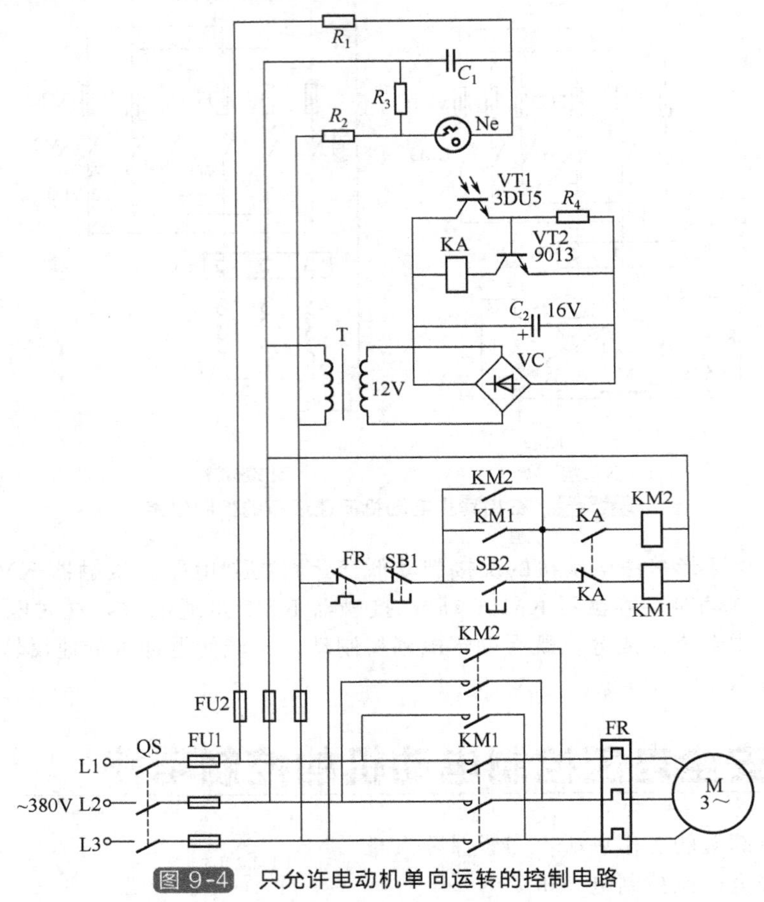

图 9-4 只允许电动机单向运转的控制电路

当电源相序正确时，即为 U、V、W 相序时，氖泡 Ne 不亮，光电管 VT1 截止，三极管 VT2 截止，中间继电器 KA 释放。按下启动按钮 SB2，接触器 KM1 线圈得电吸合并自锁，电动机正向运行。如果电源相序不对，则氖泡 Ne 发亮，光电管 VT1 导通，三极管 VT2 导通，KA 线圈得电、触点动作。按下启动按钮 SB2，接触器 KM2 线圈得电吸合并自锁，KM2 主触点闭合，将电源改变相序（则电源相序正确）后通入电动机，因此电动机仍正向启动运行。

9.5 单线远程控制电动机启动、停止的电路

通常用两个按钮控制一台电动机的启动和停止，从开关柜到控制按钮需要三根导线来连

接。如果用一根导线能够实现远地控制电动机的启动和停止，则可节约大量的导线。

图 9-5 是一种实用的单线远程启、停控制电路。现场控制按钮按一般常规控制电路连接，只是在现场停止按钮前串联两只灯泡 EL1、EL2。当启动电动机时，按下远程控制按钮 SB2，现场的 L2、L3 相电源给交流接触器 KM 的线圈供电，KM 吸合并自锁，电动机启动运转。松开按钮 SB2，现场的 L2、L3 相电源通过两只灯泡 EL1、EL2 继续给交流接触器 KM 供电。

当需要远地停止时，按下按钮 SB4，接触器 KM 的线圈两端都为 L2 相电源，因为接触器 KM 的线圈两端电压为零，所以 KM 释放，电动机停止运行。

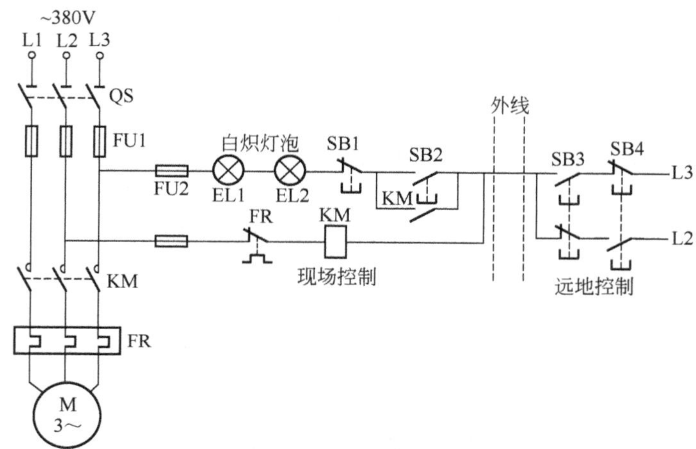

图 9-5　实用的单线远程启、停控制电路

反之，当需要远地启动时，按下按钮 SB3，接触器 KM 的线圈两端为 L2 相和 L3 相电源，因为接触器 KM 的线圈两端电压为 380V，所以 KM 吸合，电动机启动运行。

在正常运行时，KM 线圈与两只为 220V 的电灯泡串联，灯泡功率可根据接触器的规格型号来确定。经过实验，一般主触点额定电流为 40A 的交流接触器可用功率分别为 60W 的两只灯泡串联，即能使 40A 的交流接触器线圈可靠吸合。如果是大于 40A 的交流接触器，则应适当增大电灯泡功率。在正常工作时，两只灯泡不亮，在远地按下 SB4 停止按钮时，灯泡会瞬间闪亮一下，这也可作为停止指示灯。

此电路应接在同一个三相四线制电力系统中。接线时要注意电源相序。另外，远地控制按钮 SB3、SB4 上存在两相电源，使用者应注意安全。

9.6　单线远程控制电动机正、反转的电路

在有些条件限制的场合，需要在离电动机较远的场所控制电动机的启、停或正、反转运行。利用图 9-6 所示的控制电路，在控制柜与控制按钮之间架设一根导线，就可完成电动机启动、停止和正、反转的控制过程。

用户在甲地拨动多挡开关 S，当拨到位置“1”时，乙地的电动机停止；当拨到位置“2”时，乙地因交流电 36V 通过 VD1，再经过地线、大地使 VD3 导通，继电器 K1 吸合，接触器 KM1 的线圈得电吸合，KM1 的主触点闭合，电动机开始正转运行；当拨到位置“3”时，二极管 VD2、VD4 导通，继电器 K2 吸合，KM2 得电吸合，电动机反转运行。

此控制电路的线路简单，并可在需要远距离控制电动机时节约大量导线，继电器 K1、K2 可选用 JRX-13F，根据线路长短、压降多少，可选用继电器线圈电压为直流 12V 或 24V。

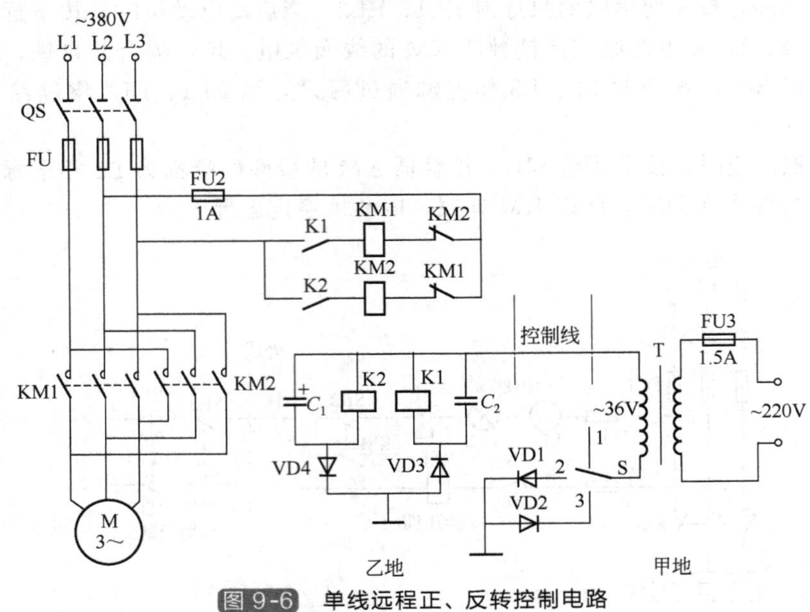

图 9-6 单线远程正、反转控制电路

9.7 具有三重互锁保护的正、反转控制电路

在众多正反转控制电路采用最多的是双重互锁保护，也就是利用按钮常闭触点、交流接触器辅助常闭触点互锁。为了使电路更加安全可靠，可采用图 9-7 所示的控制电路，该电路为三重互锁保护，即按钮常闭触点互锁、交流接触器常闭触点互锁及失电延时时间继电器失电延时闭合的常闭触点互锁。

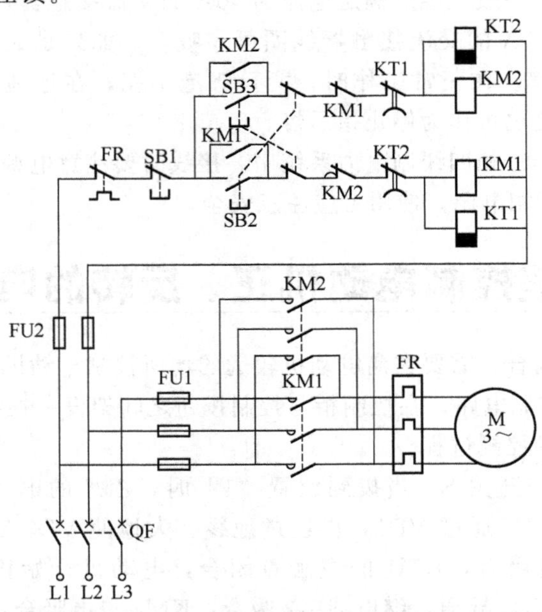

图 9-7 具有三重互锁保护的正、反转控制电路

正转启动时，按下正转启动按钮 SB2，此时 SB2 的常闭触点断开反转交流接触器 KM2 的线圈回路，起到互锁保护，同时 SB2 的常开触点闭合，交流接触器 KM1、失电延时时间继电器 KT1 的线圈同时得电吸合。KM1 主触点闭合，电动机 M 正转启动运行。KM1 的常闭触点、KT1 延时闭合的常闭触点均断开，使 KM2 的线圈回路同时三处断开，从而起到可靠的互锁保护。

当需要反转时，按下反转启动按钮 SB3，此时，正转交流接触器 KM1 的线圈回路断电释放，电动机 M 正转停止工作，但 KT1 失电延时几秒钟后它的常闭触点才能恢复闭合，即使按下反转启动按钮也不能反转启动，则必须按动反转启动按钮 2s 后（设定时间可任意调整），反转才能启动，从而真正启动互锁保护。

9.8　防止相间短路的正、反转的电路

图 9-8 是一种防止相间短路的较理想的正、反转控制电路。它多加了一个接触器 KM3，当正、反转转换时，接触器 KM2（或 KM1 断电）、接触器 KM3 也随着断开。即无论哪一种情况，总有两个接触器组成四断点灭弧电路，可有效地熄灭电弧，防止相间短路。

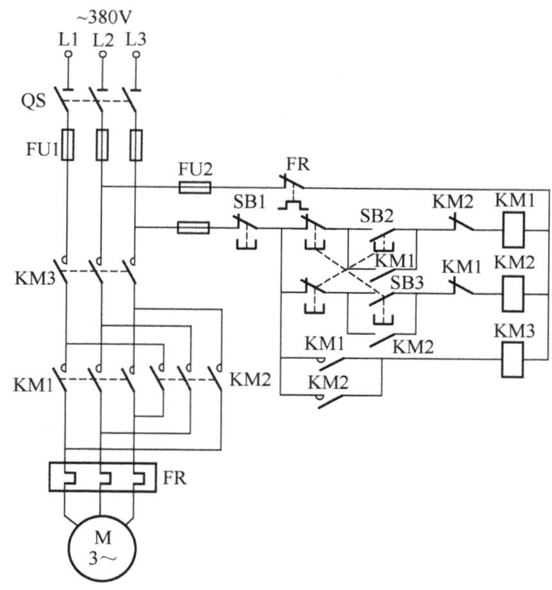

图 9-8　防止相间短路的正、反转控制电路

9.9　用一只行程开关实现自动往返的控制电路

自动往返控制电路通常均采用两只行程开关，采用图 9-9 所示的控制电路（主电路未画出），仅用一只双轮 LX19-232 型不可复位式行程开关 SQ，即可实现生产机械工作台的自动往返控制。行程开关 SQ 可安装在机器中间位置，左右两个撞块可分别安装在工作台上，且需根据 LX19-232 型行程开关的动作要求各自错开一定的角度，使左右两个撞块能分别撞动行程开关的各个轮珠即可。

启动工作台时，按下启动按钮 SB2，中间继电器 KA 得电吸合并自锁，接触器 KM1 得

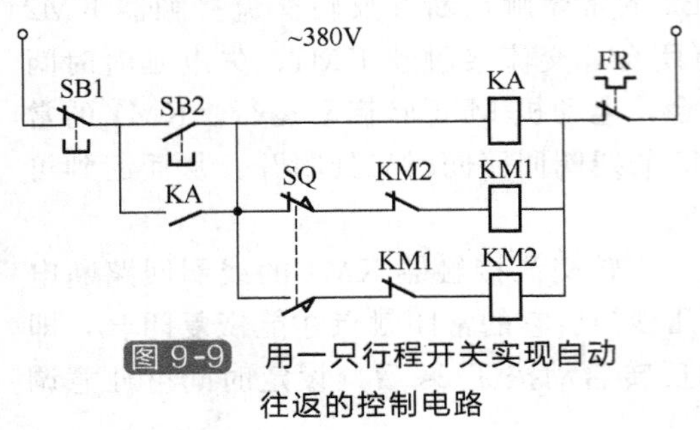

图 9-9 用一只行程开关实现自动往返的控制电路

电吸合，其主触点闭合，电动机正转运行（工作台向左移动）。当工作台向左移动到位时，右边的撞块将行程开关 SQ 撞动而改变状态（即 SQ 行程开关的常闭触点断开，常开触点闭合），接触器 KM1 失电释放，电动机正转运行停止（工作台向左移动停止）。同时，接触器 KM2 得电吸合，其主触点闭合，电动机反转运行（工作台向右移动），当工作台向右边移动到位时，左边的撞块将行程开关撞动，恢复原来状态（即 SQ 行程开关的常闭触点闭合，常开触点断开），此时接触器 KM2 线圈失电释放，电动机反转运行停止（工作台向右移动停止）。同时接触器 KM1 线圈又得电吸合，其主触点闭合，电动机再次正转运行（工作台向左移动）。这样一直循环重复，从而实现自动往返控制。按下停止按钮，则电动机停止运行。

9.10 电动机离心开关代用电路

9.10.1 电动机离心开关代用电路（一）

单相电容启动电动机的启动转矩和输出功率较大，应用非常广泛。但是，当这类电动机在启动较频繁时，其离心开关很容易损坏。如果买不到所需的离心开关，可以采用图 9-10 所示的离心开关的代用电路，供生产时应急代用。

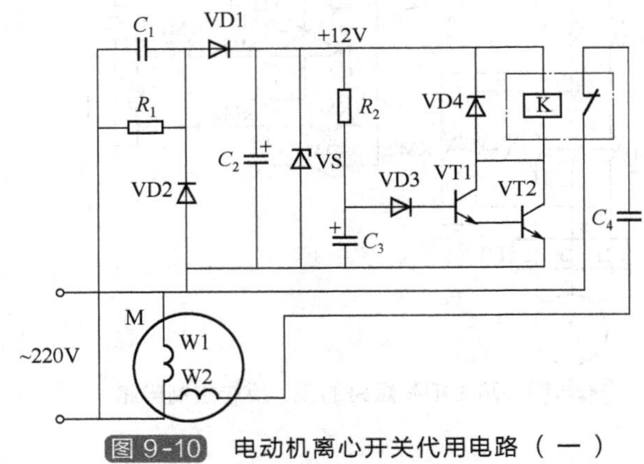

图 9-10 电动机离心开关代用电路（一）

图 9-10 所示的控制电路由电源电路和延时控制电路组成，电源电路由降压电容器 C_1、泄放电阻器 R_1、整流二极管 VD1、VD2、滤波电容器 C_2 和稳压二极管 VS 组成；延时控制电路由电阻器 R_2、电容器 C_3、二极管 VD3、VD4、晶体管 VT1、VT2 和继电器 K 组成。交流 220V 电压经 C_1 降压、VD1 和 VD2 整流、C_2 滤波及 VS 稳压后，为延时电路提供+12V 工作电源。

刚接通电源时，由于 C_3 两端电压不能突变，VT1 和 VT2 均处于截止状态，K 处于释放状态，其常闭触点接通，电动机 M 的辅助绕组（启动绕组）W2 和启动电容器 C_4 通过 K 的常闭触头接入电路中，电动机 M 启动运行。约 6s，当 M 的转速达到额定转速的 75%～

80%时，C_3 两端电压充至 1.8V 左右，VT1 和 VT2 饱和导通，K 通电吸合，其常闭触点断开，将 M 的辅助绕组 W2 和 C_4 与电源电路断开，此时主绕组 W1 单独运行工作，电动机启动完成。

图 9-10 中元器件选择：R_1 和 R_2 选用 1/4W 金属膜电阻器或碳膜电阻器；C_1 选用耐压值为 400V 以上的 CBB 电容器；C_2 和 C_3 均选用耐压值为 25V 的铝电解电容器；C_4 为电动机 M 配套的启动电容；VD1、VD2 和 VD4 均选用 1N4007 型硅整流二极管；VD3 选用 1N4148 型硅开关二极管；VS 选用 1W、12V 的硅稳压二极管，例如 1N4742 等型号；VT1 选用 S9013 或 S9014 型硅 NPN 晶体管；VT2 选用 S8050 或 C8050 型硅 NPN 晶体管；K 选用 JRX-13F 型 12V 直流继电器。

9.10.2 电动机离心开关代用电路(二)

图 9-11 是另一种电动机离心开关代用电路，该电路由电容器 C_1、C_2、电阻器 R、继电器 K、二极管 VD1、VD2 组成。

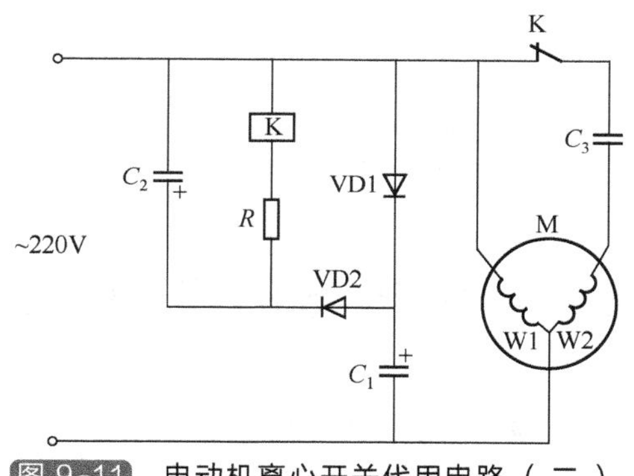

图 9-11　电动机离心开关代用电路（二）

接通电源后，交流 220V 电压一路经热继电器 FR 加至电动机 M 的主绕组（W1）上，另一路经继电器 K 的常闭触点加至由启动电容器 C_3 和 M 的辅助绕组（W2）组成的启动电路上，电动机 M 启动运转。

刚接通电源时，由于 C_2 的容量较大，其两端电压不能突变，继电器 K 不能吸合。几秒钟后，C_2 两端电压充至一定值时（当输入交流电压为正半周时，输入电压经 VD1 对 C_1 充电；当输入电压为负半周时，C_1 所充电压与输入电压相叠加后，再经 VD2 对 C_2 充电），K 通电吸合，其常闭触点断开，将 M 的启动电路切断，M 的主绕组单独运行工作，完成电动机的启动过程。

图 9-11 中元器件选择：R 选用 1/2W 金属膜电阻器或碳膜电阻器；C_1 和 C_2 均选用耐压值为 50V 的铝电解电容器；C_3 使用与电动机 M 配套的启动电容器；VD1 和 VD2 均选用 1N4007 型硅整流二极管；K 选用 JRX-13F 型直流继电器。

9.10.3 电动机离心开关代用电路(三)

图 9-12 是一种用时间继电器代替电动机离心开关用于启动单相异步电动机的电路，该电路由时间继电器 KT 和熔断器 FU 组成，将时间继电器延时断开的常闭触点串联在单相异步电动机启动绕组的电路中。

合上电源开关 S 后，交流 220V 电压一路经熔断器 FU 加至电动机 M 的主绕组上，另一路经熔断器 FU、时间继电器 KT 延时断开的常闭触点加至由启动电容器 C 和 M 的启动绕组组成的启动电路上，电动机 M 启动运转。

刚接通电源时，单相异步电动机 M 和时间继电器 KT 同时得电，KT 开始延时，电动机 M 得电启动，经 KT 一段延时后，KT 的常闭触点断开，电动机正常运行。

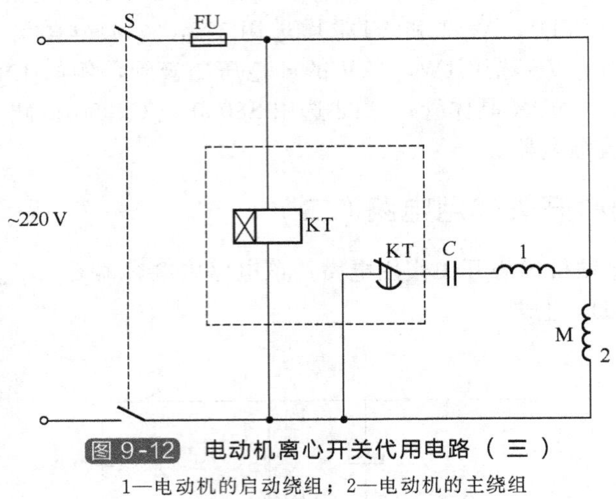

图 9-12 电动机离心开关代用电路（三）

1—电动机的启动绕组；2—电动机的主绕组

9.11 交流接触器直流运行的控制电路

9.11.1 交流接触器直流运行的控制电路（一）

当交流接触器交流启动、交流运行时，存在噪声较大、功率损耗大等弊端。然而，当交流接触器采用了直流控制后，不但能明显地消除噪声，减少功率损耗，还能降低温升，延长使用寿命。图 9-13 是一种交流接触器直流运行的控制电路。

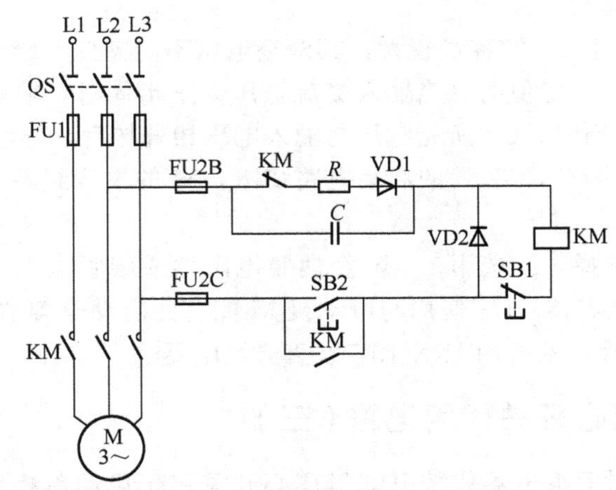

图 9-13 交流接触器直流运行的控制电路（一）

工作时，合上电源开关 QS，按下启动按钮 SB2，电源经过电阻 R 和二极管 VD1 使交流接触器 KM 得电吸合，电动机启动。此时由于接触器的常闭辅助触点 KM 断开，电源改

经电容 C 给接触器 KM 的线圈送电，因为二极管 VD2 与线圈并联，所以为线圈提供了续流回路，使线圈得到了连续的直流电流，维持接触器吸合，使电动机保持运转。

停止时，只要按下停止按钮 SB1，切断接触器 KM 线圈的控制回路，电动机就停止。

9.11.2　交流接触器直流运行的控制电路（二）

图 9-14 是另一种交流接触器直流运行的控制电路。

工作时，合上电源开关 QS，按启动按钮 SB2，电源经过电阻 R 和二极管 VD1，使交流接触器 KM 得电吸合，其主触点闭合，电动机运转。当启动按钮 SB2 复位时，电源通过已闭合的辅助触点 KM 和电容 C 使接触器 KM 自保持。由于二极管 VD2 与线圈 KM 并联，二极管半波截止，半波工作。在截止半波中，电源经电容 C 给接触器线圈供电，在工作半波中，二极管 VD2 给线圈提供了续流回路，使接触器维持吸合，电动机继续运转。

停止时，只要按停止按钮 SB1，切断接触器 KM 的控制回路，电动机就停止运转。

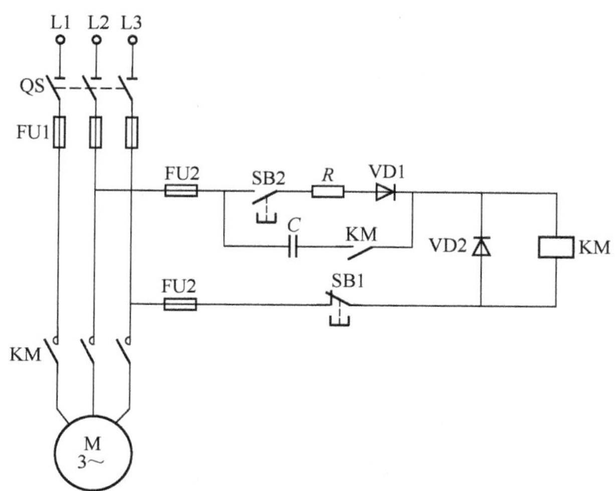

图 9-14　交流接触器直流运行的控制电路（二）

9.11.3　交流接触器直流运行的控制电路（三）

图 9-15 也是另一种交流接触器直流运行的控制电路，图中 SA 为双掷开关，该电路具有交流启动直流运行，并可交直流两用的特点。

启动时，将双掷开关 SA 置于“1”位，按下启动按钮 SB2，其常开触点闭合，常闭触点断开，交流接触器 KM 的线圈经 SB1、SB2 得电吸合，这时为交流启动，接触器 KM 的主触点闭合，电动机启动运行，与此同时，KM 的两个常开辅助触点闭合。当松开启动按钮 SB2 后，SB2 的常开触点先断开，常闭触点后闭合，接触器 KM 的线圈通过电容 C 接通交流 220V 电源，使接触器维持吸合。等到 SB2 的常闭触点闭合后，将二极管 VD 经 SB2、SA 和 KM 的常开辅助触点接入电路，在交流电源的正半周，二极管 VD 截

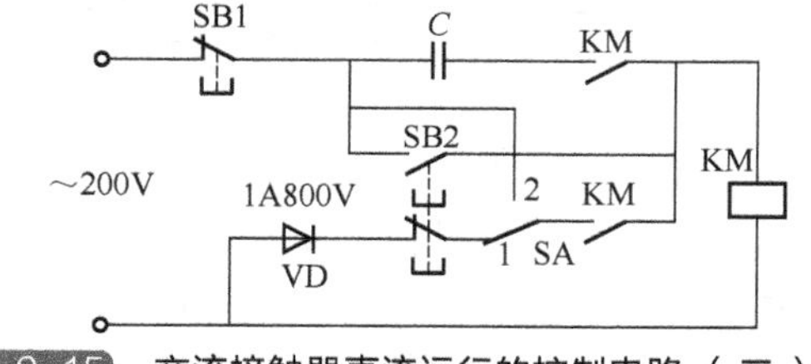

图 9-15　交流接触器直流运行的控制电路（三）

止，KM的线圈经电容通电；在交流电源的负半周，二极管导通，电流通过电容 C 和二极管VD构成通路，使流过KM线圈电流为直流脉动电流。

按下停止按钮SB1，使KM的线圈断电释放，切断控制电路的电源，电动机停转。

9.12 缺辅助触点的交流接触器应急接线电路

当交流接触器的辅助触头损坏无法修复而又急需使用时，可采用如图9-16所示的接线方法满足应急使用的要求。

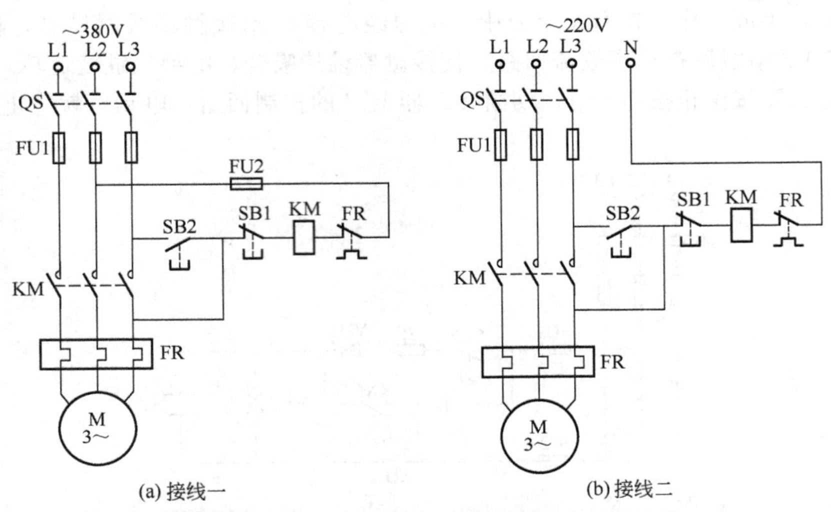

(a) 接线一　　(b) 接线二

图9-16　缺辅助触头的交流接触器应急接线电路

按下启动按钮SB2，交流接触器KM线圈得电吸合，KM的主触点闭合，电动机启动运行。当放松按钮SB2后，KM的一个主触点兼做自锁触点，使接触器KM自锁，因此KM仍保持吸合，电动机继续运行。图9-16中，SB1为停止按钮，在停车时，按动SB1的时间要长一点，待接触器KM释放后，再松开停止按钮SB1。否则，手松开按钮SB1后，接触器KM的线圈又得电吸合，使电动机继续运行。

接触器线圈电压为380V时，可按如图9-16(a)所示接线；接触器线圈电压为220V时，可按如图9-16(b)所示接线。图9-16(a)的接线还有缺陷，即在电动机停转时，其引出线及电动机带电，使维修不安全。因此，这种应急接线电路只能在应急时采用，这一点应特别引起注意。

9.13 用一只按钮控制电动机启动、停止的电路

前面介绍的许多电动机启动电路，都是用两个按钮来控制的。而图9-17是一种利用一只按钮来控制电动机启动、停止的电路。

启动时，按下按钮SB，继电器K1的线圈得电吸合，K1的常开触点闭合，交流接触器KM的线圈得电，KM吸合并且自锁，电动机M启动运行。与此同时KM的常开辅助触点闭合，但继电器K2的线圈因K1的常闭触点已断开而不能通电，所以K2不能吸合。松开

按钮 SB，因为 KM 已经自锁，所以 KM 仍然吸合，电动机 M 继续运行。但此时 K1 因 SB 松开而断电释放，其常闭触点复位，为接通 K2 做好准备。要想停车，只需再按一下 SB。此时 K1 的线圈通路被 KM 的常闭触点切断，所以 K1 不会吸合，而 K2 线圈通电吸合（因此时 KM 的常开触点是吸合的）。K2 吸合后，其常闭触点断开，切断了 KM 的线圈电源，KM 断电释放，电动机 M 便立即停止转动。

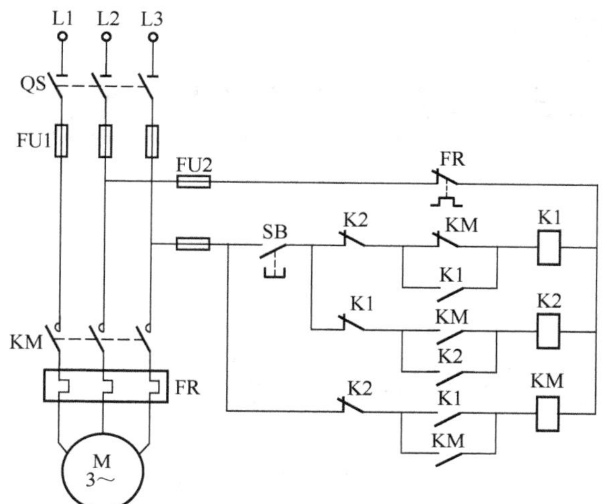

图 9-17　用一只按钮控制电动机启动、停止的电路

第10章 常用电气设备控制电路

10.1 电磁抱闸制动控制电路

10.1.1 起重机械常用电磁抱闸制动控制电路

在许多生产机械设备中，为了使生产机械能够根据工作需要迅速停车，常常采用机械制动。机械制动是利用机械装置使电动机在切断电源后迅速停转。采用比较普遍的机械制动是电磁抱闸。电磁抱闸主要由两部分组成，制动电磁铁和闸瓦制动器。

图 10-1 是一种电磁抱闸制动的控制电路与抱闸原理。

当按下启动按钮 SB2 时，接触器 KM 的线圈得电动作，其常开主触点闭合，电动机接通电源。与此同时，电磁抱闸的线圈 YB 也即通了电源，其铁芯吸引衔铁而闭合，同时衔铁克服弹簧拉力，迫使制动杠杆向上移动，从而使制动器的闸瓦与闸轮松开，电动机正常运转。

当按下停止按钮 SB1 时，接触器 KM 线圈断电释放，电动机的电源被切断时，电磁抱闸的线圈也同时断电，衔铁释放，在弹簧拉力的作用下使闸瓦紧紧抱住闸轮，电动机就迅速被制动停转。

这种制动在起重机械上被广泛采用。当重物吊到一定高处，线路突然发生故障断电时，电动机断电，电磁抱闸线圈也断电，闸瓦立即抱住闸轮使电动机迅速制动停转，从而可防止重物掉下。另外，也可利用这一点将重物停留在空中某个位置。

10.1.2 断电后抱闸可放松的制动控制电路

当电动机经制动停止以后，某些机械设备有时还需用人工将工件传动轴做转动调整，图 10-2 可满足这种需要。

当制动时，按下电动机停止按钮 SB1，接触器 KM1 释放，电动机断电，同时 KM2 得电吸合，使 YB 动作，抱闸抱紧使电动机停止。

松开 SB1，KM2 线圈失电释放，电磁铁线圈 YB 失电释放，抱闸放松。

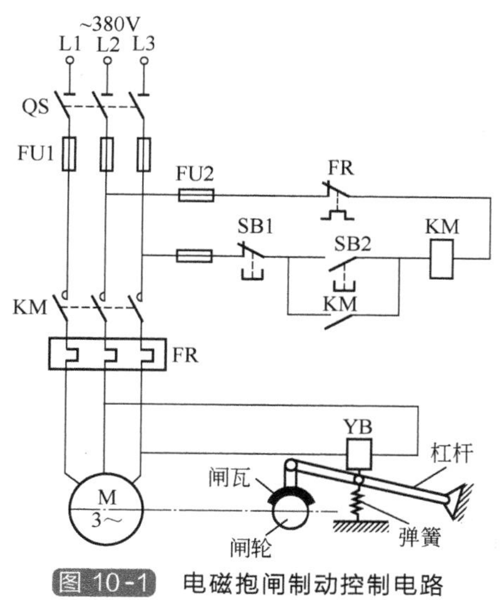

图 10-1　电磁抱闸制动控制电路

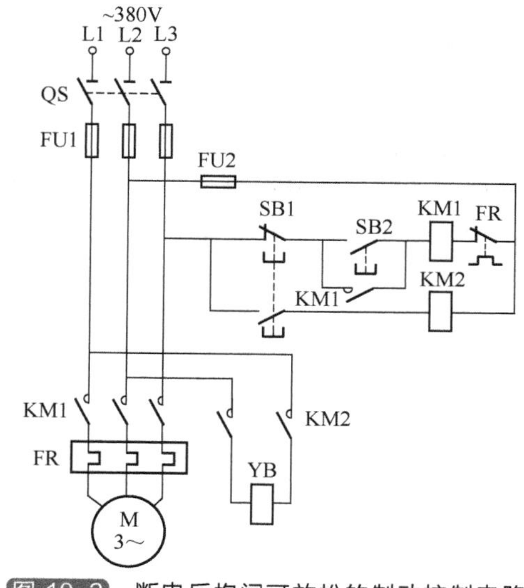

图 10-2　断电后抱闸可放松的制动控制电路

10.2　常用建筑机械电气控制电路

10.2.1　建筑工地卷扬机控制电路

在建筑工地上常用的一种卷扬机为单筒快速电磁制动式电控卷扬机，它主要由卷扬机交流电动机、电磁制动器、减速器及卷筒组成。图 10-3 是一个典型的电动机正、反转带电磁抱闸制动的控制电路。

当合上电源开关 QS，按下正转启动按钮 SB2 时，正转接触器 KM1 得电吸合并自锁，其主触点接通电动机和电磁铁线圈电源，电磁铁 YB 得电吸合，使制动闸立即松开制动轮，电动机 M 正转，带动卷筒转动，使钢丝绳卷在卷筒上，从而带动提升设备向楼层高处运输。

当需要卷扬机停止时，按下停止按钮 SB1，接触器 KM1 断电释放，切断电动机 M 和电磁铁线圈 YB 电源，电动机停转，并且电磁抱闸立即抱住制动轮，避免货物以自重下降。

当需要卷扬机做反向下降运行时，按下反转按钮 SB3。反转接触器 KM2 得电吸合并自锁，其主触点反序接通电动机电源，电磁铁线圈 YB 也同时得电吸合，松开抱闸，电动机反转运行，使卷筒反向松开卷绳，货物下降。

这种卷扬机的优点是体积小、结构简单操作方便，下降时安全可靠，因此得到广泛采用。

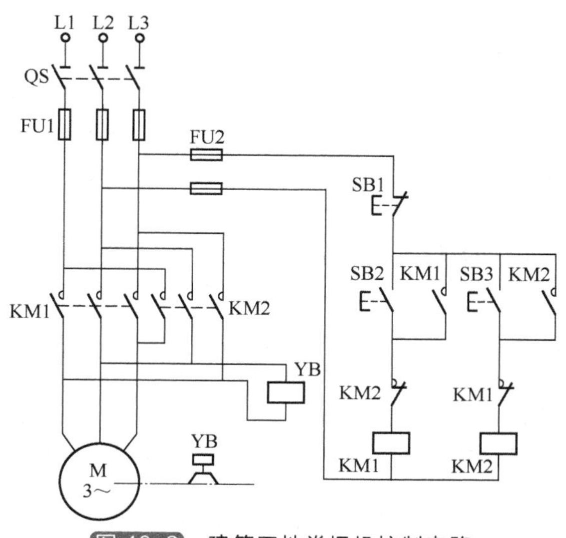

图 10-3　建筑工地卷扬机控制电路

10.2.2 带运输机控制电路

在大型建筑工地上，当原料堆放较远，使用很不方便时，可采用带运输机来运送粉料。利用带传送机构把粉料运送到施工现场或送入施工机械中加工，这既省时又省力。图 10-4 是一种多条带运输机控制电路。电路采用两台电动机拖动，这是一个两台电动机按顺序启动，按反顺序停止的控制电路。

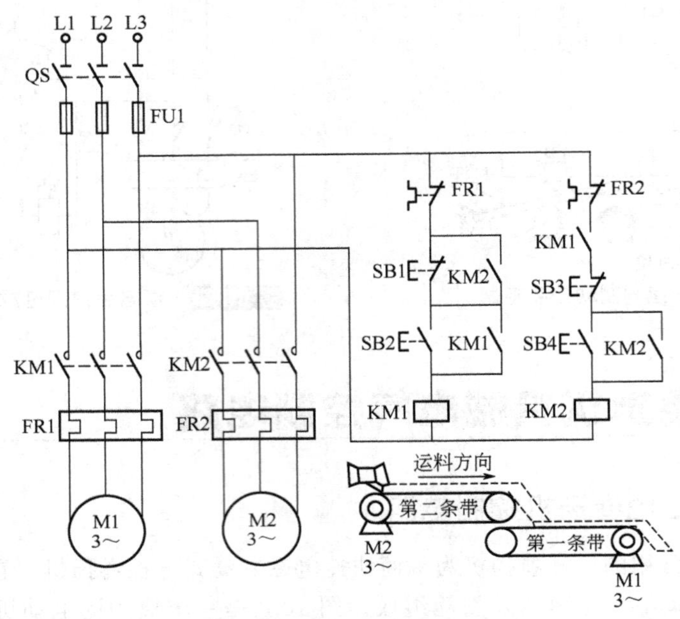

图 10-4 带运输机控制电路

为了防止运料带上运送的物料在带上堆积堵塞，在控制上要求：先启动第一条运输带的电动机 M1，当 M1 运转后才能启动第二条运输带的电动机 M2。这样能保证首先将第一条运输带上的物料先清理干净，来料后能迅速运走，不至于堵塞。停止带运输时，要先停止第二条运输带的电动机 M2，然后才能停止第一条运输带的电动机 M1。

启动时，先按下启动按钮 SB2 时，接触器 KM1 得电吸合并自锁，其主触点闭合，使电动机 M1 运转，第一条带开始工作。KM1 的另一个常开辅助触点闭合，为接触器 KM2 通电做准备，这时再按下启动按钮 SB4，接触器 KM2 得电动作，电动机 M2 运转，第二条带投入运行。

停止运行时，先按下停止按钮 SB3，接触器 KM2 断电释放，M2 停转，第二条带停转运输。再按下 SB1，KM1 断电释放，M1 停转，第一条带也停止运输。

由于在 KM2 线圈回路串联了 KM1 的常开辅助触点，使得在 KM1 未得电前，KM2 不能得电；而又在停止按钮 SB1 上并联了 KM2 的常开辅助触点，能保证只有 KM2 先断电释放后，KM1 才能断电释放。这就保证了第一条运输带先工作，第二条运输带才能开始工作；第二条运输带先停止，第一条运输带才能停止，防止了物料在运输带上的堵塞。

10.2.3 混凝土搅拌机控制电路

JZ350 型搅拌机控制电路如图 10-5 所示。图中 M1 为搅拌机滚筒电动机，正转时搅拌混凝土，反转时使搅拌好的混凝土出料，正、反转分别由接触器 KM1 和 KM2 控制；M2 为料斗电动机，正转时牵引料斗起仰上升，将砂子、石子和水泥倒入搅拌机滚筒，反转时使料斗下降放平，等待下一次下料，正、反转分别由接触器 KM3 和 KM4 控制；M3 为水泵电动机，由接触器 KM5 控制。

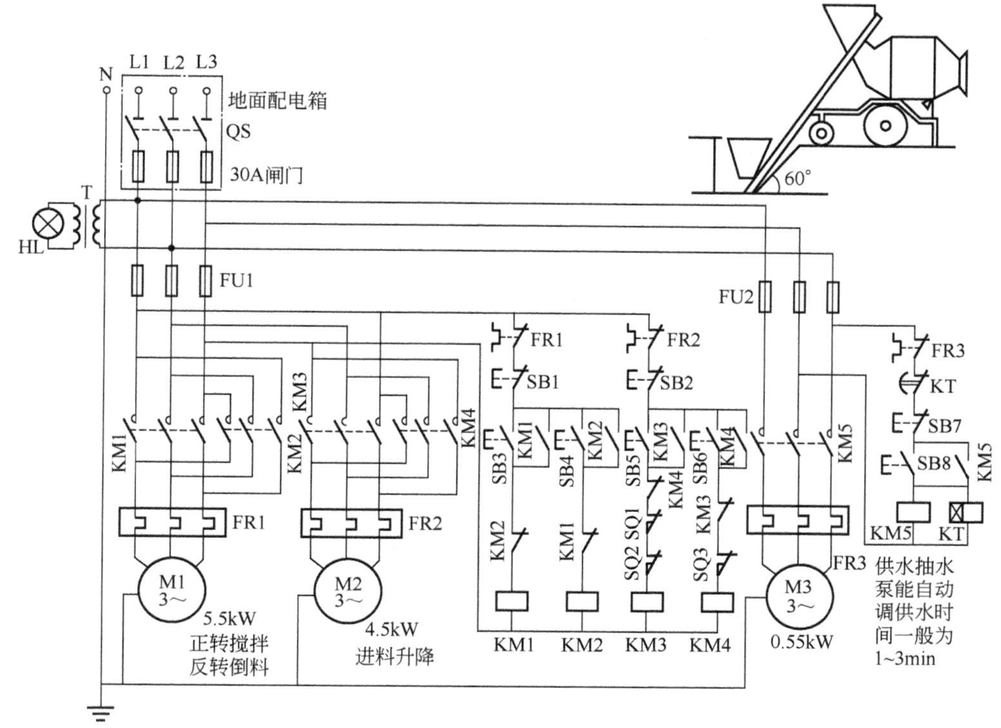

图 10-5　混凝土搅拌机控制电路

当把水泥、砂子、石子配好料后，操作人员按下上升按钮 SB5 后，接触器 KM3 的线圈得电吸合并自锁，使上料卷扬电动机 M2 正转，料斗送料起升。当升到一定高度后，料斗挡铁碰撞上升限位开关 SQ1 和 SQ2，使 KM3 断电释放。这时料斗已升到预定位置，把料自动倒入搅拌机内，并自动停止上升。然后操作人员按下下降按钮 SB6，接触器 KM4 的线圈得电吸合并自锁，其主触点逆序接通料斗电动机 M2 的电源，使电动机 M2 反转，卷扬系统带动料斗下降，待下降到其料口与地面平齐时，料斗挡铁碰撞下降限位开关 SQ3，使接触器 KM4 断电释放，料斗自动停止下降，为下次上料做好准备。

待上料完毕，料斗停止下降后，操作人员再按下水泵启动 SB8，接触器 KM5 的线圈得电吸合并自锁，使供水水泵电动机 M3 运转，向搅拌机内供水，与此同时，时间继电器 KT 得电工作，待供水与原料成比例后（供水时间由时间继电器 KT 调整确定，根据原料与水的配比确定），KT 动作延时结束，时间继电器 KT 的常闭延时断开的触点断开，从而使接触器 KM5 断电自动释放，水泵电动机停止。也可根据供水情况，手动按下停止按钮 SB7，停止供水。

加水完毕即可实施搅拌，按下搅拌启动按钮 SB3，搅拌控制接触器 KM1 得电吸合并自锁，搅拌电动机 M1 正转搅拌，搅拌完毕后按下停止按钮 SB1，搅拌机停止搅拌。出料时，按下出料按钮 SB4，触器 KM2 得电吸合并自锁，其主触点逆序接通电动机 M1 的电源，M1

反转即可把混凝土泥浆自动搅拌出来。当出料完毕或运料车装满后，按下停止按钮 SB1，接触器 KM2 断电释放，M1 停转，出料停止。

10.3 秸秆饲料粉碎机控制电路

农村用于加工玉米秸秆、青草等牲畜饲料的秸秆饲料粉碎机，有的使用两台电动机（喂料用电动机和切料用电动机各一台）作动力来完成秸秆饲料的粉碎工作。为防止切料电动机堵转，要求切料电动机先启动运转一段时间后再启动喂料电动机。图 10-6 是一种秸秆饲料粉碎机控制电路，可以实现上述功能。

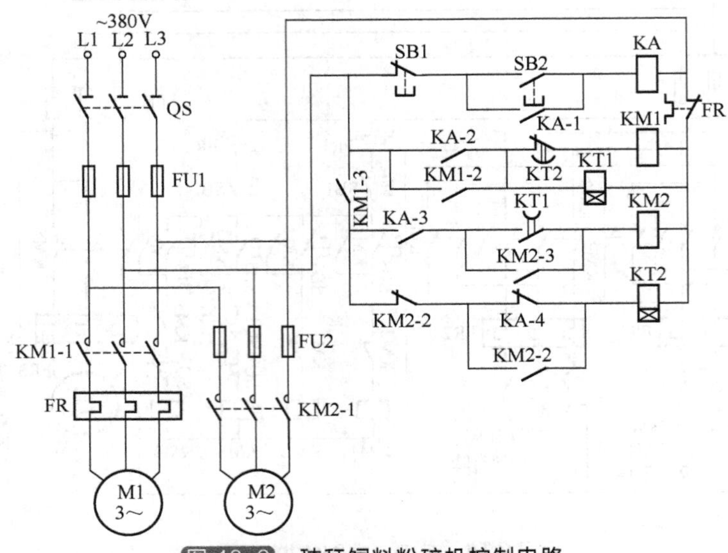

图 10-6 秸秆饲料粉碎机控制电路

粉碎青饲料时，先接通刀开关 QS，然后按下启动按钮 SB2，使中间继电器 KA 通电吸合，其常开触点 KA-1～KA-3 接通，常闭触点 KA-4 断开，其中 KA-1 使中间继电器 KA 自锁；KA-2 使接触器 KM1 和时间继电器 KT1 通电吸合，KM1 的常开辅助触点 KM1-2 使 KM1 和 KT1 自锁；切料电动机 M1 启动运转，此时 KM1-3 闭合，为接触器 KM2 和时间继电器 KT2 通电做准备。延时约 30s 后，KT1 的延时闭合的常开触点接通，KM2 通电吸合并自锁，喂料电动机 M2 启动运转。

加工完饲料欲停机时，按下 SB1，KA 和 KM2 释放，M2 停止运转；同时 KT2 通电工作，延时一段时间后，其延时断开的常闭触点 KT2 断开，使 KM1 释放，M1 停止运行，整个工作过程结束。

10.4 自动供水控制电路

图 10-7 是一种采用干簧管来检测和控制水位的自动供水控制电路。该控制电路由电源电路和水位检测控制电路组成，电路简单、工作可靠，既可用于生活供水，也可用于农田灌溉。

水位检测控制电路由干簧管 SA1、SA2、继电器 K1、K2、晶闸管 VT、电阻器 R、交流接触器 KM、热继电器 FR、控制按钮 SB1、SB2 和手动/自动控制开关 S2 组成。

图 10-7 中 S2 为手动/自动控制开关，S2 位于位置 1 时为自动控制状态，S2 位于位置 2 时为手动控制状态；HL1 和 HL2 分别为电源指示灯和自动控制状态时的上水指示灯。

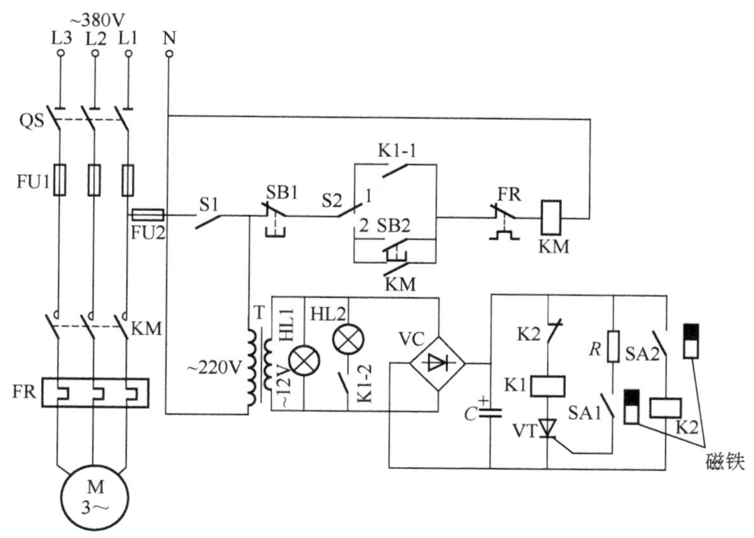

图 10-7　自动供水控制电路

接通刀开关 QS 和电源开关 S1，L1 端和 N 端之间的交流 220V 电压经电源变压器 T 降压后产生交流 12V 电压，作为 HL1 和 HL2 的工作电压，同时还经整流桥堆 VC 整流及滤波电容器 C 滤波后，为水位检测控制电路提供 12V 直流工作电压。

SA1 为低水位检测与控制用干簧管，SA2 为高水位检测与控制用干簧管。

在受控水位降至低水位时，安装在浮子上的永久磁铁靠近 SA1，SA1 的触点在永久磁铁的磁力作用下接通，使 VT 受触发导通，K1 通电吸合，其常开触点 K1-1 和 K1-2 接通，使 HL2 点亮，KM 通电吸合，水泵电动机 M 通电工作。

浮子随着水位的上升而上升，使永久磁铁离开 SA1，SA1 的触点断开，但 VT 仍维持导通状态。直到水位上升至设定的高水位、永久磁铁靠近 SA2 时，SA2 的触点接通，使 K2 通电吸合，K2 的常闭触点断开，使 K1 释放，VT 截止，K1 的常开触点 K1-1 和 K1-2 断开，HL2 熄灭，KM 释放，M 断电而停止工作。

当用户用水使水位下降、永久磁铁降至 SA2 以下时，SA2 的触点断开，使 K2 释放，K2 的常闭触点又接通，但此时 K1 和 KM 仍处于截止状态，直到水位又降至 SA1 处、SA1 的触点接通时，VT 再次导通，K1 和 KM 吸合，M 又通电工作。

以上工作过程周而复始地进行，即可使受控水位保持在高水位与低水位之间，从而实现了水位的自动控制。

10.5　液压机用油泵电动机控制电路

10.5.1　常用液压机用油泵电动机控制电路

常用液压机用油泵电动机控制电路如图 10-8 所示，该电路为无失控保护电路，图中 SA

为转换开关，用于选择自动控制与手动控制；KP为电触头压力表，用于使管路中的压力维持在高、低设定值之间。

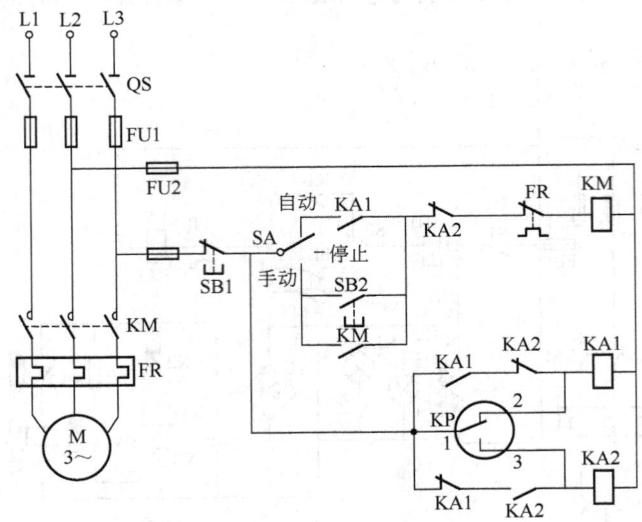

图 10-8 常用液压机用油泵电动机控制电路

将转换开关SA旋转到“自动”位置，开始时管路中的压力低、电触头压力表KP的动针与低位触头接通（即1-2触头闭合）。合上电源开关QS后，继电器KA1的线圈得电吸合，其常开触点闭合，使接触器KM的线圈得电吸合，KM的主触点闭合，使电动机M启动、运行。当管路压力增加到高压设定值时，压力表KP的动针与高位触头接通（即1-3触头闭合），继电器KA2线圈得电，其常闭触点断开，接触器KM的线圈失电，KM主触点复位，电动机M停转；与此同时KA2的常闭触点断开，使KA1的线圈失电，其触点复位；此时KA2的常开触点闭合，自锁。因此当管路压力下降后，KP动针与高位触头断开（即1-3触头断开），KA2线圈仍得电吸合。

当管路压力下降到低位设定值时，KP的动针与低位触头又接通（即1-2触头闭合），继电器KA1的线圈得电吸合，其常闭触点断开，使KA2的线圈失电，KA2的触点复位，为KM得电做准备，与此同时，KA1的常开触点闭合，使接触器KM的线圈得电吸合，KM的主触点闭合，使电动机M启动、运行。又重复上述过程，从而使管路中的压力维持在高、低设定值之间，实现自动控制。

欲手动控制时，将转换开关SA转到“手动”位置，用启动按钮SB2和停止按钮SB1控制即可。

10.5.2 带失控保护的液压机用油泵电动机控制电路

带失控保护的液压机用油泵电动机控制电路如图10-9所示。它是在图10-8的基础上增加一保护电路（如点画线框中所示）。

图10-9中KP2为保护用的电触头压力表，将其高限位调整于工艺所允许的最高压力。平时，由KP1随时调整工艺所需要的高、低压力，并使管路中的压力维持在高、低设定值之间，实现自动控制。一旦KP1损坏，管路压力超过高位设定值并继续增加，达到工艺所允许的最高压力时，KP2的动针与高位触头接通（即1-6触头闭合），中间继电器KA3的线

圈得电、吸合并自锁，其常闭触点断开，接触器 KM 线圈失电，接触器 KM 的主触点复位，及时断开电动机 M 的电源，同时电铃 HA 发出报警声，告诉操作者前来处理。拉开开关 SA2，电铃停止发声。

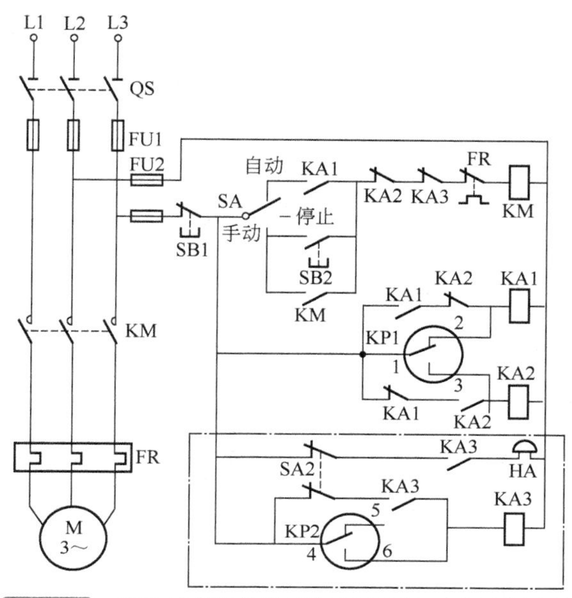

图 10-9　带失控保护的液压机用油泵电动机控制电路

10.6　排水泵控制电路

排水泵是城市中常用的电气设备，电动机容量多在 1.1～7.5kW 之间。排水泵的水位大部分采用干簧浮子式液位计控制，其触头容量为 300W、电压为 220V。虽然它可以直接与接触器线圈连接，但其触头不能自锁控制，一般通过接触器的常开辅助触点使电动机保持运转。

10.6.1　排水泵控制电路

图 10-10 是一种排水泵控制电路，它由主电路和控制电路组成，其主电路包括电源开关 QF、交流接触器 KM 的主触头、热继电器的 FR 以及三相交流电动机 M 等；其控制电路包括控制按钮 SB1、SB2，选择开关 SA，水位信号开关 SL1、SL2 以及交流接触器 KM 的线圈等。

这个电路有两种工作状态可供选择，即手动控制和自动控制。本电路手动、自动控制共用热继电器进行过载保护。

采用手动控制时，将单刀双掷开关 SA 置于“手动”位置，按下按钮 SB1 时水泵电动机 M 启动，按下按钮 SB2 时水泵电动机 M 停机。图中 HG 为绿色信号灯，点亮时表示接触器处于运行状态。

采用自动控制时，将单刀双掷开关 SA 置于“自动”位置，当集水井（池）中的水位到达高水位时，SL1 闭合，接触器 KM 的线圈得电吸合并自锁，KM 的主触点闭合，水泵电动机启动排水；待水位降至低水位时，SL2 动作，将其常闭触点断开，接触器 KM 的线圈失电复位，排水泵停止排水。

10.6.2 两地手动控制排水泵电路

图 10-11 是一种两地手动控制排水泵电路，该电路由主电路和控制电路组成，其主电路包括电源开关 QF、交流接触器 KM 的主触点、热继电器 FR 的元件和三相交流电动机 M 等；其控制电路包括按钮 SB1～SB4、交流接触器 KM 的线圈和辅助触点、热继电器 FR 的触点以及信号指示灯 HR、HG 等。

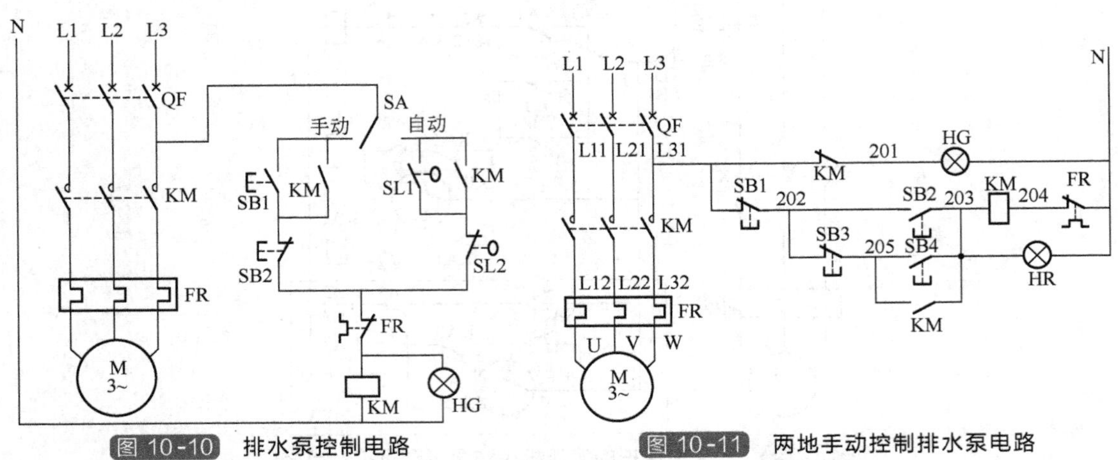

图 10-10 排水泵控制电路

图 10-11 两地手动控制排水泵电路

合上电源开关 QF 后，绿色指示灯 HG 点亮，表示电源供电正常。

甲地控制由按钮 SB1、SB2 执行。按下按钮 SB2 后，交流接触器 KM 的线圈得电吸合并自锁，其主触点闭合，电动机 M 启动运行，红色指示灯 HR 点亮；与此同时 KM 的辅助常闭触点断开，绿色指示灯 HG 熄灭。如果要停止排水，可在甲地按下按钮 SB1，接触器 KM 的线圈失电，其主触点断开电动机电源，排水泵停止工作。

乙地控制由按钮 SB3、SB4 执行。按下按钮 SB4 后，交流接触器 KM 的线圈得电吸合，其主触点闭合，电动机启动运行。同样，KM 的辅助常开触点闭合，实现自锁，红色指示灯 HR 指示灯亮；与此同时 KM 的辅助常闭触点断开，绿色指示灯 HG 熄灭。如果要停止排水，可在乙地按下 SB3，接触器 KM 的线圈失电，其主触点断开电动机电源，排水泵停止工作。

利用两地控制电路，可以在甲地启动排水泵，到乙地停机；也可以在乙地启动排水泵，到甲地停机，使用方便灵活。

10.7 无塔增压式供水电路

10.7.1 无塔增压式供水电路（一）

图 10-12 是一种无塔增压式供水电路，它由刀开关 Q1、熔断器 FU、中间继电器 KA、交流接触器 KM、热继电器 FR、报警器 HA、指示灯 HL1、HL2 和泵出口压力计 Q2 的控制触点、水罐水位检测压力计 Q3 的控制触点组成。该电路采用电接点压力表作为检测装置，电路简单，在水源不足或潜水泵出现故障时能自动切断水泵电动机的工作电源，同时还

能发出声音报警。

刚接通刀开关 Q1 时，水罐内水位和压力较低，交流 220V 电压经刀开关 Q1、熔断器 FU、停止按钮 SB、水罐水位检测压力计 Q3 的动触点（中）、下限触点（低）、热继电器 FR 的常闭触点、中间继电器 KA 的常闭触点加至交流接触器 KM 的线圈上，使 KM 得电吸合，KM 的主触点闭合，接通水泵电动机 M 的电源，水泵电动机启动运行，开始向水罐内供水，与此同时工作指示灯 HL1 点亮。此时，泵出水口的压力也较低，泵出水口压力计 Q2 的动触点（中）与下限触点（低）接通，报警器 HA 发出报警信号。

当水罐内水位上升至一定高度，压力达到一定值时，泵出水口压力计 Q2 的动触点与下限触点断开，当 Q2 达到设定的最大压力时，其动触点与上限触点接通，HA 停止报警。在 Q2 的动触点与上限触点接通后，水罐水位检测压力计 Q3 的动触点与下限触点断开。

当水罐内压力达到设定的最大压力时，水罐水位检测压力计 Q3 的压力上限控制触点（高）接通，中间继电器 KA 通电吸合，其常闭触点断开，使接触器 KM 的线圈失电释放，水泵电动机 M 停止运行。同时指示灯 HL2 点亮，HL1 熄灭。

当用户用水、使水罐内水位下降，压力低于设定的最大压力值时，水罐水位检测压力计 Q3 的动触点与上限触点断开，使中间继电器 KA 释放，指示灯 HL2 熄灭。

当水罐内水位继续下降、压力降至设定的最小压力值时，水罐水位检测压力计 Q3 的动触点与下限触点接通，接触器 KM 的线圈得电吸合，水泵电动机 M 又通电开始运行。

10.7.2　无塔增压式供水电路（二）

图 10-13 也是一种无塔增压式供水电路，该电路由电源电路和压力计检测控制电路组成，其电源电路由熔断器 FU2、刀开关 Q1、电源变压器 T、整流二极管 VD 和滤波电容器 *C* 组成。其压力检测控制电路由电接点压力计 Q3、继电器 K1、K2、中间继电器 KA1、KA2、交流接触器 KM、热继电器 FR、控制按钮 SB1、SB2 和刀开关 Q2 等组成。该电路具有自动控制与手动控制两种功能。

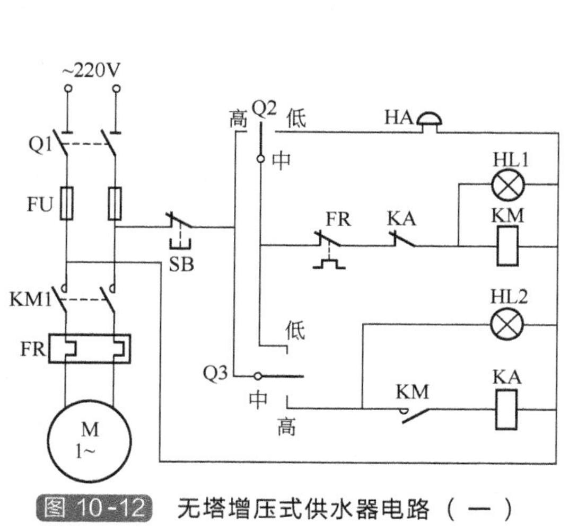

图 10-12　无塔增压式供水器电路（一）

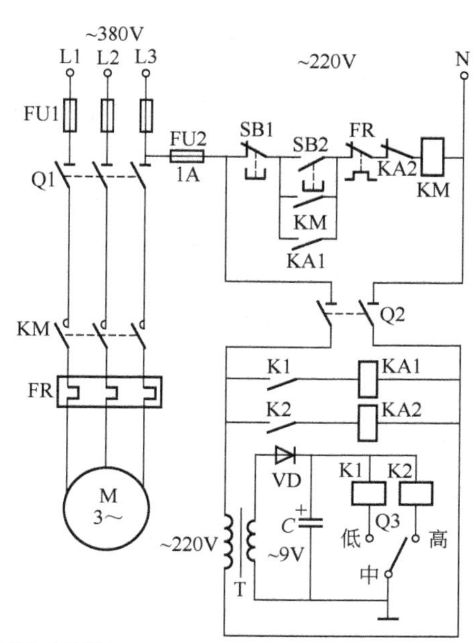

图 10-13　无塔增压式供水器电路（二）

接通刀开关 Q1 和 Q2，L3 端与 N 端之间的交流 220V 电压经电源变压器 T 降压、二极管 VD 整流及电容器 C 滤波后产生 9V 直流电压，供给继电器 K1 和 K2。

刚通电抽水时，水罐内压力较小，电接点压力计的动触点（中）与设定的压力下限触点（低）接通，使 K1 通电吸合，K1 的常开触点接通，使中间继电器 KA1 通电吸合，KA1 的常开触点接通，又使接触器 KM 通电吸合，KM 的常开触点接通，潜水泵电动机 M 通电工作，向水罐内供水。

随着水罐内水位的不断上升，水罐内的压力也不断增大，Q3 的动触点与压力下限触点断开，K1 和 KA1 释放，但由于 KM 的常开辅助触点接通后使 KM 自锁，此时电动机 M 仍通电工作。

当 Q3 的动触点与设定的压力上限触点（高）接通时，K2 和 KA2 相继吸合，KA2 的常闭触点断开，使 KM 释放，电动机 M 断电而停止抽水。

随着用户不断用水，使水罐内水位和压力下降时，Q3 的动触点与压力上限触点（高）断开，K2 和 KA2 释放，但由于 KA1 的常开触点处于断开状态，KM 仍不能吸合，M 仍处于断电状态。当水罐内水位和压力继续下降，使 Q3 的动触点与压力下限触点（低）接通时，K1、KA1 和 KM 相继吸合，M 又通电启动，向水罐内抽水。

以上工作过程周而复始地进行，即可实现不间断自动供水。

将 Q2 断开时，压力检测控制电路停止工作，供水系统由自动控制变为手动控制，即按一下启动按钮 SB2，水泵电动机 M 即通电工作。若要停止抽水时，按一下停止按钮 SB1 即可。

10.8 电动葫芦的控制电路

电动葫芦的控制电路如图 10-14 所示。升降电动机采用正、反转控制，其中 KM1 闭合，电动机正转，实现吊钩上升功能，而 KM2 闭合，电动机反转，实现吊钩下降功能。吊钩水平移动电动机也采用正、反转控制，其中 KM3 闭合，电动机正转，实现吊钩向前平移功能，而 KM4 闭合，电动机反转，实现吊钩向后平移功能。由于各接触器均无设置自锁触点，所以吊钩上升、下降、前移、后移均为点动控制。

按下吊钩上升按钮 SB1，接触器 KM1 线圈得电，升降电动机主回路中 KM1 常开主触点闭合，开始将吊钩提升；与接触器 KM2 线圈串联的 KM1 常闭辅助触点断开，实现互锁。按下吊钩下降按钮 SB2，接触器 KM2 线圈得电，升降电动机主回路中 KM2 常开主触点闭合，开始将吊钩下放；与接触器 KM1 线圈串联的 KM2 常闭辅助触点断开，实现互锁。

按下吊钩前移按钮 SB3，接触器 KM3 线圈得电，吊钩水平移动电动机主回路中 KM3 的常开主触点闭合，电动机正转，开始将吊钩向前平移；与接触器 KM4 线圈串联的 KM3 常闭辅助触点断开，实现互锁。按下吊钩后移按钮 SB4，接触器 KM4 线圈得电，吊钩水平移动电动机主回路中 KM4 常开主触点闭合，电动机反转，开始将吊钩向后平移；与接触器 KM3 线圈串联的 KM4 常闭辅助触点断开，实现互锁。

利用行程开关 SQ1 实现吊钩上升时的行程控制，当行程开关 SQ1 动作后，吊钩上升按钮 SB1 失去作用。利用行程开关 SQ2 实现吊钩前移时的行程控制，当行程开关 SQ2 动作后，吊钩前移按钮 SB3 失去作用。利用行程开关 SQ3 实现吊钩后移时的行程控制，当行程开关 SQ3 动作后，吊钩后移按钮 SB4 失去作用。

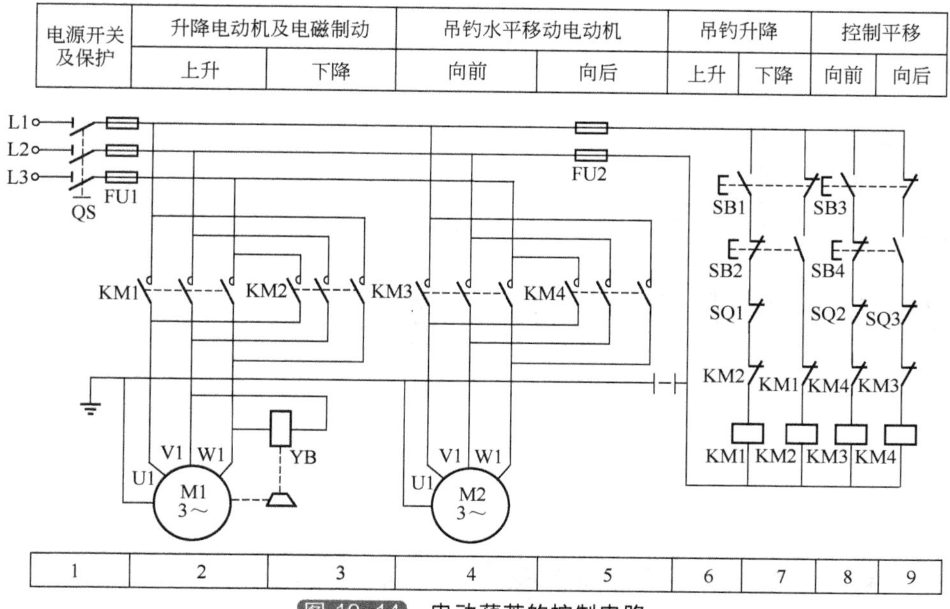

图 10-14　电动葫芦的控制电路

第11章 常用机床控制电路

11.1 C620-1型车床电气控制电路

C620-1 型车床的电气控制电路如图 11-1 所示。图中分为主电路、控制电路和照明电路三部分。

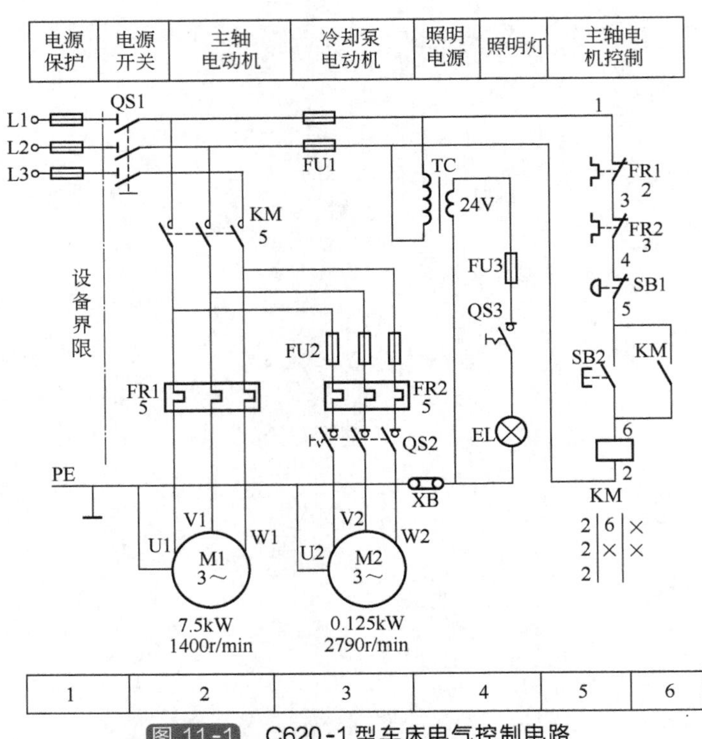

图 11-1 C620-1 型车床电气控制电路

该控制电路中，主轴电动机 M1 是由启动按钮 SB2 和停止按钮 SB1 及接触器 KM 控制的。冷却泵电动机 M2 是采用转换开关 QS2 控制的。M2 是与 M1 联锁的，只有主轴电动机

M1 运转后，冷却泵电动机 M2 才能启动运转供冷却液。C620-1 型车床电气控制电路常见故障及其排除方法，见表 11-1。

表 11-1　C620-1 型车床电气控制电路常见故障及其排除方法

故障现象	可能原因	处理方法
主轴电动机不能启动，且接触器 KM 不吸合	1. 熔断器 FU1 的熔体熔断或接头松动 2. 热继电器 FR1 或 FR2 误动作 3. 接触器 KM 线圈引线松动或线圈断路 4. 按钮 SB1 或 SB2 接触不良	1. 查明原因，更换同规格熔体或紧固接头 2. 查明动作的原因，并予以排除 3. 紧固引线或更换线圈 4. 检修按钮触头
主轴电动机不能启动，但接触器 KM 已吸合	1. 接触器 KM 的三副主触头接触不良 2. 热继电器 FR1 的热元件连接点接触不良 3. 电源电压过低 4. 电动机接线错误或接头松动 5. 电动机有故障	1. 检修接触器的主触头 2. 紧固热继电器的热元件的连接点 3. 查明原因，使电源电压恢复正常 4. 查明原因，改正接线或紧固接头 5. 检修电动机
主轴电动机缺相运行	1. 接触器 KM 的三副主触头有一副未吸合或接触不良 2. 热继电器 FR1 的热元件的连接线中，有一相接触不良 3. 电动机定子绕组中的某一相导线的接头处氧化或压紧螺母未拧紧	1. 检修接触器的主触头 2. 检修热元件的连接线 3. 清理接头处氧化层并重新焊接好或紧固螺母
主轴电动机能够启动，但不能自锁	1.接触器 KM 的辅助动合(常开)触头接触不良 2. 自锁回路连接导线松脱	1. 检修接触器的辅助触头 2. 查出故障点，予以紧固
主轴电动机不能停转	1. 接触器 KM 的三副主触头发生熔焊故障 2. 停止按钮 SB1 的两触头间击穿 3. 接触器 KM 因铁芯有油污而粘住不能释放	1. 检修接触器并更换主触头 2. 检修或更换按钮 3. 清理铁芯极面油污
冷却泵电动机不能启动	1. 熔断器 FU2 的熔体熔断或接头松动 2. 热继电器 FR2 的热元件的连接点接触不良 3. 开关 QS2 接触不良	1. 查明原因，更换同规格熔体或紧固接头 2. 紧固热继电器的热元件的连接点 3. 检修开关 QS2
照明灯不亮	1. 照明灯的钨丝烧断或漏气 2. 熔断器 FU3 的熔体熔断或接头松动 3. 变压器 TC 的绕组断路	1. 更换照明灯 2. 查明原因，更换同规格熔体或紧固接头 3. 检修或更换变压器

11.2 CA6140 型车床电气控制电路

CA6140 型车床的电气控制电路如图 11-2 所示。图中分主电路、控制电路、照明与信号灯电路三部分。

该控制电路中，主轴电动机 M1 是由启动按钮 SB2 和停止按钮 SB1 及接触器 KM1 控制的。冷却泵电动机 M2 是采用开关 SA 和接触器 KM2 控制的，M2 与 M1 是联锁的，只有主轴电动机 M1 运转后，冷却泵电动机 M2 才能启动运转。刀架快速移动电动机 M3 是由点动按钮 SB3 及接触器 KM3 控制的。CA6140 型车床电气控制电路常见故障及其排除方法与 C620-1 型车床基本相似，可参考表 11-1。

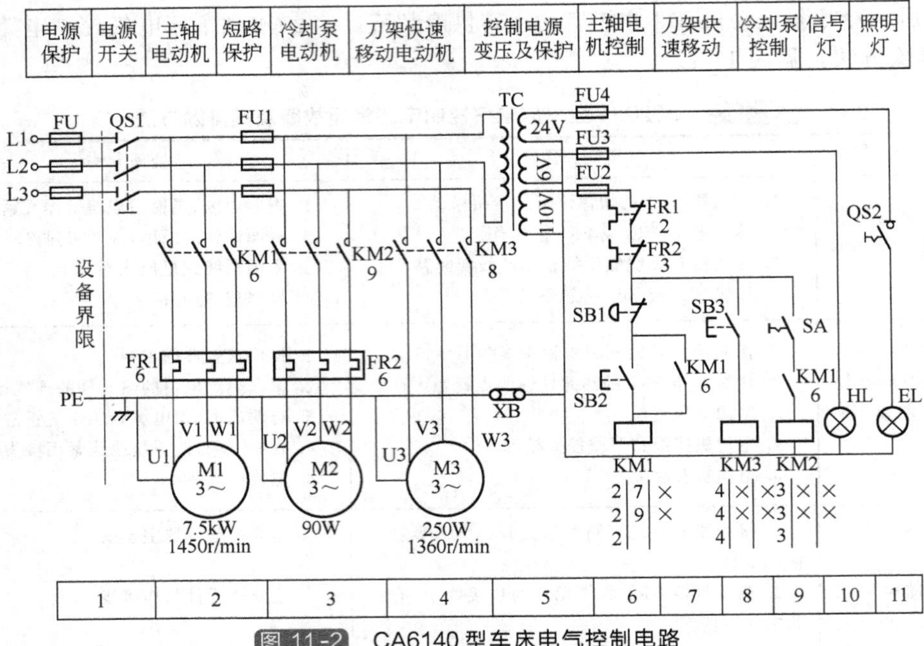

图 11-2 CA6140 型车床电气控制电路

11.3 M7120 型平面磨床电气控制电路

M7120 型平面磨床的电气控制电路如图 11-3 所示。图中分为主电路、控制电路、电磁工作台控制电路及照明与指示灯电路四部分。

该控制电路中，液压泵电动机 M1 是由启动按钮 SB3 和停止按钮 SB2 及接触器 KM1 控制的，砂轮电动机 M2 和冷却泵电动机 M3 是由启动按钮 SB5 和停止按钮 SB4 及接触器 KM2 控制的，按下启动按钮 SB5，砂轮电动机 M2 启动，冷却泵电动机 M3 也同时启动。砂轮升降电动机 M4 上升时，是采用上升点动按钮 SB6 和接触器 KM3 控制的；砂轮升降电动机 M4 下降时，是采用下降点动按钮 SB7 和接触器 KM4 控制的。电磁吸盘的控制电路包括整流装置、控制装置和保护装置三个部分。M7120 型平面磨床电气控制电路常见故障及其排除方法见表 11-2，其他电动机的控制电路的常见故障及其排除方法与 C620-1 型车床基本相似，可参考表 11-1。

表 11-2 M7120 型平面磨床电气控制线路常见故障及其排除方法

故障现象	原因	处理方法
砂轮只能下降,不能上升	1. 接触器 KM3 线圈断路或线圈电路不通 2. 按钮 SB6 触头接触不良或连接线松脱 3. 接触器 KM4 的动断(常闭)辅助触头接触不良	1. 查明原因,检修接触器线圈电路或更换接触器线圈 2. 检修按钮触头或紧固连接线 3. 检修接触器 KM4 的辅助触头
电磁吸盘没有吸力	1. 熔断器 FU4 和 FU5 的熔体熔断或接头松动 2. 接插器 X2 接触不良 3. 电磁吸盘 YH 线圈的两个出线头间短路或出线头本身断路 4. 整流器 VC 或变压器 TC 损坏	1. 查明原因,更换同规格熔体或紧固接头 2. 检修接插器 3. 查明原因,予以修复或更换 4. 更换整流器或变压器

续表

故障现象	原因	处理方法
电磁吸盘的吸力不足	1. 交流电源电压较低 2. 接触器 KM5 的两副主触头接触不良 3. 接插器 X2 的插头、插座间接触不良 4. 整流器 VC 中有一个硅二极管或连接导线断路	1. 查明原因，使电源电压恢复正常 2. 检修或更换接触器的主触头 3. 检修接插器 X2 的插头和插座 4. 查明原因，予以修复或更换

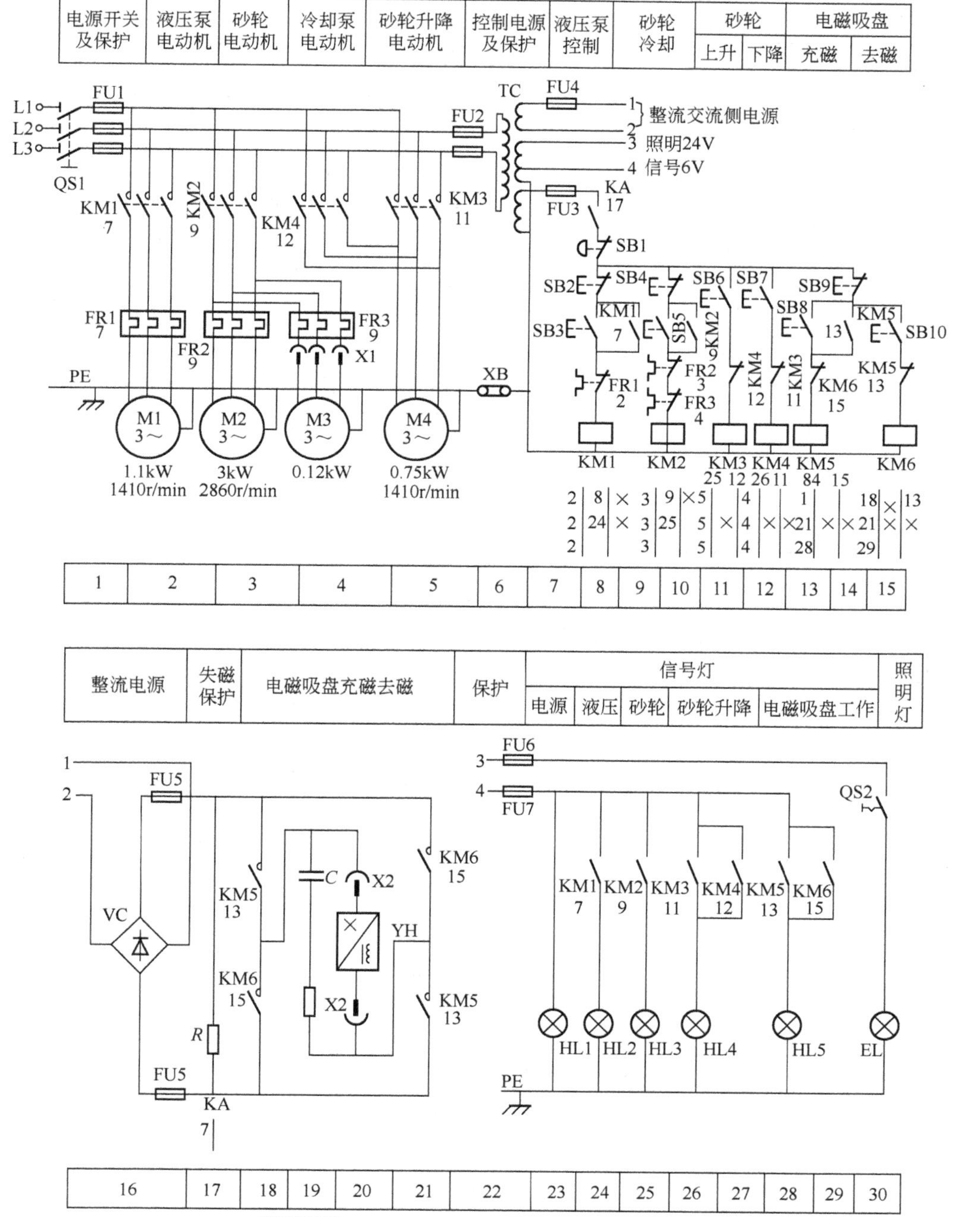

图 11-3　M7120 型平面磨床电气控制电路

11.4 M1432A 型万能外圆磨床电气控制电路

M1432A 型万能外圆磨床的电气控制电路如图 11-4 所示。

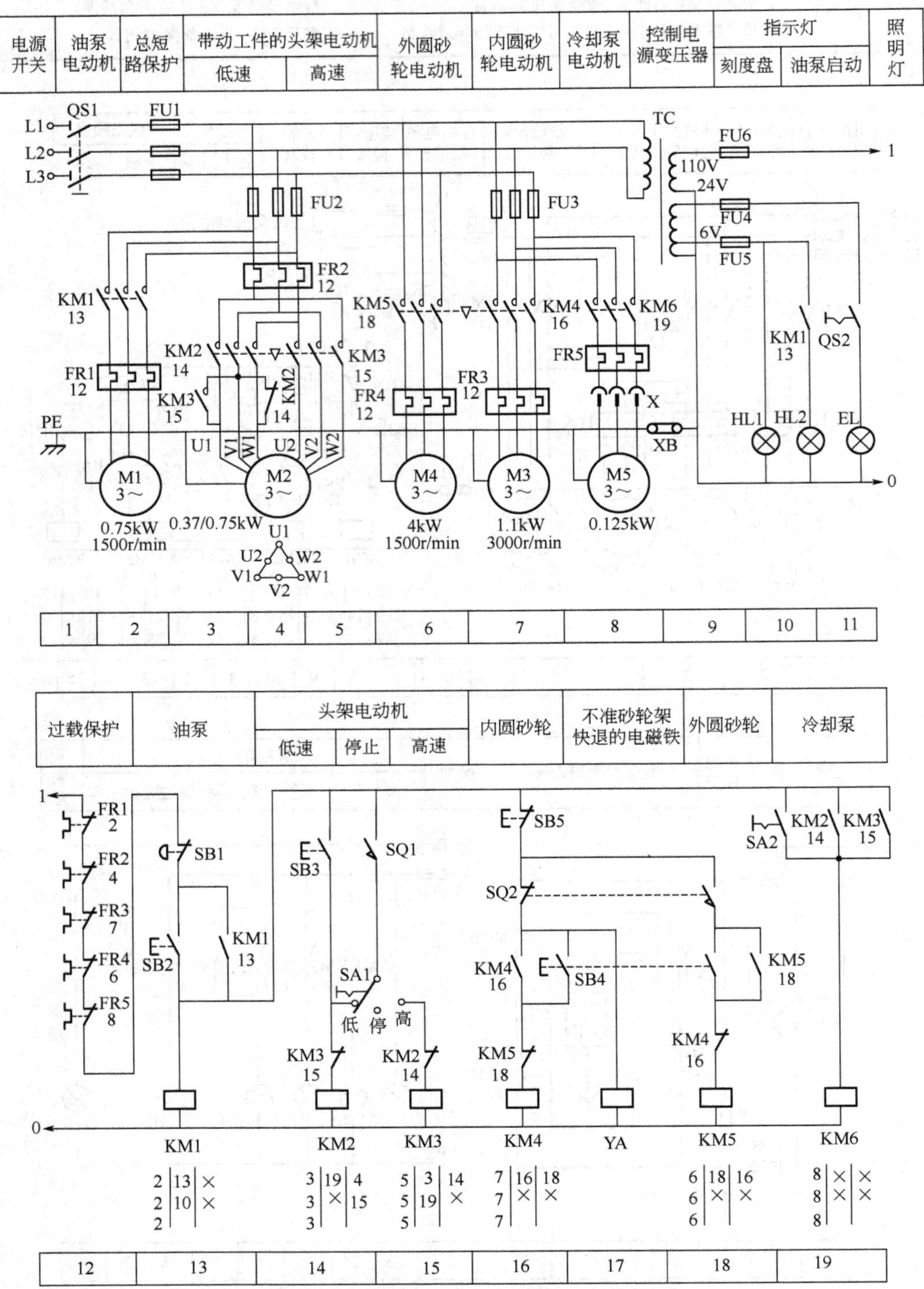

图 11-4 M1432A 型万能外圆磨床电气控制电路

该控制电路中，油泵电动机 M1 是由启动按钮 SB2 和停止按钮 SB1 及接触器 KM1 控制的，除了接触器 KM1 之外，其余的接触器的线圈所需的电源都从接触器 KM1 的自锁触头后面接出，所以只有当油泵电动机 M1 启动后，其余的电动机才能启动。头架电动机 M2 是一台单绕组双速电动机，该电动机采用转速选择开关 SA1、点动按钮 SB3、行程开关 SQ1 及接触器 KM2（低速）或 KM3（高速）进行控制。内圆砂轮电动机 M3 由行程开关 SQ2、启动按钮 SB4、停止按钮 SB5 和接触器 KM4 进行控制；外圆砂轮电动机 M4 由行程开关 SQ2、启动按钮 SB4、停止按钮 SB5 和接触器 KM5 进行控制。内、外圆砂轮电动机不能同时启动，由行程开关 SQ2 对它们进行联锁。冷却泵电动机 M5 分别由转换开关 SA2、接触器 KM2 或 KM3 的动合（常开）辅助触点及接触器 KM6 进行控制，当接触器 KM2 或 KM3 的线圈得电吸合时，头架电动机 M2 启动，同时由于 KM2 或 KM3 的动合（常开）辅助触点闭合，接触器 KM6 的线圈得电吸合，冷却泵电动机 M5 启动。当修整砂轮时，不需要启动头架电动机 M2，但要启动冷却泵电动机 M5。因此备有转换开关 SA2，在修整砂轮时用来控制冷却泵电动机。M1432A 型万能外圆磨床电气控制电路常见故障及其排除方法，见表 11-3，其他故障及其排除方法可参考 M7120 型平面磨床。

表 11-3 M1432A 型万能外圆磨床电气控制电路常见故障及其排除方法

故障现象	原因	处理方法
五台电动机都不能启动	1. 总熔断器 FU1 的熔体熔断或接头松动 2. 五台电动机所属的热继电器有一台或多台动作 3. 接触器 KM1 的线圈接线端脱落或线圈断路 4. 按钮 SB1 和 SB2 触头接触不良或连接线松脱	1. 查明原因，更换同规格熔体或紧固接头 2. 查明动作原因，予以排除 3. 检修接触器线圈接线端或更换接触器线圈 4. 检修按钮触头或紧固连接线
电动机 M2 低速挡能启动，而高速挡不能启动	1. 接触器 KM3 的线圈接线端脱落或线圈断路 2. 接触器 KM2 的动断（常闭）辅助触头接触不良 3. 接触器 KM3 的主触头接触不良	1. 检修接触器线圈接线端或更换接触器线圈 2. 检修接触器的辅助触头 3. 检修或更换接触器的主触头

11.5 Z35 型摇臂钻床电气控制电路

Z35 型摇臂钻床的电气控制电路如图 11-5 所示。

该控制电路中，主轴电动机 M2 和摇臂升降电动机 M3 都是采用十字开关 SA 进行操作的，十字开关的塑料盖板上有一个十字形的孔槽。根据工作需要可将操作手柄分别扳到孔槽内五个不同的位置上，即左、右、上、下和中间五个位置。在盖板槽孔的左、右、上、下四个位置的后面分别装有一个微动开关，当操作手柄分别扳到这四个位置时，便相应压下后面的微动开关，其动合（常开）触点闭合而接通所需的电路。主轴电动机 M2 是由十字开关 SA 和接触器 KM1 控制的。摇臂升降电动机 M3 是由十字开关 SA 和接触器 KM2（上升）或 KM3（下降）进行控制的。立柱的夹紧与松开电动机 M4 的控制方式如下：当需要将立柱松开时，M4 由松开按钮 SB1 和接触器 KM4 进行控制；当需要将立柱夹紧时，M4 由夹紧按钮 SB2 和接触器 KM5 进行控制。冷却泵电动机 M1 是由转换开关 QS2 直接控制的。

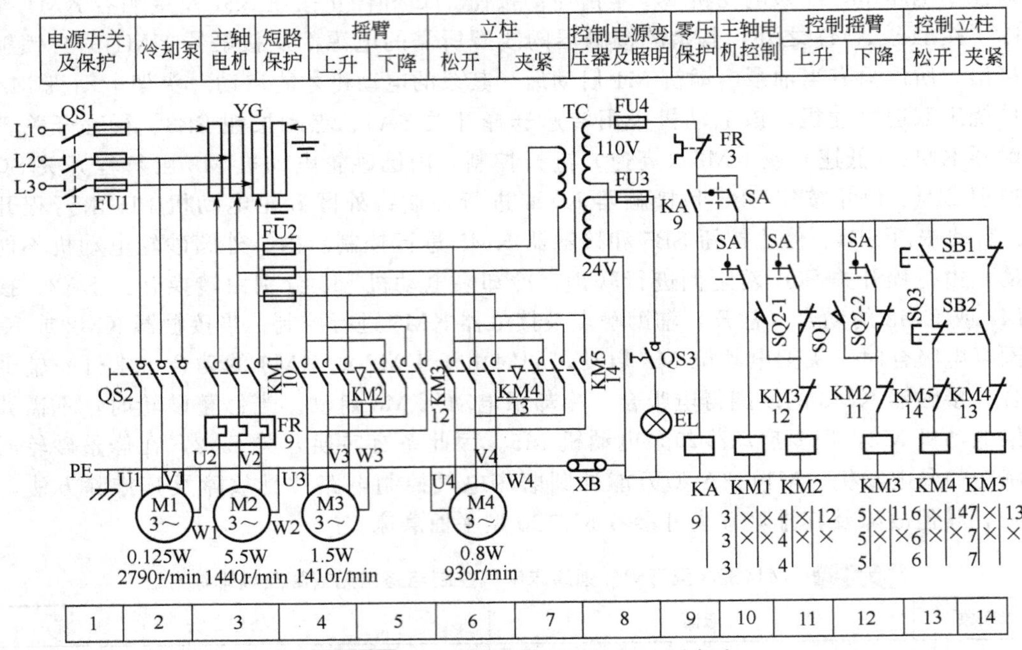

图 11-5 Z35 型摇臂钻床电气控制电路

控制电路中零压继电器 KA 的作用是当供电线路断电时，KA 线圈断电释放，KA 的动合（常开）触点断开，使整个控制电路断电。当电路恢复供电时，控制电路仍然断开，即 KA 起零压保护作用。Z35 型摇臂钻床电气控制电路常见故障及其排除方法见表 11-4。

表 11-4 Z35 型摇臂钻床电气控制电路常见故障及其排除方法

故障现象	可能原因	处理方法
所有电动机都不能启动	1. 汇流环 YG 接触不良 2. 熔断器 FU1 和 FU2 的熔体熔断或接头松动 3. 控制变压器 TC 的绕组断路或短路 4. 熔断器 FU4 的熔体熔断或接头松动 5. 热继电器 FR 动作或动断触头接触不良 6. 十字开关 SA 内的微动开关的动合触头接触不良 7. 零压继电器 KA 的线圈断路或接触不良	1. 检修汇流环接触点 2. 查明原因，更换同规格熔体或紧固接头 3. 查出绕组故障点，予以修复或更换变压器 4. 查明原因，更换同规格熔体或紧固接头 5. 查明原因，予以修复 6. 检修触头或更换开关 7. 查明原因，检修线圈或紧固接头
主轴电动机不能启动	1. 熔断器 FU2 和 FU4 的熔体熔断或接头松动 2. 热继电器 FR 动作或动断触头接触不良 3. 十字开关 SA 的触头接触不良 4. 接触器 KM1 的线圈断路或接头松动 5. 接触器 KM1 的三副主触头接触不良 6. 连接电动机的导线松动或脱落 7. 电源电压过低	1. 查明原因，更换同规格熔体或紧固接头 2. 查明原因，予以修复 3. 检修触头或更换开关 4. 查明原因，检修线圈或紧固接头 5. 检修或更换主触头 6. 检查并紧固连接电动机的导线 7. 查明原因，使电源电压恢复正常
主轴电动机不能停止	1. 接触器 KM1 的主触头发生熔焊 2. 接触器 KM1 因铁芯有油污而粘住不能释放	1. 更换已熔焊的主触头 2. 清理铁芯极面油污

续表

故障现象	可能原因	处理方法
摇臂上升时，电动机 M3 不能启动	1. 十字开关 SA 的触头接触不良 2. 行程开关 SQ1 的动断触头接触不良 3. 接触器 KM3 的动断辅助触头接触不良 4. 接触器 KM2 的线圈断路或连接导线接头松动 5. 接触器 KM2 的主触头接触不良	1. 检修触头或更换开关 2. 检修或更换触头 3. 检修或更换辅助触头 4. 查明原因，检修线圈或紧固接头 5. 检修或更换主触头
摇臂下降时，电动机 M3 不能启动	1. 十字开关 SA 的触头接触不良 2. 行程开关 SQ3 的动断触头接触不良 3. 接触器 KM2 的动断辅助触头接触不良 4. 接触器 KM3 的线圈断路或连接导线接头松动 5. 接触器 KM3 的主触头接触不良	1. 检修触头或更换开关 2. 检修或更换触头 3. 检修或更换辅助触头 4. 查明原因，检修线圈或紧固接头 5. 检修或更换主触头
摇臂上升（或下降）夹紧后，电动机 M3 仍正反转重复不停	鼓形开关 SQ2 上的两副动合静触头的位置调整不当，使它们不能及时分断	重新调整鼓形开关上的两副动合静触头的位置
摇臂升降后不能充分夹紧	1. 鼓形开关 SQ2 上压紧动触头的螺钉松动 2. 鼓形开关 SQ2 上的动触头发生弯曲、磨损造成接触不良 3. 鼓形开关 SQ2 上的两副动合静触头过早分断	1. 紧固压紧动触头的螺钉 2. 检修或更换动触头 3. 重新调整位置
摇臂上升（或下降）后不能按需要停止	鼓形开关 SQ2 上的动触头的位置调整不当	重新调整位置
立柱松紧电动机 M4 不能启动	1. 按钮 SB1 或 SB2 的触头接触不良 2. 接触器 KM4 或 KM5 的动断（常闭）辅助触头接触不良 3. 接触器 KM4 或 KM5 的主触头接触不良	1. 检修或更换按钮触头 2. 检修或更换辅助触头 3. 检修或更换主触头
立柱在放松或夹紧后，不能切除电动机 M4 的电源	接触器 KM4 或 KM5 的主触头发生熔焊	更换已熔焊的主触头

11.6　Z3040 型摇臂钻床电气控制电路

Z3040 型摇臂钻床的电气控制电路如图 11-6 所示。

该控制电路中，主轴电动机 M1 是由启动按钮 SB2 和停止按钮 SB1 及接触器 KM1 控制的。摇臂升降电动机 M2 和液压泵电动机 M3 是分别采用上升按钮 SB3 或下降按钮 SB4、时间继电器 KT、电磁铁 YA、限位开关 SQ2 和 SQ3、接触器 KM2（上升）或 KM3（下降），以及接触器 KM4 和 KM5 进行控制的，其中时间继电器 KT 的作用是控制接触器 KM5 的吸

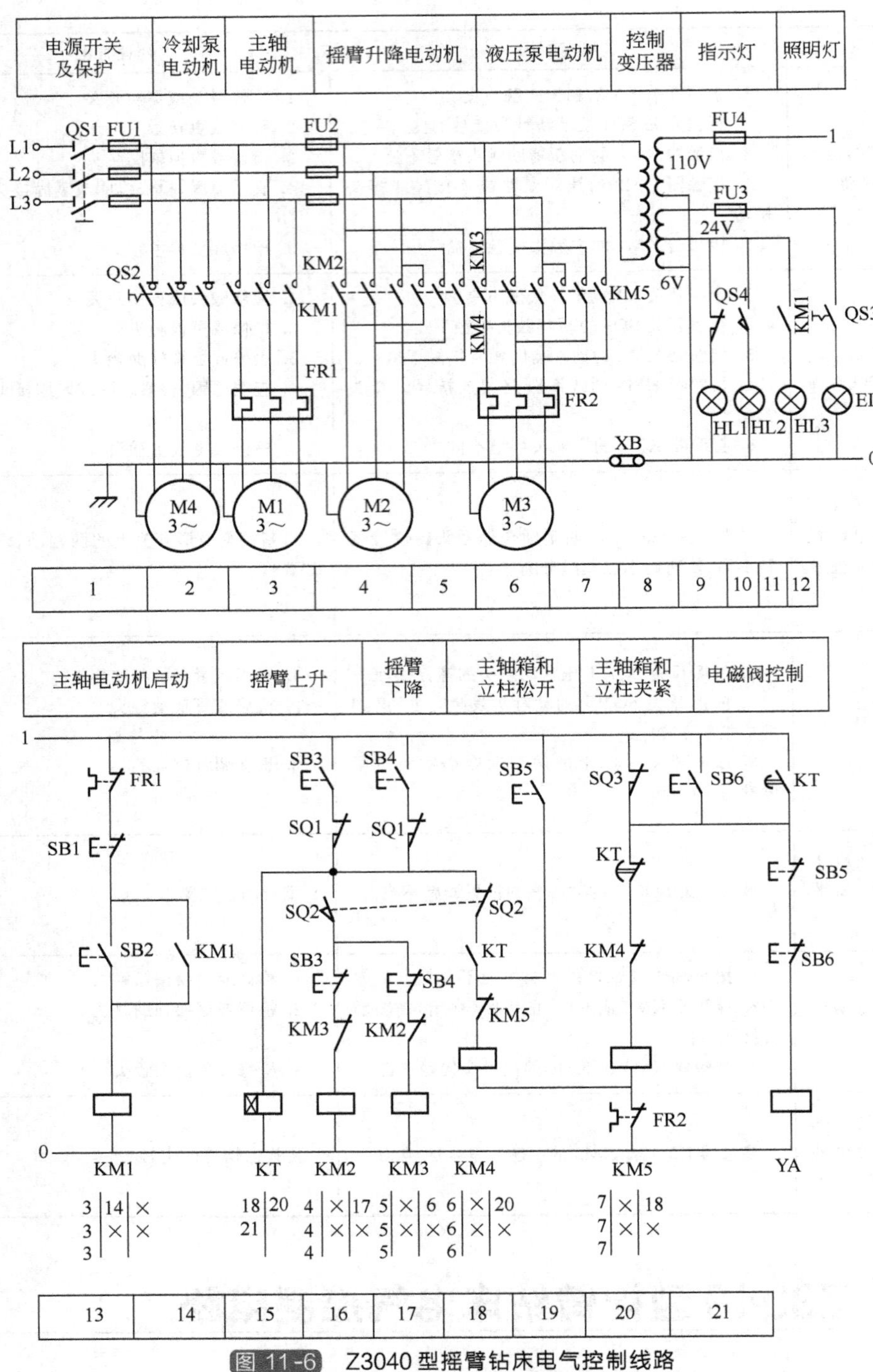

图 11-6 Z3040 型摇臂钻床电气控制线路

合时间，使电动机 M2 停转后，再夹紧摇臂。立柱、主轴箱的松开或夹紧是同时进行的，其控制过程如下：按松开按钮 SB5（或夹紧按钮 SB6），接触器 KM4（或 KM5）得电吸合，液压泵电动机 M3 得电旋转，供给压力油，压力油经二位六通阀（此时电磁铁 YA 处于释放状态）进入立柱夹紧及松开油缸和主轴箱夹紧及松开油缸，推动活塞和菱形块，使立柱和主轴箱分别松开（或夹紧）。冷却泵电动机 M4 是由转换开关 QS2 直接控制的。Z3040 型摇臂钻床电气控制电路常见故障及其排除方法见表 11-5。

表 11-5　Z3040 型摇臂钻床电气控制电路常见故障及其排除方法

故障现象	可能原因	处理方法
所有电动机都不能启动	1. 熔断器 FU1 或 FU2 的熔体熔断或接头松动 2. 总电源开关 QS1 接触不良 3. 控制变压器 TC 的绕组断路或短路	1. 查明原因，更换同规格熔体或紧固接头 2. 检修接线与触点 3. 检修或更换变压器
主轴电动机不能启动	1. 热继电器 FR1 动作 2. 热继电器 FR1 的动断触头接触不良 3. 按钮 SB1 和 SB2 的触头接触不良或连接线松脱 4. 接触器 KM1 的线圈断路或接头松动 5. 接触器 KM1 的三副主触头接触不良 6. 连接电动机的导线松动或脱落	1. 查明动作原因，予以排除 2. 检修或更换触头 3. 检修触头或紧固连接线 4. 查明原因，检修线圈或紧固接头 5. 检修或更换主触头 6. 紧固连接电动机的导线
立柱、主轴箱的松开和夹紧与标牌指示相反	三相电源的相序接错	将三相电源线中任意两相更换
摇臂松开后不能升降	1. 限位开关 SQ2 的动合触头接触不良或位置调整不当 2. 接触器 KM2（或 KM3）的线圈断路或接头松动 3. 接触器 KM2（或 KM3）的主触头接触不良 4. 连接升降电动机 M2 的导线松动或脱落	1. 查明原因，检修触头或重新调整位置 2. 查明原因，检修线圈或紧固接头 3. 检修或更换主触头 4. 紧固连接电动机的导线
摇臂升（或降）后不能夹紧	1. 限位开关 SQ3 或接触器 KM4 的动断触头接触不良 2. 时间继电器 KT 的延时闭合的动断触头接触不良 3. 接触器 KM5 的线圈断路或接头松动 4. 接触器 KM5 的三副主触头接触不良	1. 查明原因，检修或更换触头 2. 检修或更换触头 3. 查明原因，检修线圈或紧固接头 4. 检修或更换主触头
摇臂升（或降）后夹紧过头	限位开关 SQ3 的位置调整不当	重新调整限位开关的位置

11.7　X52K 型立式升降台铣床电气控制电路

X52K 型立式升降台铣床的电气控制电路如图 11-7 所示。

该控制电路中，主轴电动机 M1 是由启动按钮 SB1 和 SB2、停止按钮 SB3 和 SB4、接触器 KM2 以及转换开关 SA5 和接触器 KM1 等进行控制的，其中转换开关 SA5 用于主轴电动机 M1 的正反转换控制，接触器 KM1 用于主轴电动机 M1 的能耗制动，能耗制动的直流电源由桥式整流器 VC 供给。工作台进给电动机 M3 的控制方式为：接触器 KM4 吸合使电动机 M3 正转，工作台可向右、向前或向下进给，接触器 KM5 吸合使电动机 M3 反转，工作

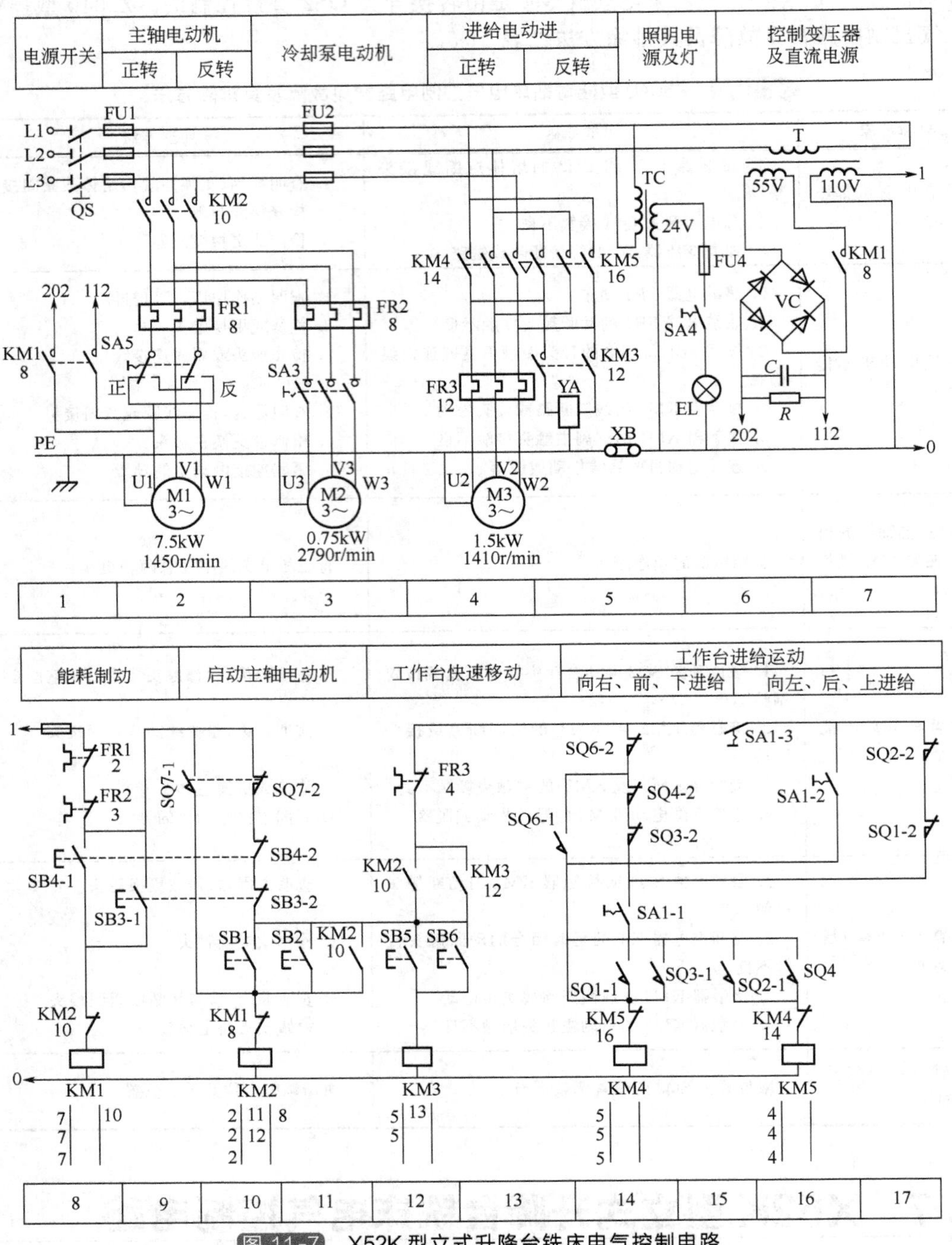

图 11-7 X52K 型立式升降台铣床电气控制电路

台可向左、向后或向上进给。工作台还可以快速移动，快速移动用按钮 SB5 或 SB6、接触器 KM3 和电磁铁 YA 进行控制，工作台的快速移动和进给运动由同一台电动机 M3 拖动。冷却泵电动机 M2 用转换开关 SA3 操纵，合上 SA3，当接触器 KM2 吸合时，冷却泵电动机 M2 与主轴电动机 M1 同时启动。X52K 型立式升降台铣床电气控制电路常见故障及其排除方法见表 11-6。

表 11-6 X52K 型立式升降台铣床电气控制电路常见故障及其排除方法

故障现象	可能原因	处理方法
所有电动机都不能启动	1. 转换开关 QS 接触不良 2. 控制变压器 TC 的绕组断路或短路 3. 熔断器 FU1 或 FU2 的熔体熔断或接头松动	1. 检修或更换转换开关 2. 检修或更换变压器 3. 查明原因，更换同规格熔体或紧固接头
主轴电动机不能启动	1. 热继电器 FR1 或 FR2 的动断触头接触不良 2. 按钮 SB4-2、SB1（或 SB2）的触头接触不良或连接线松脱 3. 行程开关 SQ7-2 的动断触头接触不良 4. 接触器 KM1 的动断辅助触头接触不良 5. 接触器 KM2 的线圈断路或接头松动 6. 接触器 KM2 的三副主触头接触不良 7. 转换开关 SA5 接触不良 8. 连接电动机的导线松动或脱落	1. 检修或更换触头 2. 查明原因，检修触头或紧固连接线 3. 检修或更换触头 4. 检修或更换辅助触头 5. 查明原因，检修线圈或紧固接头 6. 检修或更换主触头 7. 检修转换开关 8. 紧固连接电动机的导线
主轴变速时无冲动过程	1. 行程开关 SQ7-1 闭合不好 2. 机械顶销未压合 SQ7	1. 检查 SQ7-1 的触点，使其闭合 2. 检修机械顶销，使其压合 SQ7
主轴电动机停车时无制动	1. 按钮 SB4-1 或 SB3-1 接触不良 2. 接触器 KM2 的动断辅助触头接触不良 3. 接触器 KM1 的线圈断路或接头松动 4. 接触器 KM1 的主触头接触不良 5. 桥式整流器 VC 短路或断路	1. 检修或更换按钮 2. 检修或更换辅助触头 3. 查明原因，检修线圈或紧固接头 4. 检修或更换主触头 5. 更换整流元件
进给电动机 M3 正反向均不能启动	1. 热继电器 FR3 的动断触头接触不良 2. 转换开关 SA1-1 接触不良	1. 检修触头或更换热继电器 2. 检修转换开关

11.8 X62W 型万能铣床电气控制电路

X62W 型万能铣床的电气控制电路如图 11-8 所示。

该控制电路中，主轴电动机 M1 由以下电器开关进行控制：SB3 和 SB4 是两地控制的启动按钮，SB1 和 SB2 是两地控制的停止按钮，KM1 是主轴电动机 M1 的启动接触器，KM2 是主轴电动机 M1 的反接制动接触器，SA4 是主轴转向转换开关，SQ7 是主轴变速冲动行程开关，KV 是速度继电器，用于主轴电动机 M1 的反接制动。工作台进给电动机 M2 是由转换开关 SA1、行程开关 SQ3、SQ4 及接触器 KM3、KM4 进行控制的。工作台的快速移动是由快速移动按钮 SB5 或 SB6、接触器 KM5 及牵引电磁铁 YA 进行控制的，工作台的快速移动和进给运动由同一台电动机 M2 拖动。冷却泵电动机 M3 是采用转换开关 SA3 和接触器 KM6 进行控制的。X62W 型万能铣床电气控制电路常见故障及其排除方法见表 11-7。

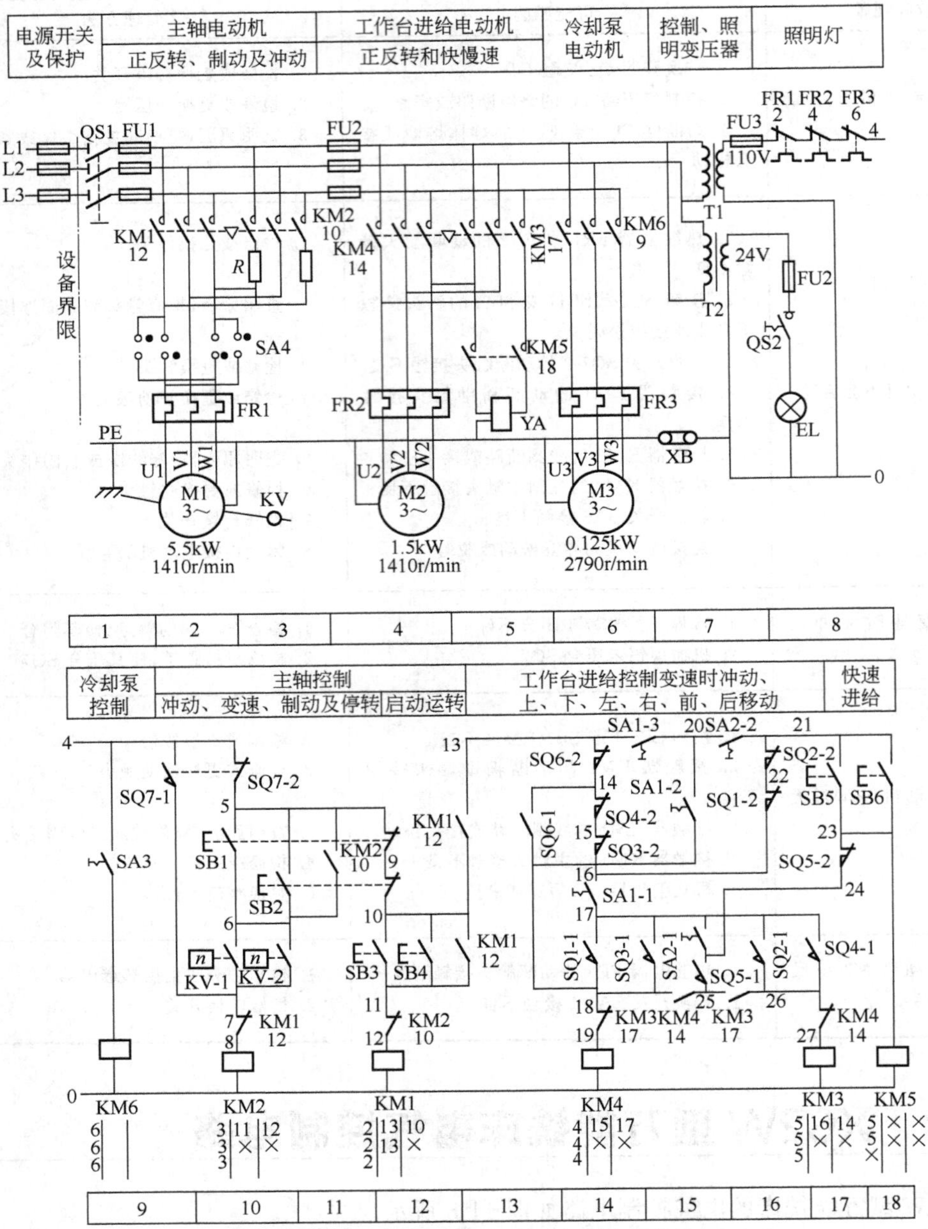
电源开关及保护
主轴电动机
正反转、制动及冲动
工作台进给电动机
正反转和快慢速
冷却泵电动机
控制、照明变压器
照明灯
设备界限
M1 3～ 5.5kW 1410r/min
M2 3～ 1.5kW 1410r/min
M3 3～ 0.125kW 2790r/min
1 2 3 4 5 6 7 8
冷却泵控制
主轴控制
冲动、变速、制动及停转
启动运转
工作台进给控制变速时冲动、上、下、左、右、前、后移动
快速进给
9 10 11 12 13 14 15 16 17 18

图 11-8 X62W 型万能铣床电气控制线路

表 11-7 X62W 型万能铣床电气控制电路常见故障及其排除方法

故障现象	可能原因	处理方法
按停止按钮后主轴不停	1. 接触器 KM1 的主触头发生熔焊 2. 制动接触器 KM2 的主触头中有一相接触不良	1. 更换已熔焊的主触头 2. 查明原因，检修或更换主触头

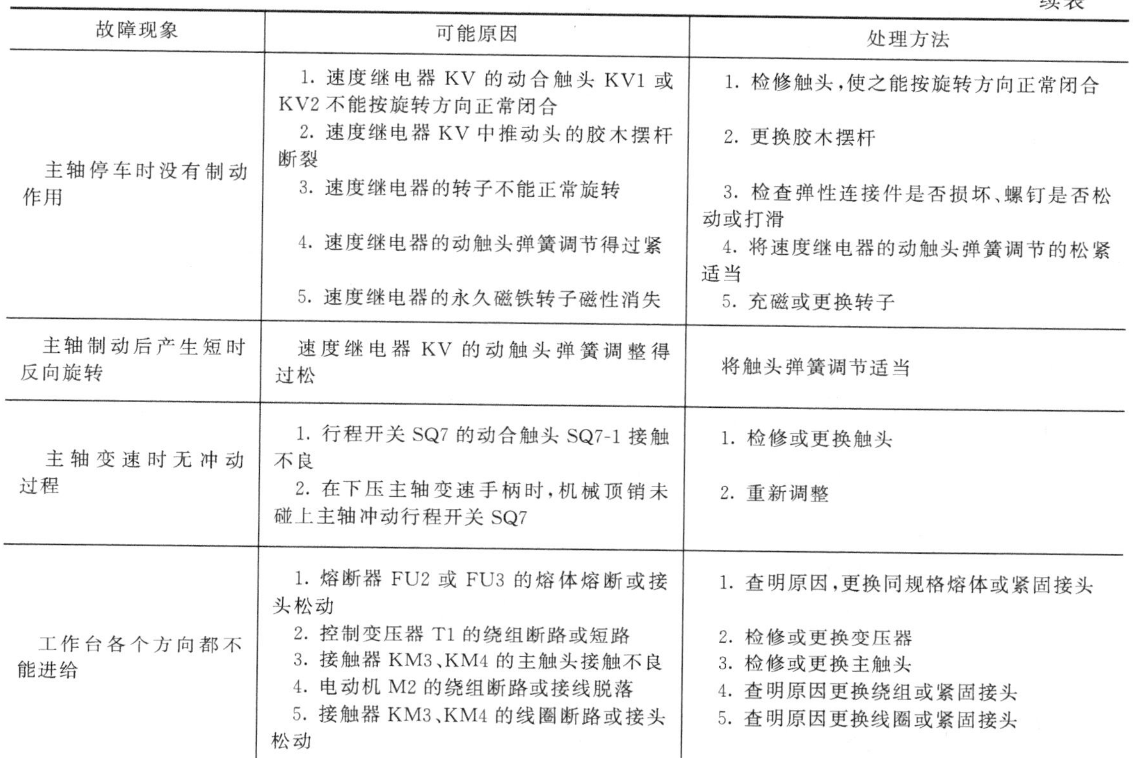

续表

故障现象	可能原因	处理方法
主轴停车时没有制动作用	1. 速度继电器 KV 的动合触头 KV1 或 KV2 不能按旋转方向正常闭合 2. 速度继电器 KV 中推动头的胶木摆杆断裂 3. 速度继电器的转子不能正常旋转 4. 速度继电器的动触头弹簧调节得过紧 5. 速度继电器的永久磁铁转子磁性消失	1. 检修触头，使之能按旋转方向正常闭合 2. 更换胶木摆杆 3. 检查弹性连接件是否损坏、螺钉是否松动或打滑 4. 将速度继电器的动触头弹簧调节的松紧适当 5. 充磁或更换转子
主轴制动后产生短时反向旋转	速度继电器 KV 的动触头弹簧调整得过松	将触头弹簧调节适当
主轴变速时无冲动过程	1. 行程开关 SQ7 的动合触头 SQ7-1 接触不良 2. 在下压主轴变速手柄时，机械顶销未碰上主轴冲动行程开关 SQ7	1. 检修或更换触头 2. 重新调整
工作台各个方向都不能进给	1. 熔断器 FU2 或 FU3 的熔体熔断或接头松动 2. 控制变压器 T1 的绕组断路或短路 3. 接触器 KM3、KM4 的主触头接触不良 4. 电动机 M2 的绕组断路或接线脱落 5. 接触器 KM3、KM4 的线圈断路或接头松动	1. 查明原因，更换同规格熔体或紧固接头 2. 检修或更换变压器 3. 检修或更换主触头 4. 查明原因更换绕组或紧固接头 5. 查明原因更换线圈或紧固接头

11.9 T68 型卧式镗床电气控制电路

T68 型卧式镗床电气控制电路如图 11-9 所示。

该控制电路中，主轴电动机 M1 需低速正转时，由按钮 SB2、中间继电器 KA1、接触器 KM3、KM1、KM4 进行控制；主轴电动机 M1 需低速反转时，由按钮 SB3、中间继电器 KA2、接触器 KM3、KM2、KM4 进行控制。主轴电动机 M1 的高低速转换可通过变速手柄（即变速行程开关 SQ）控制，当接触器 KM4 吸合时，主轴电动机 M1 低速运行；当接触器 KM5 吸合时，主轴电动机高速运行。进给电动机 M2 的控制方式：将快速移动操纵手柄向里推时，压合行程开关 SQ8，接触器 KM6 吸合，电动机 M2 正转启动，实现正向快速移动；将快速移动操纵手柄向外拉时，压合行程开关 SQ7，接触器 KM7 吸合，电动机 M2 反向启动，实现反向快速移动。T68 型卧式镗床电气控制电路常见故障及其排除方法见表 11-8。

表 11-8　T68 型卧式镗床电气控制电路常见故障及其排除方法

故障现象	可能原因	排除方法
主轴电动机 M1 正转方向不能启动	1. 正转启动按钮 SB2 接触不良 2. 停止按钮 SB1 的动断触头接触不良 3. 行程开关 SQ1 的动断触头接触不良 4. 热继电器 FR 的动断触头接触不良 5. 继电器 KA1 的线圈断路或接头松动 6. 继电器 KA2 的动断触头接触不良	1. 检修或更换按钮 SB2 2. 检修或更换按钮 SB1 3. 检修或更换行程开关 4. 查明原因，检修或更换触头 5. 查明原因，更换线圈或紧固接头 6. 检修或更换触头

续表

故障现象	可能原因	排除方法
主轴电动机 M1 只有低速挡，没有高速挡	1. 微动开关 SQ 的动合触头接触不良 2. 时间继电器 KT 的线圈断路或接头松动 3. 时间继电器 KT 的延时闭合的动合触头接触不良 4. 接触器 KM4 的动断辅助触头接触不良 5. 接触器 KM5 的线圈断路或接头松动 6. 接触器 KM5 的主触头接触不良	1. 检修或更换微动开关 2. 查明原因，更换线圈或紧固接头 3. 检修或更换触头 4. 检修或更换辅助触头 5. 查明原因，更换线圈或紧固接头 6. 检修或更换主触头

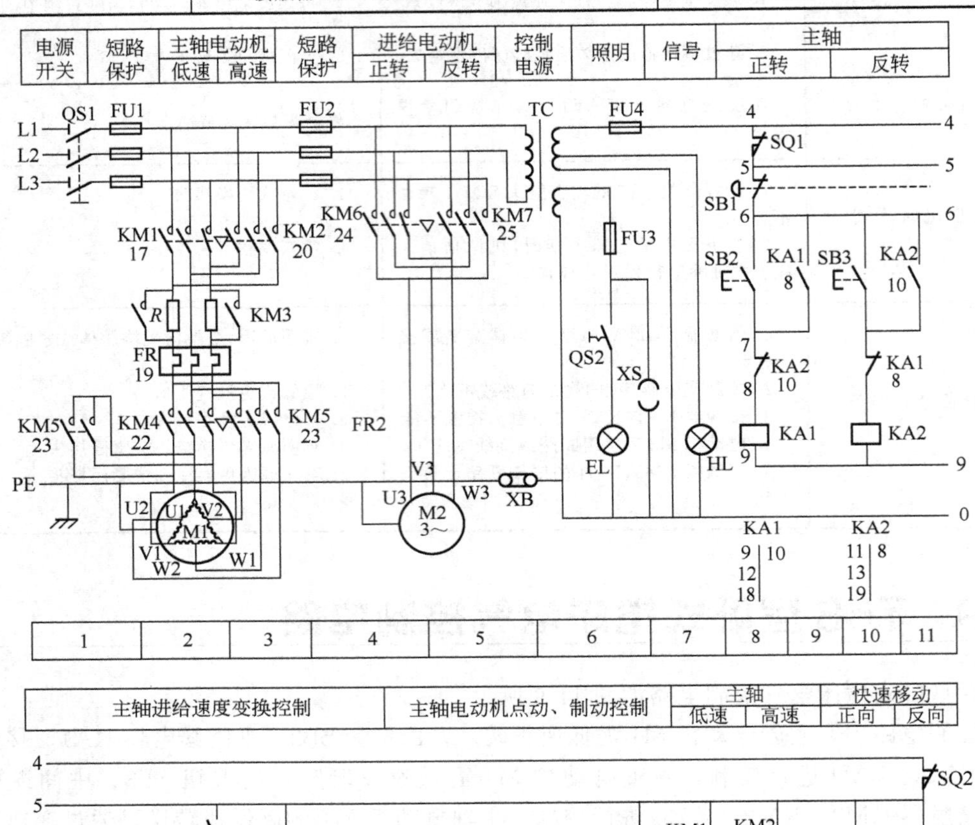

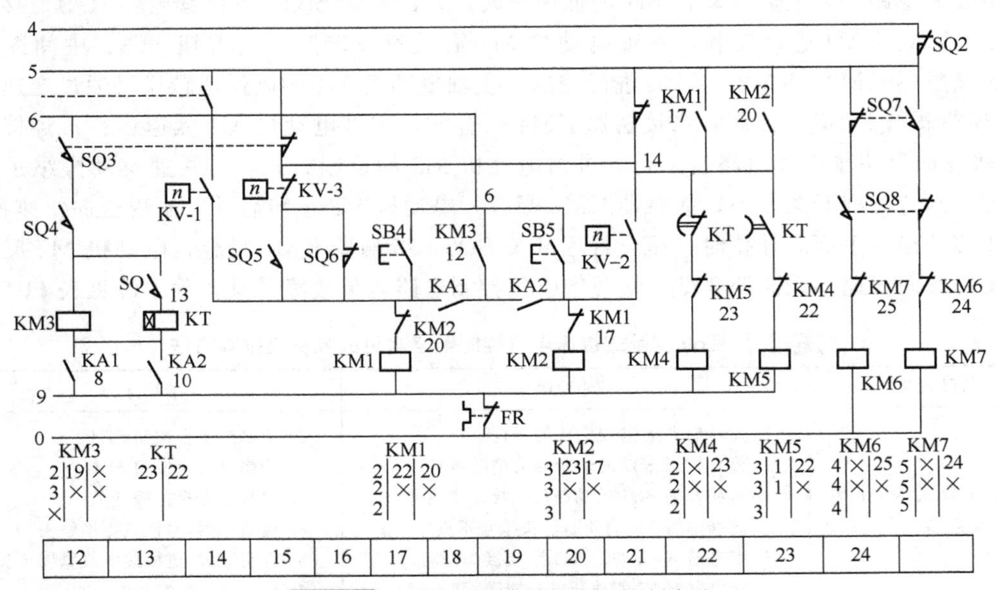

图 11-9 T68 型卧式镗床电气控制电路

11.10　Y3150 型滚齿机电气控制电路

Y3150 型滚齿机的电气控制电路如图 11-10 所示。

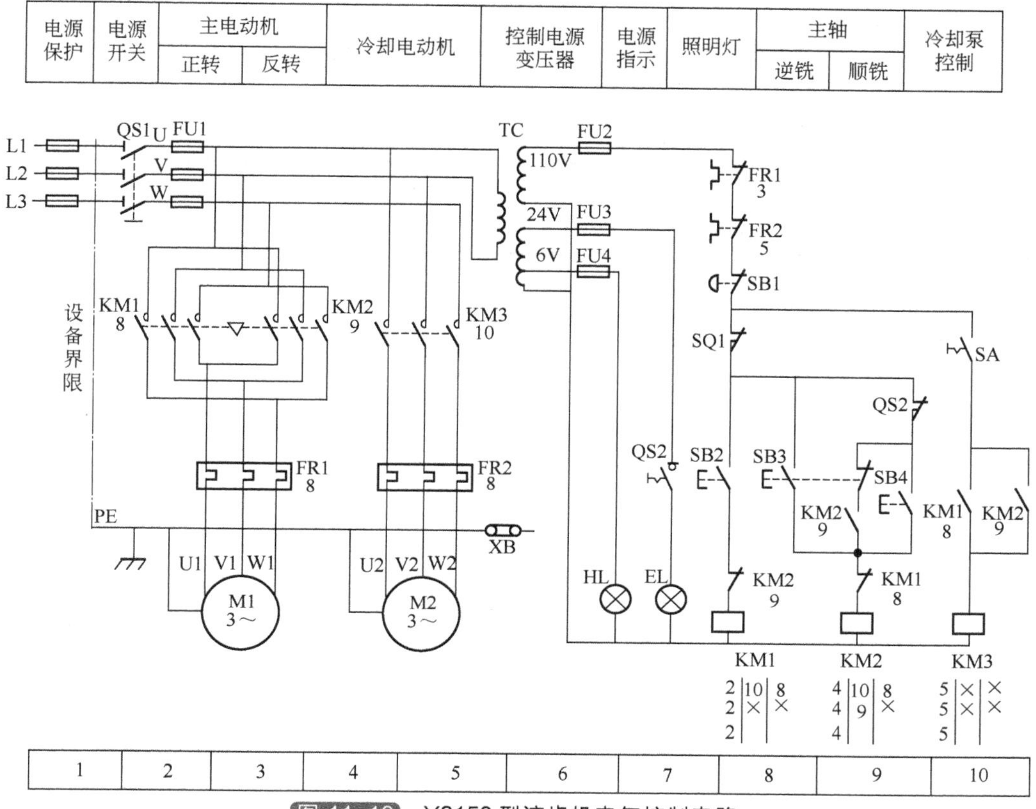

图 11-10　Y3150 型滚齿机电气控制电路

该控制电路中，主轴电动机 M1 是由启动按钮 SB4、点动按钮 SB2 和 SB3、接触器 KM1 和 KM2 及行程开关 SQ1 和 SQ2 等进行控制的。其中 SQ1 为滚刀架工作行程的极限开关、SQ2 为终点极限开关。冷却泵电动机 M2 是由控制开关 SA、接触器 KM3 等进行控制的，只有主轴电动机 M1 启动后，合上控制开关 SA，电动机 M2 才能启动。Y3150 型滚齿机电气控制电路常见故障及其排除方法见表 11-9。

表 11-9　Y3150 型滚齿机电气控制电路常见故障及其排除方法

故障现象	原因	排除方法
主轴电动机 M1 不能启动	1. 熔断器 FU1 或 FU2 的熔体熔断或接头松动 2. 热继电器 FR1 或 FR2 的动断触头接触不良 3. 行程开关 SQ1 的动断触头接触不良 4. 停止按钮 SB1 的动断触头接触不良 5. 接触器 KM1 的动断辅助触头接触不良 6. 接触器 KM2 的线圈断路或接头松动 7. 接触器 KM2 的主触头接触不良	1. 查明原因，更换同规格熔体或紧固接头 2. 检修或更换触头 3. 检修或更换行程开关 4. 检修或更换按钮 5. 修复或更换辅助触头 6. 查明原因，更换线圈或紧固接头 7. 修复或更换主触头

续表

故障现象	原因	排除方法
工件加工完毕后不能自动停车	行程开关 SQ2 未断开	调整挡铁位置或修复行程开关
刀架不能升降或只能作单向移动	1. 点动按钮 SB2 或 SB3 接触不良 2. 接触器 KM1 或 KM2 的动断辅助触头接触不良	1. 检修或更换按钮 2. 修复或更换辅助触头
冷却泵电动机 M2 不能启动	1. 控制开关 SA 接触不良 2. 接触器 KM1 和 KM2 的动合辅助触头接触不良 3.接触器 KM3 的线圈断路或接头松动	1. 修复或更换控制开关 2. 检修或更换辅助触头 3. 查明原因,更换线圈或紧固接头

第12章 建筑电气工程图

12.1 建筑电气工程图概述

12.1.1 建筑电气工程图的用途与分类

12.1.1.1 建筑电气工程的定义

电气工程的门类很多，细分起来有几十种。其中，我们常把电器装置安装工程中的变配电装置、35kV以下架空线路和电缆线路、照明、动力、桥式起重机电气线路、电梯、通信、广播电视系统、火灾自动报警及自动化消防系统、防盗保安系统、空调及冷库电气控制装置、建筑物内微机检测控制系统及自动化仪表等，与建筑物关联的新建、扩建和改造的电气工程通称为建筑电气工程。

12.1.1.2 建筑电气工程图的用途

电气工程图是阐述电气工程的结构和功能，描述电气装置的工作原理，提供安装接线和维护使用信息的施工图。由于每一项电气工程的规模不同，所以反映该项工程的电气图种类和数量也不尽相同，通常一项工程的电气工程图由许多部分组成。

12.1.1.3 建筑工程图的分类

不同的建筑电气工程，图纸的数量和种类也不同。常用的建筑电气工程图有以下几种：

（1）目录、说明、图例、设备材料明细表

① 图纸目录　图纸目录包括序号、图名、图纸编号、数量等。

② 设计说明（又称施工说明）　设计说明主要阐述电气工程设计依据、工程要求、施工原则与方法、建筑特点、电气安装标准、安装方法、工程等级、工艺要求及有关设计的补充说明等内容。即设计说明主要标注图中交代不清或没有必要用图表示的要求、标准、规范等。

③ 图例（即图形符号）　图例是用表格的形式列出本套图纸中使用的图形符号或文字符号的，目的是使读图者容易读懂图样。

④ 设备材料明细表　设备材料明细表列出了该项电气工程所用的设备和材料的名称、型号、规格、数量、具体要求或产地等，供设计概算及施工预算时参考。但是表中的数量一

般只作为概算估计数，不作为设备和材料的供货依据。

(2) 电气系统图

电气系统图是用单线图表示电能或电信号按回路分配出去的图样，主要表示各个回路的名称、用途、容量以及主要电气设备、开关元件及导线电缆的规格型号等。通过电气系统图可以知道该系统的回路个数及主要用电设备的容量、控制方式等。即电气系统图一般只表示电气回路中各元件的连接关系，不表示元件的具体情况、安装位置和接线情况。

电气系统图有变配电系统图、动力系统图、照明系统图和弱电系统图等，反映了电气工程的供电方式、电能输送分配控制系统和设备运行情况及建筑物的配电情况。

建筑电气工程中电气系统图用的很多，动力、照明、变配电装置、通信广播、电缆电视、火灾报警、防盗保安、微机监控、自动化仪表等都要用到系统图。

(3) 电气平面图

电气设备平面图（又称电气安装平面图）简称电气平面图。建筑电气平面图是在建筑物的平面图上标出电气设备、元件、管线实际布置的图样，主要表示其安装位置、安装方式、规格型号数量及接地网等。通过平面图可以知道每幢建筑物及其各个不同的标高上装设的电气设备、元件及其管线等。

电气平面图有变配电所平面图、动力平面图、照明平面图、弱电平面图、防雷平面图、接地平面图等。电气平面图表明了电气线路、设备和装置的平面布置，是进行电气安装的主要依据。

电气总平面图是在建筑总平面图上表示电源及电力负荷分布的图样，主要表示各建筑物的名称或用途、电力负荷的装机容量、电气线路的走向及变配电装置的位置、容量和电源进户的方向等。通过电气总平面图可了解该项工程的概况，掌握电气负荷的分布及电源装置等。一般大型工程都有电气总平面图，中小型工程则由动力平面图或照明平面图代替。

(4) 设备布置图

设备布置图表明了各种电气设备和元件的空间位置、安装方式和相互关系，通常由平面图、立体图、剖面图及各种构件详图等组成。

(5) 安装接线图

安装接线图又称为安装配线图，表明了电气线路、各种电气设备和元件的安装位置、配线方式、接线方法、配线场所特征等。即安装接线图是用来表示设备元件外部接线以及设备元件之间接线的。通过安装接线图可以知道系统控制的接线及控制电缆、控制线的走向及布置等。动力、变配电装置、火灾报警、防盗保安、微机监控、自动化仪表、电梯等都要用到接线图。一些简单的控制系统一般没有接线图。

(6) 电气原理图

电气原理图又称为展开原理图或控制原理图。电气原理图是单独用来表示电气设备及元件控制方式及其控制线路的图样。由于电气原理图说明的是某一电气系统或设备的工作原理，所以其按各个部分的动作原理绘制，主要表示电气设备及元件的启动、保护、信号、联锁、自动控制及测量等。通过电气原理图可以知道各设备元件的工作原理、控制方式，还可以很清楚地看出整个系统的动作顺序，掌握建筑物的功能实现的方法等。

(7) 大样图

大样图（又称详图）一般是用来表示某一具体部位或某一设备元件的结构或具体安装方法的，通过大样图可以了解该项工程的复杂程度。一般非标的控制柜、箱，检测元件和架空线路的安装等都要用到大样图，大样图通常均采用标准通用图集。其中剖面图也是大样图的一种。

(8) 电缆清册

电缆清册是用表格的形式表示该系统中电源的规格、型号、数量、走向、敷设方法、头尾接线部位等内容的，一般使用电缆较多的工程均有电缆清册，简单的工程通常没有电缆清册。

上述图样类别具体到工程上则按工程的规模大小、难易程度等原因有所不同，其中系统图、平面图、原理图是必不可少的，也是读图的重点，是掌握工程进度、质量、投资及编制施工组织设计和预决算书的主要依据。

12.1.2　建筑电气工程图的主要特点

建筑电气工程图是建筑电气工程造价和安装施工的重要依据，建筑电气工程图既有建筑图、电气图的特点，又有一定的区别。建筑电气工程中最常用的图有系统图；位置简图，如施工平面图；电路图，如控制原理图等。建筑电气工程图的特点如下：

(1) 突出电气内容

建筑电气工程图中既有建筑物，又有电气的相关内容。通常以电气为主，建筑为辅。建筑电气工程图大多采用统一的图形符号，并加注文字符号绘制。为使图中主次分明，电气图形符号常画成粗实线，并详细标注出文字符号及型号规格，而对建筑物则用细实线绘制，只画出与电气工程安装有关的轮廓线，标注出与电气工程安装有关的主要尺寸。

(2) 绘图方法不同

建筑图必须用正投影法按一定比例画出，建筑电气工程图通常不考虑电气装置实物的形状及大小，而只考虑其位置，并用图形符号或装置轮廓表示和绘制。建筑电气工程图大多是采用统一的图形符号并加注文字符号绘制出来的，属于简图。任何电路都必须构成回路。电路应包括电源、用电设备、导线和开关控制设备四个组成部分。

(3) 接线方式不同

一般电气接线图所表示的是电气设备端子之间的接线关系，建筑电气工程图中的电气接线图则主要表示电气设备的相互位置，其间的连接线一般只表示设备之间的相互连接，而不注明端子间的连接。电路的电气设备和元件都是通过导线连接起来的，导线可长可短，能够比较方便地跨越较远的距离。

建筑电气工程图不像机械工程图或建筑工程图那样集中、直观。有时电气设备安装位置在 A 处，而控制设备的信号装置、操作开关则可能在很远的 B 处，两者可能不在同一张图纸上，需要对照阅读。

(4) 连接使用不同

在表示连接关系时，一般电气接线图可采用连续线、中断线，也可以采用单线或多线表示；但在建筑电气工程的电气接线图中，只采用连续线，且一般都用单线表示，其导线实际根数按绘图规定方法注明。

(5) 图间关系复杂

建筑电气工程施工是与主体工程及其他安装工程施工相互配合进行的，所以建筑电气工程图与建筑结构图及其他安装工程图不能发生冲突，例如，线路的走向与建筑结构的梁、柱、门、窗、楼板的位置及走向有关联，还与管道的规格、用途及走向等有关，尤其是对于一些暗敷的线路、各种电气预埋件及电气设备基础更与土建工程密切相关。

12.1.3 建筑电气工程图的制图规则

建筑电气工程图在选用图形符号时，应遵守以下使用规则。

① 图形符号的大小和方位可根据图面布置确定，但不应改变其含义，而且符号中的文字和指示方向应符合读图要求。

② 在绝大多数情况下，符号的含义由其形式决定，而符号的大小和图线的宽度一般不影响符号的含义。有时为了强调某些方面，或者为了便于补充信息，允许采用不同大小的符号，改变彼此有关的符号的尺寸，但符号间及符号本身的比例应保持不变。

③ 在满足需要的前提下，尽量采用最简单的形式。对于电路图，必须使用完整形式的图形符号来详细表示。

④ 在同一张电气图样中只能选用一种图形形式，图形符号的大小和线条的粗细亦应基本一致。

12.1.4 建筑电气工程图的识读

(1) 识读方法

① 因为构成建筑电气工程的设备、元件、线路很多，结构类型不同，安装方法相异，所以建筑电气工程图是使用统一的图形符号和文字符号绘制的。所以，阅读建筑电气工程图，就必须先明确和熟悉这些图形符号、文字符号和项目代号所代表的内容、含义以及它们之间的相互关系。

② 建筑电气工程图不像机械工程图或建筑工程图那样集中、直观。在建筑电气工程图中有的电气设备安装位置在A处，而其控制设备的信号装置、操作开关则可能在很远的B处，两者可能不在同一张图纸上，因而需将各相关的图纸联系起来，对照阅读，才能很快实现读图的目的。通常应通过系统图、电路图找联系，通过布置图、接线图找位置。

③ 由于在建筑电气工程图中，线路的走向与建筑结构的梁、柱、门、窗、楼板的位置及走向有关联，还与管道的规格、用途及走向等有关，尤其是对于一些暗敷的线路、各种电气预埋件及电气设备基础更与土建工程密切相关。因此，阅读建筑电气工程图时，需要对应阅读一些相关的土建工程图、管道工程图，以了解相互之间的配合关系。

④ 在建筑电气工程图中，空间高度通常是用文字标注的，因而读图时首先要建立起空间立体概念。

⑤ 因为在建筑电气工程图中，图形符号无法反映设备的型号、尺寸，所以设备的型号、尺寸应通过阅读设备手册或设备说明书获得。

⑥ 由于建筑电气工程图中的图形符号所绘制的位置并不一定是按比例给定的，它仅代表设备出线端口的位置，所以在安装设备时，要根据实际情况定位。

⑦ 建筑电气工程施工往往与主体工程及其他安装工程施工配合进行，所以，应将建筑电气工程图与有关土建工程图、管道工程图等对应起来阅读。

⑧ 阅读电气工程图的一个主要目的是用来编制工程预算和施工方案。因此，应能看懂建筑施工图。应掌握各种电气工程图的特点，并将有关图纸对应起来阅读。而且还应了解有关电气工程图的标准，学会查阅有关电气装置标准图集。

(2) 识图步骤

阅读建筑电气工程图时，可按以下步骤识读，然后再重点阅读。

① 先看标题栏及图纸目录。了解工程的名称、项目内容、设计日期及图纸数量和大致

内容等。

② 仔细阅读图纸说明，如项目内容、设计日期、工程概况、设计依据、设备材料表等。了解供电电源的来源、电压等级、线路敷设方式、设备安装高度及安装方式、补充使用的非国标图形符号、施工注意事项等。有些分项的局部问题是在分项工程图纸上说明的，所以看图纸时要先看设计说明。

③ 看系统图和框图，了解系统的基本组成、相互关系及主要特征等。识读系统图的目的是了解系统的组成、主要电气设备、元件等连接关系及其规格、型号、参数等，以便掌握该系统的组成概况。

④ 阅读平面布置图。平面布置图是建筑电气工程图纸中的重要图纸之一，是用来表示设备安装位置、线路敷设及所用导线型号、规格、数量、电线管的管径大小等的图纸。通过阅读系统图，就可依据平面布置图编制工程预算和施工方案。阅读平面布置图时，一般可按以下步骤：进线→总配电箱→干线→分配电箱→支线→用电设备。

⑤ 阅读电气原理图，这也是读图识图的重点和难点。通过阅读电气原理图，可以清楚各系统中用电设备的电气控制原理，以便指导设备的安装和进行控制系统的调试工作。由于电气原理图一般是采用功能布局法绘制的，所以看图时应依据功能关系从上至下或从左至右仔细阅读。对于电路中各电器的性能和特点要提前熟悉，这对读懂图纸是非常有利的。

对于较为复杂的电路可分为多个基本电路逐个分析，最后将各个环节综合起来对整个电路进行分析。注意电路中有哪些保护环节。某些电路可以结合接线图来分析。

电气原理图是按原始状态绘制的，这时，线圈未通电、开关未闭合、按钮未按下，但看图时不能按原始状态分析，而应选择某一状态分析。

⑥ 细查安装接线图。从了解设备或电器的布置与接线入手，与电气原理图对应阅读，进行控制系统的配线和调校工作。

⑦ 观看安装大样图。安装大样图是用来详细表示设备安装方法的图纸，是进行安装施工和编制工程材料计划时的重要参考图纸。对于初学安装者更显重要，安装大样图多采用全国通用电气装置标准。

⑧ 了解设备材料表。设备材料表提供了工程所使用的设备、材料的型号、规格和数量，是编制购置设备、材料计划的重要依据之一。

为更好地利用图纸指导施工，使安装施工质量符合要求，还应阅读有关施工及验收规范、质量检验评定标准，以详细了解安装技术要求，保证施工质量。

12.2　建筑电气安装平面图

12.2.1　建筑电气安装平面图的用途与分类

12.2.1.1　用途

建筑电气安装平面图（简称建筑电气安装图或建筑电气平面图）是建筑电气工程图的一种，它是表示电气装置、设备、线路在建筑物中的安装位置、连接关系及其安装方法的图。

建筑电气安装平面图的用途如下：

① 建筑电气安装平面图是建筑电气装置安装的依据。例如，各电气装置、设备、线路的安装位置、接线、安装方法，及相应的设备编号、容量、型号、数量等，都是电气安装时必不可少的。

② 建筑电气安装平面图是电气设备订货及运行、维护管理的重要技术文件。

12.2.1.2 分类

（1）按表示方法分

① 正投影法 用正投影法表示，即按实物的形状、大小和位置，用正投影法绘制的图。

② 简图形式 用简图形式表示，即不考虑实物的形状和大小，只考虑其安装位置，按图形符号的布局对应于实物的实际位置而绘制的图。建筑电气安装图多数用简图表示。

（2）按表达内容分

① 平面图 某工厂 10kV 变电所平面图如图 12-1 所示。

② 断面图（剖面图）、立面图 建筑电气安装图大多用平面图表示，只有当用平面图表达不清时，才按需要画出断面图（剖面图）、立面图，某工厂 10kV 变电所立面布置图如图 12-2 所示。

（3）按功能分

① 供电总平面图 图中标出建筑物名称及动力、照明容量，定出架空线路的导线、走向、杆位、路灯，电缆线路的敷设方法；标出变、配电所的位置、编号和容量等。

② 变、配电所平面布置图 包括变、配电所高低压开关柜（屏）、变压器等设备的平、立（剖）面排列布置，母线布置及主要电气设备材料明细表等。

③ 动力平面图 包括配电干线、滑触线、接地干线的平面布置；导线型号、规格、敷设方式；配电箱、启动器、开关等的位置；引至用电设备的支线（用箭头示意）。

④ 照明平面图 包括照明干线、配电箱、灯具、开关、插座的平面布置，并注明用户名称和照度；由照明配电箱引至各个灯具和开关的支线。系统图应注明配电箱、开关、导线的连接方式、设备编号、容量、型号、规格及负载名称。

⑤ 电信设备安装平面图 如各种电话、电传及国际互联网通信网络，信号设备平面图等。

⑥ 建筑物防雷接地平面图 包括顶视平面图（对于复杂形状的大型建筑物，还应绘制立面图，注出标高和主要尺寸）；避雷针、避雷带、接地线和接地体平面布置图，材料规格，相对位置尺寸；防雷接地平面图。

12.2.2 建筑电气安装平面图的特点

建筑电气安装图既有建筑图、电气图的特点，但相互又有一定的区别，其主要有如下特点。

① 要突出以电气为主。建筑电气图中表达的既有建筑（建筑物或构筑物），又有电气的相关内容，但以电气为主，建筑为辅。为了在图中做到主次分明，电气图形符号常画成中、粗实线，并详细标注出文字符号及型号规格，而对建筑物则用细实线绘制，只画出其与电气安装的轮廓线、剖面线，只标注出它与电气安装有关的主要尺寸。凡与表达电气的内容冲突时，建筑物的图线应避让。

② 图形符号用途不同。建筑电气安装平面图图形符号只用来表示电力、照明和电信设备、线路施工的平面布置图和规划图样，一般不用于概略图、电路图等功能图中。

③ 绘图表示方式不同。建筑图必须用正投影法按一定比例画出，而建筑电气安装图通常是不考虑电气装置实物的形状和大小，只考虑其位置，用电气图形符号表示而绘制的简图。

④ 接线方式不同。电气接线图所表示的是电气设备端子之间的接线，而建筑电气安装图则主要表示电气设备的相互位置，其间的连接线一般只表示设备之间的连接。

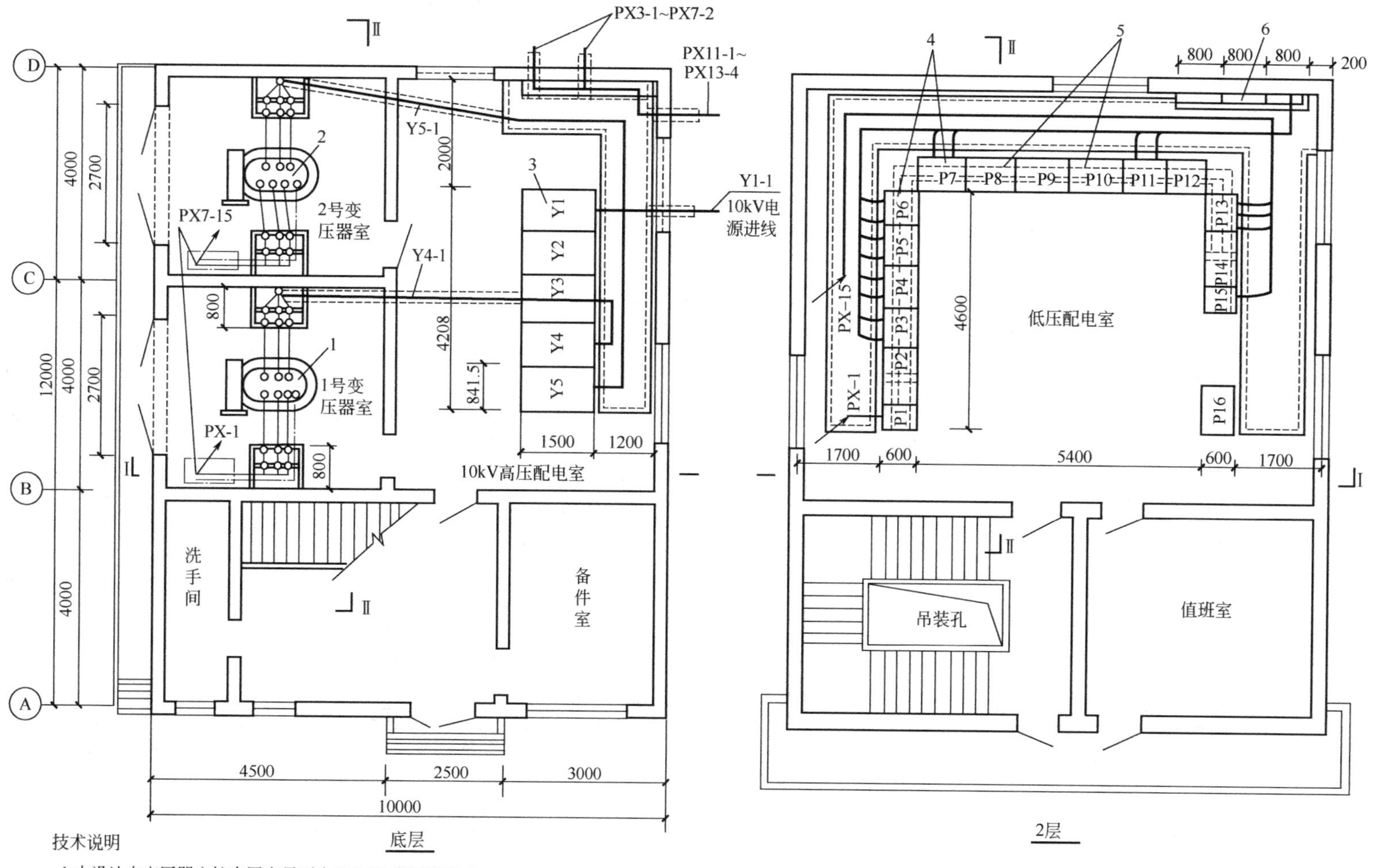

技术说明

1.本设计中变压器室按发展容量两台800kVA变压器考虑。

2.主要设备和材料明细表详见表12-1。

3.10kV的YJV29-10-3×35及3×70的交联塑料绝缘电力电缆的户内终端头，可采用干包，也可采用环氧树脂浇注法。

图12-1 某工厂10kV变电所平面布置图（1:75）

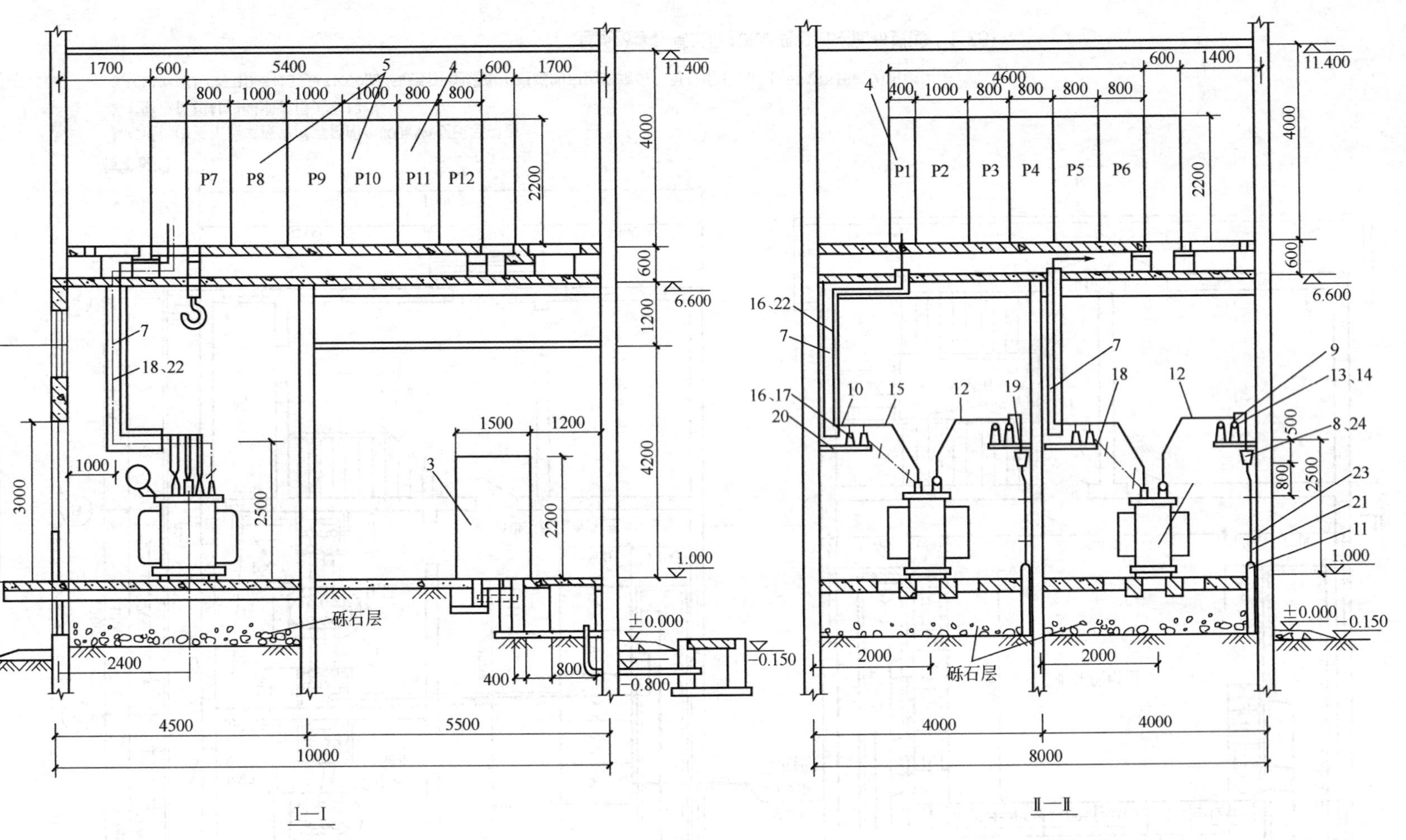

技术说明

变压器二次低压总进线电缆在ZTG-100/300型电缆梯架沿墙和楼板下沿敷设，用铁膨胀螺栓M12固定。

图12-2 某工厂10kV变电所立面布置图（1:75）

⑤ 连接线的使用不同。在表示连接关系时，电气接线图可以采用连续线、中断线，可以采用单线或多线表示，但在建筑电气安装图中，只采用连续线且一般都用单线表示（导线的实际根数按绘图规定方法注明）。

⑥ 在建筑电气安装平面图上，设备和线路通常不标注项目代号，但都标注了设备的编号、型号、规格、安装和敷设方式等。

⑦ 为了更清晰地表示电气平面图的布置，在建筑电气平面图上往往画出某些建筑构件、构筑物、地形地貌等的图形和位置，例如墙体、材料、门窗、楼梯、房间布置、必要的采暖通风和给排水管路、建筑物轴线及道路、河流桥梁、水域、森林、山脉等。

⑧ 建筑电气平面图是在建筑区域或建筑物平面图的基础上绘制出来的，因此图上的位置、图线等都与建筑平面图协调一致。

12.2.3　建筑电气安装平面图的绘制和表示方法

建筑电气安装平面图有其自身的特点，因而在绘制和表示方法上与建筑图或电气图既有联系，又有区别。其中图线及其应用、尺寸标注、比例等可以参考电气工程图的绘制和表示方法。下面简介建筑电气安装平面图的特点及有关绘制和表示方法。

（1）图名

建筑电气安装平面图的图样下方应标注图名，其格式如图 12-3 所示。“比例”书写在图名单右侧，其字号比图名的字号小 1 号或 2 号。必要时可将单位注写在比例的下方（凡是采用 mm 为单位的，图样中不必在标注单位），并用分式的形式表示，也可采用图 12-3(c) 所示的形式，其中“M”是“比例”的代号。

××车间动力平面布置图　　1∶100　　(a)

××车间照明平面布置图　　$\frac{1:100}{\text{cm}}$　　(b)

××防雷接地平面图　　(c)

M　1∶100　单位：cm

图 12-3　图名、比例、单位的标注格式举例

（2）安装标高等

建筑物各部分的高度常用标高表示。标高有绝对标高、相对标高和敷设（安装）标高三种。为简便起见，建筑图上通常都用相对标高，即把室内首层地坪面高度设定为相对标高的零点，记作“±0.000”，高于它的为正值（但一般不用注“+”号），表示高于地坪面多少；低于它的为负值（必须注明“−”号），表示低于地坪面多少。

标高的符号及用法见图 12-4，其中小三角形为等边三角形，高约 3～5mm；下面横线为某处高度的界线；标高数字注在小三角形外侧（按国标规定，标高单位为 m，精确到 mm，即小数点后面 3 位，但总平面图中标注到小数点后面 2 位即可）。

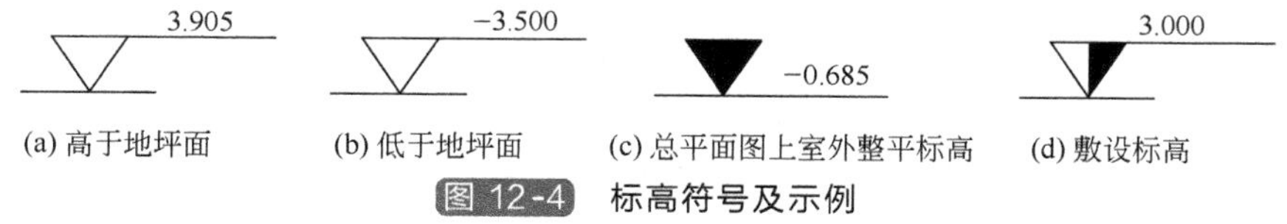

图 12-4　标高符号及示例

电气装置、设备安装时比安装地点高出的高度，称为敷设标高。即敷设标高是以安装地点地面为基准零点的相对标高。它有如下三种表示方法：

① 直接标注　直接用尺寸线、尺寸界线和尺寸数字标注出安装尺寸的敷设高度，如图 12-2所示变压器高压侧母线绝缘瓷瓶支架中心安装高度为“2500”（mm）。

② 电力设备和线路的分式标注　标注方法见本书第 1 章表 1-14。

③ 用带图形符号的相对标高标注　如图 12-4(d) 所示。

(3) 方位和风向频率

① 方位　建筑电气安装图中的有些图，如总平面布置图、外线工程图等，要表示出建筑物、构筑物、装置、设备的位置和朝向及线路的来去走向，一般按“上北下南，左西右东”来表示，但在很多情况下都是用方位标记（即指北针方向）来表示其朝向的，如图 12-5(a) 或 (b) 所示，其箭头方向表示正北方向，“北”通常用字母“N”表示。图 12-5(b) 中细实线圆的直径为 24mm，指北针尾部的宽度为圆直径的 1/8。

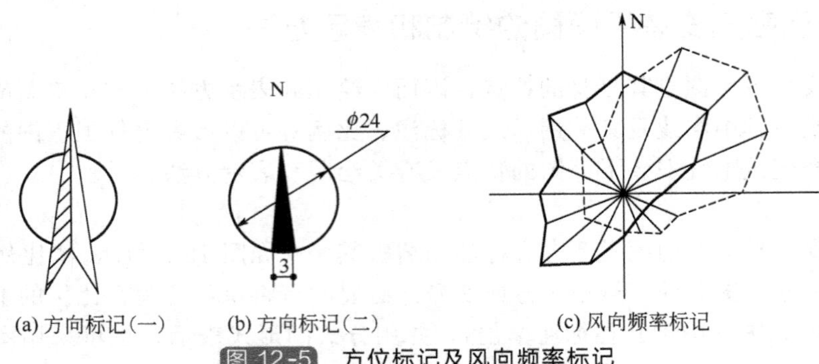

图 12-5　方位标记及风向频率标记

② 风向频率标记　在建筑总平面图上，一般根据当地实际风向情况绘制风向频率标记，它用风玫瑰图表示，如图 12-5(c) 所示。

从图 12-5(c) 所示的风玫瑰图上可以看出该地区的常年主导风向和夏季主导风向，这对建筑的总体规划、建筑构造方式、朝向及安装施工安排都具有重要意义。

(4) 等高线

等高线指的是地形图上高程相等的各点所连成的闭合曲线。把地面上海拔高度相同的点连成的闭合曲线。垂直投影到一个标准面上，并按比例缩小画在图纸上，就得到等高线。等高线也可以看作是不同海拔高度的水平面与实际地面的交线，所以等高线是闭合曲线。在等高线上标注的数字为该等高线的海拔高度。等高线的表示方法如图 12-6 所示。

图 12-6　等高线的表示方法

(5) 建筑物定位轴线

动力、照明、电信工程布置通常都是在建筑平面图上进行的，在建筑平面图上一般都标有定位轴线，以作为定位、施工放线的依据。采用定位轴线还便于识别设备安装的位置。

凡由承重墙、柱、梁和屋架等主要承重构件的位置所画的轴线，称为定位轴线，如图 12-7 所示。

定位轴线编号的基本原则是：在水平方向，从左到右用阿拉伯数字顺序表示；在垂直方向，采用拉丁字母（其中 I、O、Z 因容易与 1、0、2 混淆而不用）由下而上编注。数字和字母分别用点画线引出，注写在末端直径为 8～10mm 的细实线圆圈中，如图 12-7 所示。

(6) 电力设备和线路的标注方法

在建筑电气安装图上，电力设备和线路通常不标注其项目代号，但一般要标注出设备的

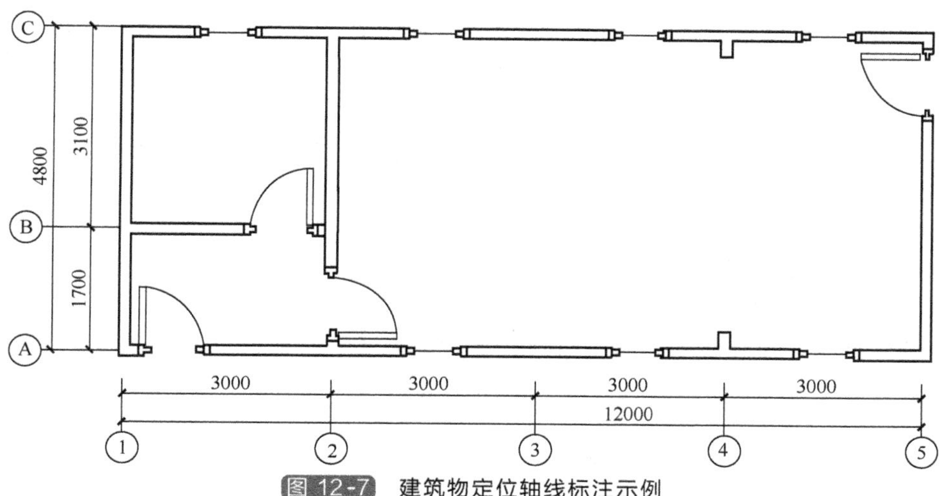

图 12-7　建筑物定位轴线标注示例

编号、型号、规格、数量、安装和敷设方式等。

电力设备和线路的标注方法见表 1-14，电信设备和线路的标注方式可以仿照。

(7) 图上位置的表示方法

电气设备和线路的图形符号在图上的位置，可根据建筑图的位置确定方法分别采用下述四种方法来表示：

① 采用定位轴线标注　如Ⓒ-③、Ⓐ-⑤、Ⓑ-②等。

② 采用尺寸标注　即在图上标注尺寸数字以确定设备在图上的安装位置。

③ 采用坐标注法　总图的坐标注法按“上北下南”方向绘制，向左或向右偏移不宜超过 45°。总图中应绘制指北针或风玫瑰图以标明方向。在较大区域的平面图上采用坐标网格定位，坐标网格以细实线表示。

坐标标注网分测量坐标网和施工坐标网（又称建筑坐标网）两种。测量坐标网画成交叉“十”字线（细实线），坐标代号用“X”（南北向）、“Y”（东西向）表示；施工坐标网画成网格通线，坐标代号用“A”（纵向）、“B”（横向）表示。坐标值为负数时，应注“－”号，为正数时，“＋”号可省略。由此建筑物或设备的位置可用（X、Y）或（A、B）确定。如图 12-7 中变电所东南角的标注为$\frac{A+290.670}{B+336.130}$。

④ 采用标高注法　需要在同一幅图上表示不同层次（如楼层）平面图上的符号位置时，可采用标高定位法。

(8) 建筑物的表示方法

为了清晰地表示电气设备和线路的布置，在建筑电气安装图上往往需要画出某些建筑物、构筑物、地形地貌等的图形和位置，如墙体及材料、门窗、楼梯、房间布置、必要的采暖通风和给排水管道、建筑物轴线及道路、河流、林地、山丘等，但这些图形的图线不得影响电气图线的表达，也不得与电气图线相混淆或重叠。凡是与电气布置无关的图形的图线，就不要在电气安装图上画出；即使有关的，一般也只画出其外形轮廓，或仅用一条线简略地表示管线。

12.2.4　建筑安装平面图的识读方法

(1) 户外变电所平面布置图的识读

① 变电所在总平面图上的位置及其占地面积的几何形状及尺寸。

② 电源进户回路个数、编号、电压等级、进线方位、进线方式及第一接线点的形式（杆、塔）、进线电缆或导线的规格型号、电缆头规格型号，进线杆塔规格、悬式绝缘子的规格片数及进线横担的规格。

③ 混凝土构架及其基础的布置、间距、比例、高度、数量、规格、用途及其结构形式，电缆沟的位置、盖板结构及其沟端面布置，控制室、电容器室以及休息室、检修间、备品库等房间的位置、面积、几何尺寸、开间布置等。

④ 隔离开关、避雷器、电流互感器、电压互感器及其熔断器、断路器、电力变压器、跌落熔断器等室外主要设备的规格、型号、数量、安装位置。

⑤ 一次母线、二次母线的规格及组数，悬式绝缘子规格片数组数，穿墙套管规格、型号、组数、安装位置及标高，二次侧母线的结构型式、材料规格、支柱绝缘子型号规格及数量、安装位置、间距。

⑥ 控制室信号盘、控制盘、电源柜、模拟盘规格型号、数量、安装位置，室内电缆沟位置。

⑦ 二次配电室进线柜、计量柜、开关柜、控制柜、避雷柜的规格、型号、台数安装位置，室内电缆沟位置，引出线的穿墙套管规格、型号、编号、安装位置及标高，引出电缆的位置、编号。室内敷设管路的规格及导线电缆规格根数。

⑧ 修理间电源柜、动力配电柜、电容器室电容柜或台架的规格、型号、安装位置、电缆沟位置，管路布置及其规格、导线及电缆规格。

⑨ 避雷针的位置、个数、规格、型式结构。

⑩ 接地极、接地网平面布置及其材料的规格、型号、数量、引入室内的位置及室内布置方式、对接地电阻的要求、与设备接地点连接要求、敷设要求。

⑪上述各条内容有无与设计规范不符，有无与土建、采暖、通风、给排水等专业冲突矛盾之处。

（2）户内变电所平面布置图的识读

① 变电所在总平面图上的位置及其占地面积的几何形状及尺寸。

② 电源进户回路个数、编号、电压等级、进线方位、进线方式及第一接线点的形式、进线电缆或导线的规格型号、电缆头规格型号等。

③ 变配电所的层数、开间布置及用途、楼板孔洞用途及几何尺寸。

④ 各层设备平面布置情况、开关柜、计量柜、控制柜、联络柜、避雷柜、信号盘、电源柜、操作柜、模拟盘、电容柜、变压器等规格、型号、台数、安装位置。

⑤ 首层电缆沟位置、引出线穿墙套管规格、型号、编号、安装位置、引出电缆的位置编号、母线结构型式及规格型号组数等。室内敷设管路的规格及导线、电缆的规格型号根数。

⑥ 接地极、接地网平面布置及其材料的规格、型号、数量、引入室内的位置及室内布置方式、对接地电阻的要求、与设备接地点连接要求、敷设要求。

⑦ 上述各条内容有无与设计规范不符，有无与土建、采暖、通风、给排水等专业冲突矛盾之处。

（3）变压器台平面布置图的识读

① 变压器的容量及安装位置、电源电压等级、回路编号、进户方位、进线方式、第一接线点形式、进线规格型号、电缆头规格、进线杆规格、悬式绝缘子规格、片数及进线横担规格。

② 变压器安装方式（落地、杆上）、变压器基础面积、高度、围栏形式（墙、栏杆或网）高度及设置。

③ 跌开式熔断器和避雷器规格型号安装位置、横担构件支撑规格及要求、杆头金具布置形式。

④ 接地引线及接地板的布置、对接地电阻的要求。

⑤ 悬式绝缘子及针式绝缘子数量及规格、高低压母线规格及安装方式、电杆规格及数量。

⑥ 隔离开关规格型号及安装方式、低压侧熔断器的规格型号、低压侧总柜或总箱的位置、规格、结构型式以及低压出线方式、计量方式等。

12.2.5　某中型工厂 35kV 降压变电所平面图

图 12-8 所示为某中型工厂 35kV 降压变电所平面布置图。该图的识读步骤为：

① 先看标题栏、技术说明和图例　由此对全图的总体有所了解，为识读平面图打下基础。

② 看整体概略情况　该图采用施工坐标网标注。施工坐标网画成网格通线，坐标代号用“A”（纵向）、“B”（横向）表示。由此建筑物或设备位置可用（A，B）确定。该图采用“十”字线表示了 35kV 变电所、线路及各车间等建筑物的位置。由图可见，该总平面布置图的施工坐标网在 A100 至 A400、B200 至 B500 之间。

③ 看各车间负荷　各车间的计算负荷已分别标注在图中相应位置。

④ 看电源进线　从图中可以看出本厂进线电源有两个：一是 35kV 主供电源；另一个是 10kV 备供电源。另外本厂有 3×1000kV 自发电电源。

⑤ 看变电所　35kV 降压变电所电压为 35±5%/10.5kV，供电给 12 个车间变电所。除空压站的高压动力负荷外，其余车间变电所电压均为 10/0.4kV。

12.2.6　某工厂 10kV 变电所平面布置图与立面布置图

图 12-1 和图 12-2 分别为某小型工厂变电所的平面布置图和立面布置图（又称剖面图），表 12-1 为图中主要电气设备及材料明细表，表中的编号与图中的编号对应。识读图 12-1、图 12-2 时，应结合其电气主接线图（见图 13-27 及图 13-28）一并进行。该变电所为独立变电所。

表 12-1　图 12-1、图 12-2 中主要电气设备及材料明细表

编号	名称	型号规格	单位	数量	备注
1	电力变压器	S9-500/10,10/0.4kV,Yyn0	台	1	
2	电力变压器	S9-315/10,10/0.4kV,Yyn0	台	1	
3	手车式高压开关柜	JYN2-10,10kV	台	5	Y1～Y5
4	低压配电屏	PGL2	台	13	
5	电容自动补偿屏	PGJ1-2,112kvar	台	2	
6	电缆梯形架(一)	ZTAN-150/800	m	20	
7	电缆梯形架(二)	ZTAN-150/400、90DT-150/400	m	15	90°平弯形 2 个
8	电缆头	10kV	套	4	

续表

编号	名称	型号规格	单位	数量	备注
9	电缆芯端接头	DT-50　$d=10$mm	个	12	
10	电缆芯端接头	DT-400　$d=28$mm	个	12	
11	电缆保护管	黑铁管 Φ100	m	80	
12	铜母线	TMY-30×4	m	16	高压侧
13	高压母线夹具		付	12	
14	高压支柱绝缘瓷瓶	ZA-10Y	个	12	
15	铜母线	TMY-60×6	m		低压侧
16	低压母线夹具		付	12	
17	电车线路绝缘子	WX-01	只	12	
18	铜母线	TMY-30×4	m	20	T 次级引至低压配电屏
19	高压母线支架	形式 15	套	2	∟50mm×5mm　共 5.2m
20	低压母线支架	形式 15	套	2	∟50mm×5mm 共 5.2m
21	高压电力电缆	YJV29-10-3×35　10kV	m	40	
22	低压电力电缆	VV-1-1×500　无铠装	m	120	也可用 VV-3×150+1×50
23	电缆支架	3 型	个	4	∟40mm×4mm　共 1m
24	电缆头支架		个	2	∟40mm×4mm　共 1m

本变电所为二层建筑，具体识图步骤如下：

① 先了解总体概况　首先看两图的标题栏、技术说明及主要电气设备材料明细表，以便对图 12-1、图 12-2 所示的整个变电所的概况有所了解。

② 看变电所的总体布置　由图 12-2 可见，该变电所分上下两层：底层为 2 间变压器室、高压配电室、辅助用房（含备件室和洗手间等），2 层为低压配电室和值班室。

③ 看供配电进出线　结合电气主接线图，把两图联系起来交替读图。由电气主接线图（见图 13-27）可知，电源为 10kV 的架空线路，进入厂区后由电缆引入该变电所 Y1 高压开关柜，然后分别经 Y4、Y5 高压开关柜到 1、2 号变压器，降压为 230/400V 后经电缆引向 2 层低压配电室有关低压配电屏（P1、P15）的母线，再向全厂各车间等负荷配电。

④ 看底层

a. 看高压配电室　本厂采用 JYN2-10 型手车式高压开关柜，如图 13-27 所示。图 12-2 左图中高压开关柜 Y1～Y5 分别为电压互感器-避雷器柜、总开关柜、计量柜和 1 号、2 号变压器操作柜。图 12-2 右图表示了各屏的排列及安装位置。高压配电室高 5.4m，柜列的前后左右尺寸均符合有关规范要求。

b. 看变压器室　该变电所采用 500kV・A 及 315kV・A 电力变压器各 1 台，户内安装。考虑到今后扩容，变压器的尺寸布置均按 800kV・A 设计。由于无高压动力负载，配电低压为 10/0.4kV，负载用 220/380V 电压。为有利于通风散热，除高度较高外，变压器室地坪抬高 1m，下设挡油设施，事故时把油排向室外。下部有百叶纱窗以利通风，并防止小动物进入。为达到防火要求，变压器室的门采用钢材制作。

变压器室右侧是高压开关室，图中标出了高压柜的位置，10kV 电源进线位置、低压各支路电缆出线位置。PX3～PX7、PX11～PX13 为线路电缆。

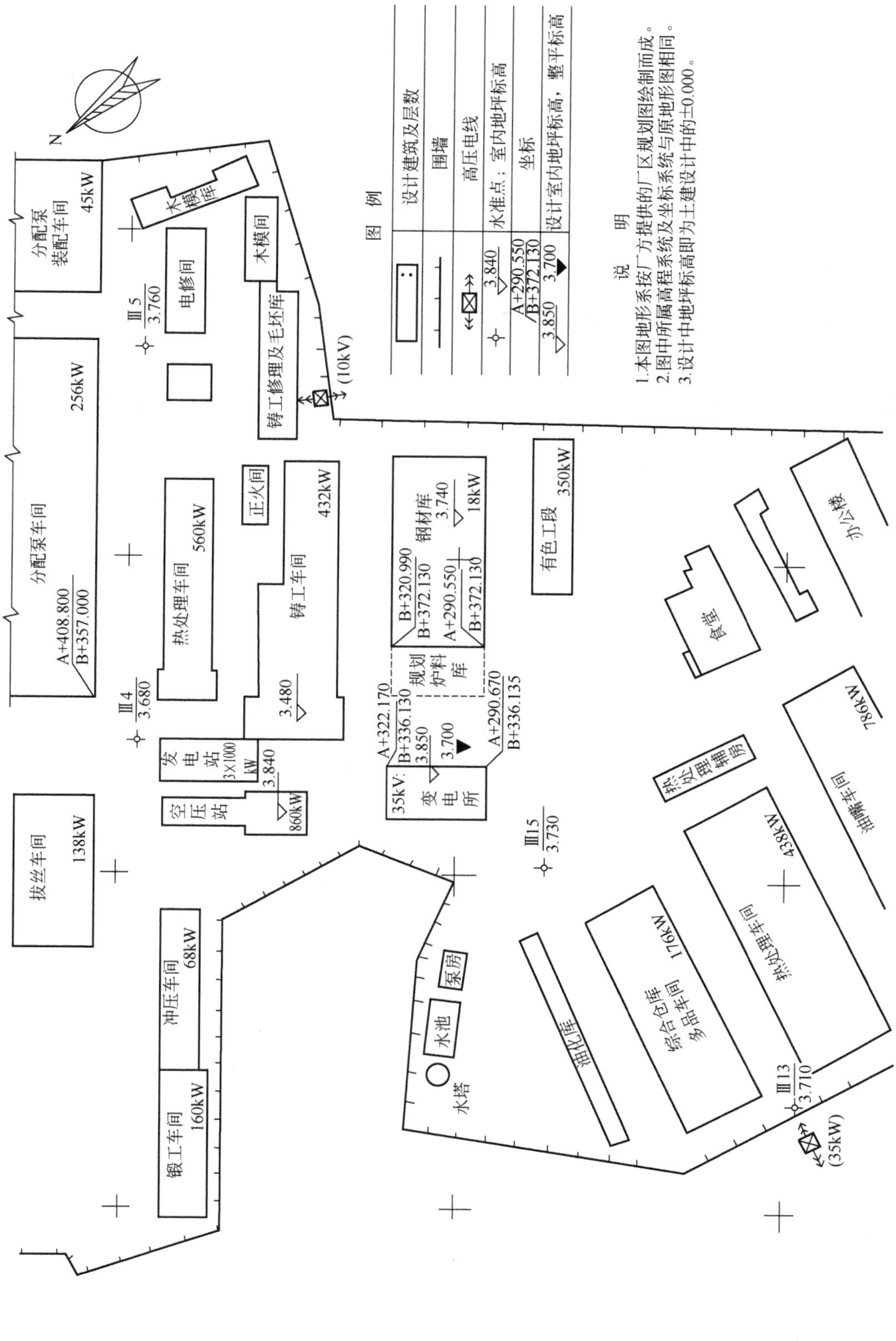

图12-8　某中型工厂35kV降压变电所平面布置图（1:1000）

图　例

图例	说明
	设计建筑及层数
	围墙
	高压电线
3.840	水准点；室内地坪标高
A+290.550 B+372.130	坐标
3.850　3.700	设计室内地坪标高，整平标高

说　明

1.本图地形系按厂方提供的厂区规划图绘制而成。
2.图中所属高程系统及坐标系统与原地形图相同。
3.设计中地坪标高即为土建设计中的±0.000。

⑤ 看二层　二层为电压配电室，低压配电室高 4m，低压配电屏 P1～P15 为Ⅱ形布置，低压配电屏采用 PGL2 型，电容补偿屏为 PGJ1 型，接线如图 13-28 所示。另有一台备用配电屏 P16，各条电缆均敷设在电缆沟内。值班室在二楼，值班室与低压配电室毗邻。

在该变电所中，高、低压配电室的门都朝外开。该变电所还预留了今后发展扩容的位置。屏后与墙之间有电缆沟，相互距离为 1.7m。吊装孔是用于 2 层低压配电屏等设备的吊运的。

由于是独立变电所，因此在底层室内设有单独的洗手间。

图 12-2 分别表示了Ⅰ—Ⅰ、Ⅱ—Ⅱ剖视。“剖面图”是建筑制图中的习惯称谓，严格来说这里应是剖视图。

12.2.7　某建筑工程低压配电总平面图

图 12-9 是某建筑工程低压配电总平面图，该图简要示出供电区域的地形，用等高线表示了地面高程，用风向频率标记（风玫瑰图）表示了该地区常年风向情况（常年以北风、南风为主），为线路安装提供了必要的参考依据。为了清楚地表示线路去向，图中绘制出了各用电单位的建筑平面外形、建筑面积和用电负荷（计算负荷 P_{30}）。图中线路的长度未标注尺寸，但这个图是按比例（1∶1000）绘制的，可用比例尺直接从图中量出导线的长度。

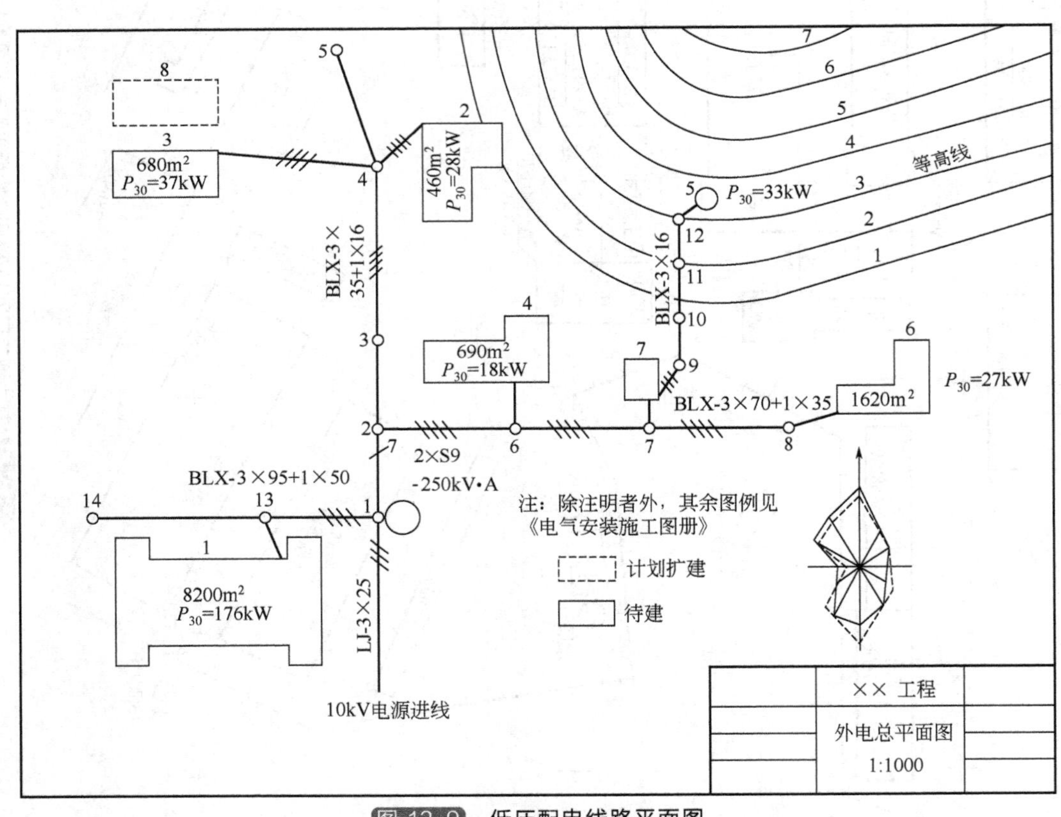

图 12-9　低压配电线路平面图

由图 12-9 可知，电源进线为 10kV，经配电变电所降压后，采用 380V 架空线路分别送至 1～6 号建筑物，其主要内容如下。

① 配电变电所的型式，图中所示为柱上式变电所，装有 2×S9-250kV・A 的变压器。

即装有两台型号为 S9-250 的三相油浸式电力变压器，其设计序号为 9，额定容量为 250kV·A。

② 架空线路电杆的编号和位置，其电杆依次编号为 1～14 号。

③ 导线的型号、截面积和每回路根数，例如：

a. 10kV 电源进线为 LJ-3×25。表示电源进线采用的导线型号为 LJ（铝芯绞线），共有 3 根导线，截面积分别为 25mm^2。

b. 去 1 号建筑物的导线为 BLX-3×95＋1×50。表示去 1 号建筑物采用的导线型号为 BL×（铝芯橡皮绝缘电线），共有 4 根导线，其中 3 根截面积分别为 95mm^2，1 根截面积为 50mm^2。

12.3 动力与照明电气工程图

动力、照明电气工程图为建筑电气工程图最基本的图样，主要包括系统图、平面图、配电箱安装接线图等。

动力、照明系统图概略表示了建筑内动力、照明系统的基本组成、相互关系及主要特征，反映了动力及照明的安装容量、计算容量、计算电流、配电方式、导线和电缆的型号、规格、数量、敷设方式、穿管管径、敷设部位、开关及熔断器的规格型号等。

动力、照明平面图是假想沿水平方向经过门、窗将建筑物切开，移去上面的部分，从高处向下看，它反映了建筑物的平面形状及布置，结构尺寸、门窗等及建筑物内配电设备、动力、照明设备等平面布置、线路走向等。

12.3.1 动力配电系统的接线方式

低压动力配电系统的电压等级一般为 380V/220V 中性点直接接地系统，线路一般从建筑物变电所向建筑物各用电设备或负荷点配电。低压动力配电系统的接线方式有三种：放射式、树干式和链式。

(1) *放射式动力配电系统*

放射式动力配电系统主接线如图 12-10 所示。放射式动力配电系统的特点是每个负荷都由单独的线路供电，线路发生故障时影响范围小，因此这种供电方式的可靠性较高，且控制灵活，易于实现集中控制；缺点是线路多，有色金属消耗量多。

放射式动力配电系统的适用范围是：供电给大容量设备、要求集中控制的设备或要求可靠性高的重要设备。当车间内的动力设备数量不多、容量大小差别较大、排列不整齐但设备运行状况比较稳定时，一般采用放射式配电。这种接线方式的主配电箱宜安装在容量较大的设备附近，分配电电箱和控制开关与所控制的设备安装在一起。

(2) *树干式动力配电系统*

树干式动力配电系统主接线如图 12-11 所示。树干式动力配电主接线线路少，因此开关设备及有色金属消耗量小，投资省。然而一旦干线出线故障，其影响范围大，因此供电可靠性较低。当电力设备分布比较均匀、容量相差不大且相距较近、对可靠性要求不高时，可采用树干式动力配电系统。

这种供电方式的可靠性比放射式要低一些，在高层建筑的配电系统设计中，通常采用垂直母线槽和插接式配电箱组成树干式配电系统。

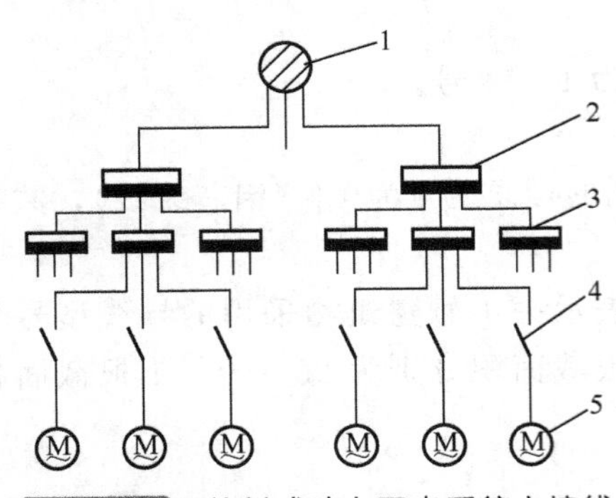

图 12-10 放射式动力配电系统主接线

1—车间变电所；2—主配电盘；3—分配电盘；4—开关；5—电动机

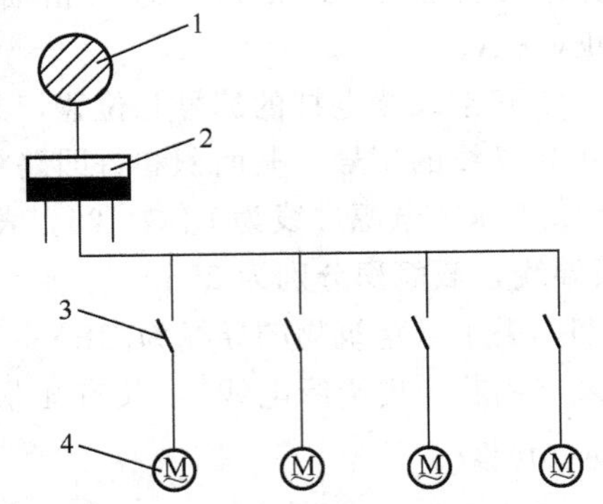

图 12-11 树干式动力配电系统主接线

1—车间变电所；2—主配电盘；3—开关；4—电动机

（3）链式动力配电系统

链式动力配电主接线如图 12-12 所示。其特点是由一条线路配电，先接至一台设备，然后再由该台设备引出线供电给后面相邻的设备，即后面设备的电源引自前面相邻设备的接线端子。其优点是线路上无分支点，适用于穿管敷设或电缆线路，节省有色金属消耗量、投资省；缺点是线路检修或发生故障时，相连设备将全部停电，因此供电可靠性较低。

当设备距离配电屏较远，设备容量比较小，且各设备之间相距比较近时，可采用链式动力配电方案。通常一条线路可以接 3～4 台设备。链式相连的设备不宜多于五台，总功率不超过 10kW。

在上述动力配电系统中，主配电盘一般使用低压配电屏，分配电盘一般采用动力配电箱。

12.3.2 照明配电系统的接线方式

（1）照明配电系统的分类

照明配电系统常见分类如下：

① 按接线方式分　照明配电系统按接线方式可分为单相制 220V 电路和 220/380V 三相四线制电路两种。少数也有因接地线与接零线分开而成单相三线和三相五线的。

② 按工作方式分　照明配电系统按工作方式可分为一般照明和局部照明两大类。一般照明是指工作场所的普遍性照明；局部照明是在需要加强照度的个别工作地点安装的照明。大多数工厂车间采用混合照明，即既有一般照明，又有局部照明。

③ 按工作性质分　照明配电系统按工作性质可分为工作照明、事故照明和生活照明三类。工作照明就是在正常工作时使用的照明；事故照明是在工作照明发生故障停电时，供暂时继续工作或人员疏散而投入使用的非常照明。在重要的变配电所及其他重要工作场所，应设事故照明。

④ 按安装地点分　照明配电系统按安装地点可分为室内照明（如车间、办公室、变配电所各室等）和室外照明。其中室外照明有路灯（道路交通）、警卫（安全保卫）、某些原材料及半成品库料场、厂区运输码头以及室外运动场地等的照明。

（2）照明配电系统的接线方式

照明配电系统的接线方式有以下几种。

① 单相制照明配电系统　单相制照明配电主接线如图 12-13 所示，这种接线十分简单，当照明容量较小、不影响整个工厂供电系统的三相负荷平衡时，可采用此接线方式。

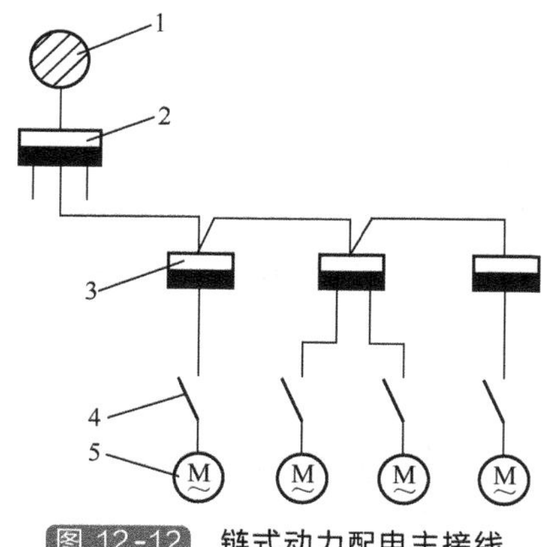

图 12-12　链式动力配电主接线
1—车间变电所；2—主配电盘；3—分配电盘；4—开关；5—电动机

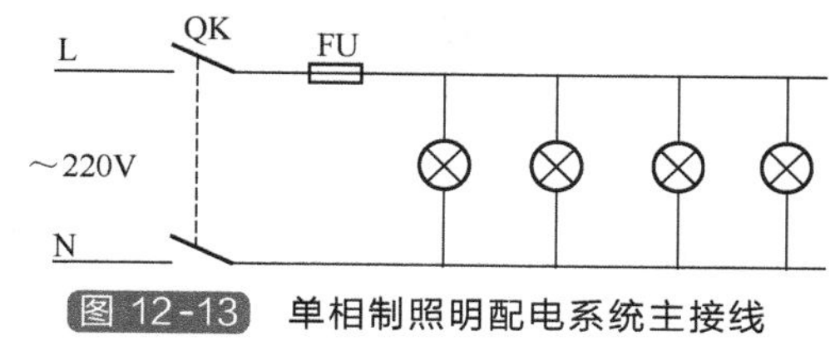

图 12-13　单相制照明配电系统主接线

② 三相四线制照明配电系统　三相四线制照明配电主接线如图 12-14 所示，当照明容量较大时，为了使供电系统三相负荷尽可能满足平衡的要求，应把照明负荷均衡地（不仅是容量分配上，还要考虑照明负荷的实际运行情况）分配到三相线路上，采用 380V/220V 三相四线制供电。一般厂房、大型车间、住宅楼、影剧院等都采用这种配电方式。

③ 有备用电源照明配电系统　有备用电源照明配电系统主接线如图 12-15(b) 所示，其特点是照明线路与动力线路在母线上分别供电，事故照明线路由备用电源供电。

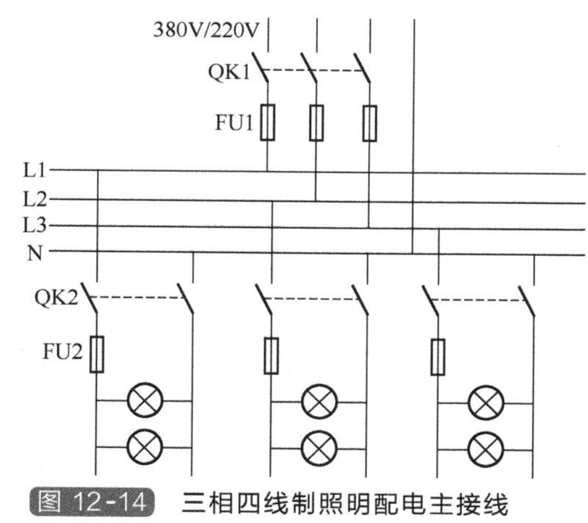

图 12-14　三相四线制照明配电主接线

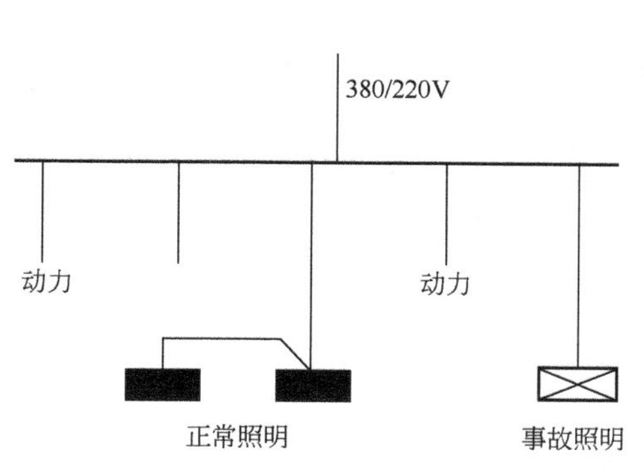

(a) 单电源照明配电系统

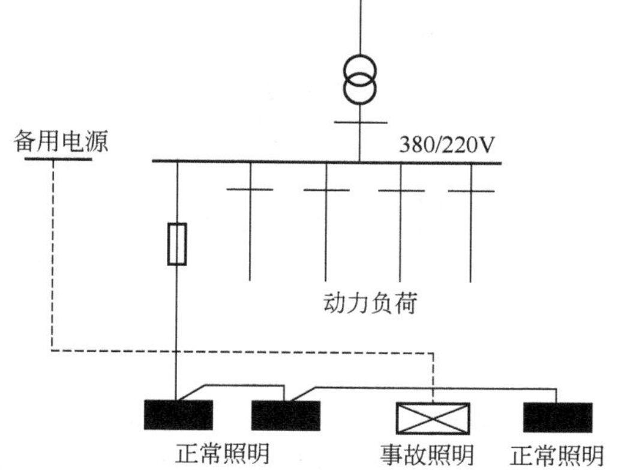

(b) 有备用电源照明配电系统

图 12-15　照明配电系统主接线

12.3.3 多层民用建筑供电线路的布线方式

从总配电箱引至分配电箱的供电线路，称为干线，总配电箱与分配电箱间的连接，在多层民用建筑中，通常有以下几种布线方式。

（1）放射式

放射式布线如图 12-16(a) 所示，从总配电箱至各分配电箱，均由独立的干线供电。总配电箱的位置，按进户线要求，可选择在最优层数，一般多设在地下室或一、二层内。这种方式的优点是当其中一个分配电箱发生故障时，不致影响其他分配电箱的供电，提高了供电的可靠性；其缺点是耗用的管线较多，工程造价增高。它适用于要求供电可靠性高的建筑物。

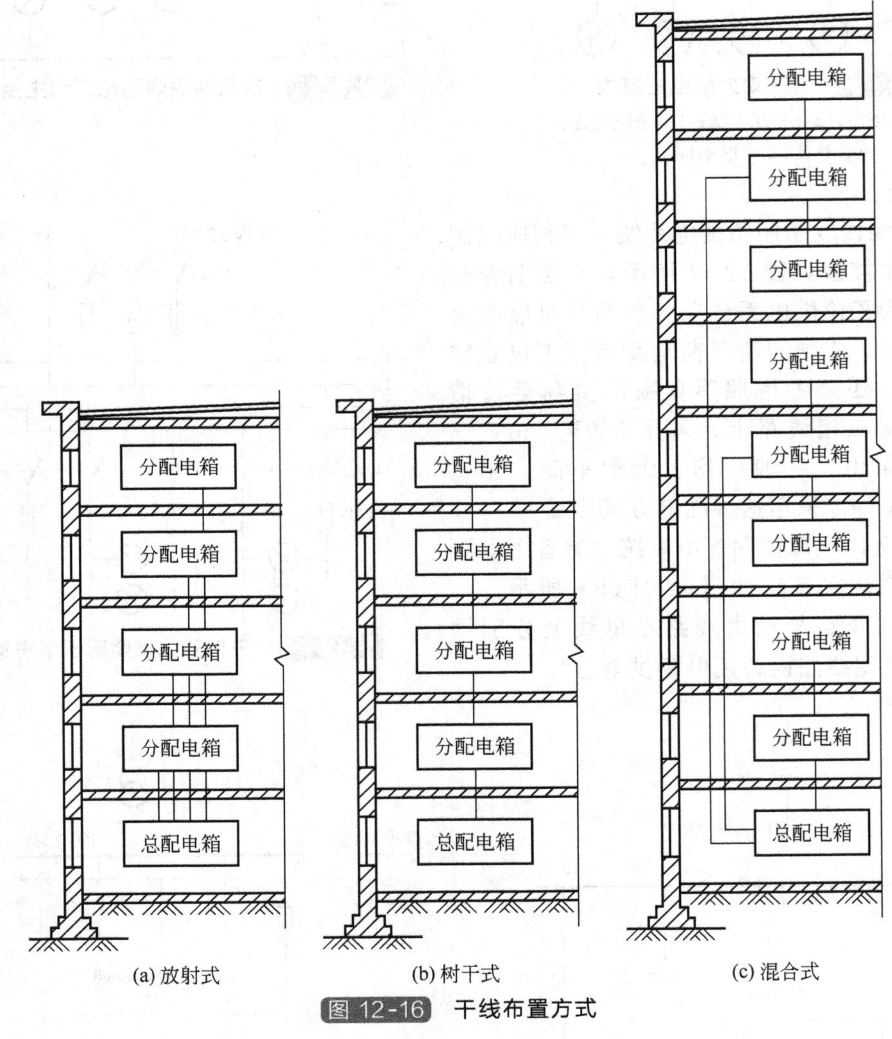

图 12-16 干线布置方式

（2）树干式

树干式布线如图 12-16(b) 所示，由总配电箱引出的干线上连接几个分配电箱，一般每组供电干线可连接 3～5 个分配电箱。总配电箱位置根据进户线的位置高度等要求选定。这种供电的可靠性较放射式布线差，但节省了管线及有关设备，降低了工程造价。因此，它是目前多层建筑照明设计常用的一种布线方式。

(3) 混合式

混合式布线如图 12-16(c) 所示。这是上述两种布线方式的混合，在目前高层建筑照明设计中，多用此种布线方式。当层数超过十层以上时，可设两个以上的总配电箱。

12.3.4 动力与照明电气工程图的绘制方法

(1) 制图规则

动力与照明电气工程图在选用图形符号时，应遵守以下使用规则。

① 图形符号的大小和方位可根据图面布置确定，但不应改变其含义，而且符号中的文字和指示方向应符合读图要求。

② 在绝大多数情况下，符号的含义由其形式决定，而符号的大小和图线的宽度一般不影响符号的含义。有时为了强调某些方面，或者为了便于补充信息，允许采用不同大小的符号，改变彼此有关的符号的尺寸，但符号间及符号本身的比例应保持不变。

③ 在满足需要的前提下，尽量采用最简单的形式。对于电路图，必须使用完整形式的图形符号来详细表示。

④ 在同一张电气图样中只能选用一种图形形式，图形符号的大小和线条的粗细亦应基本一致。

(2) 常用动力及照明设备绘制方法与表示方法

动力及照明平面图上，土建平面图是严格按比例绘制的，但电气设备和导线并不按比例画出它们的形状和外形尺寸，而是用图形符号表示。导线和设备的空间位置、垂直距离一般不另用立面图，而标注安装标高或用施工说明来表明。为了更好地突出电气设备和线路的安装位置、安装方式，电气设备和线路一般都在简化的土建平面图上绘出，土建部分的墙体、门窗、楼梯、房间用细实线绘出，电气部分的灯具、开关、插座、配电箱等用中实线绘出，并标注必要的文字符号和安装代号。

常用的动力及照明设备，如电动机、动力及照明配电箱、灯具、开关、插座等在动力及照明工程图上采用图形符号和文字标注相结合的方式来表示。常用动力及照明设备的图形符号见本书第 1 章第 1 节。

文字标注一般遵循一定格式来表示设备的型号、个数、安装方式及额定值等信息。常用动力及照明设备的文字标注见本书第 1 章表 1-14。

(3) 动力工程图应包括的内容

动力工程图通常包括动力系统图、电缆平面图和动力平面图等。

① 动力系统图　动力系统图主要表示电源进线及各引出线的型号、规格、敷设方式，动力配电箱的型号、规格，开关、熔断器等设备的型号、规格等。

② 电缆平面图　电缆平面图主要用于标明电缆的敷设及对电缆的识别。在图上要用电缆图形符号及文字说明把各种电缆予以区分。常用电缆按构造和作用分为电力电缆、控制电缆、电话电缆、射频同轴电缆、移动式软电缆等，按电压分为 0.5kV、1kV、6kV、10kV 电缆等。

③ 动力平面图　动力平面图是用来表示电动机等各类动力设备、配电箱的安装位置和供电线路敷设路径及敷设方法的平面图。它是用得最为普遍的动力工程图。

动力平面图与照明平面图一样，也是将动力设备、线路、配电设备等画在简化了的土建平面图上。但是，照明平面图上表示的管线一般是敷设在本层顶棚或墙面上，而动力平面图中表示的管线则通常是敷设在本层地板（地坪）中，少数采用沿墙暗敷或明敷的方式。

(4) 照明工程图应包括的内容

照明工程图主要包括照明电气系统图、平面布置图及照明配电箱安装图等。

① 照明系统图　照明系统图上需要表达以下几项内容：

a. 架空线路（或电缆线路）进线的回路数，导线或电缆的型号、规格、敷设方式及穿管管径。

b. 总开关及熔断器的型号规格，出线回路数量、用途、用电负荷功率及各条照明支路的分相情况。

c. 用电参数。在照明配电系统图上，应表示出总的设备容量、需要系数、计算容量、计算电流及配电方式等，也可以列表表示。

d. 技术说明、设备材料明细表等。

② 照明平面图　照明平面图上要表达的主要内容有：电源进线位置，导线型号、规格、根数及敷设方式，灯具位置、型号及安装方式，各种用电设备（照明分电箱、开关、插座、电扇等）的型号、规格、安装位置及方式等。

12.3.5　动力与照明系统图的特点

动力及照明系统图又叫配电系统图，描述建筑物内的配电系统和容量分配情况、配电装置、导线型号、截面、敷设方式及穿管管径、开关与熔断器的规格型号等。主要根据干线连接方式绘制。

配电系统图的主要特点如下。

① 配电系统图所描述的对象是系统或分系统。配电系统图可用来表示大型区域电力网，也可用来描述一个较小的供电系统。

② 配电系统图所描述的是系统的基本组成和主要特征，而不是全部。

③ 配电系统图对内容的描述是概略的，而不是详细的，但其概略程度则依描述对象的不同而不同。描述一个大型电力系统，只要画出发电厂、变电所、输电线路即可。描述某一设备的供电系统，则应将熔断器、开关等主要元器件表示出来。

④ 在配电系统图中，表示多线系统，通常采用单线表示法；表示系统的构成，一般采用图形符号；对于某一具体的电气装置的配电系统图，也可采用框形符号。这种框形符号绘制的图又称为框图。这种形式的框图与系统图没有原则性的区别，两者都是用符号绘制的系统图，但在实际应用中，框图多用于表示一个分系统或具体设备、装置的概况。

12.3.6　动力与照明电气工程图的识读方法

(1) 动力电气工程图的识读方法

阅读动力系统图（动力平面图）时，要注意并掌握以下内容：

① 电动机位置、电动机容量、电压、台数及编号、控制柜箱的位置及规格型号、从控制柜箱到电动机安装位置的管路、线槽、电缆沟的规格型号及线缆规格型号根数和安装方式。

② 电源进线位置、进线回路编号、电压等级、进线方式、第一接线点位置及引入方式、导线电缆及穿管的规格型号。

③ 进线盘、柜、箱、开关、熔断器及导线规格的型号、计量方式。

④ 出线盘、柜、箱、开关、熔断器及导线规格型号、回路个数用途、编号及容量、穿

管规格、启动柜或箱的规格型号。

⑤ 电动机的启动方式，同时核对该系统动力平面图回路标号与系统图是否一致。

⑥ 接地母线、引线、接地极的规格型号数量、敷设方式、接地电阻要求。

⑦ 控制回路、检测回路的线缆规格型号、数量及敷设方式，控制元件、检测元件规格型号及安装位置。

⑧ 核对系统图与动力平面图的回路编号、用途名称、容量及控制方式是否相同。

⑨ 建筑物为多层结构时，上下穿越的线缆敷设方式（管、槽、插接或封闭母线、竖井等）及其规格、型号、根数、相互联络方式。单层结构的不同标高下的上述各有关内容及平面布置图。

⑩ 具有仪表检测的动力电路应对照仪表平面布置图核对联锁回路、调节回路的元件及线缆的布置及安装敷设方式。

⑪ 有无自备发电设备或 UPS，内容同前。

⑫ 电容补偿装置等各类其他电气设备及管线的上述内容。

（2）照明电气工程图的识读方法

阅读照明系统图（照明平面图）时，要注意并掌握以下内容：

① 进线回路编号、进线线制（三相五线、三相四线、单相两线制）、进线方式、导线电缆及穿管的规格型号。

② 电源进户位置、方式、线缆规格型号、第一接线点位置及引入方式、总电源箱规格型号及安装位置，总箱与各分箱的连接形式及线缆规格型号。

③ 灯具、插座、开关的位置、规格型号、数量、控制箱的安装位置及规格型号、台数、从控制箱到灯具插座、开关安装位置的管路（包括线槽、槽板、明装线路等）的规格走向及导线规格型号根数和安装方式，上述各元件的标高及安装方式和各户计量方法等。

④ 各回路开关熔断器及总开关熔断器的规格型号、回路编号及相序分配、各回路容量及导线穿管规格、计量方式、电流互感器规格型号，同时核对该系统照明平面图回路标号与系统图是否一致。

⑤ 建筑物为多层结构时，上下穿越的线缆敷设方式（管、槽、竖井等）及其规格、型号、根数、走向、连接方式（盒内、箱内等）。单层结构的不同标高下的上述各有关内容及平面布置图。

⑥ 系统采用的接地保护方式及要求。

⑦ 采用明装线路时，其导线或电缆的规格、绝缘子规格型号、钢索规格型号、支柱塔架结构、电源引入及安装方式、控制方式及对应设备开关元件的规格型号等。

⑧ 箱、盘、柜有无漏电保护装置，其规格型号，保护级别及范围。

⑨ 各类机房照明、应急照明装置等其他特殊照明装置的安装要求及布线要求、控制方式等。

⑩ 土建工程的层高、墙厚、抹灰厚度、开关布置、梁窗柱梯井厅的结构尺寸、装饰结构形式及其要求等土建资料。

12.3.7 某实验楼动力、照明供电系统图

图 12-17 为某实验楼动力供电系统图，图 12-18 为某实验楼照明供电系统图。该实验楼动力供电和照明分开，采用电缆直埋引入、三相四线制供电，入户后为三相五线制。

由图 12-17 可知，动力供电的进线电缆为 VV22-1kV-4×120-SC100-FC，表示聚氯乙烯

绝缘铠装铜电力电缆、耐压等级1000V，有4条线，截面面积为120mm²，穿管径100mm铁管，埋地暗敷设；总开关为NSD250空气断路器，整定电流200A；分支线路有4条：

第1条线路分支开关为NSD160空气断路器，整定电流160A，分支导线为BV-3×95+2×50-SC100-WC，表示铜芯聚氯乙烯绝缘电线，截面面积95mm²的3根，截面面积50mm²的2根，穿管径100mm铁管在墙内暗敷设，后接水泵控制柜；

第2条线路分支开关为C65ND/3P空气断路器，整定电流40A，分支导线为BV-5×16-SC40-FC，表示铜芯聚氯乙烯绝缘电线，截面面积16mm²的5根，穿管径40mm铁管在地面内暗敷设；

第3条线路分支开关为C65ND/3P空气断路器，整定电流为16A，分支导线为BV-5×4-SC25-FC，表示铜芯聚氯乙烯绝缘电线，截面面积4mm²的5根，穿管径25mm铁管在地面内暗敷设，后接4kW茶炉；

第4条线路空气断路器，整定电流50A，为备用线路。

图12-18为某实验楼照明供电系统图，请读者自行分析。

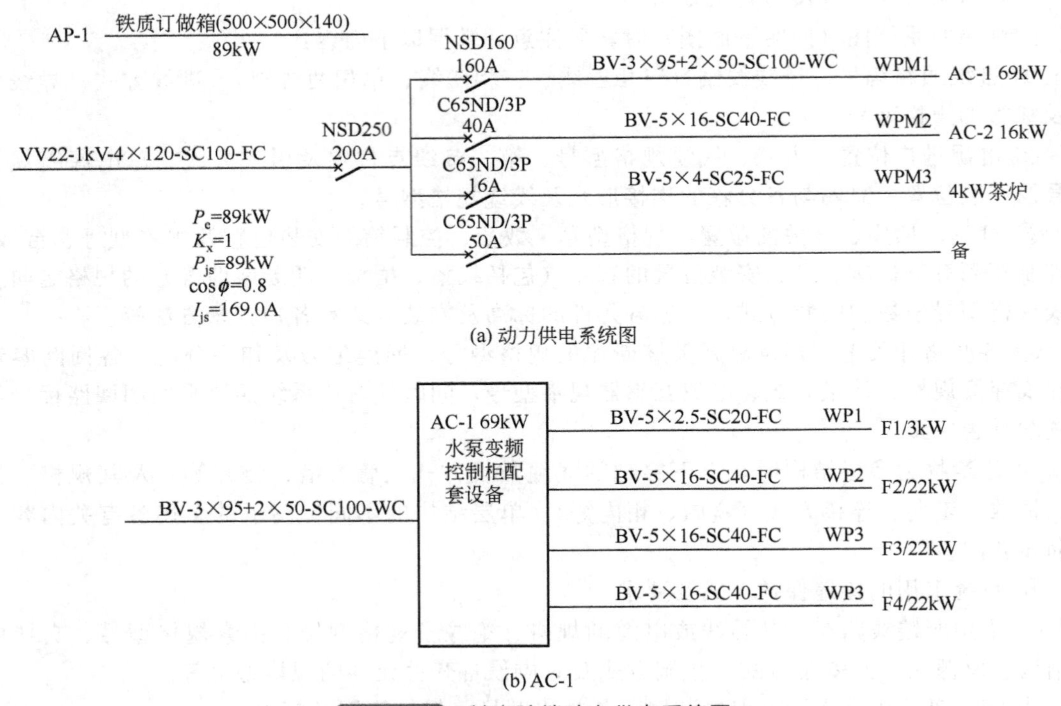

图12-17 某实验楼动力供电系统图

12.3.8 某房间照明的原理图、接线图与平面图

图12-19为某房间的照明线路。

从图12-19(a)可以看出，该电路采用单相电源供电，用双刀开关QS和熔断器FU控制和保护照明电路，并将QS和FU装于配电箱中。由于配电箱和灯具EL_1～EL_3、开关S_1～S_3和插座XS等安装地点不同，在图12-19(a)中反映不出来，所以实际接线图如图12-19(b)所示，照明平面图用图12-19(c)来表示，照明平面图能反映照明线路的全部真实情况，电气工人可以按照图12-19(c)进行施工。

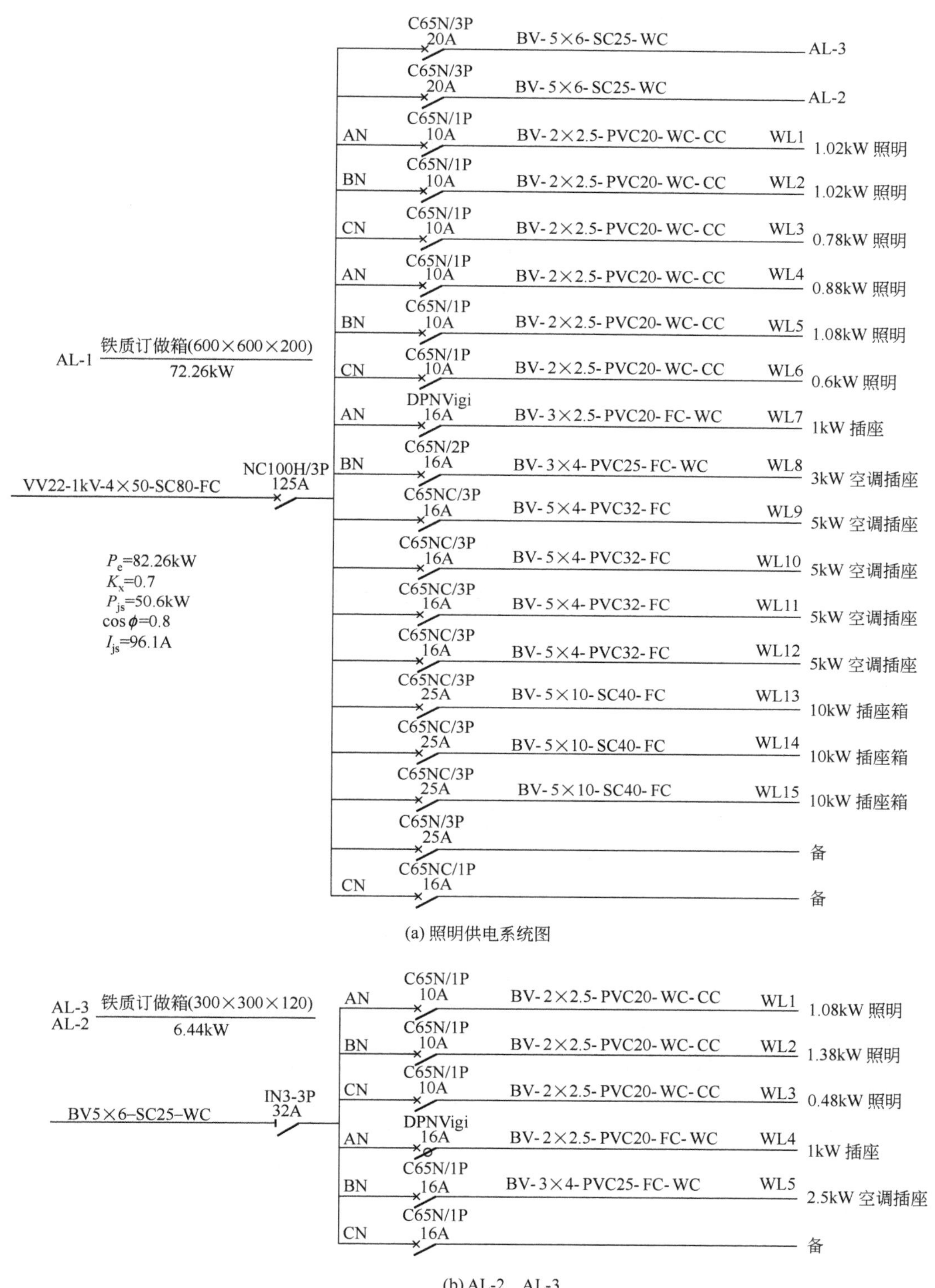

(a) 照明供电系统图

(b) AL-2　AL-3

图 12-18 某实验楼照明供电系统图

图 12-19(c) 左侧箭头表示进户线的方向，上面标注的“BLV2×4SC15FC”表示进户线是“2”根截面面积为“4” mm^{2}的“塑料铝线”BLV，穿“钢管”SC 从外部埋“地”“暗”

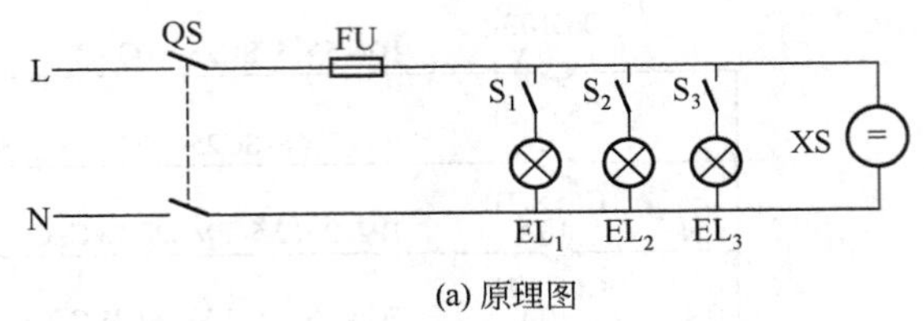

(a) 原理图

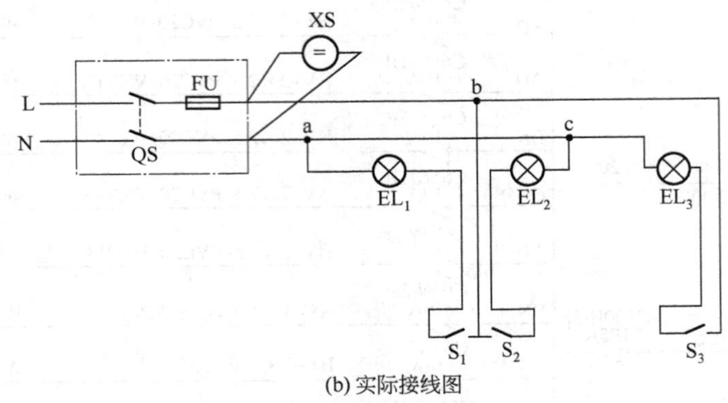

(b) 实际接线图

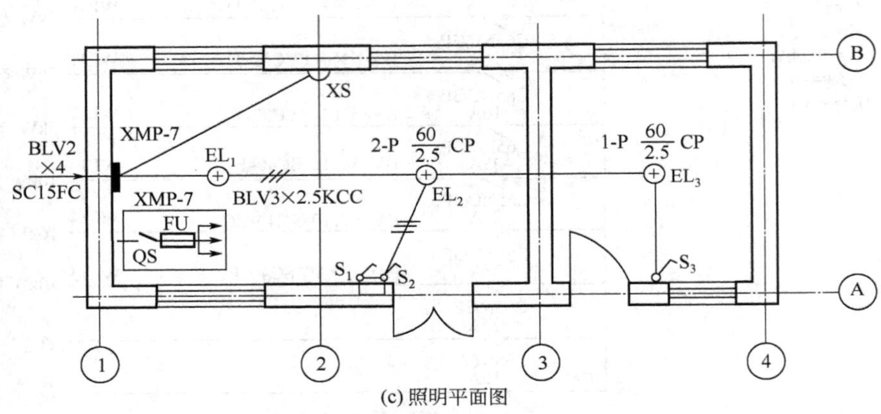

(c) 照明平面图

图 12-19 某房间的照明线路

FC 敷设穿墙进入室内配电箱，钢管管径为“15” mm。

同理可知，“BLV3×2.5KCC”表示 3 根塑料铝线，单根截面面积为 2.5mm²，用瓷瓶或瓷柱沿顶棚暗敷设。没有标文字和符号的导线，其数量为两根，其型号及敷设方式等同本房间的其他导线一样。

配电箱的型号为 XMR-7，此型号配电箱的具体尺寸宽×高×厚为 270×290×120 (mm)。因为按规定暗装配电盘底口距地 1.4m，所以图上没有标注安装高度。箱内电气系统图已画在图 12-19(c) 上。

灯具上标注的“2-P $\frac{60}{2.5}$CP”表示在本房间内有“2”盏相同的灯具，灯具类型为普通吊灯 P，每盏灯具上有“60” W 白炽灯泡一个，安装高度为“2.5” m，“CP”表示用自在器吊于室内。

各灯采用拉线开关控制，按规定安装在进门一侧，手容易碰到的地方，安装高度在照明平面图中一般是不标注的。施工者可依据《电气装置安装工程施工及验收规范》进行安装。

即拉线开关一般安装在距地 2～3m，距门框为 0.15～0.20m，且拉线出口向下；其他各种开关安装一般为距地 1.3m，距门框为 0.15～0.20m。

明装插座的安装高度一般为距地 1.3m，在托儿所、小学等不应低于 1.8m。暗插座一般距地不低于 0.3m。

由上可见，只要有了照明平面图，就可以进行施工，不用再画原理图和实际接线图。应该指出，在线路敷设中，尤其是穿管配线中，应避免中间接头或分接头。如图 12-19(b) 中的 a、b、c 等处，应将这些接头放在就近的灯头盒、开关盒或其他电器的接线端子上，如图 12-20 所示。这样，有些导线的根数要增加，如大房间去两个拉线开关处的导线变成 4 根。所以，同一房间由于敷设方式不同，其照明平面图不完全一样。

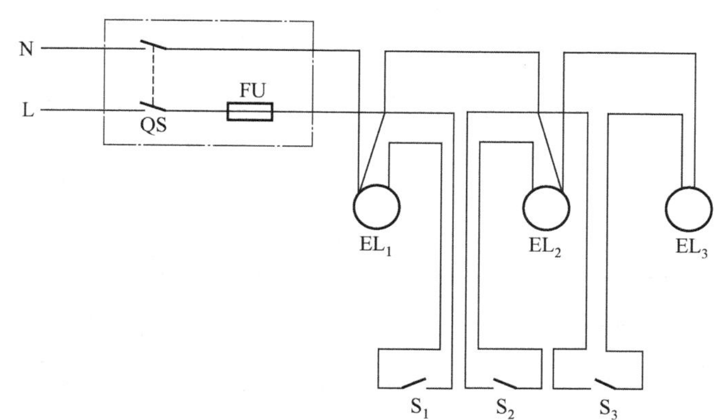

图 12-20 无中间接头的照明线路实际安装图

12.3.9 某建筑物电气照明平面图

图 12-21 为某建筑物第 3 层电气照明平面图，图 12-22 为其供电系统图，表 12-2 是负荷统计表。

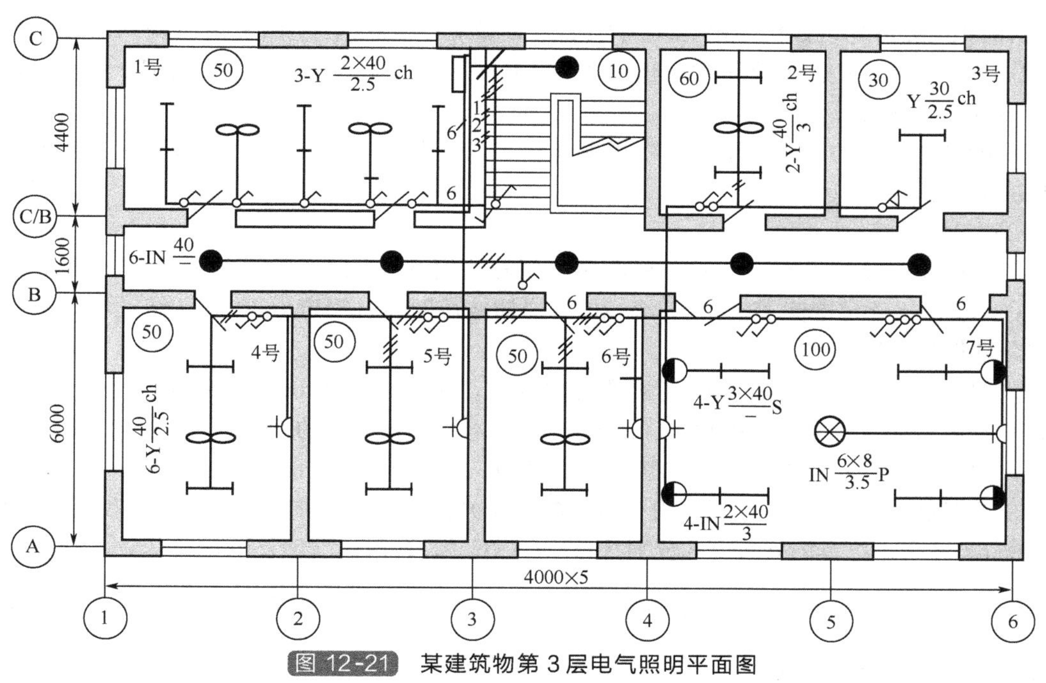

图 12-21 某建筑物第 3 层电气照明平面图

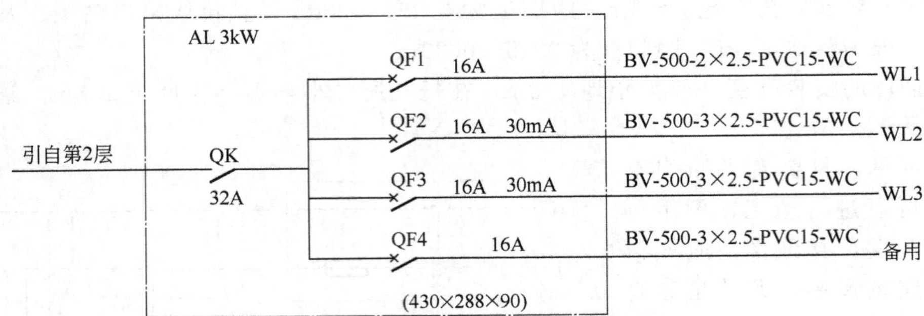

图 12-22 图 12-21 的供电系统图

表 12-2 图 12-21 和图 12-22 中的负荷统计表

线路编号	供电场所	负荷统计			
		灯具/个	电扇/只	插座/个	计算负荷/kW
1 号	1 号房间、走廊、楼道	9	2		0.41
2 号	4、5、6 号房间	6	3	3	0.42
3 号	2、3、7 号房间	12	1	2	0.48

施工说明：1. 该层层高 4m，净高 3.88m，楼面为钢筋混凝土板。

2. 导线及配线方式：电源引自第 2 层，总线为 PG-BV-500-2×10-TC25-WC；分干线为（1～3）MFG-BV-500-2×6-PC20-WC；各支线为 BV-500-2×2.5-PVC15-WC。

3. 配电箱为 XM1-16 型，并按系统图接线。

（1）电路特点

为了确切表示电路和灯具的布置，图 12-21 中用细实线简略地绘制出了建筑物的墙体、门窗、楼梯、承重梁柱的平面结构。该层共有 7 个房间，依次编号为 1～7 号，一个楼梯和一个中间走廊。用定位轴线横向 1～6 及纵向 A、B、B/C、C 和尺寸线表示了各部分之间的尺寸关系。

从图 12-22 可见，该楼层电源引自第 2 层，单相～220V，经照明配电箱 XM1-16 分成（WL1～WL3）三条照明分干线，其中之一 MFG3 引向 1～7 号各室。QF1～QF4 采用 C45N 型低压断路器。

在表 12-2 附注的"施工说明"中说明了楼层的结构等，为照明线路和设备安装提供了土建资料。

（2）识读步骤

① 配电箱　该层设有一个照明配电箱，型号为箱 XM1-16，内装 HK-10/2 型开启式负荷开关（单相、额定电流 10A），三个 RC 型瓷插式熔断器（额定电流 5A，熔丝额定电流为 3A，分别控制三路出线）。

② 照明线路　共有三种不同规格敷设的线路，例如，照明分干线 MFG 为 BV-500-2×6-PC20-WC，表示用的是 2 根截面 6mm^2、额定电压为 500V 的塑料绝缘导线，采用直径 20mm 的硬质塑料管（PC20）沿墙壁暗敷（WC）。

③ 照明设备　图 12-21 中照明设备有灯具、开关、插座、电扇，照明灯具有荧光灯、吸顶灯、壁灯、花灯。灯具的安装方式分别有链吊式（Ch）、管吊式（P）、吸顶式（S）、壁式（W）等。例如："3-Y $\frac{2\times40}{2.5}$Ch"表示该房间有 3 盏荧光灯（灯具代号为 Y），每盏有 2 支 40W 的灯管，安装高度（灯具下端离房间地面高）2.5m，链吊式（Ch）安装。

④ 照度　各房间的照度用圆圈中注阿拉伯数字（单位是 lx，勒克斯）表示，如 7 号房

间为 100lx。

⑤ 设备、管线的安装位置　由定位轴线和标注的有关尺寸数字，可以很简便地确定设备、线路管线的安装位置，并由此计算出管线长度。

12.3.10 某锅炉房动力平面图

图 12-23 所示为某锅炉房的动力系统图。

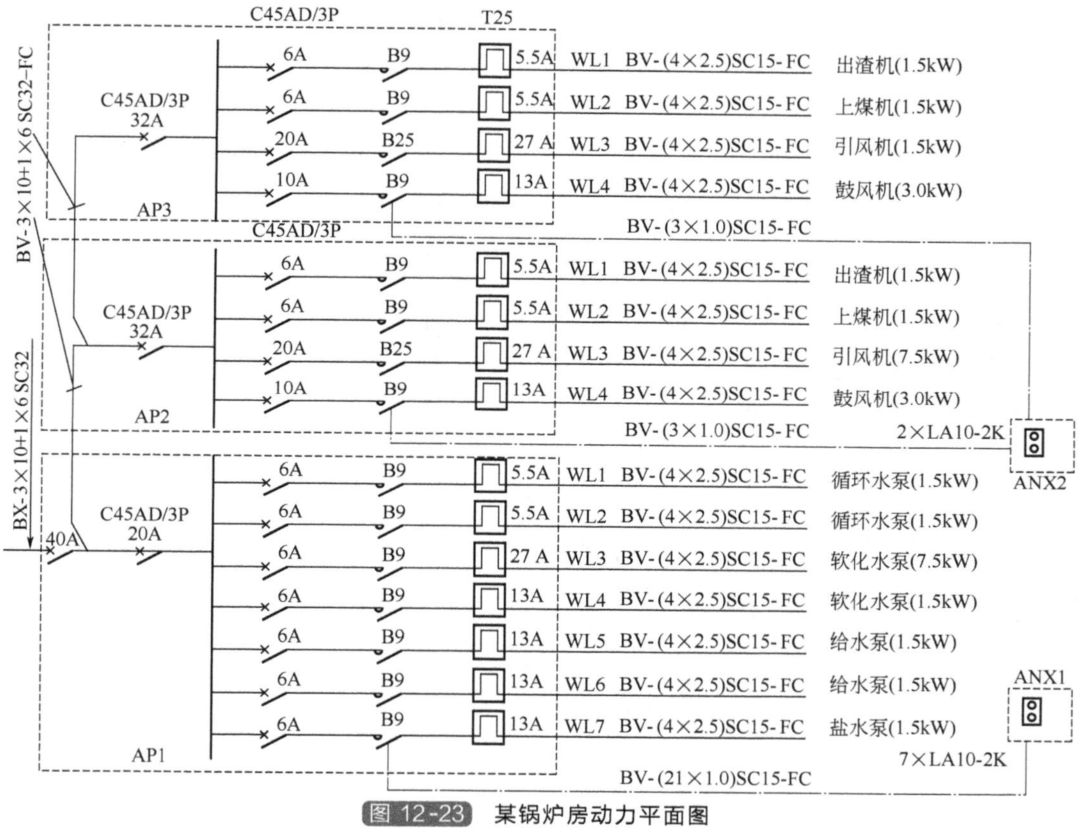

图 12-23　某锅炉房动力平面图

由图 12-23 可知，该锅炉房共有五个配电箱，其中 AP1～AP3 三个配电箱内装断路器、接触器和热继电器，也称控制配电箱；另外两个配电箱 ANX1 和 ANX2 内装控制按钮，也称按钮箱。例如图 12-23 中电源从配电箱 AP1 的左端引入，“BX-3×10＋1×6 SC32”表示使用 3 根截面积为 $10mm^2$ 和 1 根截面积为 $6mm^2$ 的铜芯橡胶绝缘导线，穿直径为 32mm 的焊接钢管。从 PL1 配电箱到各台水泵的线路均相同，“BV-(4×2.5) SC15-FC” 表示均使用 4 根截面积为 $2.5mm^2$ 的聚氯乙烯绝缘导线，穿直径为 15mm 的焊接钢管埋地暗敷设。

图 12-24 为某锅炉房动力平面图，表 12-3 为该锅炉房主要设备表。

图 12-24 中电源进线在图的右侧，沿厕所、值班室墙引至主配电箱 AP1。从主配电箱左侧下引至配电箱 AP2，从配电箱 AP2 经墙引至配电箱 AP3。配电箱 AP1 有 7 条引出线 WL1～WL7 分别接到水处理间的 7 台水泵，按钮箱 ANX1 安装在墙上，按钮箱控制线经墙暗敷。配电箱 AP2 和 AP3 均安装在墙上，上煤机、出渣机在锅炉右侧，风机在锅炉左侧，

引风机安装在锅炉房外间，按钮箱 ANX2 安装在外间墙上，按钮控制线埋地暗敷。图中标号与设备表序号相对应。

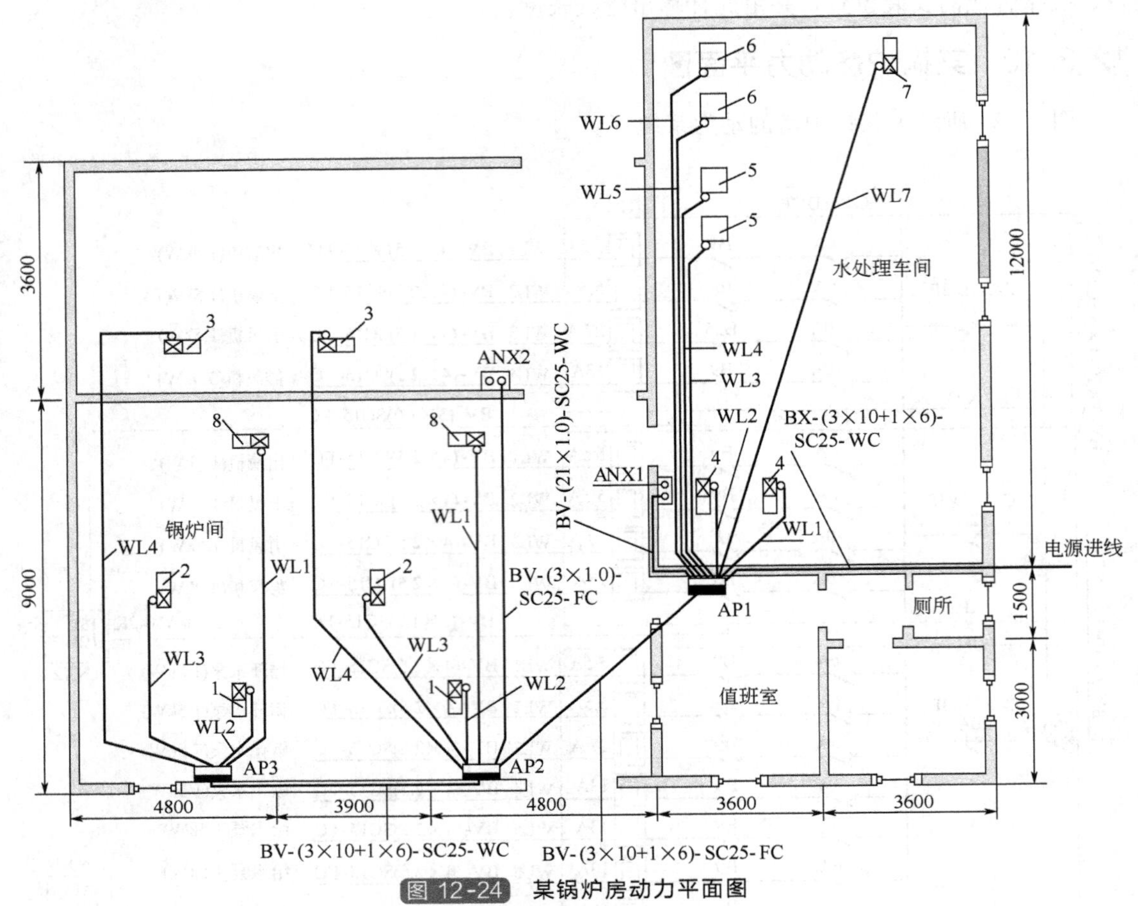

图 12-24 某锅炉房动力平面图

表 12-3 某锅炉房主要设备表

序号	名称	容量/kW	序号	名称	容量/kW
1	上煤机	1.5	5	软化水泵	1.5
2	引风机	7.5	6	给水泵	1.5
3	鼓风机	3.0	7	盐水泵	1.5
4	循环水泵	1.5	8	出渣机	1.5

12.3.11 某车间动力配电平面图

某车间共有两层，首层动力平面图如图 12-25 所示。

由图 12-25 可知车间内有动力设备 19 台，由于动力设备较多，因此只能按照一定的顺序依次分析。理清电源的来龙去脉是看懂本图的关键。图 12-25 中的电源涉及照明配电箱（柜）的电源和动力配电屏 BSL 的电源两大部分。此外，本图涉及的设备控制箱 11 个，线路连接情况比较复杂。在看图时，可按照看电源→看控制箱、配电屏→看线路→看设备的顺序进行。

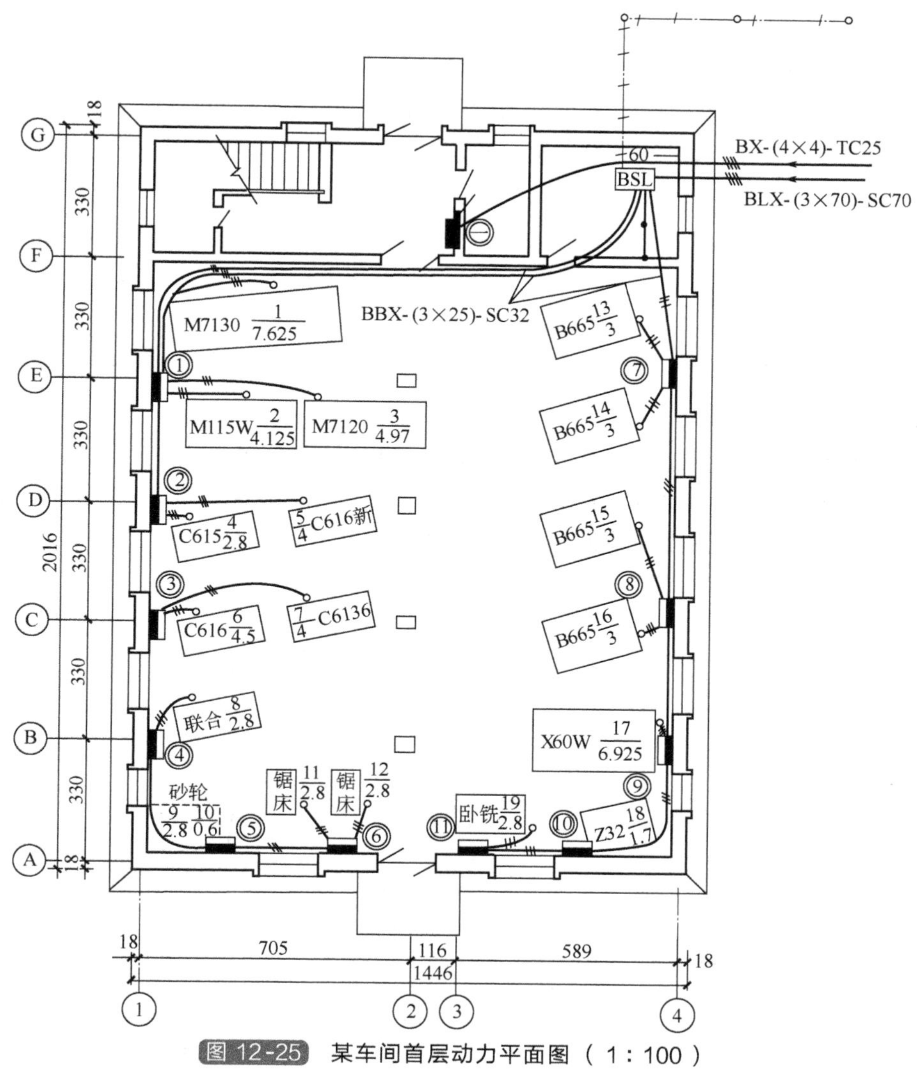

图 12-25　某车间首层动力平面图（1：100）

（1）电源电路

① 照明配电箱（柜）的电源　图 12-25 中“BX-(4×4)-TC25”是照明进户线。即用 $4mm^2$ 铜芯橡胶绝缘导线 4 根，穿直径为 25mm 的薄电线管引入到照明配电箱（柜）。

② 动力配电屏 BSL 的电源　图 12-25 中“BLX-(3×70)-SC70”是动力进户线。即用 $70mm^2$ 铝芯橡胶绝缘导线三根，穿直径为 70mm 的钢管引入到动力配电屏。动力配电屏 BSL 一般由专业厂家生产，施工人员所做工作是将配电屏进行固定、接地、接入电源和引出负载线路。

（2）看控制箱、配电屏

① 本车间内共有设备控制箱（分配电箱）11 个，暗装于墙上。控制箱内的配线安装可参阅相关的系统图。

② 从动力配电屏 BSL 处引出供电电路 4 条。其中有两路送到车间左半部（动力在左半部较多）的 1～6 号分配电箱；有一路送到车间右半部的 7～11 号分配电箱；还有一路穿过立管引到楼上，供给楼上的设备使用。

(3) 看设备

1号控制箱为一路，分别控制M7130、M115W、M7120三台设备。图中的方框表示设备的名称、设备编号和设备上的电动机额定功率。图中机器设备符号的含义如下：分数前面的符号是设备的型号；分式中分子为设备编号，分母为设备的总功率，单位为kW，详见本书第1章表1-14。例如：

①"M7130 $\frac{1}{7.625}$"表示设备名称为M7130型平面磨床、设备编号为1号，机床上电动机总的额定功率为7.625W。

②"C616 $\frac{6}{4.5}$"表示设备名称为C616型车床，设备编号为6号，机床上电动机总的功率为4.5kW。

施工中可根据设备的功率计算其工作电流并决定选用导线的规格。车间内各种机器设备的安放位置，应查阅相关资料，本图中的符号不能确定其准确位置。另一方面不同的机器设备的电源接线盒位置也不相同，施工中如果电源线从地面引出的位置不对，将会给施工带来很多不便。

图12-26为二层动力剖面图，读者可自行阅读。

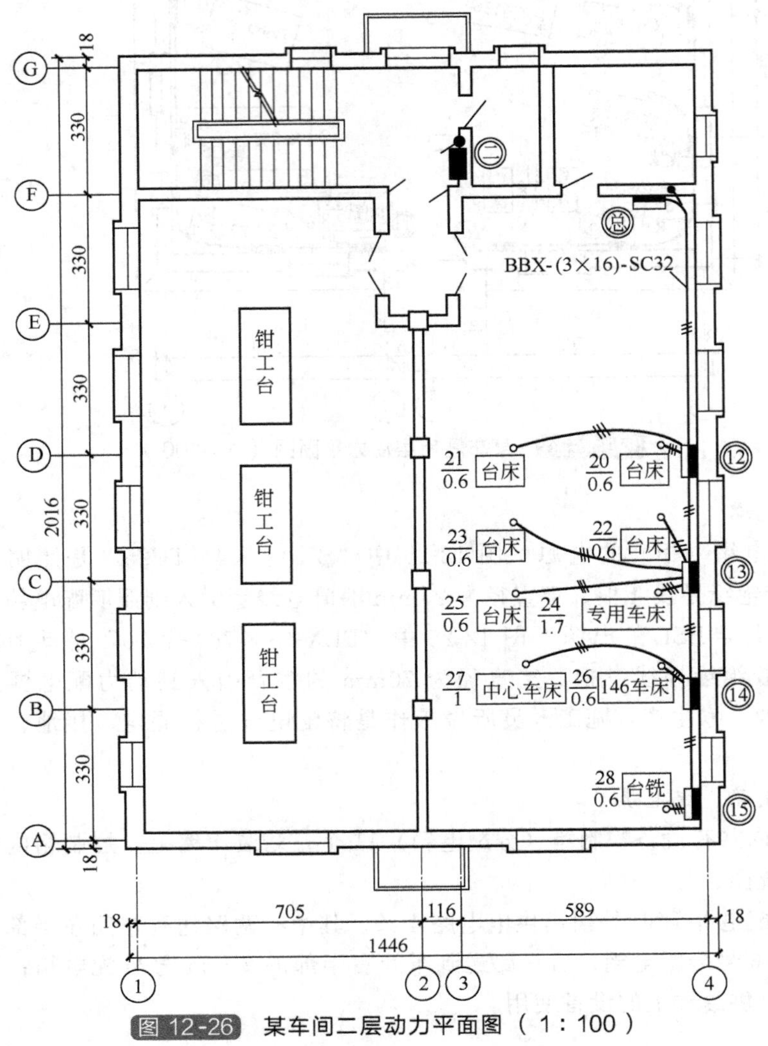

图12-26 某车间二层动力平面图（1∶100）

12.4　建筑物防雷与接地工程图

12.4.1　建筑物防雷概述

（1）雷电

雷电是大气中一种自然气体放电现象。常见的有放电痕迹呈线形或树枝状的线形（或枝状）雷，有时也会出现带形雷、片形雷和球形雷。雷电有以下特点

① 电压高、电流大、释放能量时间短、破坏性大；

② 雷云放电速度快，雷电流的幅值大，但放电持续时间极短，所以雷电流的陡度很高；

③ 雷电流的分布是不均匀的，通常是山区多平原少，南方多北方少。

（2）雷电的危害

① 直击雷的危害　天空中高电压的雷云，击穿空气层，向大地及建筑物、架空电力线路等高耸物放电的现象，称为直击雷。发生直击雷时，特大的雷电流通过被击物，使被击物燃烧，使架空导线熔化。

② 感应雷的危害　雷云对地放电时，在雷击点全放电的过程中，位于雷击点附近的导线上将产生感应过电压，它能使电力设备绝缘发生闪烙或击穿，造成电力系统停电事故、电力设备的绝缘损坏，使高压电串入低压系统，威胁低压用电设备和人员的安全，还可能发生火灾和爆炸事故。

③ 雷电侵入波的危害　架空电力线路或金属管道等，遭受直击雷后，雷电波就沿着这些击中物传播，这种迅速传播的雷电波称为雷电侵入波。它可使设备或人遭受雷击。

（3）防雷的主要措施

防雷的重点是各高层建筑、大型公共设施、重要机构的建筑物及变电所等。应根据各部位的防雷要求、建筑物的特征及雷电危害的形式等因素，采取相应的防雷措施。

① 防直击雷的措施　安装各种形式的接闪器是防直击雷的基本措施。如在通信枢纽、变电所等重要场所及大型建筑物上可安装避雷针，在高层建筑物上可装设避雷带、避雷网等。

② 防雷电波侵入的措施　雷电波侵入的危害的主要部位是变电所，重点是电力变压器。基本的保护措施是在高压电源进线端装设阀式避雷器。避雷器应尽量靠近变压器安装，其接地线应与变压器低压侧中性点及变压器外壳共同连接在一起后，再与接地装置连接。

③ 防感应雷的措施　防感应雷的基本措施是将建筑物上残留的感应电荷迅速引入大地，常采用的方法是将混凝土屋面的钢筋用引下线与接地装置连接。对防雷要求较高的建筑物，一般采用避雷网防雷。

（4）接闪器

接闪器是专门用来接受直接雷击的金属导体。接闪器的功能实质上起引雷作用，将雷电引向自身，为雷云放电提供通路，并将雷电流泄入大地，从而使被保护物体免遭雷击、免受雷害的一种人工装置。根据使用环境和作用不同，接闪器有避雷针、避雷带和避雷网三种装设形式。

（5）避雷针

避雷针其顶端呈针尖状，下端经接地引线与接地装置焊接在一起。避雷针通常安装于被保护物体顶端的突出位置。

单支避雷针的保护范围为一近似的锥体空间，如图 12-27 所示。由图可见应根据被保护物体的高度和有效保护半径确定避雷针的高度和安装位置，以使被保护物体全部处于保护范围之内。

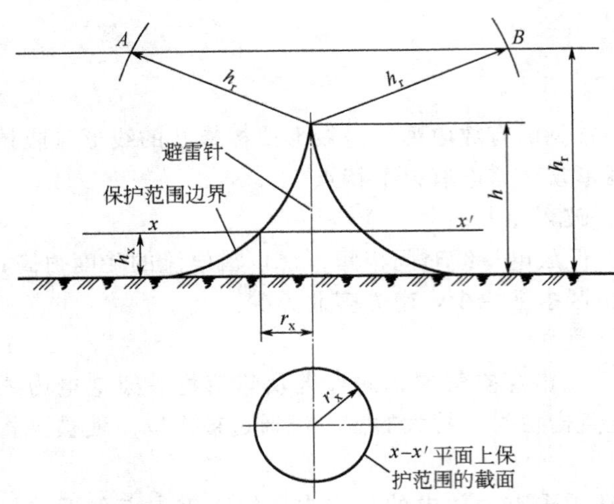

图 12-27 单支避雷针的保护范围

h—避雷针的高度；h_r—滚球半径；h_x—被保护物高度；r_x—在 x-x'水平面上的保护半径

避雷针通常装设在被保护的建筑物顶部的凸出部位，由于高度总是高于建筑物，所以很容易把雷电流引入其尖端，再经过引下线的接地装置，将雷电流泄入大地，从而使建筑物、构筑物免遭雷击。

(6) 避雷带与避雷网

避雷带是一种沿建筑物顶部突出部位的边沿敷设的接闪器，对建筑物易受雷击的部位进行保护。一般高层建筑物都装设这种形式的接闪器。

避雷网是用金属导体做成网状的接闪器。它可以看做纵横分布、彼此相连的避雷带。显然避雷网具有更好的防雷性能，多用于重要高层建筑物的防雷保护。

避雷带和避雷网一般采用圆钢制作，也可采用扁钢。

避雷带的尺寸应不小于以下数值：圆钢直径为 8mm；扁钢厚度不小于 4mm，截面不小于 48mm。

(7) 避雷带的设置

避雷带是水平敷设在建筑物的屋脊、屋檐、女儿墙、水箱间顶、梯间屋顶等位置的带状金属线，对建筑物易受雷击部位进行保护。避雷带的做法如图 12-28 所示。

避雷带一般采用镀锌圆钢或扁钢制成，圆钢直径应不小于 8mm；扁钢截面积应不小于 50mm^2，厚度应不小于 4mm，在要求较高的场所也可以采用直径 20mm 的镀锌钢管。

避雷带进行安装时，若装于屋顶四周，则应每隔 1m 用支架固定在墙上，转弯处的支架间隔为 0.5m，并应高出屋顶 100～150mm。若装设于平面屋顶，则需现浇混凝土支座，并预埋支持卡子，混凝土支座间隔 1.5～2m。

(8) 避雷网的设置

避雷网适用于较重要的建筑物，是用金属导体做成的网格式的接闪器，将建筑物屋面的避雷带（网）、引下线、接地体联结成一个整体的钢铁大网笼。避雷网有全明装、部分明装、全暗装、部分暗装等几种。

工程上常用的是暗装与明装相结合起来的笼式避雷网，将整个建筑物的梁、板、柱、墙内的结构钢筋全部连接起来，再接到接地装置上，就成为一个安全、可靠的笼式避雷系统，如图 12-29 所示。它既经济又节约材料，也不影响建筑物的美观。

避雷网采用截面积不小于 50mm^2 的圆钢和扁钢，交叉点必须焊接，距屋面的高度一般应不大于 20mm。在框架结构的高层建筑中较多采用避雷网。

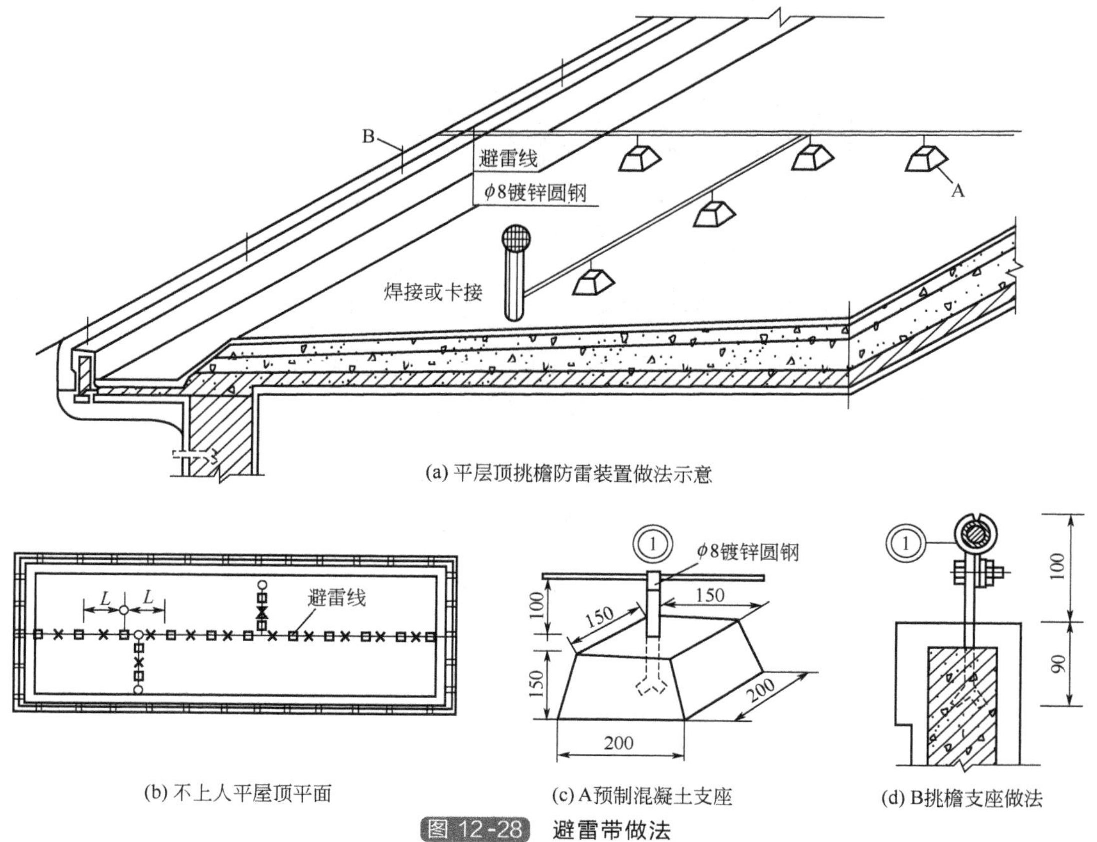

图 12-28 避雷带做法

(9) 避雷器的接线图

避雷器主要用于保护发电厂、变电所的电气设备以及架空线路、配电装置等，是用来防护雷电产生的过电压，以免危及被保护设备的绝缘。使用时，避雷器接在被保护设备的电源侧，与被保护线路或设备相并联，避雷器的接线图如图 12-30 所示。当线路上出现危及设备安全的过电压时，避雷器的火花间隙就被击穿，或由高阻变为低阻，使过电压对地放电，从而保护设备免遭破坏。避雷器的型式主要有阀式避雷器和管式避雷器等。

12.4.2 接地概述

(1) 接地与接零

接地与接零是保证电气设备和人身安全用电的重要保护措施。

所谓接地，就是把电气设备的某部分通过接地装置与大地连接起来。

接零是指在中性点直接接地的三相四线制供电系统中，将电气设备的金属外壳、金属构架等与零线连接起来。

(2) 工作接地、保护接地和重复接地

① 工作接地　为了保证电气设备的安全运行，将电路中的某一点（例如变压器的中性点）通过接地装置与大地可靠地连接起来，称为工作接地，工作接地（又称系统接地）如图 12-31(a) 所示。

② 保护接地　为了保障人身安全，防止间接触电事故，将电气设备外露可导电部分如

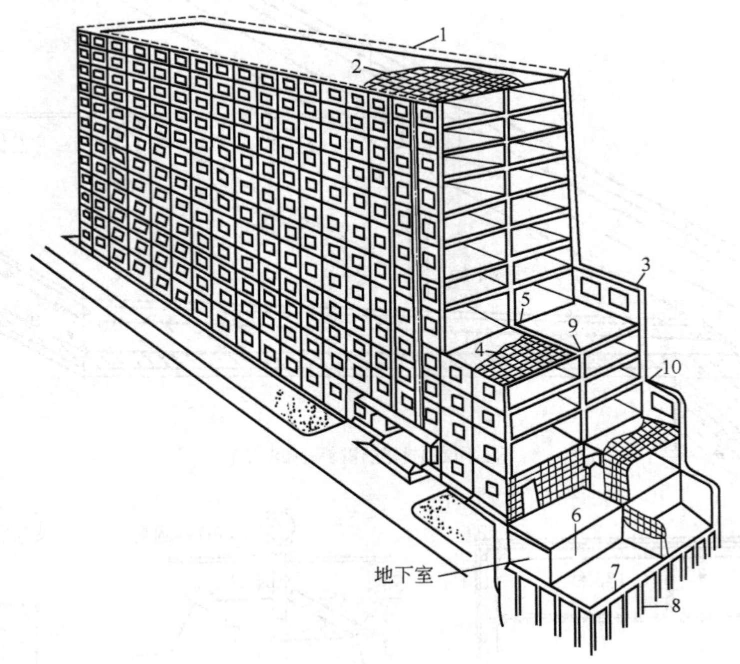

图 12-29 笼式避雷网示意图

1—周圈式避雷带；2—屋面板钢筋；3—外墙板；4—各层楼板；5—内纵墙板；6—内横墙板；7—承台梁；8—基桩；9—内墙板连接点；10—内外墙板钢筋连接点

金属外壳、金属构架等，通过接地装置与大地可靠连接起来，称为保护接地，如图 12-31 (b) 所示。

对电气设备采取保护接地措施后，如果这些设备因受潮或绝缘损坏而使金属外壳带电，那么电流会通过接地装置流入大地，只要控制好接地电阻的大小，金属外壳的对地电压就会限制在安全数值以内。

③ 重复接地　将中性线上的一点或多点，通过接地装置与大地再次可靠地连接称为重复接地，如图 12-31(a) 所示。当系统中发生碰壳或接地短路时，能降低中性线的对地电压，并减轻故障程度。重复接地可以从零线上重复接地，也可以从接零设备的金属外壳上重复接地。

④ 保护接零　在中性点直接接地的低压电力网中，将电气设备的金属外壳与零线连接，称为保护接零（简称接零）。

(3) 低压配电系统的接地型式

① TN 接地型式　低压配电系统有一点直接接地，受电设备的外露可导电部分通过保护线与接地点连接、按照中性线与保护线组合情况，分为 TN-S、TN-C、TN-C-S 三种接地型式，如图 12-32 所示，图中 PEN 称为保护中性零线，是指中性线 N 和保护零线 PE（又称保护地线或保护线）合用一根导线与变压器中性点相连。

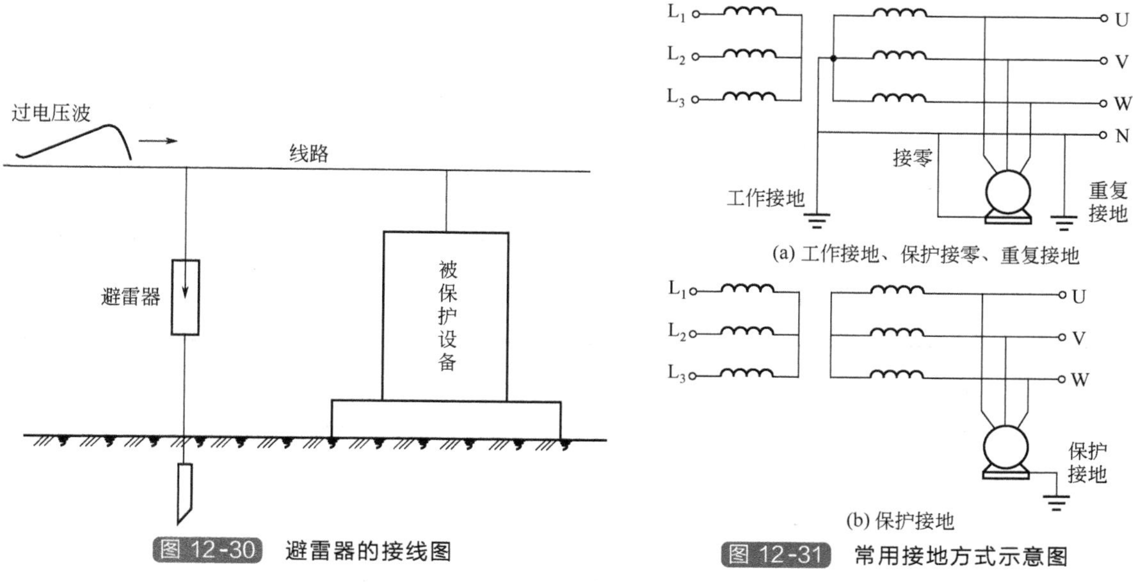

图 12-30　避雷器的接线图

图 12-31　常用接地方式示意图

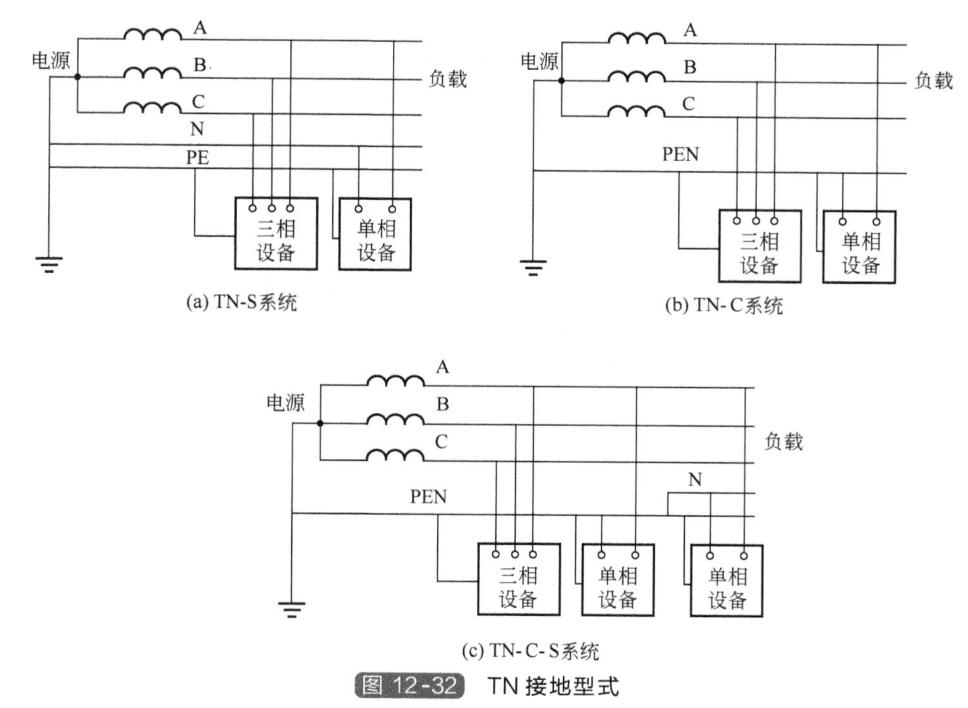

图 12-32　TN 接地型式

其特点和应用见表 12-4。

表 12-4 TN 接地型式的特点及应用

序号	接地型式	特点	应用
1	TN-S(五线制)	用电设备金属外壳接到 PE 线上，金属外壳对地不呈现高电位，事故时易切断电源，比较安全。费用高	环境条件差的场所，电子设备供电系统
2	TN-C(四线制)	N 与 PE 合并成 PEN 一线。三相不平衡时，PEN 上有较大的电流，其截面积应足够大。比较安全，费用较低	一般场所，应用较广
3	TN-C-S(四线半制)	在系统末端，将 PEN 线分为 PE 和 N 线，兼有 TN-S 和 TN-C 的某些特点	线路末端环境条件较差的场所

② TT 接地型式（直接接地） TT 接地型式见图 12-33。

特点：用电设备的外露可导电部分采用各自的 PE 接地线；故障电流较小，往往不足以使保护装置自动跳闸，安全性较差。

应用场所：小负荷供电系统。

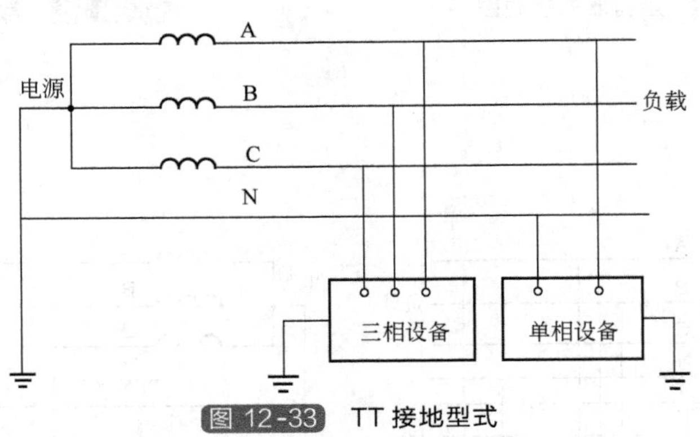

图 12-33 TT 接地型式

③ IT 接地型式（经高阻接地方式） IT 接地型式见图 12-34。

特点：带电金属部分与大地间无直接连接（或有一点经足够大的阻抗 Z 接地），因此，当发生单相接地故障后，系统还可短时继续运行。

应用场所：煤矿及厂用电等希望尽量少停电的系统。

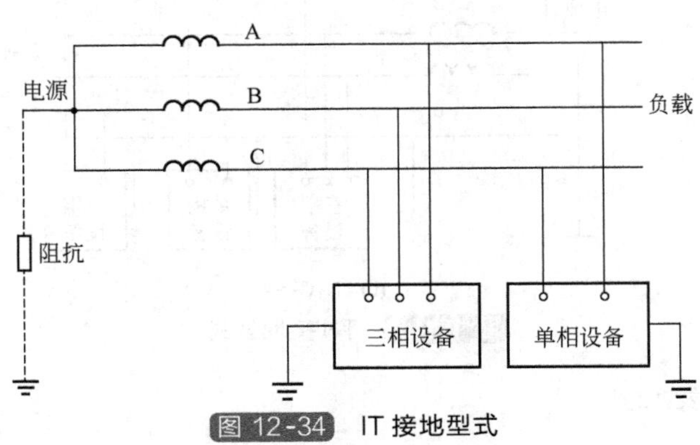

图 12-34 IT 接地型式

(4) 接地装置

电气设备的接地体及接地线的总和称为接地装置。

接地体即为埋入地中并直接与大地接触的金属导体。接地体分为自然接地体和人工接地体。人工接地体又可分为垂直接地体和水平接地体两种。

接地线即为电气设备金属外壳与接地体相连接的导体。接地线又可分为接地干线和接地支线。接地装置的组成如图 12-35 所示。

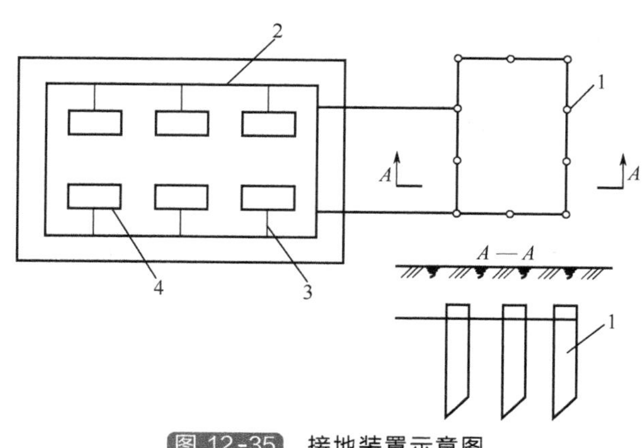

图 12-35 接地装置示意图

1—接地体；2—接地干线；3—接地支线；4—电气设备

12.4.3 某 10kV 降压变电所防雷接地平面图

用图形符号绘制的以表示防雷设备的安装平面位置及其保护范围的图，称为防雷平面图。防雷平面图表示了避雷针、避雷带、引下线等装置的平面位置及材料，注明施工时的特殊做法。有时也把接地装置表示在防雷平面图中。

图 12-36 为某厂 10kV 变电所采用避雷带的防雷接地平面图。

由图 12-36 可见：

① 该接地装置是防雷接地（属于工作接地）与保护接地共用的综合接地装置。

② 室外接地网敷设在变电所地基周围（3m 左右），埋深 0.7m 以上。

③ 采用避雷带防止击雷，避雷带材料为 25mm×4mm 镀锌扁钢，暗敷在屋顶天沟边沿顶上和屋面隔热预制板上。

④ 避雷带引下线 Q 采用 25mm×4mm 镀锌扁钢，屋顶四角各有一条敷设在外墙粉刷层内的引下线与接地装置相连。

⑤ 屋顶避雷带呈“田”字形。

⑥ 垂直接地体采用 16 根 50mm×5mm 镀锌等边角钢，每根长 2.5m，间距 5m，采用 40mm×4mm 镀锌扁钢相焊接组成接地网。

⑦ 变电所由避雷带所覆盖，故均在防护直击雷的保护范围内。

12.4.4 某建筑物防雷接地平面图

图 12-37 是某建筑物的防雷平面图，在屋面的四周女儿墙上、屋顶水箱顶、梯间顶和平屋面上设有 ϕ10mm 镀锌圆钢避雷带，女儿墙上的避雷带沿墙板支架安装，平屋顶上的避雷带沿混凝土块安装，利用构造柱内钢筋作引下线，共六处。

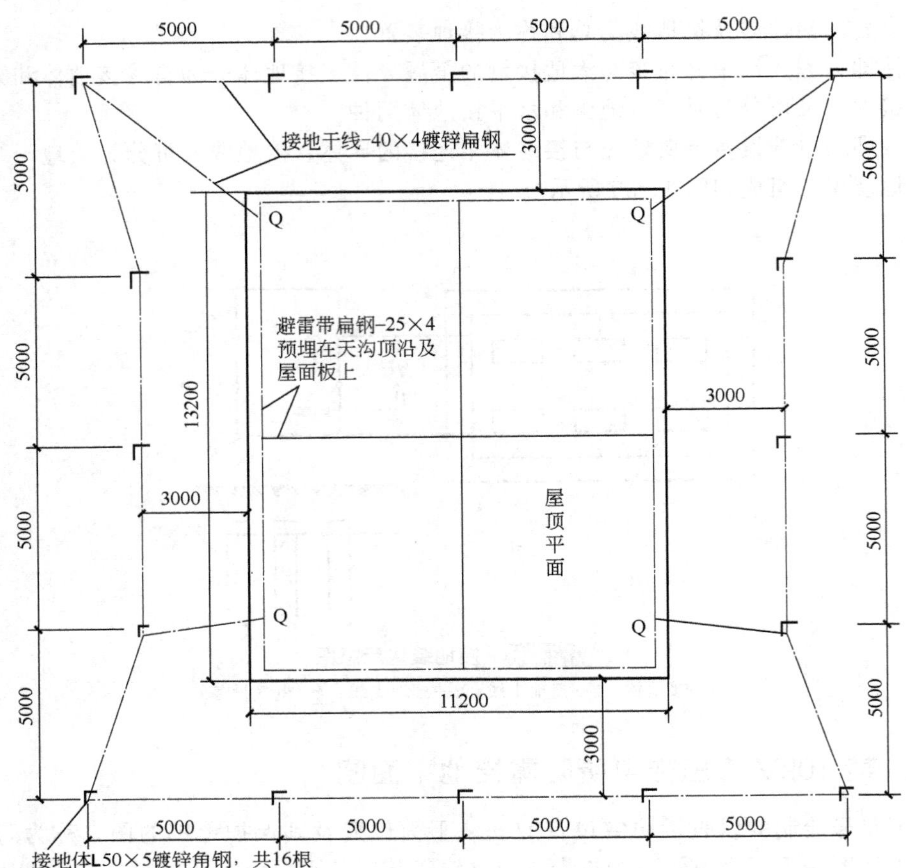

设备材料表

序号	名称	规格	单位	数量	国际图号	备注
1	镀锌扁钢	−25×4	mm	400		
2	镀锌扁钢	−40×4	mm	150		
3	镀锌扁钢	−50×5	mm	50	D563-3	16×2.5m以上
4	临时接地接线柱	M10×30螺栓	副	10	D563-11	配M10蝶形螺母

技术说明

1.室外接地网埋深$h \geq 0.7$m，接地体采用L50×5镀锌角钢，每根长2.5m，共16根。室外采用接地线-40×4镀锌扁钢，所有接头均为焊接。安装参见电气装置标准图集《接地装置安装图》(D563)

2.屋顶避雷带采用—25×4镀锌扁钢暗敷在天沟边沿顶上和屋面隔热预制板上。避雷带引下线Q采用—25×4镀锌扁钢敷设在外墙粉层内。

3.本接地装置采用综合接地网，其接地电阻应小于1Ω。

4.本图材料表中包括了室内外所有避雷及接地装置的材料数量。

5.所有焊接处应刷两道防腐漆。

6.竣工后实测接地电阻达不到要求时，应再加接地体。

图 12-36　某 10kV 降压变电所防雷接地平面图

接地平面图应表示出接地极、接地线及引下线的平面位置、尺寸及材料等，图 12-38 是与图 12-37 的防雷平面图对应的防雷接地平面图。接地极采用为 40mm×4mm 镀锌扁钢，距建筑物外墙 3m，其上端距室外地表面 0.8m。

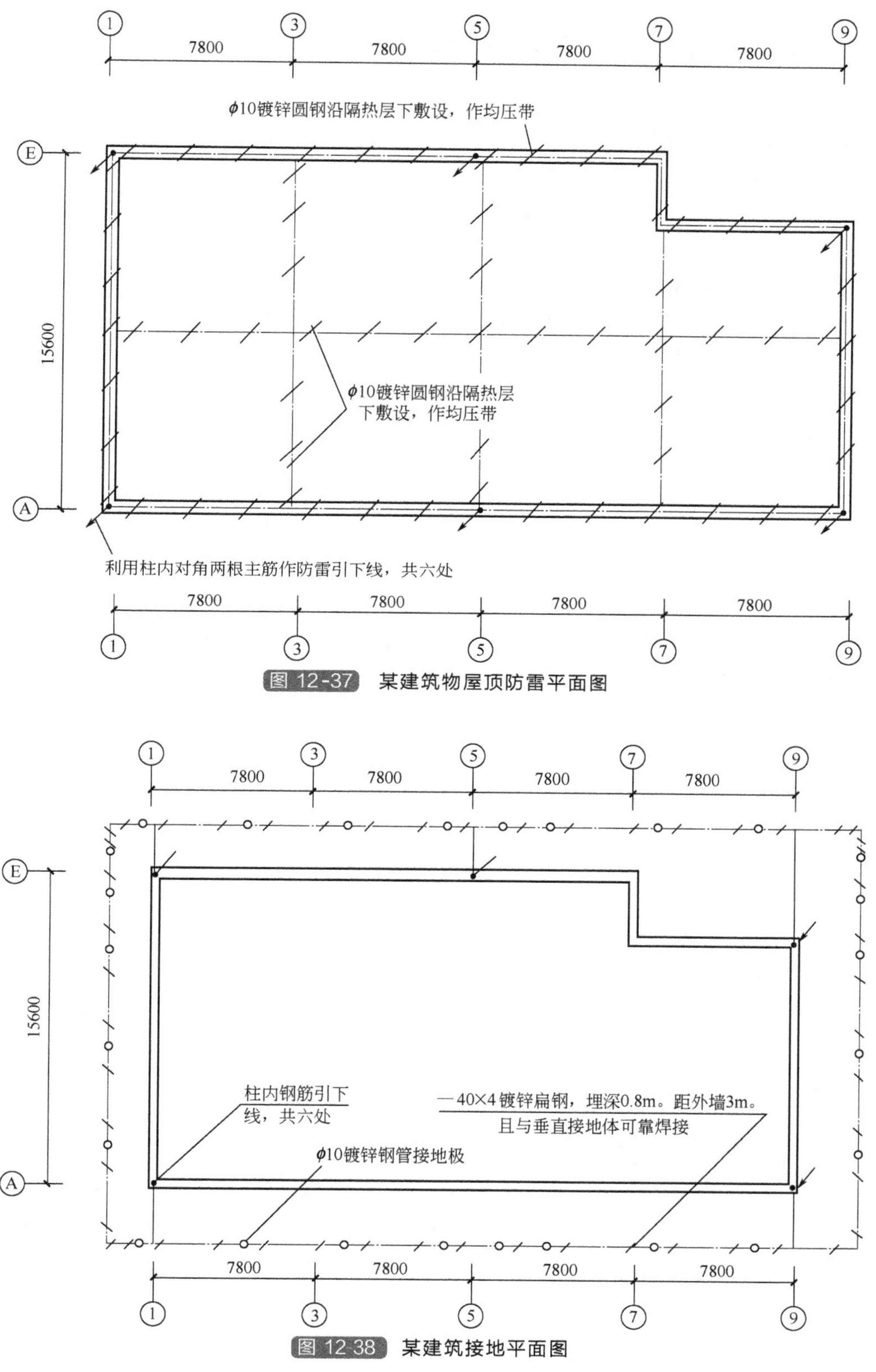

图 12-37　某建筑物屋顶防雷平面图

图 12-38　某建筑接地平面图

12.5 建筑物消防安全系统电气图

12.5.1 消防安全系统概述

(1) 火灾报警消防系统的类型与功能

在公用建筑中，火灾自动报警与自动灭火控制系统是必备的安全设施，在较高级的住宅建筑中，一般也设置该系统。

火灾报警消防系统和消防方式可分为两种：

① 自动报警、人工灭火。当发生火灾时，自动报警系统发出报警信号，同时在总服务台或消防中心显示出发生火灾的楼层或区域代码，消防人员根据火警具体情况，操纵灭火器械进行灭火。

② 自动报警、自动灭火。这种系统除上述功能外，还能在火灾报警控制器的作用下，自动联动有关灭火设备，在发生火灾处自动喷洒，进行灭火。并且启动减灾装置，如防火门、防火卷帘、排烟设备、火灾事故广播网、应急照明设备、消防电梯等，迅速隔离火灾现场，防止火灾蔓延；紧急疏散人员与重要物品，尽量减少火灾损失。

(2) 火灾自动报警与自动灭火系统的组成

火灾自动报警与自动灭火系统主要由两大部分组成：一部分为火灾自动报警系统；另一部分为灭火及联动控制系统。前者是系统的感应机构，用以启动后者工作；后者是系统的执行机构。火灾自动报警与自动灭火系统联动示意图如图 12-39 所示。

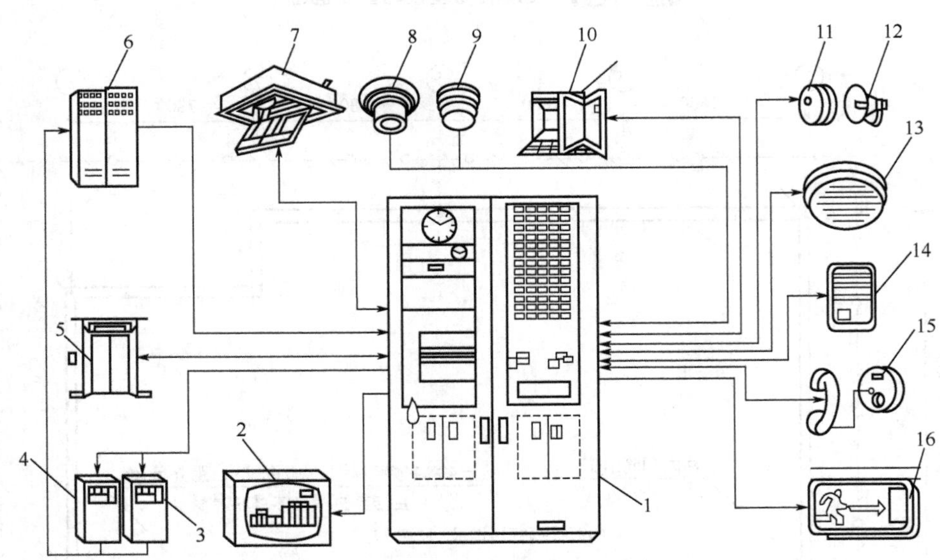

图 12-39 火灾自动报警与自动灭火系统联动示意图

1—消防中心；2—火灾区域显示；3—水泵控制盘；4—排烟控制盘；5—消防电梯；6—电力控制柜；7—排烟口；8—感烟探测器；9—感温探测器；10—防火门；11—警铃；12—报警器；13—扬声器；14—对讲机；15—联络电话；16—诱导灯

(3) 火灾自动报警系统的基本形式

① 区域报警系统　区域报警系统是由区域报警控制器（或报警控制器）和火灾探测器

组成的火灾自动报警系统，其系统框图如图 12-40 所示。

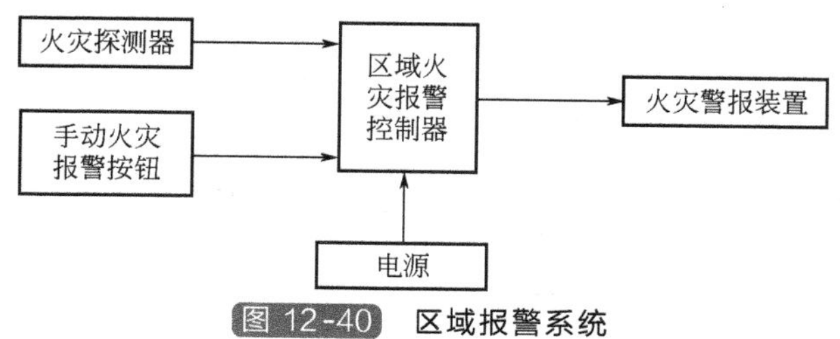

图 12-40　区域报警系统

② 集中报警系统　集中报警系统是由集中报警控制器（或报警控制器）、区域报警控制器（或区域显示器）以及火灾探测器等组成的火灾自动报警系统，其系统框图如图 12-41 所示。

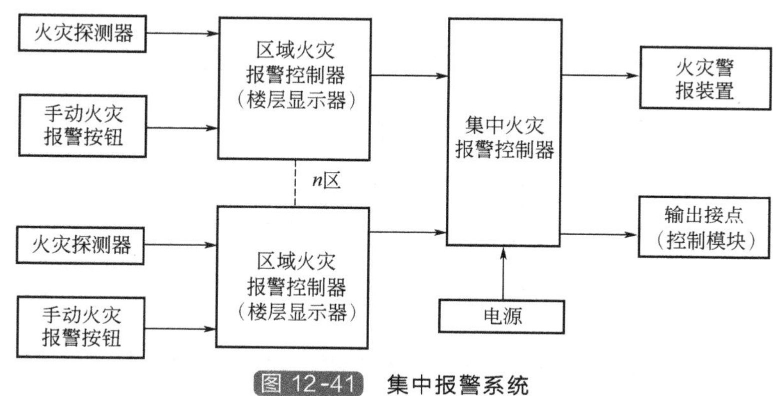

图 12-41　集中报警系统

③ 控制中心报警系统　控制中心报警系统是由消防控制设备、集中报警控制器（或报警控制器）、区域报警控制器（或区域显示器）以及火灾探测器等组成的火灾自动报警系统，其系统框图如图 12-42 所示。

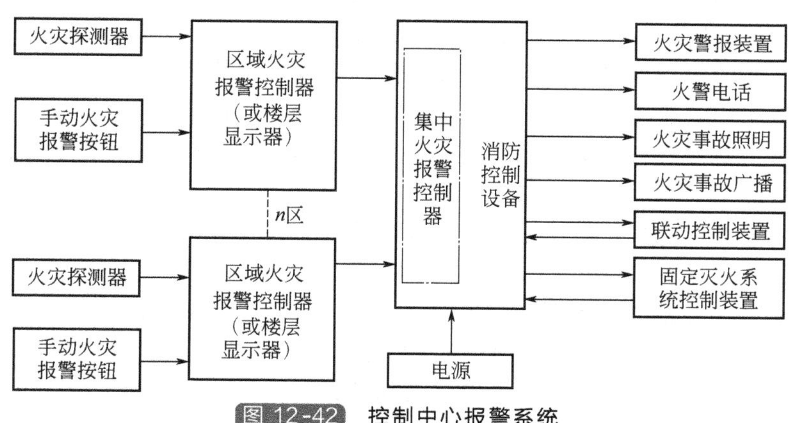

图 12-42　控制中心报警系统

（4）以微型计算机为基制的现代消防系统

以微型计算机为基制的现代消防系统的基本结构及原理如图 12-43 所示。火灾探测器和消防控制设备与微处理器间的连接必须通过输入输出接口来实现。

数据采集器 DGP 一般多安装于现场，它一方面接受探测器来的信息，经变换后，通过

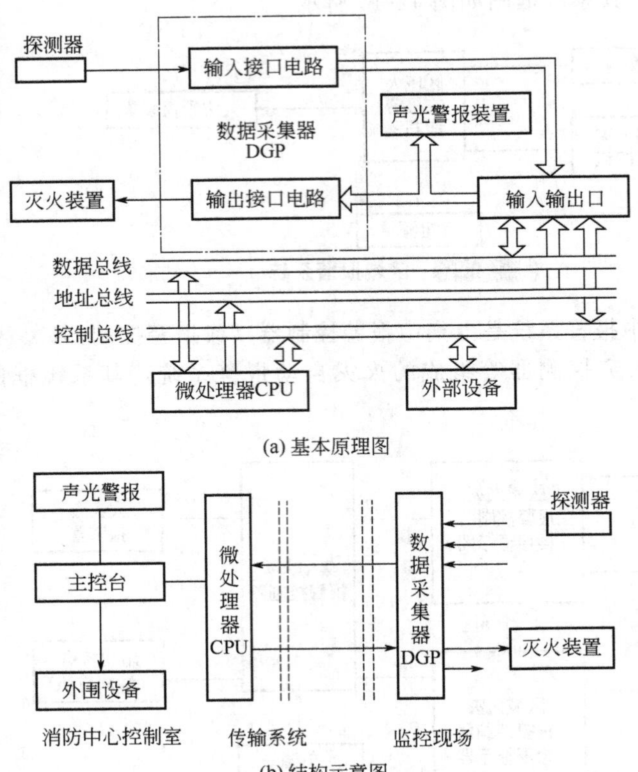

图 12-43 以微型计算机为基制的火灾自动报警系统

传输系统送进微处理器进行运算处理；另一方面，它又接受微处理器发来的指令信号，经转换后向现场有关监控点的控制装置传送。显然，DGP 是微处理器与现场监控点进行信息交换的重要设备，是系统输入输出接口电路的部件。

传输系统的功用是传递现场（探测器、灭火装置）与微处理器之间的所有信息，一般由两条专用电缆线构成数字传输通道，它可以方便地加长传输距离，扩大监控范围。

对于不同型号的微机报警系统，其主控台和外围设备的数量、种类也是不同的。通过主控台可校正（整定）各监控现场正常状态值（即给定值），并对各监控现场控制装置进行远距离操作，显示设备各种参数和状态。主控台一般安装在中央控制室或各监控区域的控制室内。

外围设备一般应设有打印机、记录器、控制接口、警报装置等。有的还具有闭路电视监控装置，对被监视现场火情进行直接的图像监控。

(5) 自动喷水灭火系统的类型与特点

自动喷水灭火系统主要用来扑灭初期的火灾并防止火灾蔓延。其主要有自动喷头、管路、报警阀和压力水源四部分组成。按照喷头形式，可分为封闭式和开放式两种喷水灭火系统；按照管路形式，可分为湿式和干湿两种喷水灭火系统。

用于高层建筑中的喷头多为封闭型，它平时处于密封状态，启动喷水由感温部件控制。常用的喷头有易熔合金式、玻璃球式和双金属片式等。

湿式管路系统中平时充满具有一定压力的水，当封闭型喷头一旦启动，水就立即喷出灭火。其喷水迅速且控制火势较快，但在某些情况下可能漏水而污损内装修，它适用于冬季室温高于 0℃的房间或部位。

干式管路系统中平时充满压缩空气，使压力水源处的水不能流入。发生火灾时，当喷头启动后，首先喷出空气，随着管网中的压力下降，水即顶开空气阀流入管路，并由喷头喷出灭火。它适用于寒冷地区无采暖的房间或部位，还不会因水的渗漏而污染、损坏装修。但空气阀较为复杂且需要空气压缩机等附属设备，同时喷水也相应较迟缓。

此外，还有充水和空气交替的管路系统，它在夏季充水而冬季充气，兼有以上二者的特点。

常用自动喷水灭火系统如图 12-44 所示。当灭火发生时，由于火场环境温度的升高、封闭型喷头上的低熔点合金（薄铅皮）熔化或玻璃球炸裂，喷头打开，即开始自动喷水灭火。由于自来水压力低不能用来灭火，建筑物内必须有另一路消防供水系统用水泵加压供水，当喷头开始供水时，加压水泵自动开机供水。

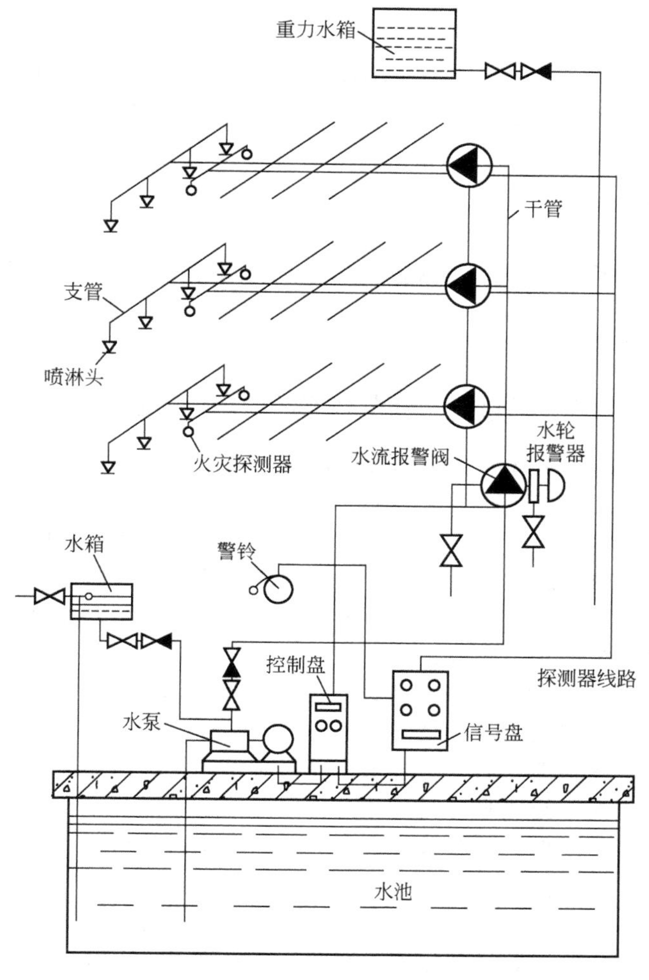

图 12-44　自动喷水灭火系统

二氧化碳气体自动灭火系统也有全淹没系统和局部喷射系统之分：全淹没系统喷射的二氧化碳能够淹没整个被防护空间；局部喷射系统只能保护个别设备或局部空间。

二氧化碳气体自动灭火系统原理图如图 12-45 所示。当火灾发生时，通过现场的火灾探测器发出信号至执行器，它便打开二氧化碳气体瓶的阀门，放出二氧化碳气体，使室内缺氧而达到灭火的目的。

12.5.2　消防安全系统电气图的特点

消防安全系统电气图的种类与特点如下。

（1）消防安全系统图或框图

这种图主要从整体上说明某一建筑物内火灾探测、报警、消防设施等的构成与相互关系。由于这一系统的构成大多涉及电气方面，所以这一系统图或框图是构成消防系统电气工程图的重要组成部分。主要包括火灾探测系统、火灾判断系统、通报与疏散诱导系统、灭火装置及监控系统、排烟装置及监控系统等。

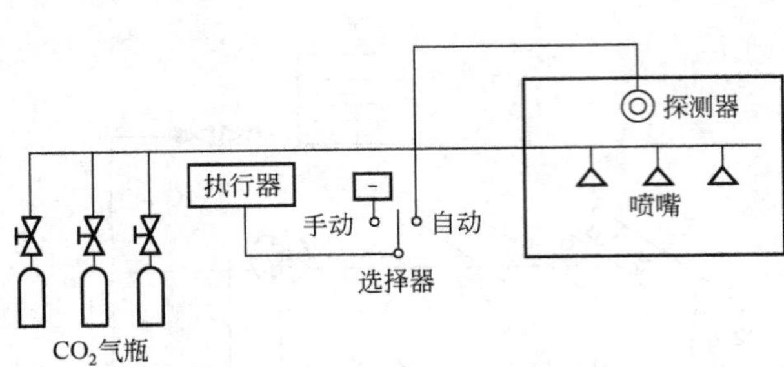

图 12-45　二氧化碳气体自动灭火系统原理图

(2) 火灾探测器平面布置图

在建筑物各个场所安装的火灾探测器及其连接线是很多的，因此，必须有一份关于火灾探测器、导线、分接线盒等的布局的平面布置图。这种图类似于电气照明平面布置图。

火灾探测器平面布置图通常是将建筑物某一平面划分为若干探测区域后，而按此区域布置的平面图。所谓“探测区域”，是指在有热气流或烟雾能充满的区域。

12.5.3 消防安全系统电气图的识读

(1) 消防安全系统图识读

① 由于现代高级消防安全系统都采用微机控制，所以消防安全微机控制系统与其他微机控制系统的工作过程一样，将火灾探测器接入微机的检测通道的输入接口端，微机按用户程序对检测量进行处理，当检测到危险或着火信号时，就给显示通道和控制通道发出信号，使其显示火灾区域，启动声光报警装置和自动灭火装置。因此，看这种图时，要抓住微机控制系统的基本环节。

② 阅读消防安全系统成套电气图，首先必须读懂安全系统组成系统图或框图。

③ 由于消防安全系统的电气部分广泛使用了电子元件、装置和线路，因此将安全系统电气图归类于弱电电气工程图，对于其中的强电部分则可分别归类于电力电气图和电气控制电气图，阅读时可以分类进行。

(2) 火灾自动报警及自动消防平面图的识读

① 先看机房平面布置及机房（消防中心）位置。了解集中报警控制柜、电源柜及 UPS 柜、火灾报警柜、消防控制柜、消防通信总机、火灾事故广播系统柜、信号盘、操作柜等机柜在室内安装排列位置、台数、规格型号、安装要求及方式，交流电源引入方式、相数及其线缆规格型号、敷设方法、各类信号线、负荷线、控制线的引出方式、根数、线缆规格型号、敷设方法、电缆沟、桥架及竖井位置、线缆敷设要求。

② 再看火灾报警及消防区域的划分。了解区域报警器、探测器、手动报警按钮安装位置、标高、安装方式，引入引出线缆规格型号、根数及敷设方式、管路及线槽安装方式及要求、走向。

③ 然后看消防系统中喷洒头、水流报警阀、卤代烷喷头、二氧化碳等喷头安装位置、标高、房号、管路布置、走向及电气管线布置、走向、导线、根数、卤代烷及二氧化碳等储罐或管路安装位置、标高、房号等。

④ 最后看防火阀、送风机、排风机、排烟机、消防泵及设施、消火栓等设施安装位置标高、安装方式及管线布置走向、导线规格、根数、台数、控制方式。

⑤ 了解疏散指示灯、防火门、防火卷帘、消防电梯安装位置标高、安装方式及管线布置走向、导线规格、根数、台数及控制方式。

⑥ 核对系统图与平面图的回路编号、用途名称、房间号、管线槽井是否相同。

12.5.4 某建筑物消防安全系统

如图 12-46 所示是某一建筑物消防安全系统图。由图 12-46 可见，该建筑物的消防安全系统主要由火灾探测系统、火灾判断系统、通报与疏散诱导系统、灭火设施、排烟装置及监控系统组成。

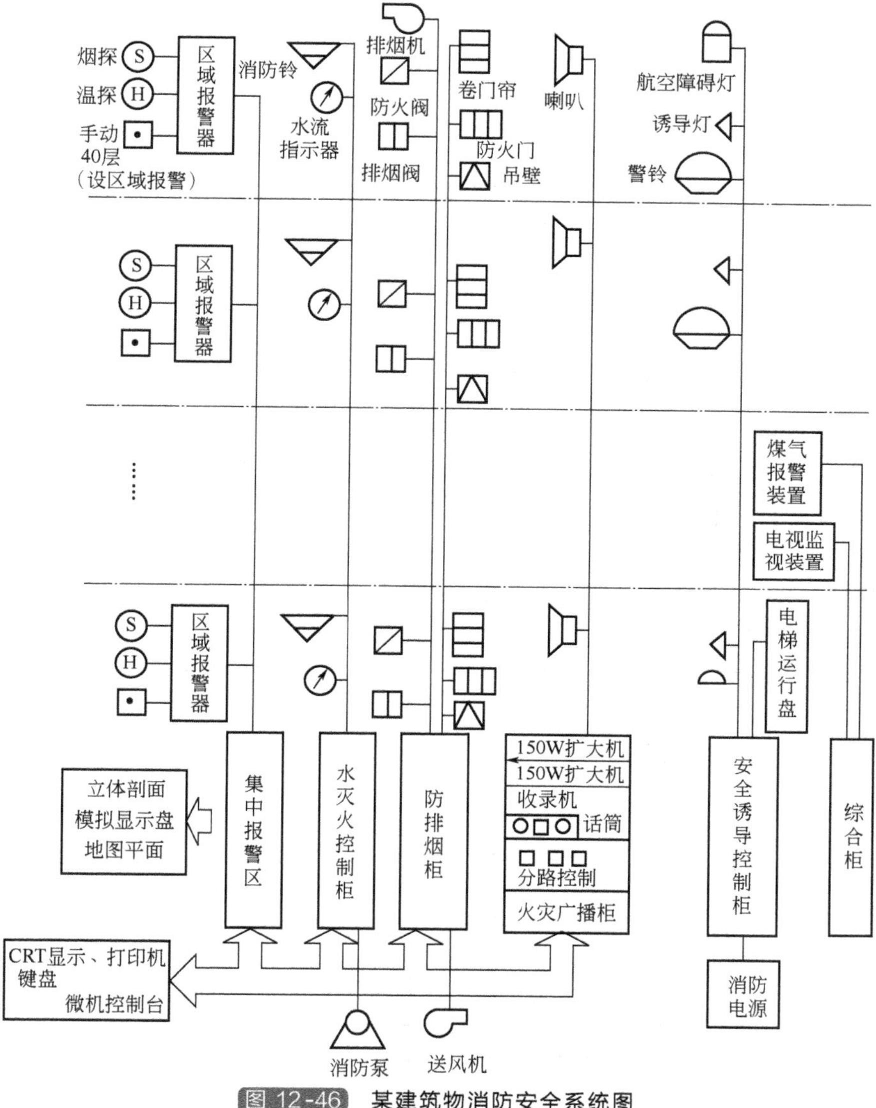

图 12-46 某建筑物消防安全系统图

由图 12-46 可知，火灾探测系统主要由分布在 1～40 层各个区域的多个探测器网络构成。其探测器网络由感烟探测器、感温探测器等组成。手动装置主要供调试和平时检查试验用；火灾判断系统主要由各楼层区域报警器和大楼集中报警器组成；通报与疏散诱导系统由消防紧急广播、事故照明、避难诱导灯、专用电话等组成。当楼中人员听到火灾报警之后，可根据诱导灯的指示方向撤离现场；灭火设施由自动喷淋系统组成。当火灾广播之后，延时一段时间，总监控台就使消防泵启动，建立水压，并打开着火区域消防水管的电磁阀，使消防水进入喷淋管路进行喷淋灭火；排烟装置及监控系统由排烟阀门、抽排烟机及其电气控制系统组成。

图 12-47 是火灾探测器平面布置图。由图 12-47 可见，该建筑物一层平面有四个探测区

域，火灾探测器分布如图所示。

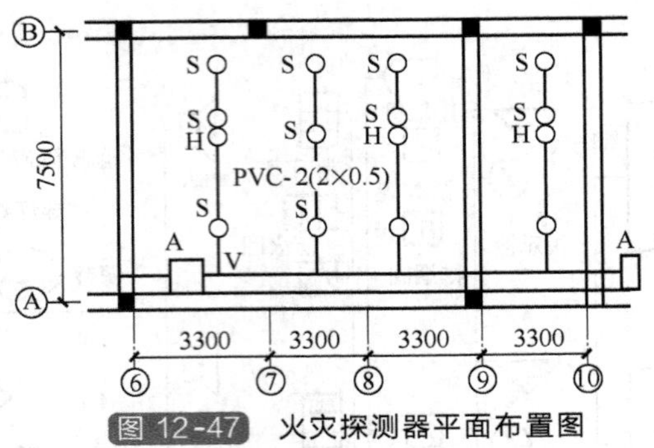

图 12-47 火灾探测器平面布置图

12.5.5 水喷淋自动灭火报警系统

水喷淋自动报警系统示意图如图 12-48 所示。水喷淋自动报警系统是建筑消防监控系统中的重要分支系统。当发生火情时，安装在该区域内的闭式喷头的热敏元件因受热气流的作用而动作，并脱离喷头本体使管网中压力水经喷头自动喷水灭火；同时，安装在配水管网支路上的水流继电器（即水流指示器）的常开触点因水流动压力而闭合，并发出开启电信号，由喷淋报警箱接受，经延时 10s 判别其信号后，则由报警箱发出声、光报警信号，并显示失火回路及地点；报警箱输出一对联控触点，供启动喷淋加压泵或喷淋水泵，使管网中供水增压，实现迅速扑灭火源所需水量和水压；消防控制室得到报警信号后，立即采取相应的消防措施。

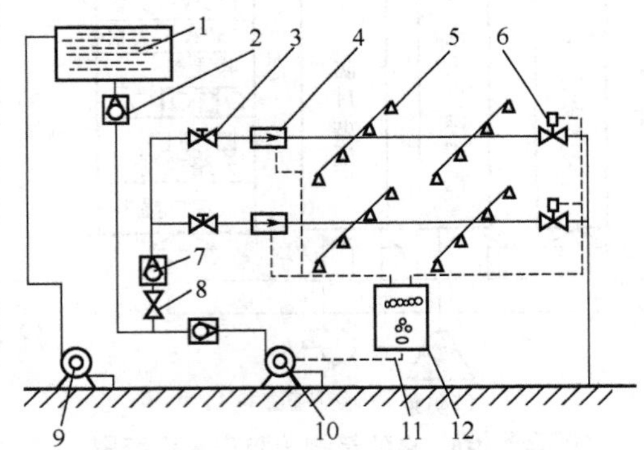

图 12-48 水喷淋自动灭火报警系统示意图

1—屋顶水箱；2—逆止阀；3—截止阀；4—SJQ 水流继电器；5—水喷淋头；6—放水试验电磁阀；7—报警阀；8—闸阀；9—生活水泵；10—消防水泵；11—控制电路；12—报警箱

该水喷淋自动报警系统的接线图如图 12-49 所示，图中 ZN910 水喷淋控制柜是专用监测设备，它把所有水流指示器和压力开关等信号经输入模块 ZN907 传送到 ZN905 通用报警控制器，由 ZN905 按照事先编好的联动程序根据情况发出指令，再由 ZN917 通用联动控制器通过联动控制总线和 ZN906C（延时断开）输入输出模块分别驱动喷淋泵，该系统可做到根据工程需要启动不同的喷淋泵。

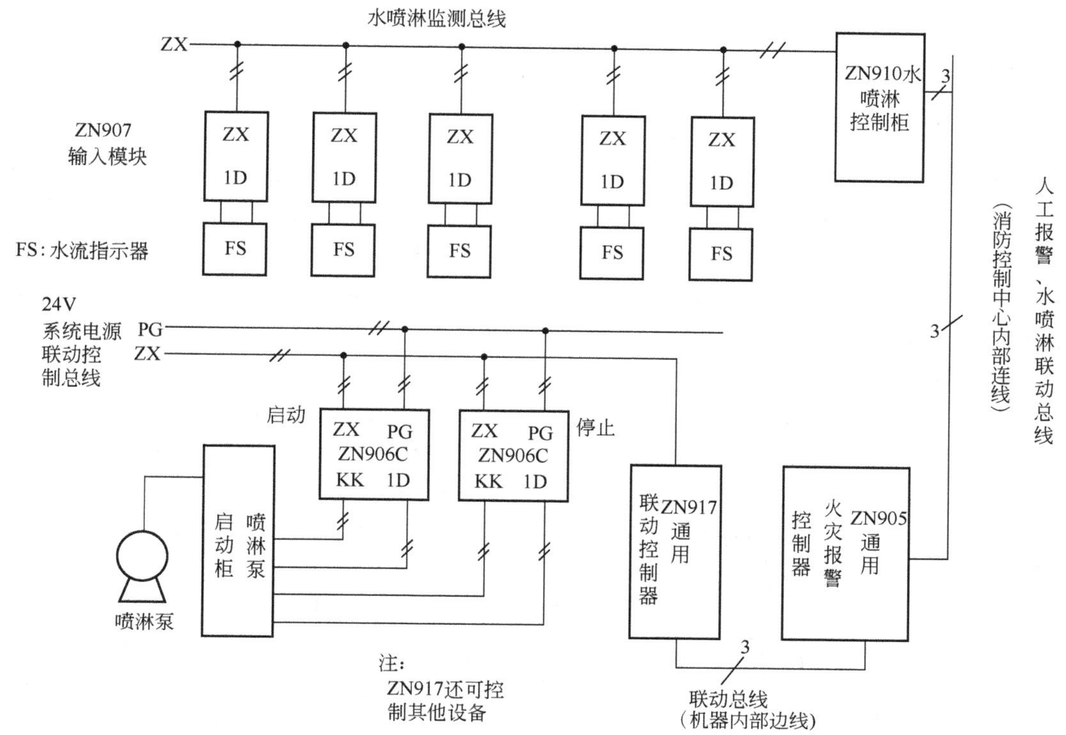

图 12-49　水喷淋自动灭火报警系统接线图

12.6　安全防范系统电气图

12.6.1　安全防范系统概述

安全防范是公安保卫部门的专门术语，是指以维护社会公共安全为目的的防入侵、防被盗、防破坏、防火、防爆和安全检查等措施。安全防范系统的基本任务之一就是通过采用安全技术防范产品和防护设施保证建筑内部人身、财产的安全。

随着现代建筑的高层化、大型化和功能的多样化，安全防范系统已经成为现代化建筑，尤其是智能建筑非常重要的系统之一。在许多重要场所和要害部门，不仅要对外部人员进行防范，而且要对内部人员加强管理。对重要的部位、物品还需要特殊的保护。从防止罪犯入侵的过程上讲，安全防范系统应提供以下三个层次的保护：

① 外部侵入保护。外部侵入是指罪犯从建筑物的外部侵入楼内，如楼宇的门、窗及通风道口、烟道口、下水道口等。在上述部位设置相应的报警装置，就可以及时发现并报警，从而在第一时间内采取处理措施。外部侵入保护是保安系统的第一级保护。

② 区域保护。区域保护是指对大楼内某些重要区域进行保护。如陈列展厅、多功能展厅等。区域保护是保安系统的第二级保护。

③ 目标保护。目标保护是指对重点目标进行保护。如保险柜、重要文物等。目标保护是保安系统的第三级保护。

不同建筑物的安全防范系统的组成内容不尽相同，但其子系统一般有：视频安防（闭路电视、电视）监控系统、入侵（防盗）报警系统、出入口控制（门禁）系统、安保人员巡更管理系统、停车场（库）管理系统、安全检查系统等。

12.6.2 防盗报警系统的组成

防盗报警系统负责建筑物内重要场所的探测任务，包括点、线、面和空间的安全保护。

防盗报警系统一般由探测器、区域报警控制器和报警控制中心等部分组成，其基本结构如图 12-50 所示。系统设备分三个层次，最低层是现场探测器和执行设备，它们负责探测非法人员的入侵，向区域报警控制器发送信息。区域控制器负责下层设备的管理，同时向报警控制中心传送报警信息。报警控制中心是管理整个系统工作的设备，通过通信网络总线与各区域报警控制器连接。

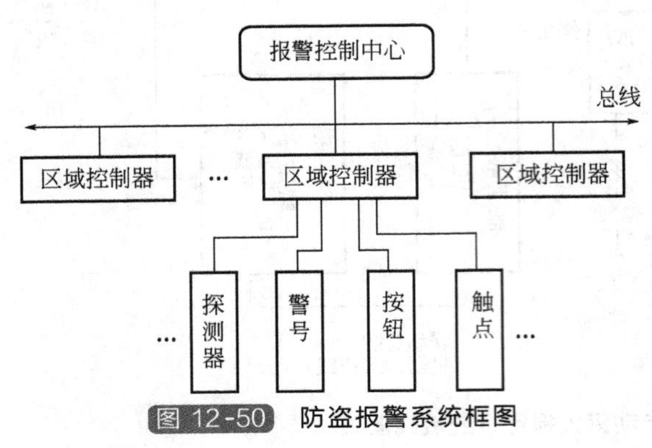

图 12-50 防盗报警系统框图

对于较小规模的系统由于监控点少，也可采用一级控制方案，即由一个报警控制中心和各种探测器组成。此时，无区域控制中心或中心控制器之分。

(1) 防盗报警器的类型

防盗报警控制器是系统的核心，负责接收报警信号，控制延迟时间，驱动报警输出等工作。它将某区域内的所有防盗防侵入传感器组合在一起，形成一个防盗管区。一旦发生报警，则在防盗主机上可以一目了然地反映出区域所在，还可借助电信网络向外拨打多组由主人自己设置的报警电话。

防盗报警控制器按照防区数量的多少，可分为小型防盗报警控制器、中型防盗报警控制器和大型防盗报警控制器；按照设备内部组成器件的不同，可分为晶体管式防盗报警控制器、单片机防盗报警控制器以及利用微处理器控制的智能式防盗报警控制器；按照安装方式不同，可分为台式防盗报警控制器、柜式防盗报警控制器和壁挂式防盗报警控制器；按照信号传输方式的不同，可分为有线防盗报警控制器和无线防盗报警控制器。

(2) 防盗报警器的功能

现代的防盗报警控制器都采用微处理器控制，普遍能够编程并有较强的功能，主要表现在以下几个方面：

① 能够以声光方式报警，并可以以人工方式或延时方式解除报警状态。

② 可根据需要将所连接的防盗报警探测器设置成布防或撤防状态。

③ 可以连接多组密码键盘，设置多个用户密码。

④ 当系统发出警报时，报警信号经过通信线路，可以以自动或人工干预方式将报警信号转发。

⑤ 可以用程序设置报警联动动作，即当系统发出警报时，防盗报警控制主机的编程输出端可通过继电器触点的闭合执行相应的动作。

⑥ 可通过电话拨号器把事先录好的声音信息经电话线传输给预设的单位或个人。

高档防盗报警控制器有与视频监控系统的联动装置，一旦防盗报警系统发出警报，在该警报区域内的图像将能立即显示在中央控制室内，并且能将报警时刻、报警图像、摄像机号码等信息实时地加以记录。与计算机连机的系统，还可以将报警信号以数据库的形式储存，以便快速地检索与分析。

12.6.3　防盗报警系统电气图的特点

防盗报警系统是指为了防止坏人非法侵入建筑物，以及对人员和设施安全防护的系统。它主要由防盗报警器、电磁门锁、摄像机、监视器等部分组成。

防盗报警系统电气图的特点如下：

① 电路图通常采用整体式布置，且运用了公用小母线的表达方式，因此不易看清楚。阅读时一般将图划分为几个部分阅读。

② 为了表达清楚各接线箱、按钮箱等的具体位置以及电缆的走向，通常还应有一平面布置图，才能进行安装接线。由于这一布置图所要表达的内容不多，一般将此合并到其他图样中去，例如合并到电气照明平面布置图中。

12.6.4　防盗报警系统电气图的识读

阅读防盗报警平面图时，应注意并掌握以下内容：

① 机房平面布置及机房（保安中心）位置、监视器、电源柜及UPS柜、模拟信号盘、通信总柜、操作柜等机柜室内安装排列位置、台数、规格型号、安装要求及方式，交流电源引入方式、相数及其线缆规格型号、敷设方法、各类信号线、控制线的引入引出方式、根数、线缆规格型号、敷设方法、电缆沟、桥架及竖井位置、线缆敷设要求。

② 各监控点摄像头或探测器、手动报警按钮的安装位置标高、安装及隐蔽方式、线缆规格型号、根数、敷设方法要求，管路或线槽安装方式及走向。

③ 电门锁系统中控制盘、摄像头、电门锁安装位置标高、安装方式及要求，管线敷设方法及要求、走向，终端监视器及电话安装位置方法。

④ 对照系统图核对回路编号、数量、元件编号。

12.6.5　某小区防盗报警系统图

某小区防盗报警系统图如图12-51所示，图中管理值班室内有微机控制管理系统，经通信控制器连接报警装置。每栋建筑装一台区域控制器，每户装一台报警控制器。报警控制器连接户内的多种报警探测器（包括门磁开关、玻璃破碎探测器、紧急按钮、火灾探测器、煤气探测器等）以及电锁、密码键盘、室内报警器等。此外小区周边的围墙上还安装了拉力开关，作为周界报警器。

12.6.6　门禁系统的组成

门禁管制系统（简称门禁系统）又称出入口控制系统，它的功能是对出入主要管理区的人员进行认证管理，将不应该进入的人员拒之门外。

门禁系统是在建筑物内的主要管理区的出入口、电梯厅、主要设备控制机房、贵重物品的库房等重要部位的通道口安装门磁开关、电控锁或读卡机等控制装置，由中心控制室监控。系统采用多重任务的处理，能够对各通道口的位置、通行对象及时间等进行实时监控或设定程序控制。

门禁系统的基本结构方框图如图12-52所示，其主要包括三个层次的设备：

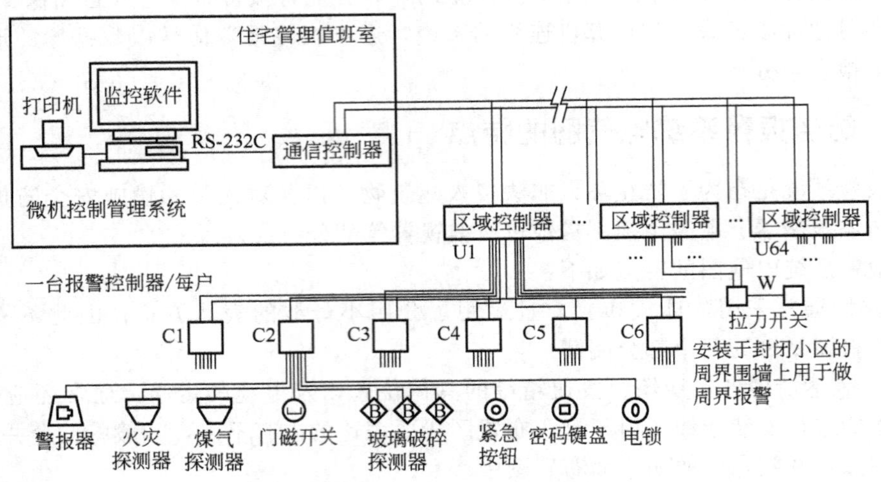

图 12-51 某小区防盗报警系统图

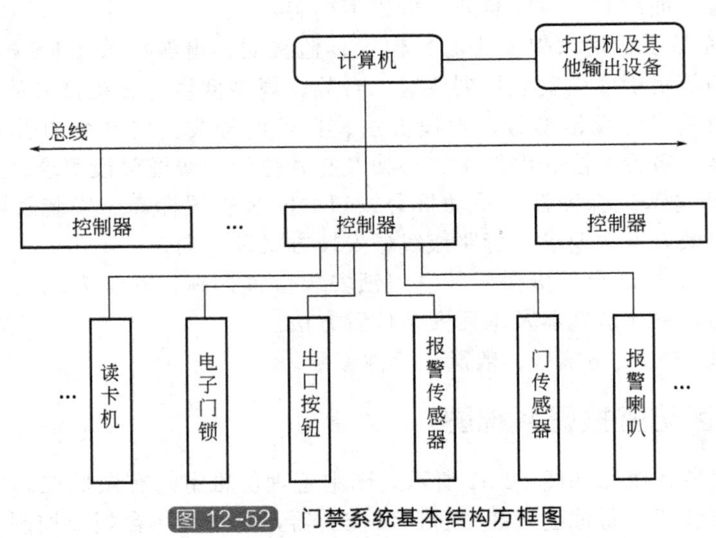

图 12-52 门禁系统基本结构方框图

① 低层设备。低层设备是指设在出入口处，直接与通行人员打交道的设备，包括读卡机、电子门锁、出口按钮、报警传感器和报警扬声器等。它们用来接受通行人员输入的信息，将这些信息转换成电信号送到控制器中，同时根据来自控制器的反馈信号，完成开锁、闭锁等工作。

② 控制器。控制器接受到低层设备发来的有关人员的信息后，同已存储的信息进行比较并做出判断，然后再对低层设备发出处理的信息。单个控制器可以组成一个简单的门禁系统，用来管理一个或几个门。多个控制器通过网络同计算机连接起来就组成了整个建筑物的门禁系统。

③ 计算机。计算机装有门禁系统的管理软件，它管理着系统中所有的控制器，向它们发送控制命令，对它们进行设置，接受其发来的信息，完成系统中所有信息记录、存档、分析、打印等处理工作。

12.6.7 门禁及对讲系统的类型及特点

门禁及对讲系统适用于高级住宅区、办公大楼、大型公寓、停车场以及重要建筑的入口处、金库门、档案室等处。进入室内的用户必须先经过磁卡识别，或输入密码、通过指纹、掌纹等生物辨识系统来识别身份，方可入内。采用这一系统，可以在楼宇控制中心掌握整个大楼内外所有出入口处的人流情况，从而提高了保安效果和工作效率。

（1）门禁系统的辨识装置的种类

门禁系统的辨识装置有以下几种：

① 磁卡及读卡机　磁卡及读卡机是目前最常用的卡片系统，它利用磁感应对磁卡中磁性材料形成的密码进行辨识。磁卡的优点是成本低、可随时改变密码，使用相当方便。缺点是易被消磁和磨损。

② 智能卡及读卡机　卡片内装有集成电路（IC）和感应线圈，读卡机产生一种特殊振荡频率，当卡片进入读卡机振荡能量范围时，卡片上感应线圈的感应电动势使 IC 所决定的型号发射到读卡机，读卡机将接收到的信号转换成卡片资料，送到控制器加以识别。当卡片上的 IC 为 CPU 时，卡片就有了“智能”，此时的 IC 卡也称智能卡。它的制造工艺复杂，但其具有不用在刷卡槽上刷卡、不用换电池、不易被复制、寿命长和使用方便等突出优点。

③ 指纹机　每个人的指纹均不完全相同，因而利用指纹机把进入人员的指纹与原来预存的指纹加以对比辨识，可以达到很高的安全性，但指纹机的造价要比磁卡机或 IC 卡系统高。

④ 视网膜辨识机　视网膜辨识机利用光学摄像对比原理，比较每个人的视网膜血管分布的差异。这种辨识系统几乎是不可能复制的，安全性高，但技术复杂。同时也存在着辨识时对人眼不同程度的伤害，人有病时，视网膜血管的分布也有一定变化，而影响辨识的准确度等不足之处。

此外，还有声音辨识机、掌纹辨识机等，或是存在某些不足，或是技术复杂、成本高，故不常用。

图 12-53 所示为用户磁卡门禁系统示意图；图 12-54 所示为活体指纹识别门禁系统示意图。

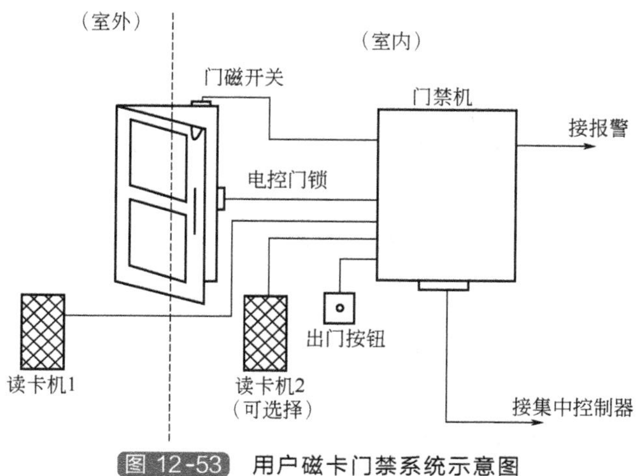

图 12-53　用户磁卡门禁系统示意图

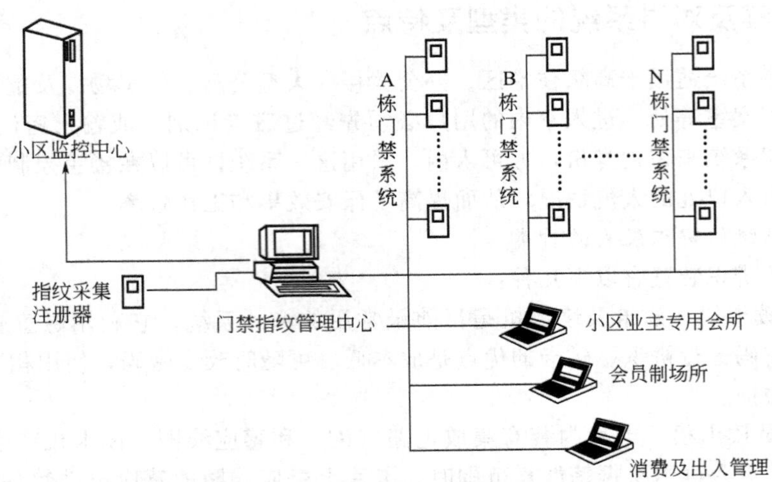

图 12-54 小区活体指纹识别门禁及监控系统图

(2) 对讲自动门锁装置的种类

对讲自动门锁装置分为对讲、不可视对讲、可视对讲和智能对讲等类型。

不可视的对讲自动门锁装置的组成如图 12-55 所示。来访者在门外按下被访者房号的按钮，对应被访者的话机就有铃响，被访者摘下话机，就可与来访者对话。若被访者认识来访者，就按下开门按钮，防盗门的电磁锁开启，来访者可进入。

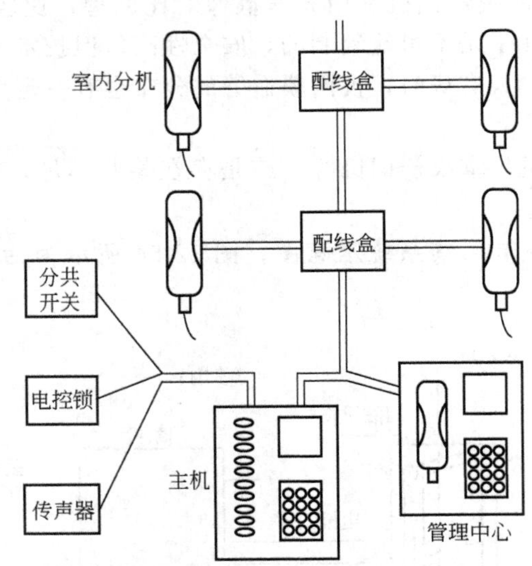

图 12-55 某住宅楼不可视对讲系统图

可视对讲自动门锁装置的组成如图 12-56 所示。它增加了一个可视回路，在入口处装有一个摄像机，获得的视频信号经传输线送入被访者的监视器，经放大后可看出来访者的容貌，确认后方可开门。

12.6.8 某楼宇不可视对讲防盗门锁装置电气图

某楼宇的不可视对讲防盗门锁装置电气图如图 12-57 所示，图 12-57(a) 是该装置的系

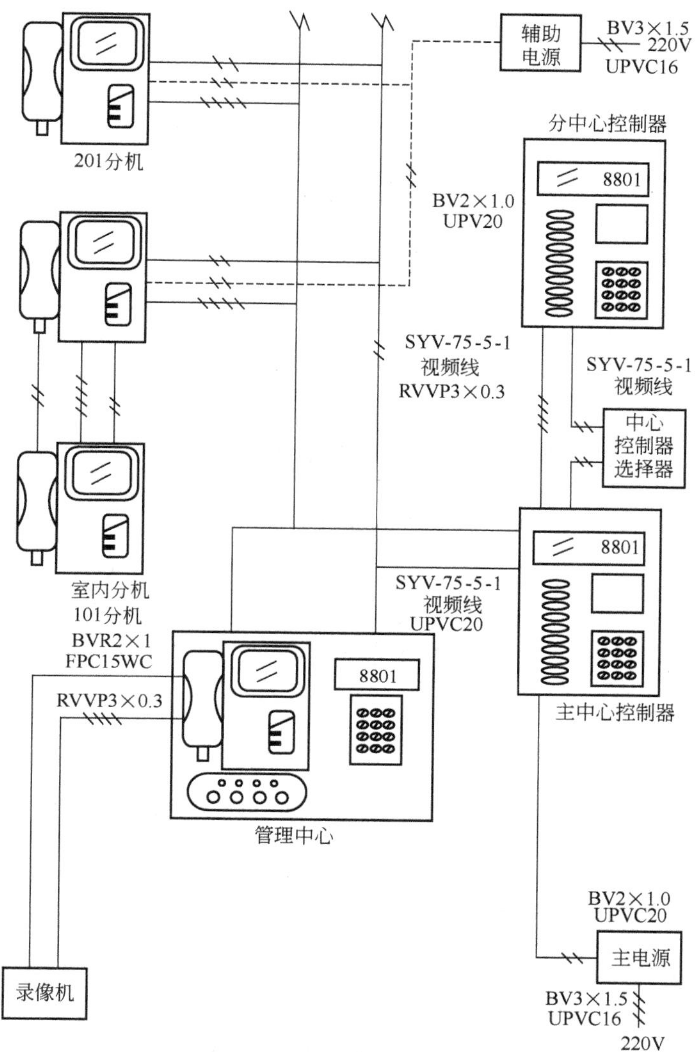

图 12-56　某住宅楼可视对讲系统图

统图，图 12-57(b) 是该装置的电路图。

由图 12-57 可见，该系统由电源部分、电磁锁电路、门铃电路和话机电路 4 个部分组成。

电源部分输入为 AC220V，输出两种电源：AC 12V 供给电磁锁和电源指示灯，DC 12V 供给声响门铃和对讲机。

电磁锁电路中的电磁锁 Y 由中间继电器 KA 的常开触点控制，而中间继电器的线圈由各单元门户的按钮 SB1、SB2、SB3、…和锁上按钮 S0 控制。

各户的门铃 HA 由门外控制箱上的按钮 SA1、SA2、SA3、…控制。若防盗门采用单片机控制，就要在键盘上按入房门号码。如访问 302 房间，得依次按 3、0、2 号键，单片机输出口就输出一个高电位给 302 房门铃电路信号，使该门铃发出响声。

门外的控制箱或按钮箱上的话机 T 与各房间的话机 T1、T2、T3、…相互构成回路，按下被访房间号码按钮之后，被访房间的话机与门外的话机就接通，实现了被访者与来访者的对话。

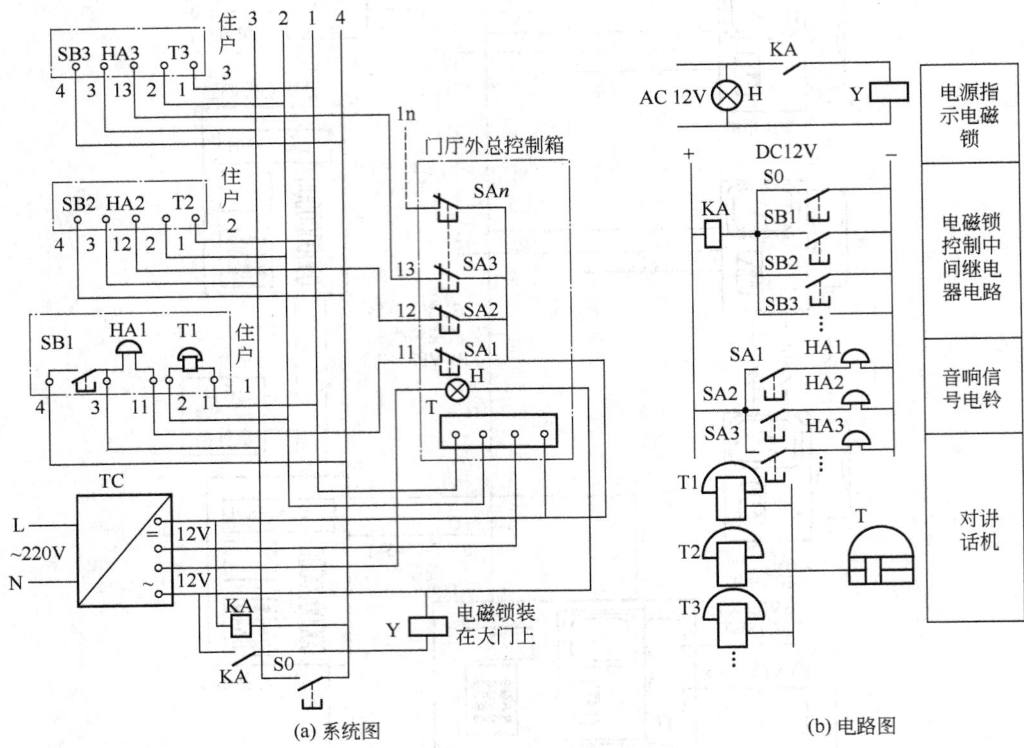

图 12-57 某楼宇不可视对讲防盗门锁装置系统图

12.6.9 某高层住宅楼楼宇可视对讲系统图

图 12-58 所示为某高层住宅楼楼宇对讲系统图。

由图 12-58 可知，每个用户室内设置一台可视电话分机，单元楼梯口设一台带门禁编码式可视门口主机，住户可以通过智能卡和密码打开单元门，可通过门口主机实现在楼梯口与住户的呼叫对讲。楼梯间设备采用就近供电方式，由单元配电箱引一路 220V 电源至梯间箱，实现对每楼层楼宇对讲 2 分配器及室内可视分机供电。

视频信号线型号分别为 SYV75-5＋RVVP6×0.75 和 SYV75-5＋RVVP6×0.5，楼梯间电源线型号分别为 RVV3×1.0 和 RVV2×0.5。其中“SYV75-5”为实心聚乙烯绝缘射频同轴电缆、阻抗为 75Ω、绝缘外径近似值为 5mm；“RVVP”为铜芯聚氯乙烯绝缘屏蔽聚氯乙烯护套软电缆；“RVV”为铜芯聚氯乙烯绝缘聚氯乙烯护套软电缆。

12.6.10 巡更保安系统的组成

现代大型楼宇中（如办公楼、宾馆、酒店等），出入口很多，来往人员复杂，需经常有保安人员值勤巡逻，较重要的场所还设有巡更站，定时进行巡逻，以确保安全。

巡更保安系统由巡更站、控制器、计算机通信网络和微机管理中心组成，如图 12-59 所示。巡更站的数量和位置由楼宇的具体情况决定，一般在几十个点以上，巡更站可以是密码台，也可以是电锁。巡更站安在楼内重要场所。

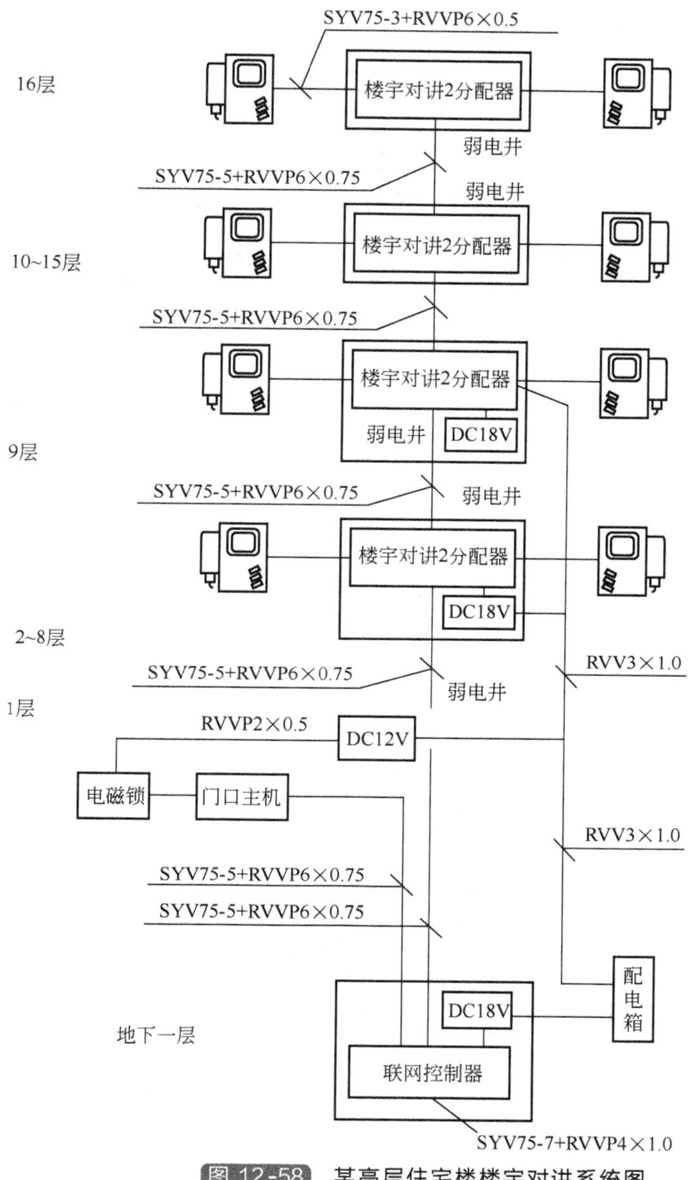

图 12-58　某高层住宅楼楼宇对讲系统图

12.6.11　巡更保安系统图

巡更系统分为有线式和无线式两种，其特点如下。

（1）有线巡更系统

有线巡更系统由计算机、网络收发器、前端控制器、巡更点等设备组成。保安人员到达巡更点并触发巡更点开关 PT，巡更点将信号通过前端控制器及网络收发器送到计算机。巡更点主要设置在各主要出入口、主要通道、各紧急出入口、主要部门等处。该系统图及巡更点设置示意图如图 12-60 所示。

（2）无线巡更系统

无线巡更系统由计算机、传送单元、手持读取器、编码片等设备组成。编码片安装在巡

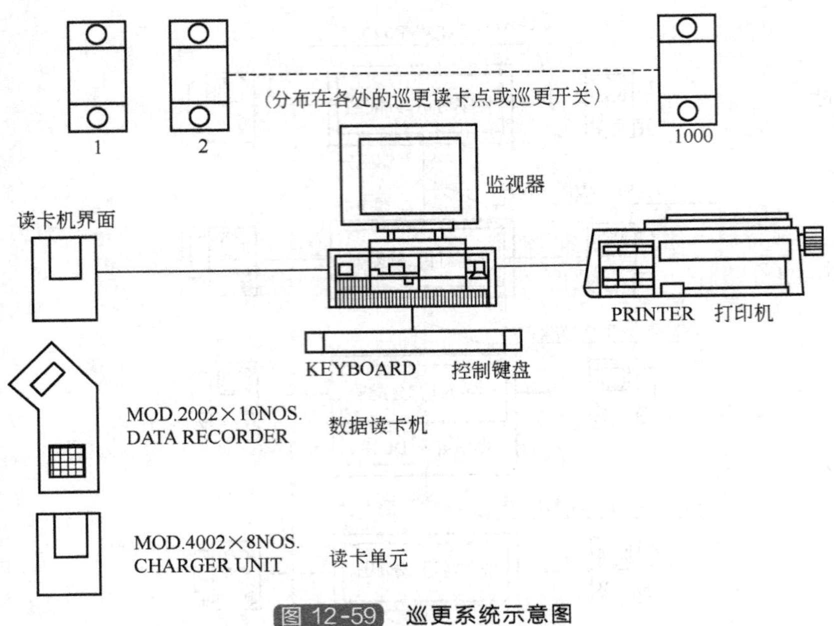

图 12-59 巡更系统示意图

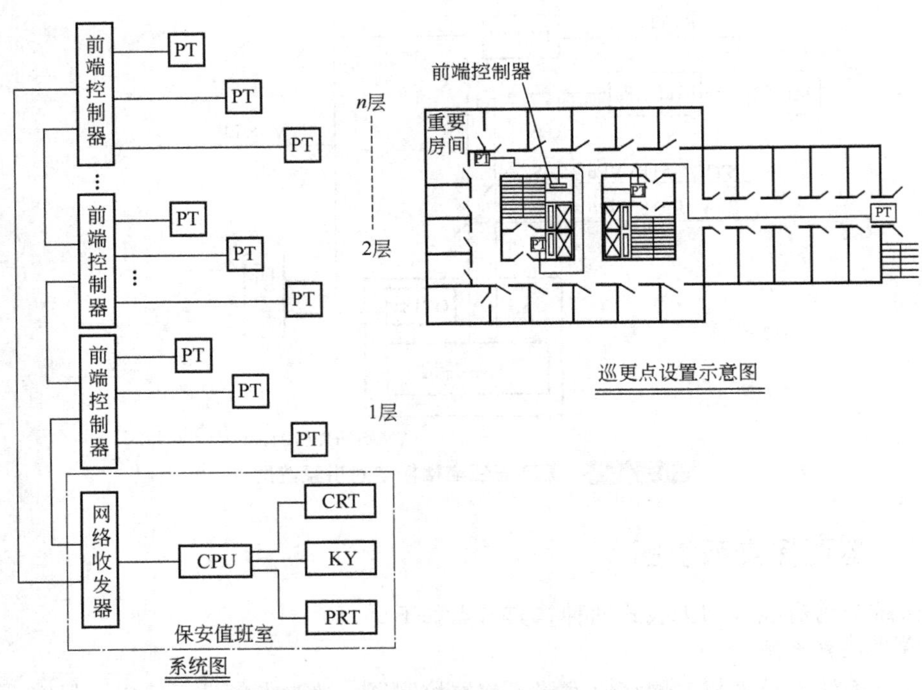

图 12-60 有线巡更系统图及巡更点设置示意图

更点处代替巡更点，保安人员巡更时手持读取器读取巡更点上的编码片资料，巡更结束后将手持读取器插入传送单元，使其存储的所有信息输入到计算机，记录各种巡更信息并可打印各种巡更记录。

12.6.12　停车场管理系统概述

（1）停车场（库）管理系统的功能

根据建筑设计规范，大型建筑物必须设置汽车停车场，以方便公众使用，保障车辆安全。为保证提供规定数量的停车位，同时使地面有足够的绿化面积，多数大型建筑的停车位都建于地下室。一般停车场车位超过 50 个时，则需要考虑建立停车场（库）管理系统，以提高停车场（库）的管理水平、效益和安全性。

停车场（库）管理系统的主要功能是方便快捷地提供停车空间、防盗和收费。具体包括：

① 检测和控制车辆的进出；

② 指引司机驾驶，以便迅速找到适当的停车位置；

③ 统计进出车辆的种类和数量；

④ 计费、收费并统计日进额或月进额、开账单等。

（2）停车场（库）管理系统的组成

停车场管理系统主要由以下几部分组成：

① 车辆出入的检测与控制。通常采用环形感应线圈方式或光电检测方式。

② 车位和车满的显示与管理。可采用车辆计数方式和有无车位检测方式等。

③ 计时收费管理。根据停车场特点有无人自动收费和人工收费等。

停车场管理系统的组成如图 12-61 所示。

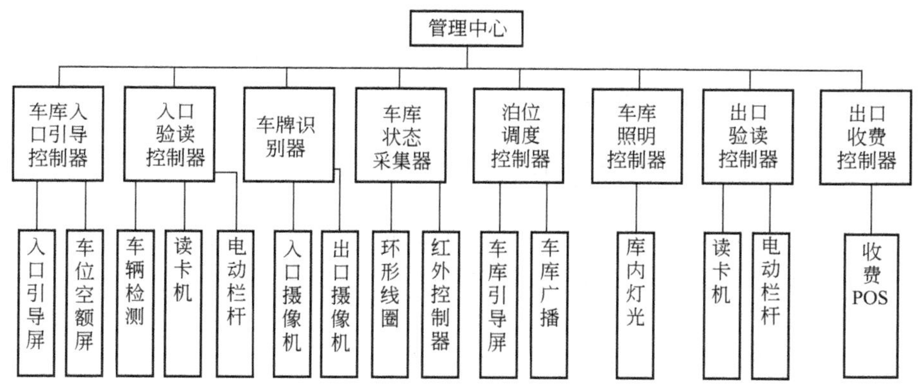

图 12-61　停车场管理系统组成

12.6.13　停车场管理系统示意图与检测方式

（1）停车场管理系统示意图

典型的停车场管理系统示意图如图 12-62 所示。

（2）车辆出入检测方式及特点

① 红外光电检测方式　检测器由一个投光器和一个受光器组成。投光器产生红外不可见光，经聚焦后成束型发射出去，受光器拾取红外信号。当车辆进出时，光束被遮断，车辆的“出”或“入”信号送入控制器，如图 12-63(a) 所示。图中一组检测器使用两套收发装置，是为了区分通过的是人还是汽车；而采用两组检测器是利用两组的遮光顺序来同时检测车辆的行进方向。

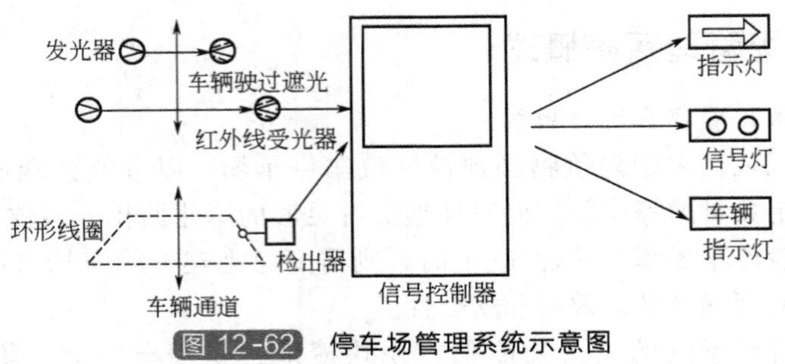

图 12-62 停车场管理系统示意图

② 环形线圈检测方式 环形线圈检测方式如图 12-63(b) 所示。使用电缆或绝缘导线做成环形，埋在车路地下，当车辆（金属）驶过时，其金属车体使线圈发生短路效应而形成检测信号。而两组检测器是为了同时检测车辆的行进方向。

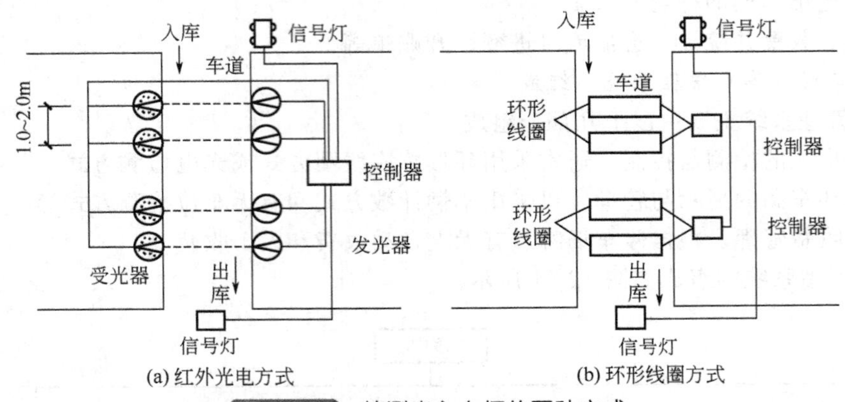

图 12-63 检测出入车辆的两种方式

12.6.14 闭路电视监控系统的功能

电视监控系统是在需要防范的区域和地点安装摄像机，把所监视的图像传送到监控中心，中心进行实时监控和记录。它的主要功能有以下几个方面。

① 对视频信号进行时序、定点切换、编程。

② 查看和记录图像，应有字符区分并作时间（年、月、日、小时、分）的显示。

③ 接收安全防范系统中各子系统信号，根据需要实现控制联动或系统集成。

④ 电视监控系统与安全防范报警系统联动时，应能自动切换、显示、记录报警部位的图像信号及报警时间。

⑤ 输出各种遥控信号，如对云台、镜头、防护罩等的控制信号。

⑥ 系统内外的通信联系。

其中，系统的集成和控制联动需要认真考虑才能做好。因为在电视监控系统中，设备很多，技术指标又不完全相同，如何把它们集成起来发挥最大的作用，就需要综合考虑。控制联动是把各子系统充分协调，形成统一的安全防范体系，要求控制可靠，不出现漏报和误报。

12.6.15 闭路电视监控系统结构图

电视监控系统一般由摄像、传输、控制、显示与记录四部分组成。典型的电视监控系统结构组成如图 12-64 所示。

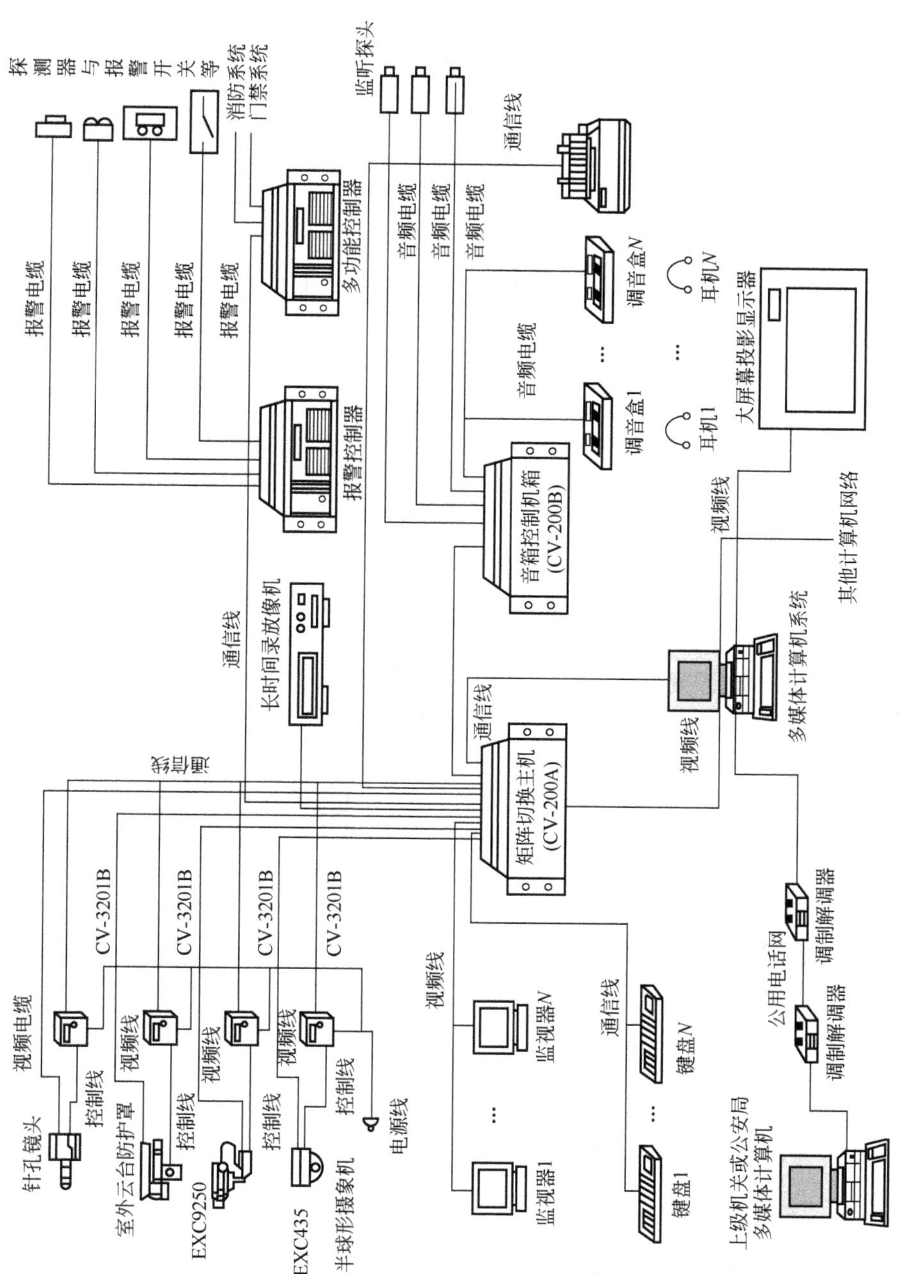

图12-64　典型的电视监控系统结构组成

(1) 摄像部分

摄像部分是安装在现场的设备，它的作用是对所监视区域的目标进行摄像，把目标的光、声信号变成电信号，然后送到系统的传输部分。

摄像部分包括摄像机、镜头、防护罩、云台（承载摄像机可进行水平和垂直两个方向转动的装置）及支架。摄像机是摄像部分的核心设备，它是光电信号转换的主体设备。

摄像部分是电视监控系统的“眼睛”，一般布置在监视现场的某一部位，使其视角能覆盖被监视的范围。假如加装可遥控的电动变焦距镜头和可遥控的电动云台，则摄像机能覆盖的角度就越大，观察的距离更远，图像也更清晰。

(2) 传输部分

传输部分的任务是把现场摄像机发出的电信号传送到控制中心，它一般包括线缆、调制与解调设备、线路驱动设备等。传输的方式有两种：一是利用同轴电缆、光纤这样的有线介质进行传输；二是利用无线电波这样的无线介质进行传输。

电视监控系统的监视现场和控制中心之间有两种信号传输：一种信号是将摄像机得到的图像信号传到控制中心；另一种信号是将控制中心发出的控制信号传输到监控现场。即传输系统包括电视信号和控制信号的传输。

(3) 显示与记录部分

显示与记录部分是把从现场传送来的电信号转换成图像在监视设备上显示并记录，它包括的设备主要有监视器、录像机、视频切换器、画面分割器等。

(4) 控制部分

电视监控系统需要控制的内容有：电源控制（包括摄像机电源、灯光电源及其他设备电源）、云台控制（包括云台的上下、左右及自动控制）、镜头控制（包括变焦控制、聚焦控制及光圈控制）、切换控制、录像控制、防护罩控制（防护罩的雨刷、除霜、加热、风扇降温等）。

控制部分一般安放在控制中心机房，通过有关的设备对系统的摄像、传输、显示与记录部分的设备进行控制与图像信号的处理，其中对系统的摄像、传输部分进行的是远距离的遥控。被控制的主要设备有电动云台、云台控制器和多功能控制器等。

12.7 有线电视系统图

12.7.1 有线电视系统的构成

有线电视系统由信号源接受系统、前端系统、信号传输系统和分配系统四个主要部分组成。图 12-65 是有线电视系统的原理方框图，该图表示出了各个组成部分的相互关系。

(1) 接收信号源

信号的来源通常包括：

① 卫星地面站接收到的各个卫星发送的卫星电视信号，有线电视台通常从卫星电视频道接收信号纳入系统送到千家万户。

② 由当地电视台的电视塔发送的电视信号称为“开路信号”。

③ 城市有线电视台用微波传送的电视信号源。MMDS（多路微波分配系统）电视信号的接收须经一个降频器将 2.5～2.69GHz 信号降至 UHF 频段之后，即可等同“开路信号”直接输入前端系统。

④ 自办电视节目信号源。这种信号源可以是来自录像机输出的音/视频（A/V）信号；

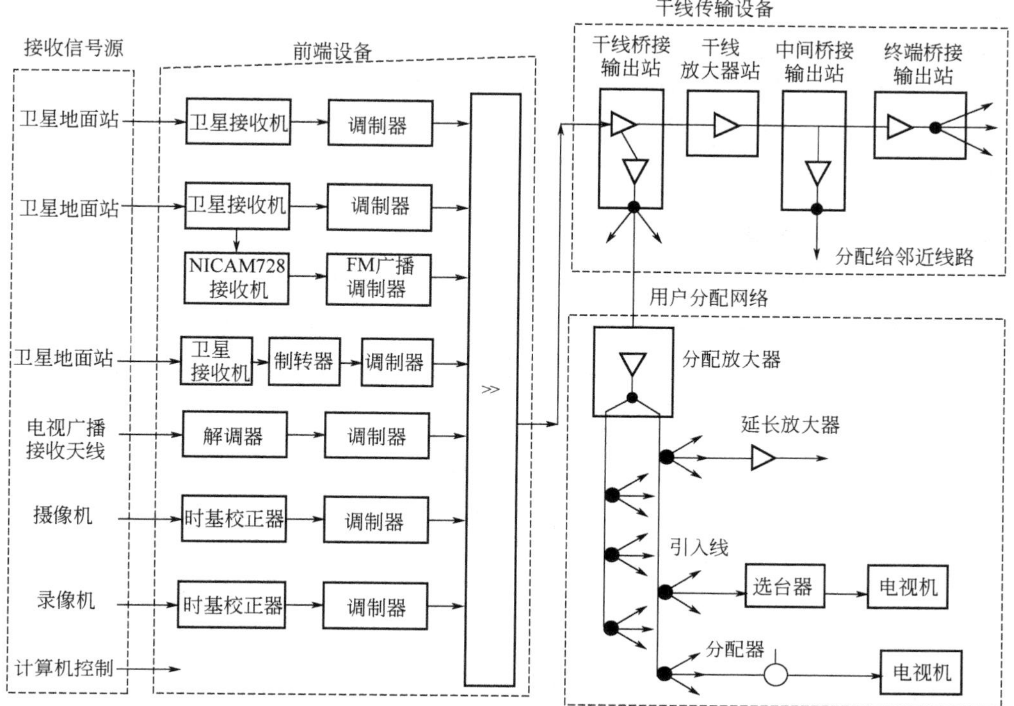

图 12-65 有线电视系统的构成

由演播室的摄像机输出的音/视频信号；或者是由采访车的摄像机输出的音/视频信号等。

(2) 前端设备

前端设备是整套有线电视系统的心脏。由各种不同信号源接收的电磁信号须经再处理为高品质、无干扰杂讯的电视节目，混合以后再馈入传输电缆。

(3) 干线传输系统

它把来自前端的电视信号传送到分配网络，这种传输线路分为传输干线和支线。干线可以用电缆、光缆和微波三种传输方式，在干线上相应地使用干线放大器、光缆放大器和微波发送接收设备。支线以用电缆和线路放大器为主。微波传输适用于地形特殊的地区、如穿越河流或禁止挖掘路面埋设电缆的特殊状况以及远郊区域与分散的居民区。

(4) 用户分配网络

从传输系统传来的电视信号通过干线和支线到达用户区，需用一个性能良好的分配网使各家用户的信号达到标准。分配网有大有小，因用户分布情况而定，在分配网中有分支放大器、分配器、分支器和用户终端。

12.7.2 有线电视系统图的识读

阅读有线电视系统平面布置图时，应注意并掌握以下有关内容：

① 机房位置及平面布置、前端设备规格型号、台数、电源柜和操作台规格型号及安装位置及要求。

② 交流电源进户方式、要求、线缆规格型号，天线引入位置及方式、天线数量。

③ 信号引出回路数、线缆规格型号、电缆敷设方式及要求、走向。

④ 各房间电视插座安装位置标高、安装方式、规格型号、数量、线缆规格型号及走向、

敷设方式；多层结构时，上下穿越电缆敷设方式及线缆规格型号；有无中间放大器，其规格型号、数量、安装方式及电源位置等。

⑤ 有自办节目时，机房、演播厅平面布置及其摄像设备的规格型号、电缆及电源位置等。

⑥ 屋顶天线布置、天线规格型号、数量、安装方式、信号电缆引下及引入方式、引入位置、电缆规格型号，天线安装要求（方向、仰角、电平等）。

12.7.3 某住宅楼有线电视系统图

图 12-66 所示为某住宅楼有线电视系统图。有线电视信号埋地引入，埋地深 1.2m，在下房层中由 SYWV-75-9 型同轴电缆穿管径 40mm 保护钢管沿墙暗敷设引上，至一层后则穿管径 40mmUPVC 管引上至三层有线电视设备箱，经分配器由 SYWV-75-5 型同轴电缆穿管

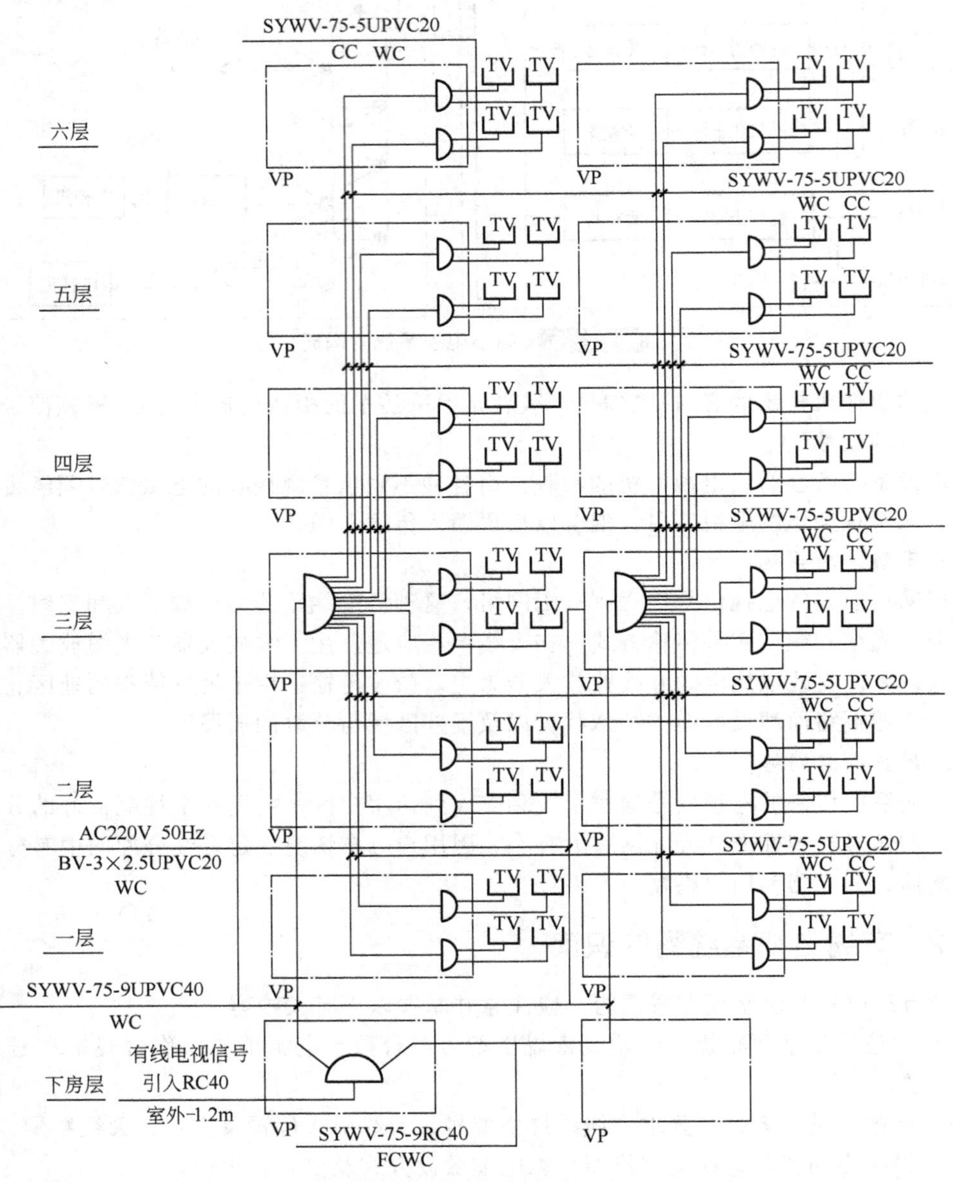

图 12-66 某住宅楼有线电视系统图

径 20mm 保护管沿柱和墙敷设引至各层各户分支器，再引至电视插座。

12.8　通信、广播系统图

12.8.1　通信、广播系统图的识读

阅读电话通信、广播音响平面图时，应注意并掌握以下有关内容：

① 机房位置及平面布置、总机柜、配线架、电源柜、操作台的规格型号及安装位置要求，交流电源进户方式、要求、线缆规格型号，天线引入位置及方式。

② 市局外线对数、引入方式、敷设要求、规格型号，内部电话引出线对数、引出方式（管、槽、桥架、竖井等）、规格型号、线缆走向。

③ 广播线路引出对数、引出方式及线缆的规格型号、线缆走向、敷设方式及要求。

④ 各房间话机插座、音箱及元器件安装位置标高、安装方式、规格型号及数量、线缆管路规格型号及走向，多层结构时，上下穿越线缆敷设方式、规格型号根数、走向、连接方式。

⑤ 核对系统图与平面图的信号回路编号、用途名称等。

12.8.2　电话通信系统的组成

电话通信系统的基本目标是实现某一地区内任意两个终端用户之间相互通话，因此电话通信系统必须具备 3 个基本要素：①发送和接收话音信号；②传输话音信号；③话音信号的交换。

这 3 个要素分别由用户终端设备、传输设备和电话交换设备来实现。一个完整的电话通信系统是由终端设备、传输设备和交换设备三大部分组成的，如图 12-67 所示。

图 12-67　电话通信系统示意图

在现代化建筑大厦中的程控用户交换机，除了基本的线路接续功能之外，还可以完成建筑物内部用户与用户之间的信息交换，以及内部用户通过公共电话网或专用数据网与外部用户之间的话音及图文数据进行传输。程控用户交换机（PABX）通过各种不同功能的模块化接口，可组成通信能力强大的综合数据业务网（ISDN）。程控用户交换机的一般性系统结构如图 12-68 所示。

12.8.3　某住宅楼电话工程图

某住宅楼电话工程图如图 12-69 所示。

在图 12-69 中，“HYA-50(2×0.5)-SC50-FC”表示进户使用 HYA-50（2×0.5）型电话电缆，电缆为 50 对，每根线芯的直径为 0.5mm，穿直径为 50mm 的焊接钢管埋地敷设。电话分接线箱 TP-1-1 为一只 50 对线电话分接线箱，型号为 STO-50。箱体尺寸为 400mm×650mm×160mm，安装高度距地 0.5m。进线电缆在箱内与本单元分户线和分户电缆及下一

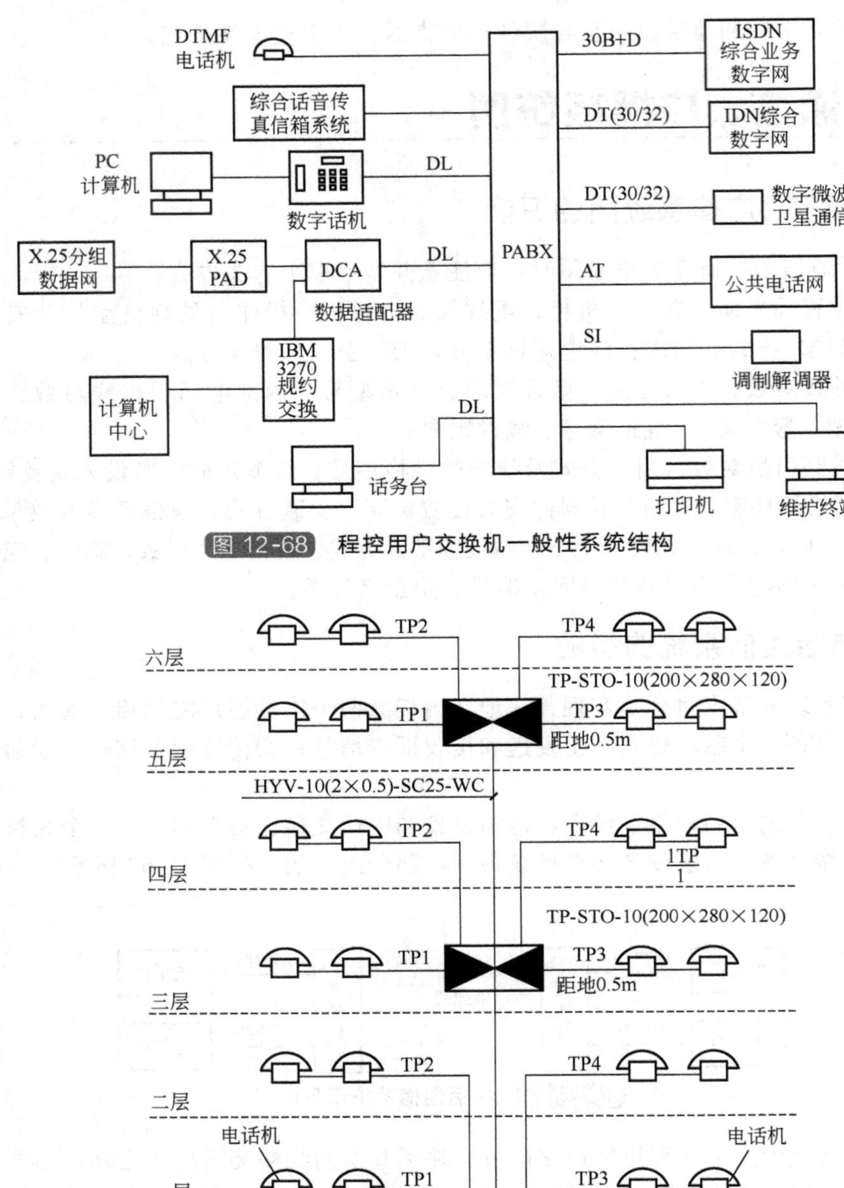

图 12-68 程控用户交换机一般性系统结构

图 12-69 某住宅楼电话工程图

单元的干线电缆连接。下一单元的干线电缆为 HYV-30(2×0.5) 型电话电缆，电缆为 30 对线，每根线的直径为 0.5mm，穿直径为 40mm 的焊接钢管（SC）埋地敷设（FC）。

一、二层用户线从电话分接线箱 TP-1-1 引出。“RVS-1(2×0.5)-SC15-FC-WC”表示各用户线使用 RVS 型双绞线，每条的直径为 0.5mm，穿直径为 15mm 的焊接钢管埋地、沿墙暗敷设（SC15-FC-WC）。从 TP-1-1 到三层电话分接线箱用一根 10 对线电缆，电缆线型号为 HYV-10（2×0.5），穿直径为 25mm 的焊接钢管沿墙暗敷设。在三层和五层各设一个电话分接线箱，型号为 STO-10，箱体尺寸为 200mm×280mm×120mm，均为 10 对线电话分接线箱。安装高度距地 0.5m。三层到五层也使用一根 10 对线电缆。三层和五层电话分接线箱分别连接上、下层四户的用户电话出线口，均使用 RVS 型双绞线，每条直径为 0.5mm。每户内有两个电话出线口。

12.8.4　某办公楼电话平面图

图 12-70 为某办公楼电话系统图，该办公楼第五层的电话平面图如图 12-71 所示。

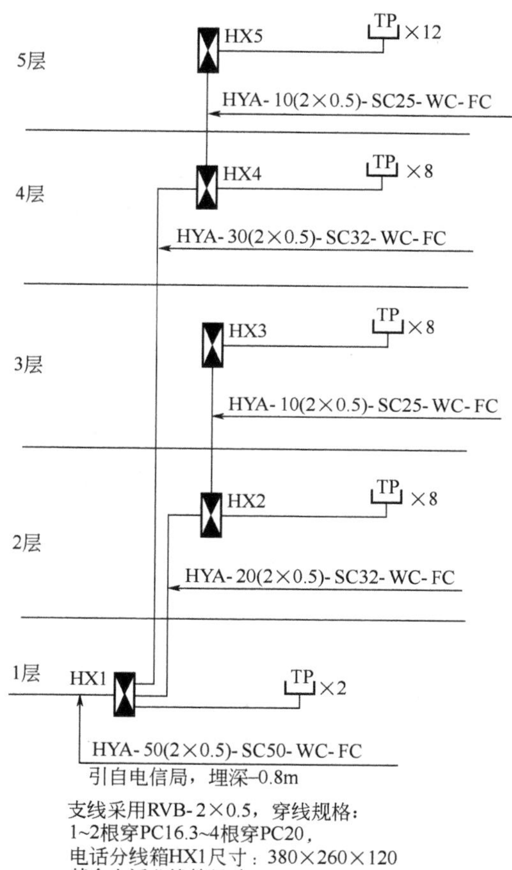

图 12-70　某办公楼电话系统图

由图 12-70 和图 12-71 可知，五层电话分接线箱信号通过 HYA-10（2×0.5）型电缆由四楼分接线箱引入。每个办公室有电话出线盒 2 只，共 12 只电话出线盒。各路电话线均单独从电话分接线箱 HX5 分出，分接线箱引出的支线采用 RVB-2×0.5 型双绞线。出线盒暗敷在墙内，离地 0.3m。

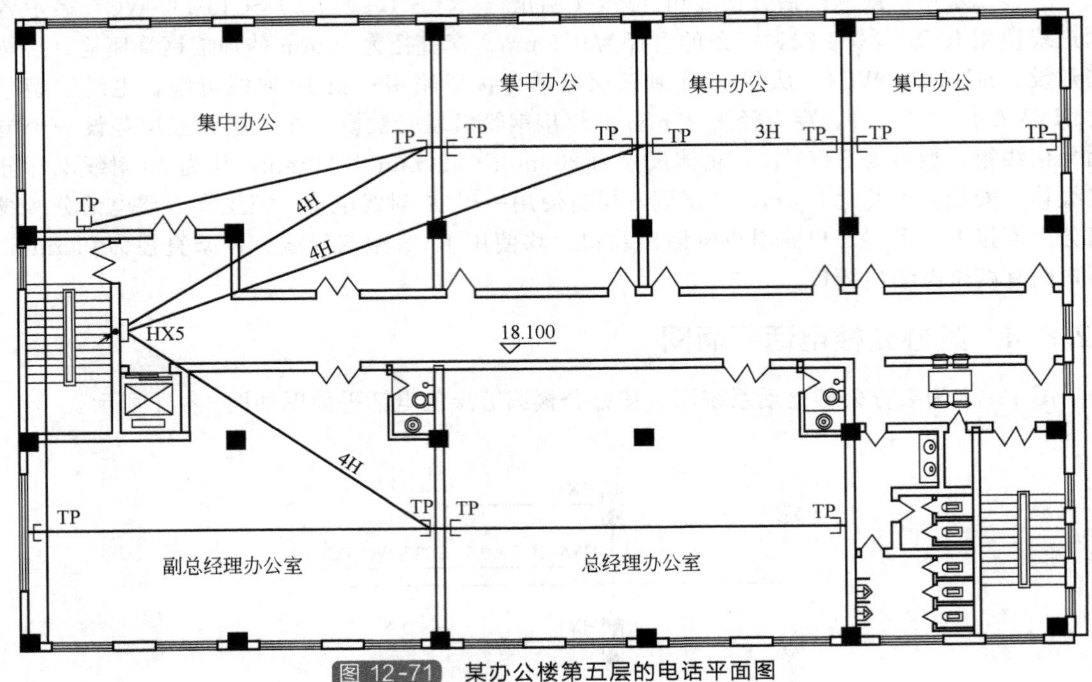

图 12-71 某办公楼第五层的电话平面图

12.8.5 扩声系统的组成

自然声源（如演讲、乐器演奏和演唱等）发出的声音能量是很有限的，其声压级随传播距离的增大而迅速衰减，因此在公众活动场所必须用电声技术进行扩声，将声源的信号放大，提高听众区的声压级，保证每位听众能获得适当的声压级。近年来，随着电子技术和电声技术的快速发展，使扩声系统的音质有了极大的提高，满足了人们对系统音质越来越高要求的需要。

扩声系统通常由节目源（各类话筒、卡座、CD、LD 或 DVD 等）、调音台（各声源的混合、分配、调音润色）、信号处理设备（周边器材）、功放和扬声器系统等设备组成，如图 12-72 所示。

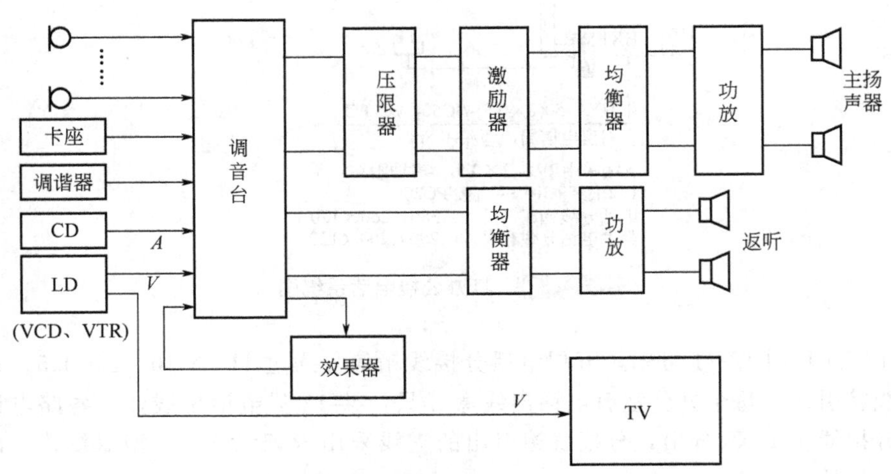

图 12-72 典型扩声系统的组成

12.8.6 常用公共广播系统图

图 12-73 是一种典型的宾馆公共广播系统，图中的 VP-1120 功放的输入端具有优选权功能。VR-1012 是一个带有控制功能的专用遥控传声话筒，它具有选区和强切功能（通过 ZDS-027 控制器）。

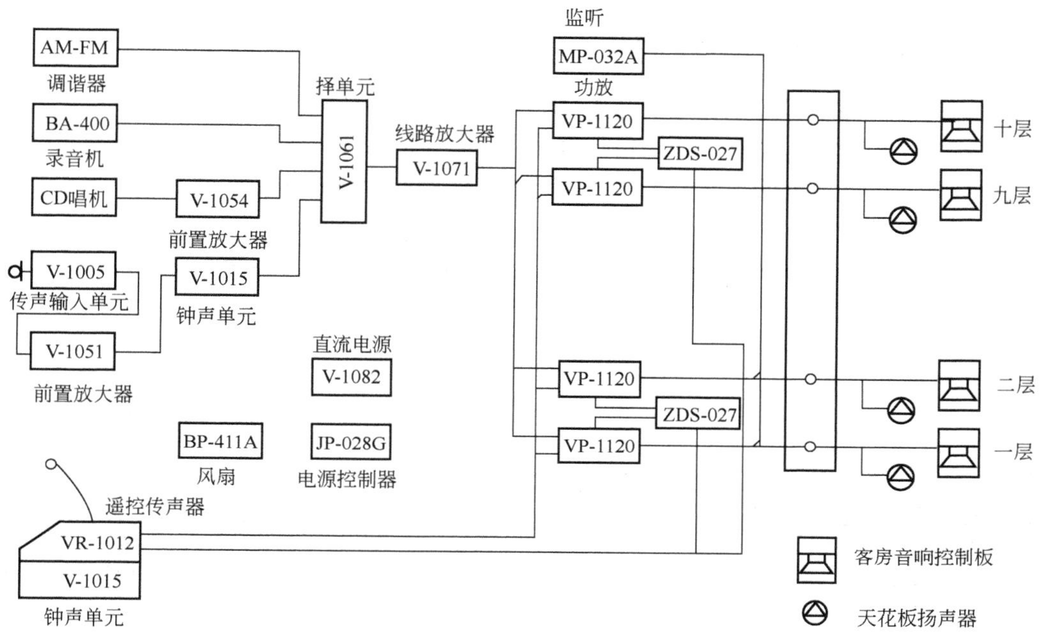

图 12-73 某宾馆的公共广播系统

图 12-74 是某钢铁厂的大型公共广播系统。它由中心广播站和广播分站组成二级广播系

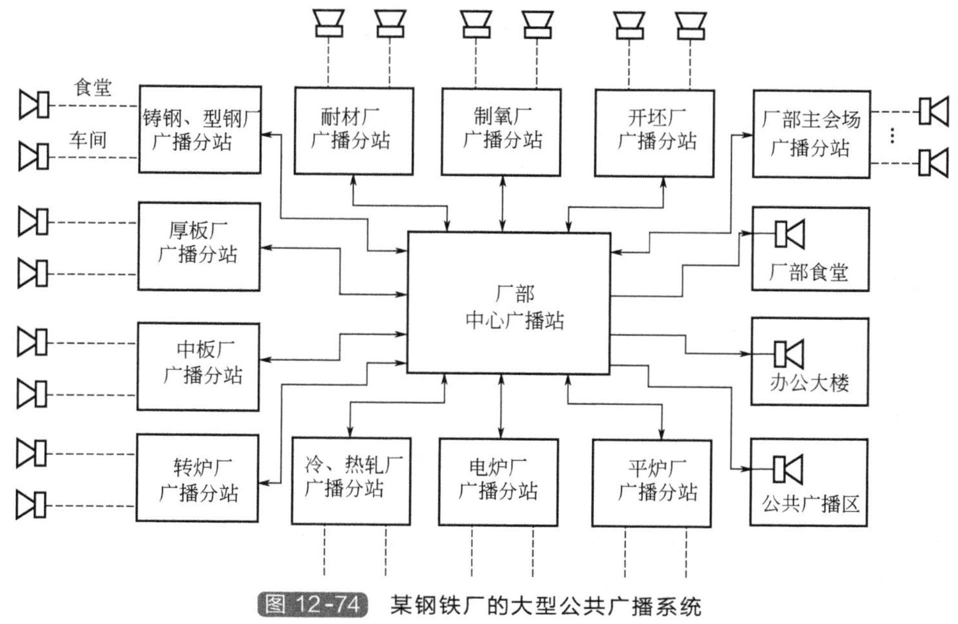

图 12-74 某钢铁厂的大型公共广播系统

统。广播分站与中心站用一对600Ω电话线传送音频信号，另一对电话线作分站返送信号，以便可作双向传送，因此各分站通过中心站转接后可向全厂或某几个分站进行广播。使用起来十分方便灵活。

12.9 综合布线工程图

12.9.1 综合布线系统的组成

建筑与建筑群综合布线系统是一种建筑物或建筑群内的传输网络，它将话音和数据通信设施、交换设备和其他信息管理系统相互连接，同时又将这些设备与外部通信网相连接，包括建筑物到外部网络或电话局线路上的连接点与工作区的话音或数据终端之间的所有电缆及相关联的布线部件。

图12-75为综合布线系统示意图。图12-76为建筑与建筑群综合布线系统结构示意图。

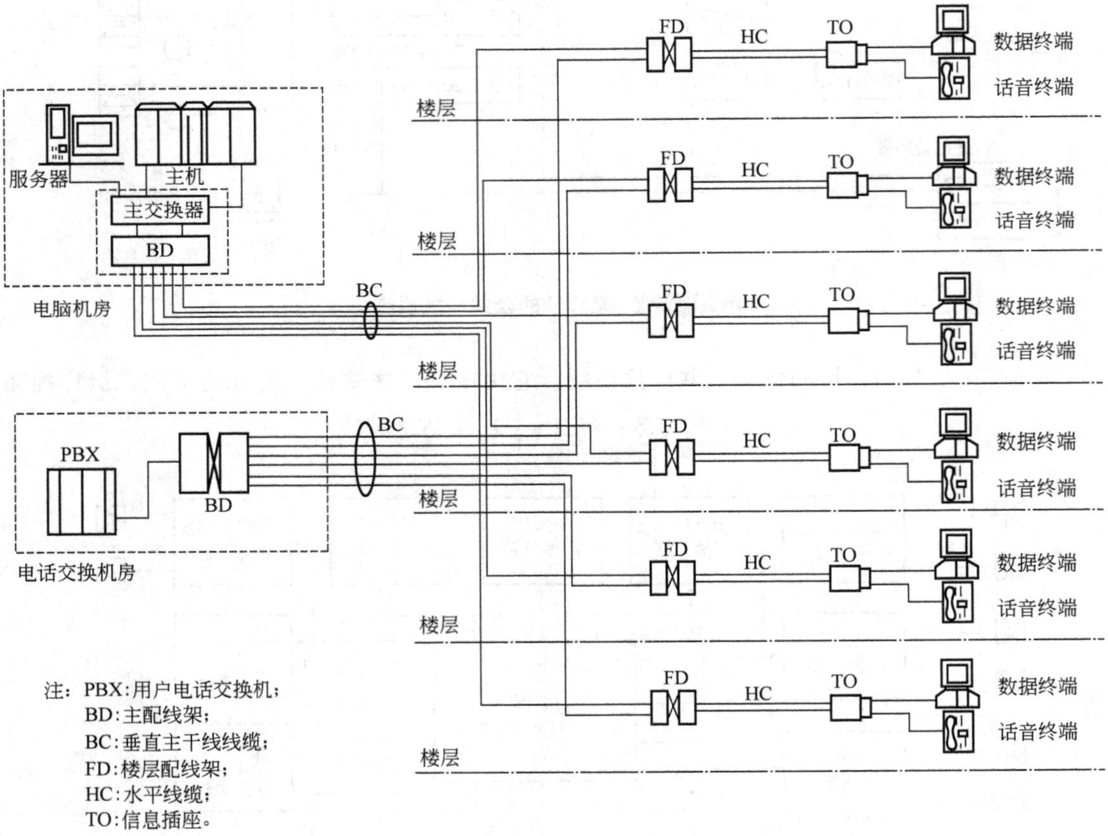

FD
HC
TO
数据终端
话音终端
楼层
服务器
主机
主交换器
BD
电脑机房
BC
PBX
电话交换机房
注：PBX:用户电话交换机；
BD:主配线架；
BC:垂直主干线线缆；
FD:楼层配线架；
HC:水平线缆；
TO:信息插座。

图12-75 综合布线系统示意图

由图12-76可知综合布线系统一般由工作区子系统、配线子系统、管理子系统、干线子系统、设备间子系统、建筑群子系统等六个独立的子系统组成。

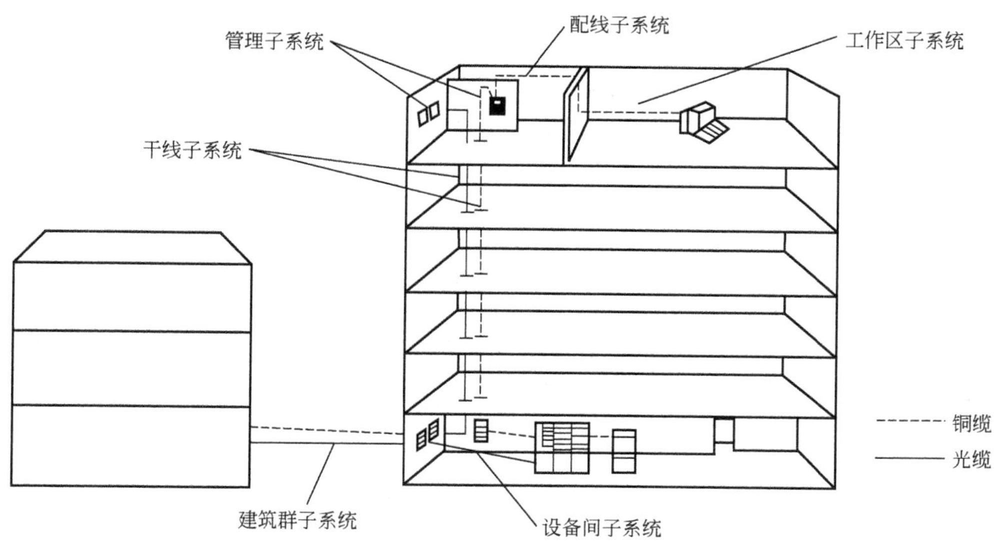

图 12-76　建筑与建筑群综合布线系统结构示意图

工作区子系统由布线子系统的信息插座延伸至工作站终端设备处的连接电缆及适配器组成。每个工作区至少应设置一个电话机或计算机终端设备。工作区的每一个插座均应支持电话机、数据终端、计算机、电视机及监视器等终端设备。

配线子系统由工作区的信息插座、每层配线设备至信息插座的配线电缆、楼层配线设备和跳线等组成。

管理子系统设置在楼层配线间内，是干线子系统和配线子系统之间的桥梁，由双绞线配线架、跳线设备等组成。当终端设备位置或局域网的结构变化时，有时只要改变跳线方式即可，不需重新布线，所以管理子系统的作用是管理各层的水平布线连接相应网络设备。

干线子系统由设备间的配线设备和跳线以及设备间至各楼层配线间的连接电缆或光缆组成。

设备间是在每一幢大楼的适当地点设置进线设备，进线网络管理以及管理人员值班的场所。设备间子系统由综合布线系统的建筑物进线设备，电话、数据、计算机等各种主机设备及其保安配线设备等组成。

建筑群子系统由两个及以上建筑物的综合布线系统组成，它连接各建筑物之间的缆线和配线设备。

12.9.2　综合布线工程系统图

综合布线工程系统图有两种标注方式。

综合布线工程系统图的第一种标准方式如图 12-77 所示。

由图 12-77 可知，该综合布线系统由程控交换机引入外网电话、由集线器（Switch HUB）引入计算机数据信息。电话语音信息使用 10 条 3 类 50 对非屏蔽双绞线电缆（1010050UTP×10），1010 是电缆型号。计算机数据信息使用 5 条 5 类 4 对非屏蔽双绞线电缆（1061004UTP×5），1061 是电缆型号。主电缆引入各楼层配线架，每层 1 条 5

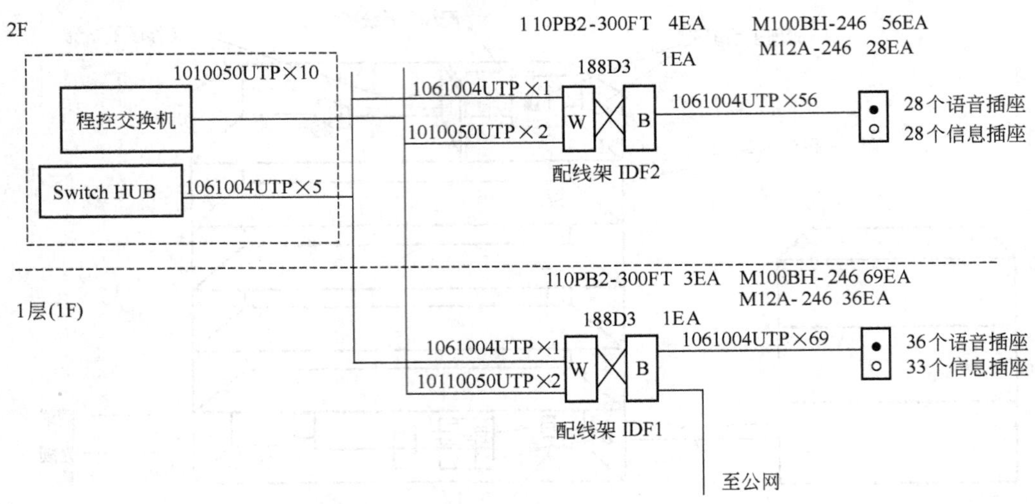

图 12-77 综合布线工程系统图标注方式一

类 4 对电缆、2 条 3 类 50 对电缆。配线架型号 110PB2-300FT，是 300 对线 110P 型配线架，3EA 表示 3 个配线架。188D3 是 300 对配线架背板，用来安装配线架。从配线架输出到各信息插座，使用 6 类 4 对非屏蔽双绞线电缆，按信息插座数量确定电缆条数，1 层（F1）有 69 个信息插座，所以有 69 条电缆；2 层有 56 个信息插座，所以有 56 条电缆。M100BH-246 是模块信息插座型号，M12A-246 是模块信息插座面板型号，面板为双插座型。

综合布线系统图第二种标注方式如图 12-78 所示。

由图 12-78 可知，电话线由户外公网引入，接至主配线间或用户交换机房，机房内有 4 台 110PB2-900FT 型 900 线配线架和 1 台用户交换机（PABX）。图中所示的其他信息由主机房中的计算机进行处理，主机房中有服务器、网络交换机、1 台配线架和 1 台 120 芯光纤总配线架。

图 12-78 中的电话与信息输出线的分布如下：每个楼层各使用一根 100 对干线 3 类大对数电缆（HSGYV3 100×2×0.5），此外每个楼层还使用一根 6 芯光缆。每个楼层设楼层配线架（FD），大对数电缆要接入配线架。用户使用 3、5 类 8 芯电缆（HSYV5 4×2×0.5）。光缆先接入光纤配线架（LIU），转换成电信号后，再经集线器（HUB）或交换机分路，接入楼层配线架（FD）。

在图 12-78 中，2 层的左侧标注的文字代号含义如下：“V73”表示本层有 73 个语音出线口，“D72”表示本层有 72 个数据出线口，“M2”表示本层有 2 个视像监控口。

12.9.3 某住宅综合布线平面图

某住宅综合布线平面图如图 12-79 所示。

由图 12-79 可知，该住宅的信息线由楼道内配电箱引入室内，使用 4 根 5 类 4 对非屏蔽双绞线电缆（UTP）和 2 根同轴电缆，穿 ϕ30PVC 管在墙体内暗敷。每户室内有一只家居配线箱，配线箱内有双绞线电缆分接端子和电视分配器，本用户为 3 分配器。户内每个

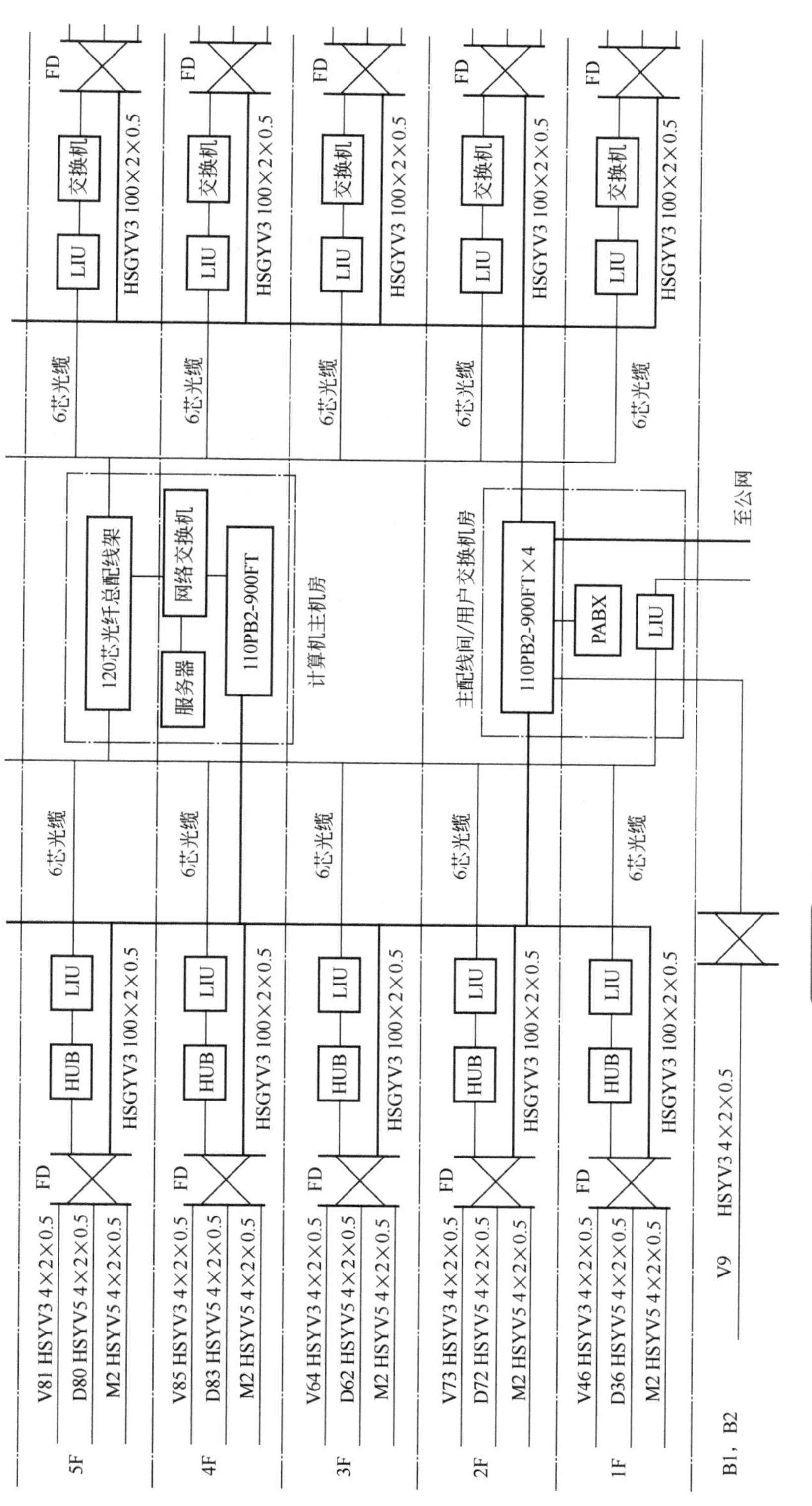

图12-78 综合布线工程系统图标注方式二

房间都有电话插座（TP），起居室和书房有数据信息插座（TO），每个插座用 1 根 5 类 UTP 电缆与家居配线箱连接。户内各居室都有电视插座（TV），用 3 根同轴电缆与家居配线箱内分配器连接，墙两侧安装的电视插座，用二分支配器分配电视信号，户内电缆穿 ϕ20PVC 管在墙体内暗敷。

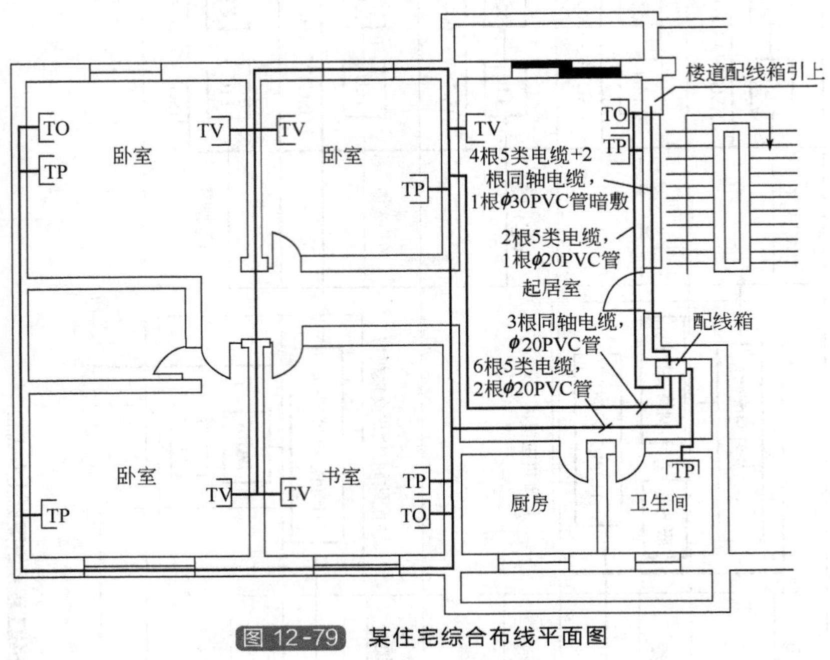

图 12-79 某住宅综合布线平面图

第13章 变配电工程图

变配电工程图主要包括一次系统图、二次回路电路图和接线图、变配电所设备安装平、剖面图、变配电所照明系统图和平面布置图、变配电所接地系统平面图等。

13.1 电力系统基本知识

13.1.1 电力系统的组成与特点

（1）电力系统的基本组成

由发电厂、电力网及电能用户组成的发电、输电、变电、配电和用电的整体称为电力系统，即电力系统系指通过电力网连接在一起的发电厂、变电所及用户的电气设备的总体。

在整个动力系统中，除发电厂的锅炉、汽机等动力设备外的所有电气设备都属于电力系统的范畴。电力系统主要包括发电机、变压器、架空线路、电缆线路、配电装置、各类电力、电热设备以及照明等用电设备，如图13-1所示。

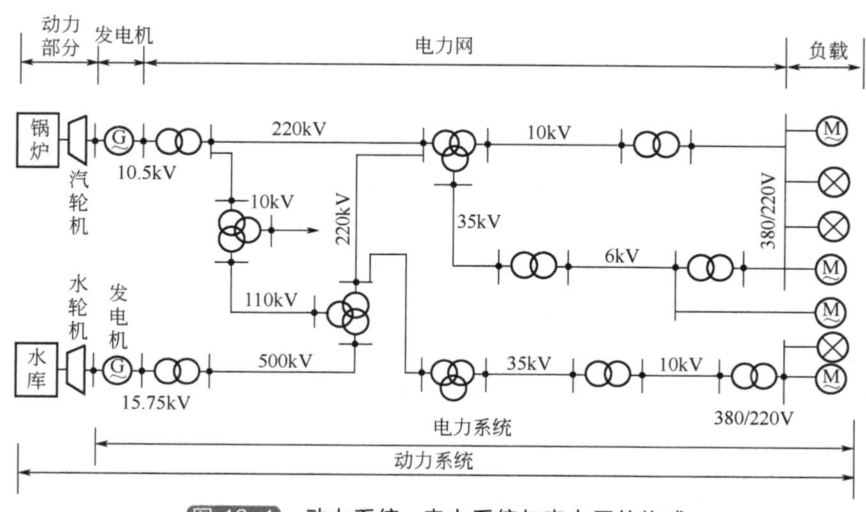

图13-1 动力系统、电力系统与电力网的构成

电力网是电力系统的一部分，它包括变电所、配电所及各种电压等级的电力线路。电能用户（又称电力用户或电力负荷）是指一切消耗电能的设备。

(2) 一次系统与二次系统

电力系统中，电作为能源通过的部分称为一次系统，对一次系统进行测量、保护、监控的部分称为二次系统。从控制系统的角度看，一次系统相当于受控对象，二次系统相当于控制环节，受控量主要有开关电器的开、闭等数字量和电压、功率、频率、发电机功率角等模拟量。

(3) 联网运行的电力系统

图 13-2 是从发电厂经变电所通过电力线路至电能用户的送电过程示意图。

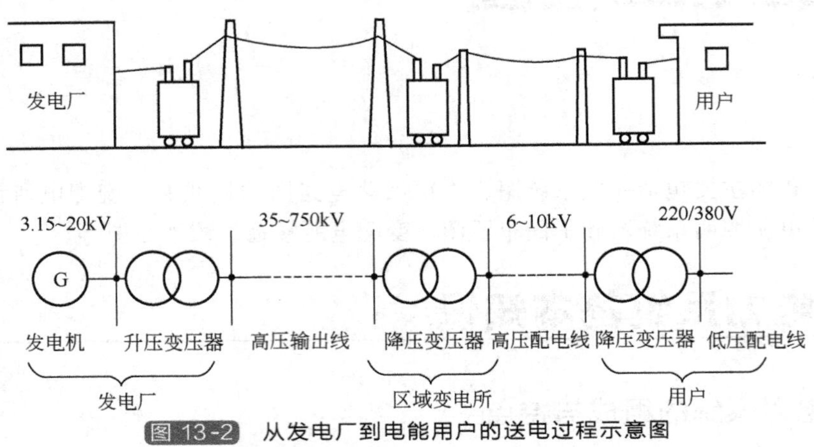

图 13-2 从发电厂到电能用户的送电过程示意图

如果各发电厂都是彼此独立地向用户供电，则当某个发电厂发生故障或停机检修时，由该厂供电的地区将被迫停电。为了确保对用户供电不中断，每个发电厂都必须配备一套备用发电机组，但这就增加了投资，而且设备的利用率较低。因此，有必要将各种类型的发电厂的发电机、变电所的变压器、输电线路、配电设备以及电能用户等联系起来，组成一个整体，称为电力系统的联网运行。这样，就可以减少备用发电设备的容量、提高发电设备的利用率、提高供电的可靠性、提高电能质量、实现经济运行。

13.1.2 变电所与电力网

(1) 变电所的类型

变电所（站）是变换电能电压和接受分配电能的场所，是联系发电厂和电能用户的中间枢纽。如果仅用以接受电能和分配电能，则称为配电所（站）或开闭所（站）；如果仅用以把交流电能变换成直流电能，则称为变流所（站）。

变电所有升压和降压之分。升压变电所一般和大型发电厂结合在一起，把电能电压升高后，再进行长距离输送；降压变电所多设在用电区域，将高压适当降低后，对某地区或某用户供电。根据其所处的位置，降压变电所又可分为枢纽变电所、区域变电所、终端变电所以及工业企业的总降压变电所和车间变电所等。变电所类型见图 13-3。

(2) 电力网的特点与分类

在电力系统中，连接各种电压等级的输电线路、各种类型的变、配电所及用户的电缆和架空线路构成的输、配电网络称为电力网。电力网是输送电能和分配电能的通道，是联系发电厂、变电所和电能用户的纽带。

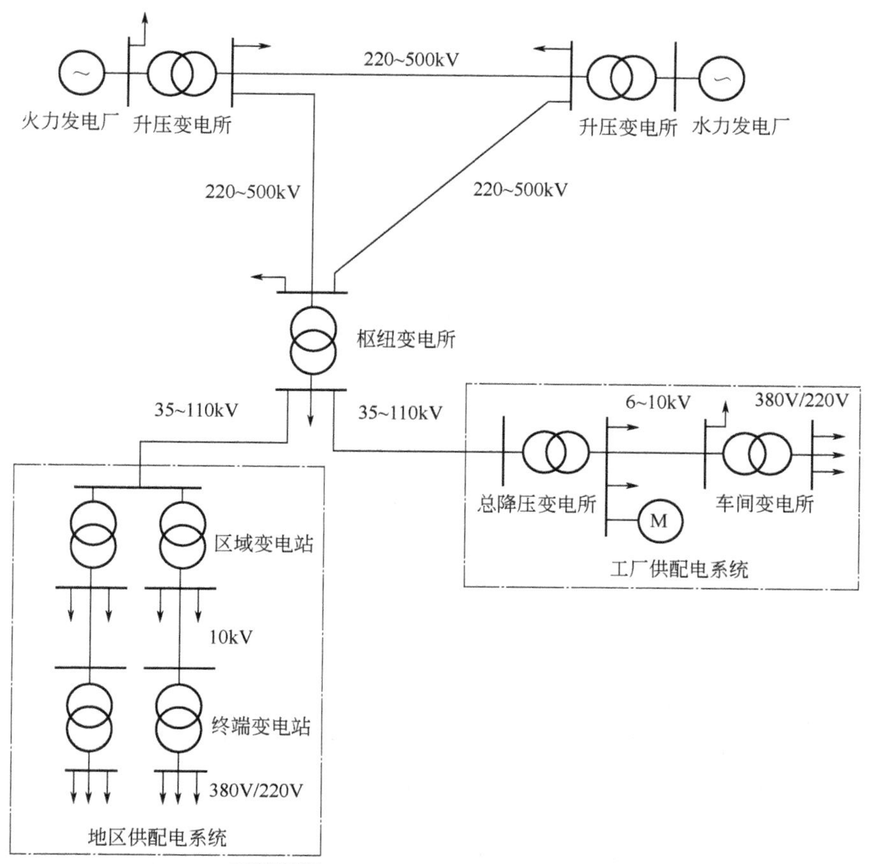

图 13-3　电力系统变电所类型示意图

电力网按其在电力系统中的作用不同，分为输电网（供电网）和配电网。

输电网又称为供电网，是由输送大型发电厂巨大电力的输电线路和与其线路连接的变电站组成，是电力系统中的主要网络，简称主网，也是电力系统中的最高级电网，又称网架。

配电网是由配电线路、配电所及用户组成。它的作用是把电力分配给配电所或用户。

配电网按其额定电压又分为一次配网和二次配网，如图 13-4 所示。

一次配网是指高压配电线路组成的电力网，是由配电所、开闭站及 10kV 高压用户组成。二次配网担负某地区的电力分配任务，主要向该地区的用户供电。供电半径不大，负荷也较小，例如系统中以低压三相 380V、220V 供电的配电网就是二次配网。

(3) 输电线路与配电线路

从发电厂将生产的电能经过升压变压器输送到电力系统中的降压变压器及电能用户的 35kV 及以上的高压、超高压电力线路称为输电线路。

从发电厂将生产的电能直接配送给电能用户或由电力系统中的降压变压器供给电能用户的 10kV 以下的电力线路称为配电线路（又称为供电线路）。3～10kV 线路称为高压配电线路，1kV 及以下线路称为低压配电线路。

配电线路分为厂区高压配电线路和车间低压配电线路。厂区高压配电线路将总降压变电所、车间变电所和高压用电设备连接起来。车间低压配电线路主要用以向低压用电设备供应电能。

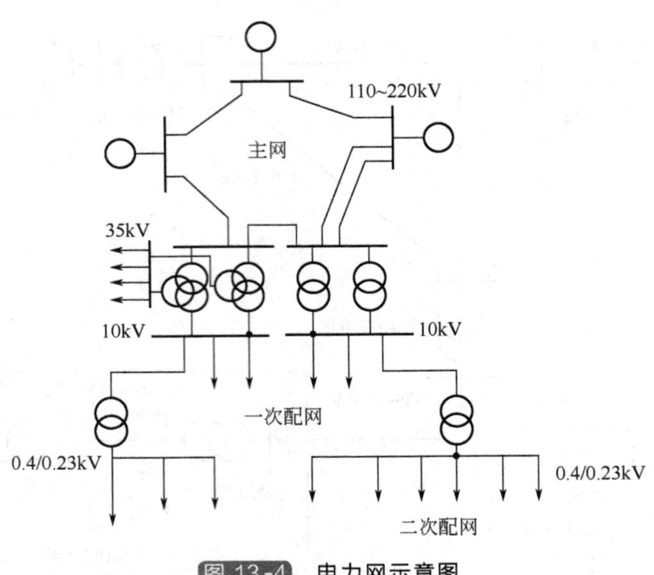

图 13-4 电力网示意图

（4）配电系统的组成

配电系统主要由供电电源、配电网、用电设备等组成。配电系统的电源可以取自电力系统的电力网或企业、用户的自备发电机。配电系统的配电网由企业或用户的总降压变电所（或高压配电所）、高压输电线路、降压变电所（或配电所）、低压配电线路组成。

实际上配电系统的基本结构与电力系统的基本结构是极其相似的，所不同的是配电系统的电源是电力系统的电力网，电力系统的用户实际上就是配电系统。

配电系统中的用电设备根据额定电压分为高压用电设备和低压用电设备。

13.1.3 电力网中的额定电压

额定电压又称标称电压，是指电气设备的正常工作电压，是在保证电气设备规定的使用年限，能达到额定出力的长期安全、经济运行的工作电压。

变压器、发电机、电动机等电气设备均有规定的额定电压，而且在额定电压下运行，其经济效果最佳。

根据电气设备在电力系统中所处的位置不同，其额定电压也有不同的规定。例如在系统中运行的电力变压器有升压变压器、降压变压器，有主变压器也有配电变压器，由于所处在系统中的位置和作用的不同，额定电压的规定也不同。

① 电力变压器一次侧的额定电压直接与发电机相连接时（即升压变压器），其额定电压与发电机额定电压相同，即高于同级线路额定电压的 5%。如果变压器直接与线路连接则一次侧额定电压与同级线路的额定电压相同。

② 变压器二次侧的额定电压是指二次侧开路时的电压，即空载电压，如果变压器二次侧供电线路较长（即主变压器），则变压器的二次侧额定电压比线路额定电压高 10%。如果二次侧线路不长（配电变压器），变压器额定电压只需高于同级线路额定电压的 5%。

我国三相交流电力网电力设备的额定电压见表 13-1。

表 13-1　我国三相交流电力网电力设备的额定电压

分类	电网和用电设备(额定电压)/kV	发电机(额定电压)/kV	电力变压器(额定电压)/kV	
			一次绕组	二次绕组
低压	0.38 0.66	0.4 0.69	0.38 0.66	0.4 0.69
高压	3 6 10 — 35 60 110 220 330 500 750	3.15 6.3 10.5 13.8,15.75,18,20,22,24,26 — — — — — — —	3,3.15 6,6.3 10,10.5 13.8,15.75,18,20,22,24,26 35 60 110 220 330 500 750	3.15,3.3 6.3,6.6 10.5,11 — 38.5 66 121 242 363 550 825

我国对用户供电的额定电压，低压供电的为 380V，照明为 220V，高压供电为 10kV、35（63）kV、110kV、220kV、330kV、500kV，除发电厂直配供电可采用 3kV、6kV 外，其他等级电压应逐步过渡到上列额定电压。

例 13-1　已知图 13-5 所示电力系统中电网的额定电压 U_{LN}，试确定发电机和变压器的额定电压。

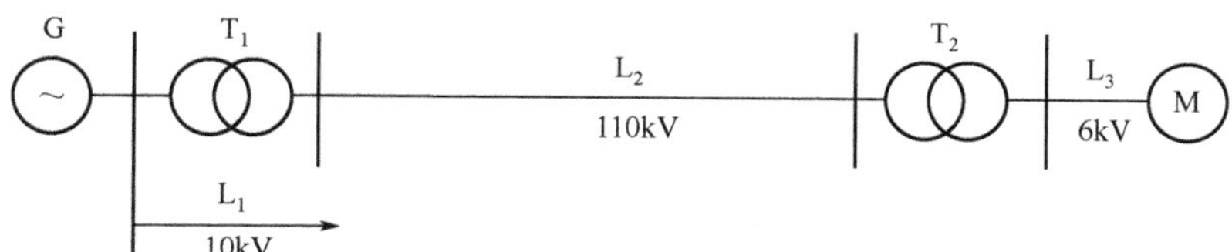

图 13-5　例 13-1 图

解　发电机 G 的额定电压 U_N

$$U_N=1.05U_{LN}=1.05\times10=10.5\ (\text{kV})$$

变压器 T_1 的额定电压 U'_{1N} 和 U'_{2N}：由于变压器、T_1 的一次绕组与发电机直接相连，所以其一次绕组的额定电压取发电机的额定电压，即

$$U'_{1N}=U_N=10.5\ (\text{kV})$$

$$U'_{2N}=1.1U_N=1.1\times110=121\ (\text{kV})$$

变压器 T_1 的变比为：10.5kV/121kV

变压器 T_2 的额定电压：

$$U''_{1N}=U_N=110\ (\text{kV})$$

$$U''_{2N}=1.05U_{LN}=1.05\times6=6.3\ (\text{kV})$$

变压器 T_2 的变比为：110kV/6.3kV

13.1.4　电力网中性点的接地方式

在电力网中，运行的发电机为星形接线时以及在电网中作为供电电源的电力变压器三相

绕组为星形接线时，把三相绕组尾端连接在一起的公共连接点称之为中性点。电力网的中性点就是指这些设备中性点的总称。

电力网中性点的接地方式有以下几种。

（1）中性点直接接地系统

中性点直接接地系统（又称为大电流接地系统）如图 13-6 所示。中性点直接接地系统的主要优点是：单相接地时，其中性点电位不变，非故障相对地电压接近于相电压（可能略有增大），因此降低了电力网绝缘的投资，而且电压越高，其经济效益也越大。

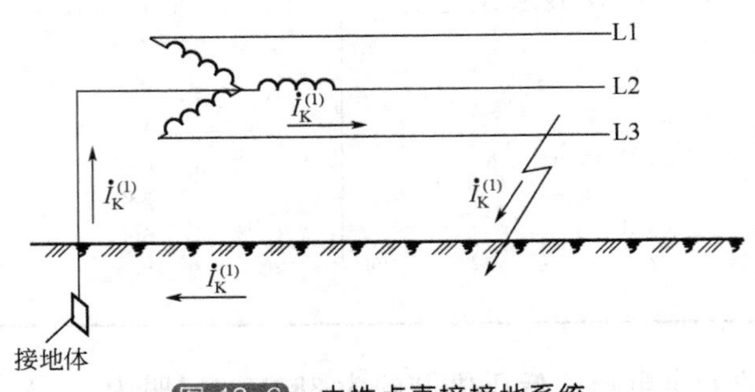

图 13-6 中性点直接接地系统

（2）中性点经消弧线圈（消弧电抗器）接地系统

消弧线圈是一个有铁芯的电感线圈，其铁芯柱有许多间隙，以避免磁饱和，使消弧线圈有一个稳定的电抗值。中性点经消弧线圈接地系统如图 13-7 所示，图中将相线与大地之间存在的分布电容用一个集中电容 C 来表示。

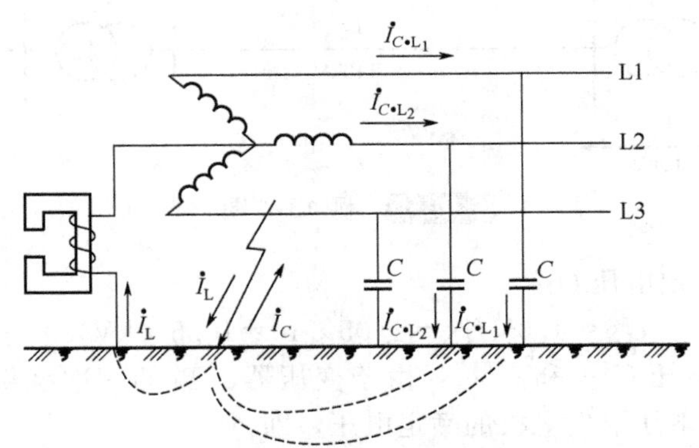

图 13-7 中性点经消弧线圈接地系统发生单相接地的情况

中性点经消弧线圈接地的电力系统，在单相接地时，其他两相对地电压将升高到线电压，即升高到原对地电压的$\sqrt{3}$倍。中性点经消弧线圈接地系统属于小电流接地系统，它与中性点不接地系统的特点相同。凡单相接地电流过大，不满足中性点不接地条件的电力网，均可采用中性点经消弧线圈接地系统。

（3）中性点经小电阻（低电阻）接地系统

中性点经小电阻接地系统如图 13-8 所示。中性点经小电阻接地系统具有大流接地系统的优点。

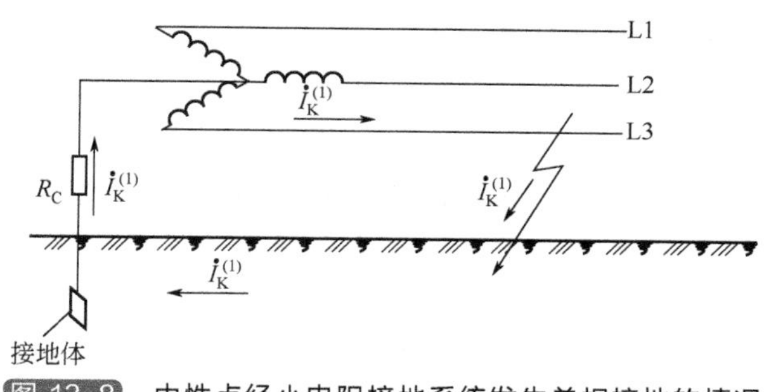

图 13-8　中性点经小电阻接地系统发生单相接地的情况

13.1.5　中性点不接地的电力网的特点

中性点不接地系统如图 13-9 所示。

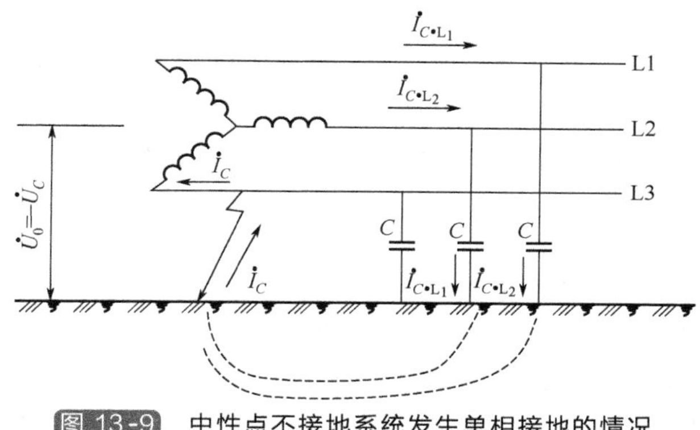

图 13-9　中性点不接地系统发生单相接地的情况

中性点不接地的供电方式，长期以来在 10kV 三相三线制供电系统中，得以广泛应用是因为有下述优点：

① 采用中性点不直接接地的供电系统，相对于中性点直接接地的供电系统来说，供电可靠性较高，断路器跳闸的次数较少。特别是在发生单相瞬间对地短路时，由于该供电系统的故障电流是线路的对地电容电流，故障电流不大，瞬间接地故障比较容易消除，因而减小了设备的损害程度。

② 10kV 电力网其线路对地面的距离较低，容易发生树枝误碰高压线路的瞬间接地故障，采用了中性点不接地的供电系统，当发生单相接地时，三相的电压对称性不被破坏，短时间继续运行不会造成大面积的停电事故。

对于供电范围不大，且电缆线路较短的 10kV 电力网，采用中性点不直接接地的供电方式，明显地减少了断路器跳闸的次数，缩小了停电范围，因而事故造成的损失也减少了。

中性点不直接接地的电力网还有以下缺点：

① 当发生单相接地故障时，非故障相的对地电压可能达到相电压的$\sqrt{3}$倍，这对线路绝缘水平不高的供电系统，如不及时处理接地故障将会由于非故障相的绝缘损坏而导致大面积的停电，因此必须在 2h 以内清除故障才能保证可靠地供电。

② 在中性点不直接接地的供电系统中，采用了易饱和的小铁芯电压互感器，当运行参数耦合时将会产生铁磁谐振过电压，因此也必须采取适当措施来避免这种过电压的产生。

13.1.6 电气接线及设备的分类

电气接线是指电气设备在电路中相互连接的先后顺序。按照电气设备的功能及电压不同，电气接线可分为电气主接线（一次接线）和二次接线。同理电力系统电气图可分为一次电路图（也称一次系统图、一次接线图或主接线图等）和辅助电路图（也称二次系统图、二次回路图等）。

电气一次接线泛指发电、输电、变电、配电、供电电路的接线。

变配电所中承担受电、变压、输送和分配电能任务的电路，称为一次电路，或一次接线、主接线。一次电路中的所有电气设备，如发电机、变压器，各种高、低压开关设备，母线、导线和电缆，及作为负载的照明灯和电动机等，称为电气一次设备或一次元器件。

为保证一次电路正常、安全、经济运行而装设的控制、保护、测量监察、指示及自动装置电路，称为副电路，也称为二次电路。二次电路中的设备，如控制开关、按钮、脱扣器、继电器、各种电测量仪表、信号灯、光字牌及警告音响设备、自动装置等，称为二次设备或二次元器件。

电流互感器 TA 及电压互感器 TV 的一次侧装接在一次电路，二次侧接继电器和电气测量仪表，因此，它仍属于一次设备，但在电路图中应分别画出一、二次侧接线；熔断器 FU 在一、二次电路中都有应用，按其所装设的电路不同，分别归属于一、二次设备；避雷器 FA 虽然是保护（防雷）设备，但并联在主电路中，因此它属于一次设备。

表达一次电路接线的电气图通常有：供配电系统图，电气主接线图，自备电源电气接线图，电路线路工程图，动力与照明工程图，电气设备或成套配电装置订货、安装图，防雷与接地工程图等。这里需要说明的是："电路"是泛指由电源、用电器、导线和开关等电器元件连接而成的电流通路，而"回路"是电流通过器件或其他导电介质后流回电源的通路，通常指闭合电路。本书中根据通俗习惯并为区别起见，将发电、输电、变电、配电、用电的电路称为一次电路，而将二次电路称为"二次回路"。

13.2 一次电路图

13.2.1 电气主接线的分类

电气主接线是指一次电路中各电气设备按顺序的相互连接。

用国家统一规定的电气符号按制图规则表示一次电路中各电气设备相互连接顺序的图形，就是电气主接线图。

电气主接线图一般都用单线图表示，即一根线就代表三相接线。但在三相接线不相同的局部位置要用三线图表示，例如最为常见的接有电流互感器 TA 和电压互感器 TV、热继电器 FR 的部位（因为 TA、TV、FR 的接线方案有一相式、两相式和三相式）。

一幅完整的电气主接线图包括电路图（含电气设备接线图及其型号规格）、主要电气设备（元器件）、材料明细表、技术说明及标题栏、会签表。

电气主接线的基本形式，如图 13-10 所示。由图 13-10 可见，有无母线及母线的结构形式是区分不同电气主接线的关键。

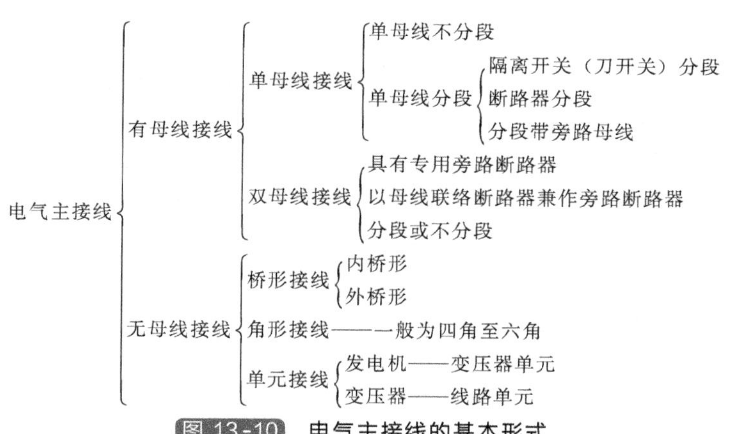

图 13-10　电气主接线的基本形式

13.2.2　电气主接线图的特点

① 电气主接线图一般用系统图（又称概略图）来描述。

② 在电气主接线图中，通常仅用符号表示各项设备，而对设备的技术参数、详细的电气接线、电气原理等都不作详细表示。详细描述这些内容则要参看分系统电气图、接线图、电路图等。

③ 为了简化作图，对于相同的项目，其内部构成只描述了其中的一个，其余项目只在功能框内注以“电路同××”，避免了对项目的重复描述，使得图面更清晰，更便于阅读。

④ 对于较小系统的电气系统图，除特殊情况外，几乎无一例外的画成单线图，并以母线为核心将各个项目（如电源、负载、开关电器、电线电缆等）联系在一起。

⑤ 一般在母线的上方为电源进线，电源的进线如果以出线的形式送到母线，则将此电源进线引至图的下方，然后用转折线接到开关柜，再接到母线上。

⑥ 通常母线的下方为出线，一般都是经过配电屏中的开关设备和电线电缆送至负载的。

⑦ 为了突出系统图的功能，供使用维修参考，图中一般还标注了有关的设计参数，如系统的设备容量、计算容量、计算电流以及各路出线的安装功率、计算功率、计算电流、电压损失等。

13.2.3　对供电系统主接线的基本要求

（1）对工厂变配电所主接线的基本要求

① 安全　主接线的设计方案应符合有关国家标准和技术规范的要求，应保证在任何可能的运行方式以及检修方式下，能充分保证人身和设备的安全。架空线路之间尽量避免交叉。

② 可靠　应满足电力负荷特别是其中一、二级负荷对供电可靠性的要求。要保证断路器检修时，不影响供电；母线或电气设备检修时，要尽可能地减少停电线路的数目和停电时间，要保证对一、二级负荷的供电不受影响。

③ 灵活　主接线的设计应能适应必要的各种运行方式，主接线应力求简单、明显，没有多余的电气设备，应尽量便于人员对线路或设备进行操作和检修，且适应负荷的发展。

④ 经济　在满足上述要求的前提下，尽量使主接线简单，投资少，运行费用低，并节约电能和有色金属消耗量，使主接线的初投资与运行费用达到经济合理。

(2) 主接线图的两种绘制形式

① 系统式主接线图　这是按照电力输送的顺序依次安排其中的设备和线路相互连接关系而绘制的一种简图。它全面系统地反映出主接线中电力的传输过程，但是它并不反映其中各成套配电装置之间相互排列的位置。这种主接线图多用于变配电所的运行中。

② 装置式主接线图　这是按照主接线中高压或低压成套配电装置之间相互连接关系和排列位置而绘制的一种简图，通常按不同电压等级分别绘制。从这种主接线图上可以一目了然地看出某一电压级的成套配电装置的内部设备连接关系及装置之间相互排列位置。这种主接线图多在变配电所施工图中使用。

13.2.4 供电系统主接线的基本形式

(1) 单母线不分段接线

单母线不分段接线是最简单的主接线形式，它的每条引入线和引出线中都安装有隔离开关（低压线路为负荷开关）及断路器。单电源单母线不分段接线如图 13-11 所示；双电源单母线不分段接线如图 13-12 所示，单母线不分段接线的特点是母线 WB 是不分段的，图 13-12 中的变压器 T1、T2 及其线路 WL1、WL2 一般是互为备用。

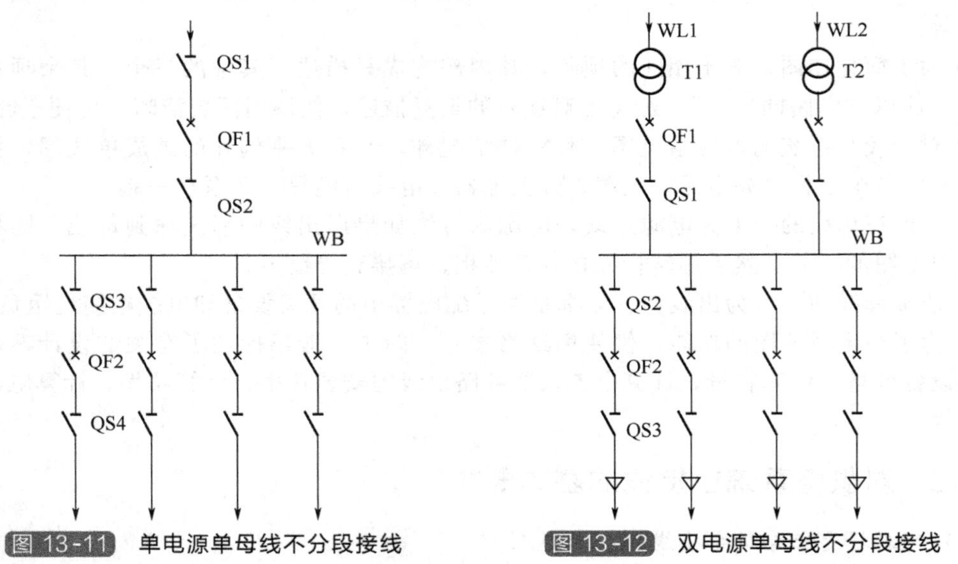

图 13-11　单电源单母线不分段接线　　图 13-12　双电源单母线不分段接线

在单母线不分段接线中，断路器 QF 的作用是正常情况下接通负荷电流，事故情况下切断故障电流（短路电流及超过规定动作值的过负荷电流）。

靠近母线侧的隔离开关（或低压负荷开关）称为母线隔离开关，如图 13-11 中的 QS2、QS3，图 13-12 中的 QS1、QS2，它们的作用是隔离电源，以便检修断路器和母线。靠近线路侧的隔离开关，如图 13-11 中的 QS1、QS4，称为线路隔离开关，其作用是防止在检修线路、断路器时从用户（负荷）侧反向供电，或防止雷电过电压侵入线路负荷，以保证设备和人员的安全。按设计规范，对 6～10kV 的引出线，有电压反馈可能的出线回路及架空出线回路，都应装设隔离开关。

单母线不分段接线简单，投资经济，操作方便，引起误操作的机会少，安全性较好，而且使用设备少，便于扩建和使用成套装置。但其可靠性和灵活性较差，因为当母线或任何一组母线隔离开关发生故障时，都将会因检修而造成全部负荷停电。因此，它只适用于出线回路较少，有备用电源的二级负荷或小容量的三级负荷，即出线回路数不超过五个及用电量不大的场合。

（2）单母线不分段带旁路母线接线

为了解决单母线不分段接线方式，在某出线回路断路器检修时该线路必须停运的缺点，可以采用单母线不分段带旁路母线接线的方式，如图 13-13 所示。该接线方式设置了一个旁路母线，每个出线回路安装一个旁路隔离开关，用于隔离或连接旁路母线（正常运行时将线路与旁路母线断开），所有出线回路共用一个旁路断路器。

例如，当 1＃出线的断路器 QF2 需要检修时，可以先闭合旁路断路器QF_P 两端的旁路隔离开关，再闭合旁路断路器QF_P，给旁路母线送电。然后闭合 1＃出线与旁路母线之间的旁路隔离开关 QS5，再断开 1＃出线的断路器 QF2，最后再断开该断路器 QF2 两端的隔离开关。则可安全检修 1＃出线的断路器 QF2。此时 1＃出线经旁路母线，从主母线获取电能。

此种接线方式运行较为灵活，当出线回路断路器检修时不需要停电，适用于出线回路较多，给重要负荷供电的变电所采用。但是，当主母线或主母线隔离开关发生故障和检修时，仍需要全部停电。

（3）单母线分段不带旁路母线接线

为了改善不分段接线方式在母线发生故障时引起全部设备停运的缺陷，可以采用单母线分段不带旁路母线接线方式，如图 13-14 所示。在该接线方式中，可利用分段断路器QF_D 将母线适当分为多段。

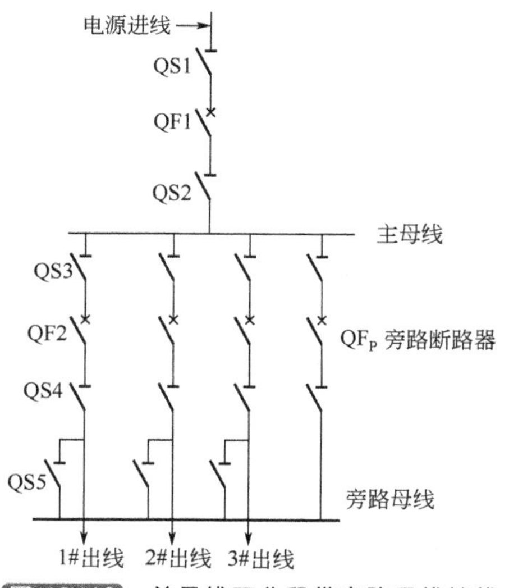

图 13-13　单母线不分段带旁路母线接线

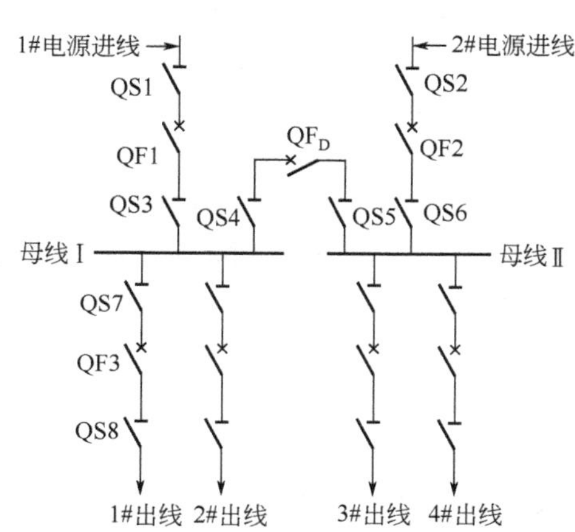

图 13-14　单母线分段不带旁路母线接线

此种接线方式的分段数目取决于电源数目，一般分为 2～3 段比较合适。应尽量将电源、出线回路与负荷均衡分配于各段母线上。单母线分段不带旁路母线接线方式可采取分段单独运行和并列运行方式。

单母线分段不带旁路母线接线方式供电可靠性高、运行灵活，操作简单，但是需要多投资一套断路器和隔离开关设备，而且在某一母线故障或检修时，仍有部分出线回路停电。

（4）单母线分段带旁路母线接线

单母线分段带旁路母线接线方式如图 13-15 所示，分段断路器QF_D 兼做旁路断路器

QF_P。以图 13-15(a) 为例，正常运行时，隔离开关 QS7、QS8 和分段断路器QF_D合闸，系统处于单母线分段并列运行方式，而 QS10、QS11 和 QS4 分闸，使得旁路母线不带电。此种接线方式可以在任一出线回路断路器检修时，不停止对该回路的供电。

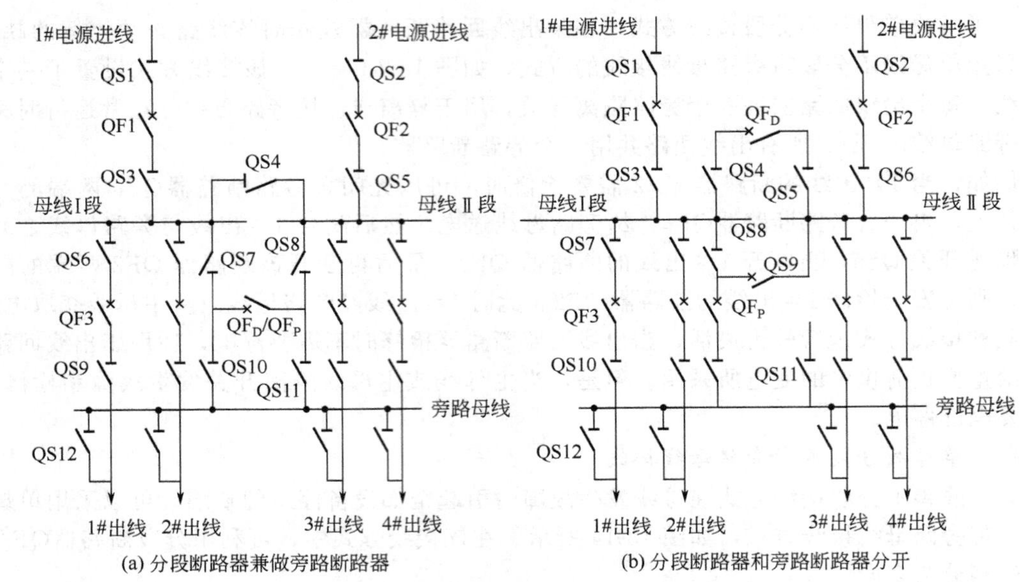

图 13-15 单母线分段带旁路母线接线方式

单母线分段带旁路母线的接线方式的可靠性比单母线分段不带旁路母线接线方式更高，运行更为灵活。适用于出线回路不多，给一、二级负荷供电的变电所。

(5) 双母线不分段接线

双母线的接线方式有两条母线，分别为正常运行时使用的主母线和备用的副母线，主、副母线间通过母线联络断路器（简称母联断路器）QF_L 相连。正常运行时，母线联络断路器QF_L及其两端的隔离开关处于分闸状态，所有负荷回路都接在主母线上。在主母线检修或发生故障时，主、副母线之间通过倒闸操作，可以由副母线承担所有的供电任务。

双母线不分段接线方式如图 13-16 所示。其优点是检修任意母线时不会中断供电，检修任意回路的母线隔离开关时，只需要对该回路断电。

双母线不分段接线方式的可靠性高、运行灵活、扩建方便。但是需要大量的母线隔离开关，投资较大，进行倒母线操作时步骤较为繁琐，容易造成误操作，而且检修任一条回路的断路器时，该回路仍需要停电（虽然可以用母联断路器替代线路断路器工作，但是仍要短时停电）。

(6) 双母线不分段带旁路母线接线

为了克服双母线不分段接线方式在检修线路的断路器时将造成该线路停电的缺点，可采用双母线不分段带旁路母线接线方式，如图 13-17 所示。该接线方式正常工作时，旁路断路器QF_P及其两端的隔离开关都断开，旁路母线不带电，所有电源和出线回路都连接到主、副母线上。当任一条线路的断路器检修时，只需接通旁路母线，然后将该线路挂接在旁路母线上即可，不需要让该线路停电。

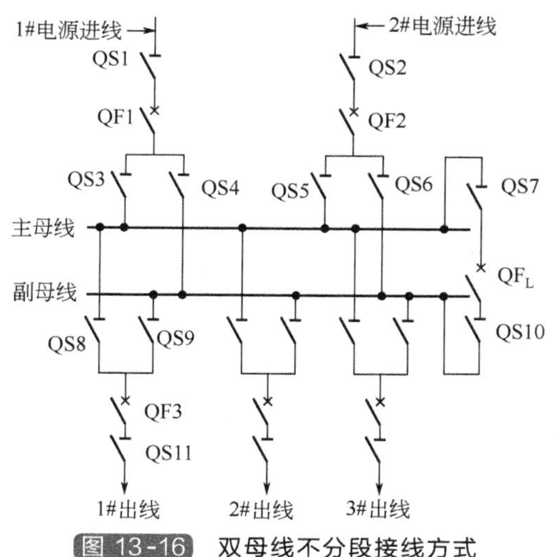

图 13-16　双母线不分段接线方式

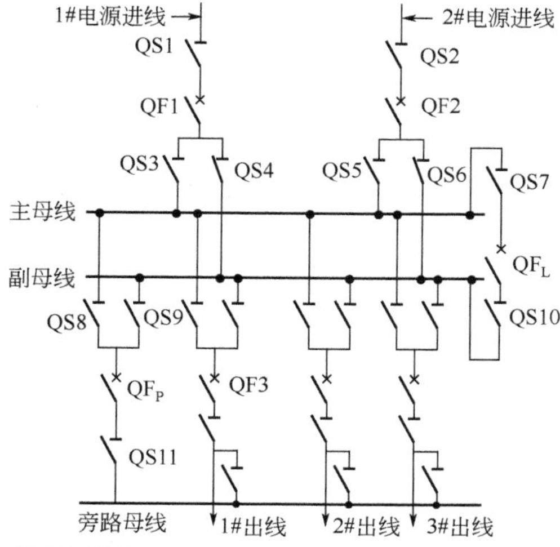

图 13-17　双母线不分段带旁路母线接线方式

双母线不分段带旁路母线接线方式大大提高了系统的可靠性，在检修母线或线路断路器时都不用停电。

（7）双母线分段接线

① 双母线分段不带旁路母线接线　双母线分段不带旁路母线接线又分为双母线单分段和双母线双分段两种，分别如图 13-18(a)、(b) 所示。双母线分段不带旁路母线接线方式主要适用于进出线较多、容量较大的系统中。

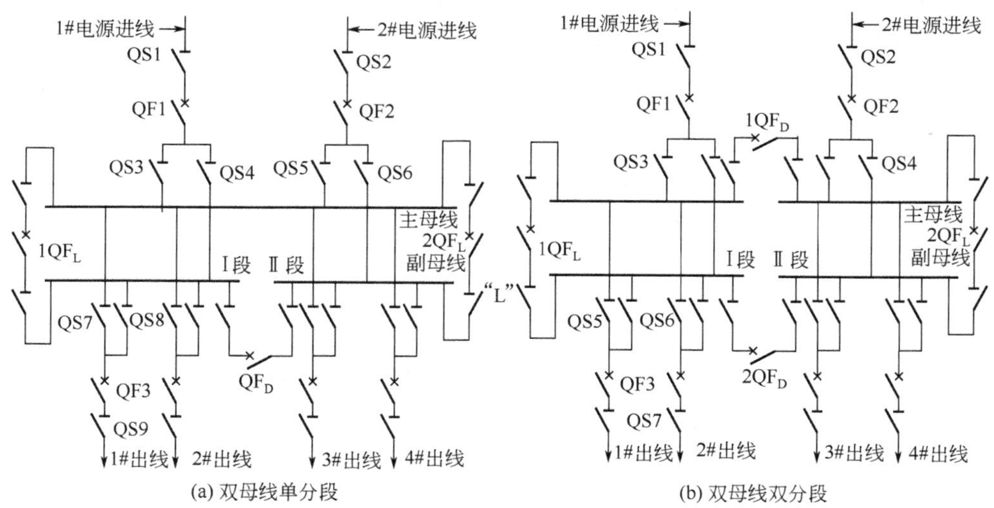

图 13-18　双母线分段不带旁路母线接线方式

② 双母线分段带旁路母线接线　为了提高运行可靠性，使得在任一条线路断路器检修时继续保持该线路的运行，除主、副母线外，还可以设置旁路母线。其接线方式可分为双母线单分段带旁路母线接线方式和双母线双分段带旁路母线接线方式两种。图 13-19 为双母线单分段带旁路母线接线方式。

双母线分段带旁路母线接线的优点是：运行调度灵活、检修时操作方便，当一组母线停

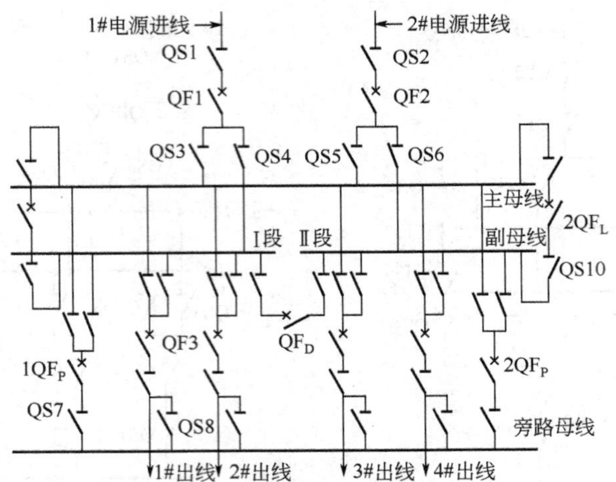

图 13-19 双母线单分段带旁路母线接线方式

电时，回路不需要切换；任一台断路器检修，各回路仍按原接线方式运行，不需切换。其缺点是：设备投资大、倒闸操作繁琐。

(8) 桥式接线

桥式接线属于无母线接线方式，仅适用于只有两条电源进线和两台变压器的系统，所谓桥式接线，是指两条电源进线之间跨接一个联络断路器QF_L，犹如一座桥，所以称之为桥式接线（或桥形接线）。根据联络断路器QF_L的位置，桥式接线通常又分为内桥式和外桥式两种。

① 内桥式接线　内桥式接线是将联络断路器QF_L跨接在线路断路器的内侧，即跨接在线路断路器与变压器之间，如图 13-20(a) 所示。当任一条线路发生故障或检修时，将其线路断路器断开，然后将联络断路器QF_L闭合，则该线路变压器由另一电源经联络断路器供电。

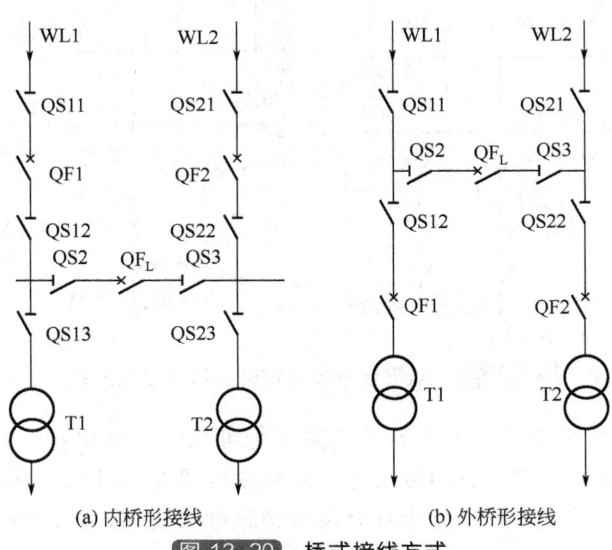

(a) 内桥形接线　(b) 外桥形接线

图 13-20 桥式接线方式

内桥式接线适用于电源线路较长、线路故障率较高而变压器不需经常切换的总降压变电所，其供电可靠性和灵活性较好，运用于一、二级负荷。

② 外桥式接线 外桥式接线是将联络断路器QF_L跨接在线路断路器的外侧，即跨接在线路断路器与电源之间，如图 13-20(b) 所示。当任一台变压器发生故障或检修时，将其变压器断路器断开，然后将联络断路器QF_L闭合，则另一线路变压器由双电源经联络断路器QF_L供电。

外桥式接线对变压器回路操作较方便，但对电源进线侧的操作不变。它适用于供电线路比较短、线路故障率较低而变压器因负荷变动大而需要经常切换的一、二级负荷用电系统。

13.2.5 配电系统主接线形式

工厂高、低压配电系统承担厂区内高压（大多为 6～10kV）和低压（220/380V）电能传输与分配的任务。配电系统的接线方式有三种基本类型：放射式、树干式和环形。

（1）工厂高压线路基本接线方式

① 高压放射式接线 高压放射式接线如图 13-21 所示，其特点是电能在母线汇集后，分别向各高压配电线输送，放射式线路之间互不影响，因此供电可靠性高，而且便于装设自动装置，操作控制灵活方便，一般适用于二、三级负荷。其缺点是高压开关设备用得较多，且每台高压断路器须装设一个高压开关柜，从而使投资增加。

这种放射式线路发生故障或检修时，该线路所供电的负荷都要停电。要提高供电的可靠性，可采用双放射式接线。即采用来自两个电源的两路高压进线，然后经分段母线，由两段母线用双回路对用户交叉供电。

② 高压树干式接线 高压树干式接线如图 13-22 所示。高压树干式接线与图 13-21 所示高压放射式接线相比，其特点是电源经同一高压配电线向各线路配电，多数情况下，能减少线路的有色金属消耗量，采用的高压开关数量少，投资较省。其缺点是供电可靠性较低，一般只能用于对三级负荷供电。

当这种树干式线路的高压配电干线发生故障或检修时，接在干线上的所有变电所都要停电，且操作、控制不够灵活方便。要提高供电可靠性，可采用双干线供电或两端供电的接线方式。

③ 高压环形接线 高压环形接线如图 13-23 所示，其特点是同一供电电源线路向各负载配电时组成环形网，即电源的始端与终端在同一点。

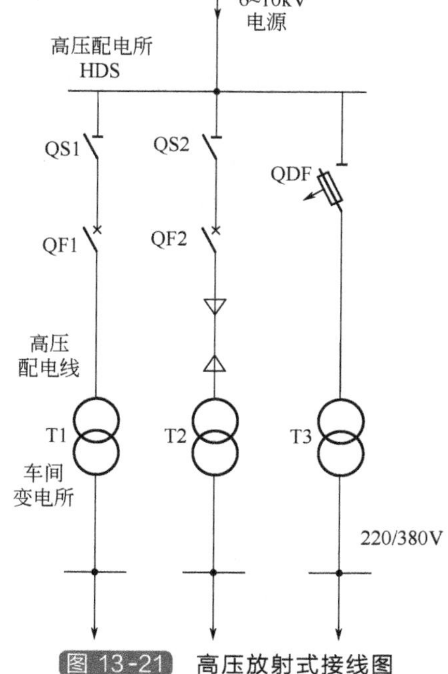

图 13-21 高压放射式接线图

环形接线实质上是两端供电的树干式接线。这种接线方式供电可靠性高，投资较经济，在现代化城市电网中应用很广。但是难以实现线路保护的选择性。为了避免环形线路上发生故障时影响整个电网，也为了便于实现线路保护的速断性，因此大多数环形线路采用开环运行方式，即环形线路中有一处是断开的。一旦开环，其接线便形同树干式。

实际上，工厂的高压配电系统往往是几种接线方式的组合，依具体情况而定。不过一般地说，高压配电系统宜优先考虑采用放射式，因为放射式的供电可靠性较高，且便于运行管理。但放射式采用的高压开关设备较多，投资较大，因此对于供电可靠性要求不高的辅助生产区和生活住宅区，可考虑采用树干式或环形配电，比较经济。

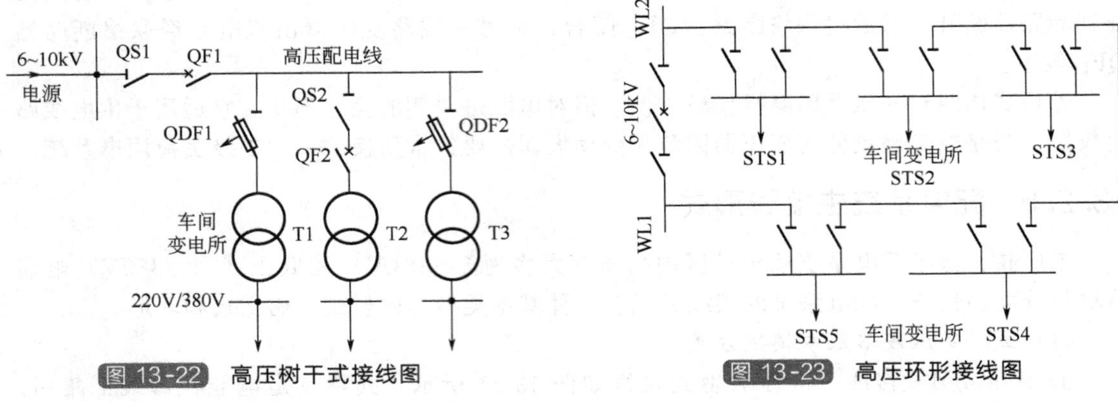

图 13-22 高压树干式接线图

图 13-23 高压环形接线图

（2）工厂低压线路基本接线方式

工厂的低压配电线路也有放射式、树干式和环形等基本接线方式。

① 低压放射式接线　低压放射式接线如图 13-24 所示。其特点是引出线发生故障时互不影响，供电可靠性较高，但是一般情况下，其有色金属消耗量较多，采用的开关设备也较多，且系统的灵活性较差。放射式接线方式适用于对一级负荷供电，或多用于对供电可靠性要求较高车间或公共场所，特别是用于对大型设备供电。

② 低压树干式接线　低压树干式接线如图 13-25 所示。低压树干式接线的特点与放射式接线相反，其系统灵活性好，一般情况下，树干式采用的开关设备较少，有色金属消耗量也较少，但干线发生故障时，影响范围大，因此供电可靠性较低。

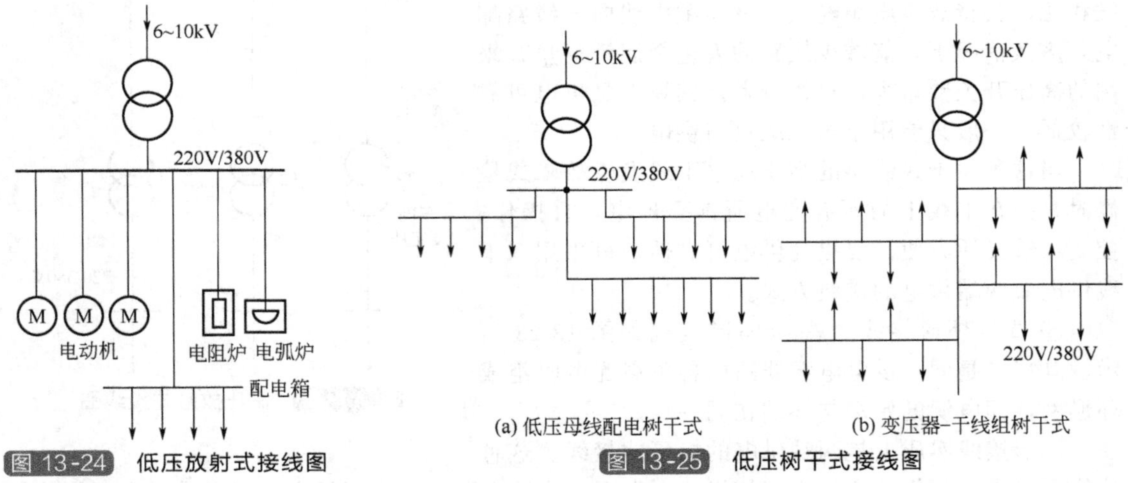

图 13-24 低压放射式接线图

(a) 低压母线配电树干式　(b) 变压器-干线组树干式

图 13-25 低压树干式接线图

树干式接线适用于用电设备布置比较均匀、容量不大且无特殊要求的三级负荷。例如在机械加工车间、工具车间、机修车间、路灯的配电中应用比较普遍，而且多采用成套的封闭性母线，灵活方便，也较安全。

③ 低压环形接线　图 13-26(a) 所示是由两台变压器供电的低压环形接线图；图 13-26(b) 所示是由一台变压器供电的低压环形接线图。低压环形接线将工厂内的一些车间变电

所低压侧通过低压联络线相互连接成为环形。环形接线的特点是供电可靠性较高，任一段线路发生故障或检修时，都不致造成供电中断，或只短时停电，一旦切换电源的操作完成，即能恢复供电。环形接线，可使电能损耗和电压损耗减小，但是环形系统的保护装置及其整定配合比较复杂。如配合不当，容易发生误动作，反而扩大故障停电范围。实际上，低压环形接线一般也多采用开环运行方式。

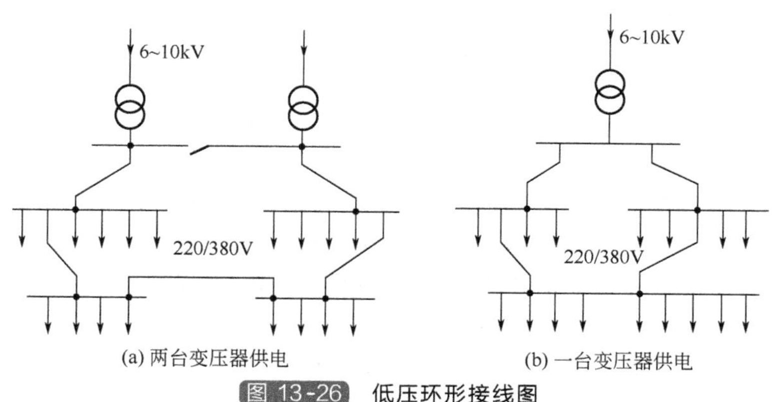

(a) 两台变压器供电　(b) 一台变压器供电

图 13-26 低压环形接线图

在工厂的低压配电系统中，也往往是采用几种接线方式的组合，依具体情况而定。不过在正常环境的车间或建筑内，当大部分用电设备不很大而无特殊要求时，一般采用树干式配电。

13.2.6 一次电路图的识读

（1）识读方法

一套复杂的电力系统一次电路图，是由许多基本电气图构成的。阅读比较复杂的电力系统一次电路图，首先要根据基本电气系统图主电路的特点，掌握基本电气系统图的识读方法及其要领。

① 读一次电路图一般是从主变压器开始，了解主变压器的极数参数，然后先看高压侧的接线，再看低压侧的接线。

② 为进一步编制详细的技术文件提供依据和供安装、操作、维修时参考，一次电路图上一般都标注几个重要参数，如设备容量、计算容量、负荷等级、线路电压损失等。在读图时要了解这些参数的含义并从中获得有关信息。

③ 电气系统一次电路图是以各配电屏的单元为基础组合而成的。所以，阅读电气系统一次电路图时，应按照图样标注的配电屏型号查阅有关手册，把有关配电屏电气系统一次电路图看懂。

④ 看图的顺序可按电能输送的路径进行，即为从电源进线→母线→开关设备→馈线等顺序进行。

⑤ 配电屏是系统的主要组成部分。因此，阅读电气系统图应按照图样标注的配电屏型号，查阅有关手册，把这些基本电气系统图读懂。

（2）识读注意事项

阅读变配电装置系统图时，要注意并掌握以下有关内容：

① 进线回路个数及编码、电压等级、进线方式（架空、电缆）、导线电缆规格型号、计

量方式、电流互感器、电压互感器及仪表规格型号数量、防雷方式及避雷器规格型号数量。

② 进线开关规格型号及数量、进线柜的规格型号及台数、高压侧联络开关规格型号。

③ 变压器规格型号及台数、母线规格型号及低压侧联络开关（柜）规格型号。

④ 低压出线开关（柜）的规格型号及台数、回路个数、用途及编号、计量方式及表计、有无直控电动机或设备及其规格型号、台数及启动方法、导线电缆规格型号，同时对照单元系统图和平面图查阅送出回路是否一致。

⑤ 有无自备发电设备或 UPS，其规格型号、容量与系统连接方式及切换方式、切换开关及线路的规格型号、计量方式及仪表。

⑥ 电容补偿装置的规格型号及容量、切换方式及切换装置的规格型号。

(3) 识读工厂变配电所电气主接线图的大致步骤

电气主接线图在负荷计算、功率因数补偿计算、短路电流计算、电气设备选择和校验后才能绘制，它是电气设计计算、订货、安装、制作模拟操作图及变电所运行维护的重要依据。

在电气设计中，电气主接线图和装置式主电路图通常只画系统式电气主接线图，为订货及安装，还要另外绘制高、低压配电装置（柜、屏）的订货图。图中要具体表示出柜、屏相互位置，详细画出和列出柜、屏内所有一、二次电气设备。很明显，完整的装置式电气主接线图应兼有系统式电气主接线图和柜、屏订货图两者的作用。

识读工厂变、配电所电气主接线图的大致步骤如下：读标题栏→看技术说明→读接线图（可由电源到负载，从高压到低压，从左到右，从上到下依次读图）→了解主要电气设备材料明细表。

13.2.7 某工厂变电所 10/0.4kV 电气主接线

通常工厂变电所是将 6～10kV 高压降为 220V/380V 的终端变电所，其主接线也比较简单。一般用 1～2 台主变压器。它与车间变电所的主要不同之处在于以下方面。

① 变压器高压侧有计量、接线、操作用的高压开关柜。因此需配有高压控制室。一般高压控制室与低压配电室是分设的。但只有一台变压器且容量较小的工厂变电所，其高压开关柜只有 2～3 台，故允许两者合在一室，但要符合操作及安全规定。

② 小型工厂变电所的电气主接线要比车间变电所复杂。

图 13-27 所示某工厂 10/0.4kV 变电所高、低压侧电气主接线图。该工厂电源由地区变电所经 10kV 架空线路获取，进入厂区后用 10kV 电缆（电缆型号为 YJV29-10）引入 10/0.4kV 变电所。

10kV 高压侧为单母线隔离插头（相当于隔离开关，但结构不同）分段。采用低损耗的 S9-500/10、S9-315/10 电力变压器各一台，降压后经电缆分别将电能输往低压母线Ⅰ、Ⅱ段。220/380V 低压侧为单母线断路器分段（见图 13-28）。

高压侧采用 JYN2-10 型交流金属封闭型移开式高压开关柜 5 台，编号分别为 Y1～Y5。Y1 为电压互感器-避雷器柜，供测量仪表电压线圈、交流操作电源及防雷保护用；Y2 为通断高压侧电源的总开关柜；Y3 供计量电能及限电用（有电力定量器）；Y4、Y5 分别为两台主变压器的操作柜。高压开关柜还装有控制、保护、测量、指示等二次回路设备。

低压母线为单母线断路器分段。单母线断路器分段的两段母线Ⅰ、Ⅱ分别经编号为 P3～P7、P11～P13 的 PGL2 型低压配电屏配电给全厂生产、办公、生活的动力和照明负荷，见图 13-28。

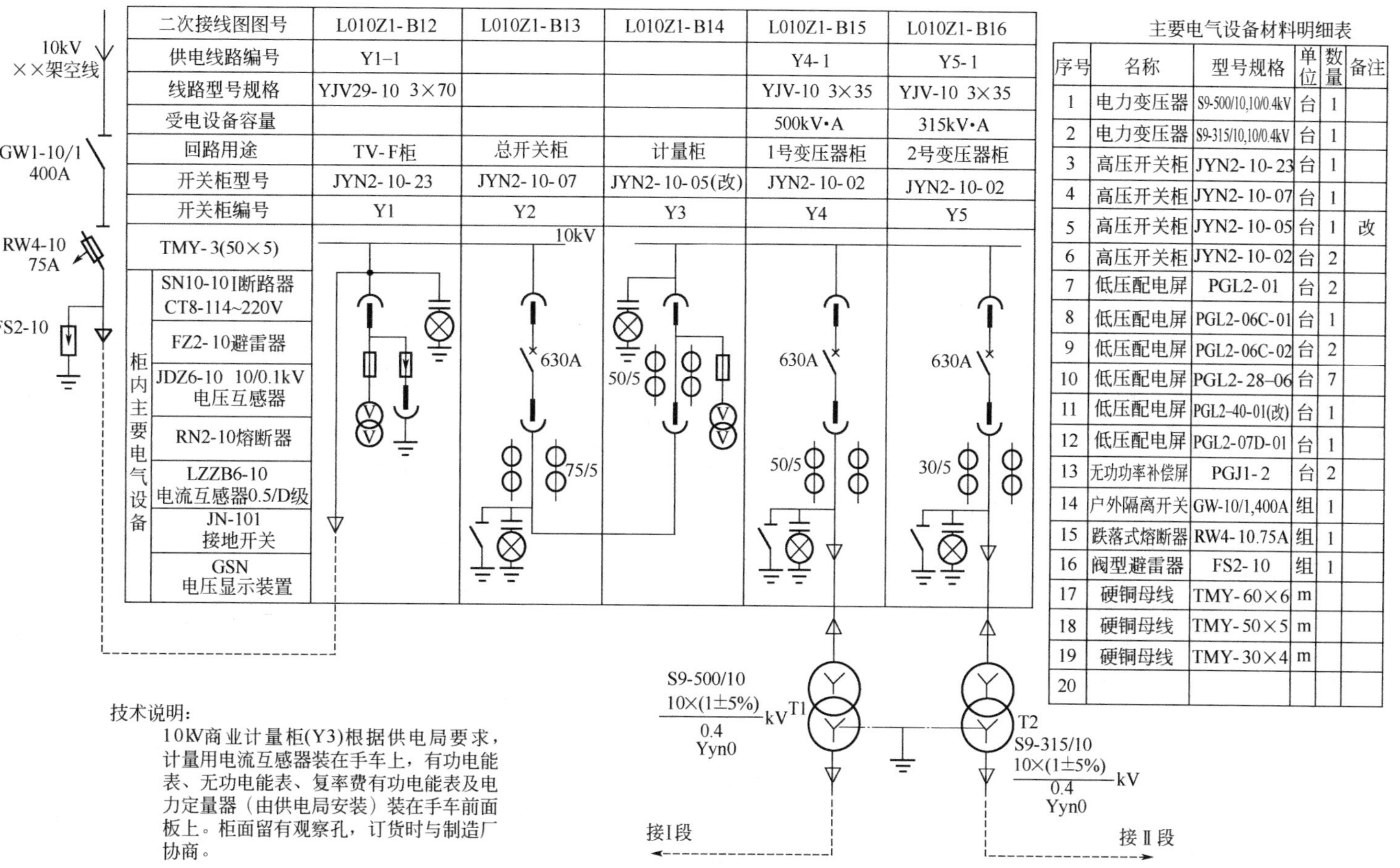

二次接线图图号	L010Z1-B12	L010Z1-B13	L010Z1-B14	L010Z1-B15	L010Z1-B16
供电线路编号	Y1-1			Y4-1	Y5-1
线路型号规格	YJV29-10 3×70			YJV-10 3×35	YJV-10 3×35
受电设备容量				500kV•A	315kV•A
回路用途	TV-F柜	总开关柜	计量柜	1号变压器柜	2号变压器柜
开关柜型号	JYN2-10-23	JYN2-10-07	JYN2-10-05(改)	JYN2-10-02	JYN2-10-02
开关柜编号	Y1	Y2	Y3	Y4	Y5
TMY-3(50×5)					
柜内主要电气设备：SN10-10Ⅰ断路器 CT8-114~220V					
FZ2-10避雷器					
JDZ6-10 10/0.1kV 电压互感器					
RN2-10熔断器					
LZZB6-10 电流互感器0.5/D级					
JN-101 接地开关					
GSN 电压显示装置					

主要电气设备材料明细表

序号	名称	型号规格	单位	数量	备注
1	电力变压器	S9-500/10,10/0.4kV	台	1	
2	电力变压器	S9-315/10,10/0.4kV	台	1	
3	高压开关柜	JYN2-10-23	台	1	
4	高压开关柜	JYN2-10-07	台	1	
5	高压开关柜	JYN2-10-05	台	1	改
6	高压开关柜	JYN2-10-02	台	2	
7	低压配电屏	PGL2-01	台	2	
8	低压配电屏	PGL2-06C-01	台	1	
9	低压配电屏	PGL2-06C-02	台	2	
10	低压配电屏	PGL2-28-06	台	7	
11	低压配电屏	PGL2-40-01(改)	台	1	
12	低压配电屏	PGL2-07D-01	台	1	
13	无功功率补偿屏	PGJ1-2	台	2	
14	户外隔离开关	GW-10/1,400A	组	1	
15	跌落式熔断器	RW4-10.75A	组	1	
16	阀型避雷器	FS2-10	组	1	
17	硬铜母线	TMY-60×6	m		
18	硬铜母线	TMY-50×5	m		
19	硬铜母线	TMY-30×4	m		
20					

技术说明：

10kV商业计量柜(Y3)根据供电局要求，计量用电流互感器装在手车上，有功电能表、无功电能表、复率费有功电能表及电力定量器（由供电局安装）装在手车前面板上。柜面留有观察孔，订货时与制造厂协商。

图13-27 某工厂变电所10/0.4kV电气主接线

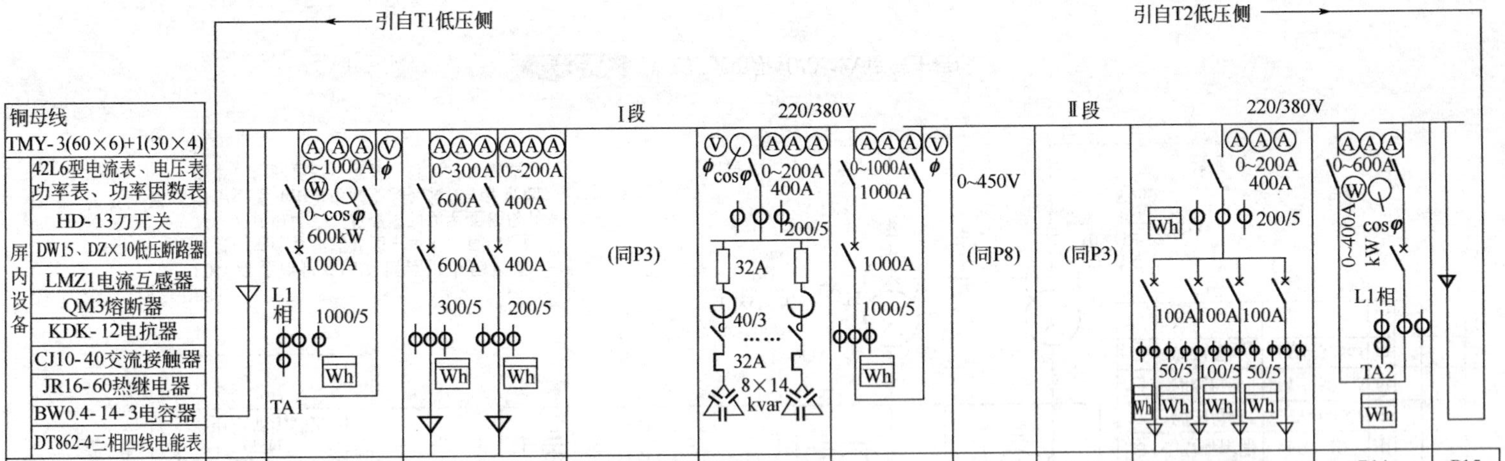

引自T1低压侧
引自T2低压侧
铜母线
TMY-3(60×6)+1(30×4)
42L6型电流表、电压表功率表、功率因数表
屏内设备
HD-13刀开关
DW15、DZ×10低压断路器
LMZ1电流互感器
QM3熔断器
KDK-12电抗器
CJ10-40交流接触器
JR16-60热继电器
BW0.4-14-3电容器
DT862-4三相四线电能表
Ⅰ段
220/380V
Ⅱ段
220/380V
0~1000A
0~cosφ
600kW
1000A
L1相
1000/5
TA1
Wh
0~300A
0~200A
600A
400A
300/5
200/5
(同P3)
cosφ
200/5
32A
40/3
8×14
kvar
1000/5
0~450V
(同P8)
100A
50/5
100/5
0~600A
0~400A
kW
TA2

配电屏编号	P1	P2	P3		P4~P7	P8	P9	P10	P11、P12	P13				P14	P15
配电屏型号	PGL2-01	PGL2-06C-01	PGL2-28-06		PGL2-28-06	PGJ1-2	PGL2-06C-02	PGJ1-2	PGL2-28-06	PGL2-40-01改				PGL2-07D-01	PGL2-01
配电线路编号	PX1		PX3-1	PX3-2	PX4~PX7				PX11、PX12	PX 13-1	PX 13-2	PX 13-3	PX 13-4		PX15
用途	电缆受电	1号变低压总开关	工装、恒温车间动力	机修车间动力	锻工、金工、冲压、装配等车间动力	电容自动补偿(1)	低压联络	电容自动补偿(2)	热处理车间等及备用	办公楼照明	生活区照明	防空洞照明	备用	2号变低压总开关	电缆受电
回路计算机电流/A		750	300	200	200~300		750		60~400	50	100	50		600	
低压断路器脱扣器额定电流/A		1000	400	300	300~400		1000		100~600	80	100	80	100	800	
低压断路器瞬时脱扣器额定电流/A		3000	1200	900	900~1200		3000		500~1800	800	1000	800	1000	2400	
配电线路型号规格	3(VV-1 1×500)		VV29-13×150+1×50	VV29-13×95+1×35						VV29-1 3×35+1×10	同左	同左	同左		3(VV-1 1×500)
二次接线图图号		OZA、354、223	OZA、354、240		同P3		OZA、354、224		OZA、354、240	OZA、354、140(改)				OZA、354、223	
备注	电缆无铠装	TA1为电容补偿屏(1)用	Wh为DT862型220/380V		同P3	112kVar		112kVar	Wh为DT862 220/380V	Wh为三相四线屏宽改为800mm				TA2为电容屏(2)用	电缆无铠装

技术说明

1.低压P13配电屏为厂区生活用电专用屏，根据供电局要求安装计费有功电能表。在屏前上部装有加锁的封闭计量小室，屏面有观察孔。订货时与制造厂协商。

2.柜及屏外壳均为仿苹果绿色烘漆。

3.TA1~TA2至各电容器屏均用BV-500(2×2.5)线。外包绝缘带。

4.本图中除P2、P9、P14外，均选用DZX10型低压断路器。

图13-28 某工厂变电所380V电气主接线

P1、P2、P9、P14、P15 各低压配电屏用于引入电能或分段联络；P8、P10 是为了提高电路的功率因数而装设的 PGJ12 型无功功率自动补偿静电电容器屏。

在图 13-28 中，因图幅限制，P4～P7、P10～P12 没有分别画出接线图，在工程设计图中，因为要分别标注出各屏引出线电路的用途等，是应详细画出的。

13.2.8　某化工厂变配电所的主接线

图 13-29 为某化工厂的总降压变电所。该总降压变电所有两路 35kV 电源进线，两台 20MV·A 的主变压器，采用外桥式接线。图中的数字（如 3042）均为电气设备编号。主变压器将 35kV 的电压降为 6kV 的配电电压，6kV 侧为单母线分段接线。6kV 每段母线上有 10 路出线，分别给各车间或高压设备供电。

为了测量、监视、保护和控制主电路设备的需要，在 35kV 进线均装设了避雷器和电压互感器（计量用）。在 6kV 每段母线上装设了电压互感器，以进行测量和保护。在主变压器下方串接电抗器，其目的是为了限流。

由总降压变电所的 6kV 出线柜将 6kV 电源送至各车间变电所，图 13-30 所示为车间的 6kV 高压配电所（室）（由于车间设备多，容量大，故设置高压配电室）。该配电所为两回路进线，均来自于 35kV 总降压变电所的出线（525 和 526），采用单母线分段接线，供电可靠性高。配电所的出线供车间的 6kV 高压设备，有两路出线（543 和 554）送至车间变电所的两台变压器，如图 13-31 所示。6kV 经车间变压器降压为 0.4kV（即为 220V/380 系统）供给低压设备。低压侧仍为单母线分段，采用抽屉式配电柜。为使图纸清晰，图中只绘出了低压线路的一部分。图 13-32 为该车间变电所的装置式主接线图（只绘出一部分）。

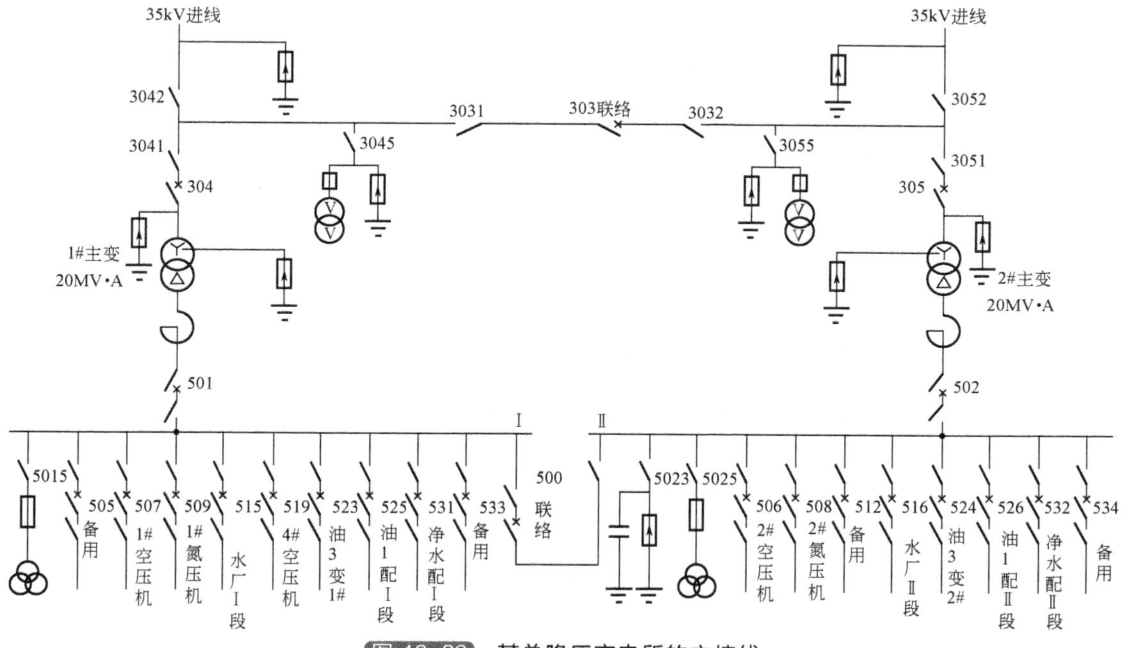

图 13-29　某总降压变电所的主接线

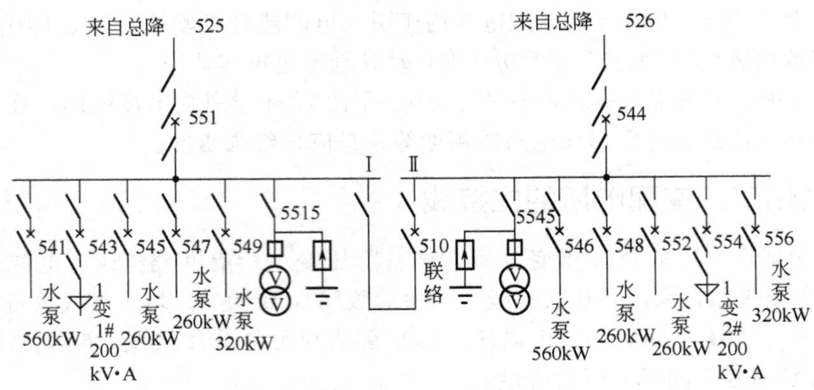

图 13-30 某高压配电所的主接线

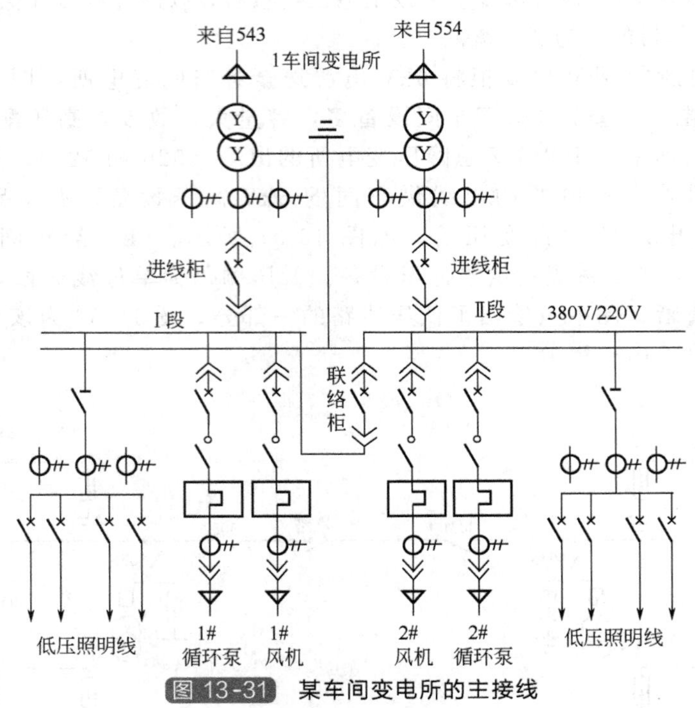

图 13-31 某车间变电所的主接线

13.2.9 某车间变电所的电气主接线

图 13-33 为某中型工厂内 2 号车间变电所的电气主接线。该车间变电所是由 6kV 降至 380/220V 的终端变电所。由于该厂有高压配电所，因此该车间的高压侧开关电器、保护装置和测量仪表等按通常情况安装在高压配出线的首端，即高压配电所的高压配电室内。该车间变电所采用两路 6kV 电源进线、配电所内安装了两台 S9-630 型变压器，说明其一、二级负荷较多。低压侧母线（220/380V）采用单母线分段接线，并装有中性线。380/220V 母线后的低压配电，采用 PG12 型低压配电屏（共五台），分别配电给动力和照明设备。其中照明线采用低压刀开关一低压断路器控制；而低压动力线均采用刀熔开关控制。低压配电出线上的电流互感器，其二次绕组均为一个绕组，供低压测量仪表和继电保护使用。

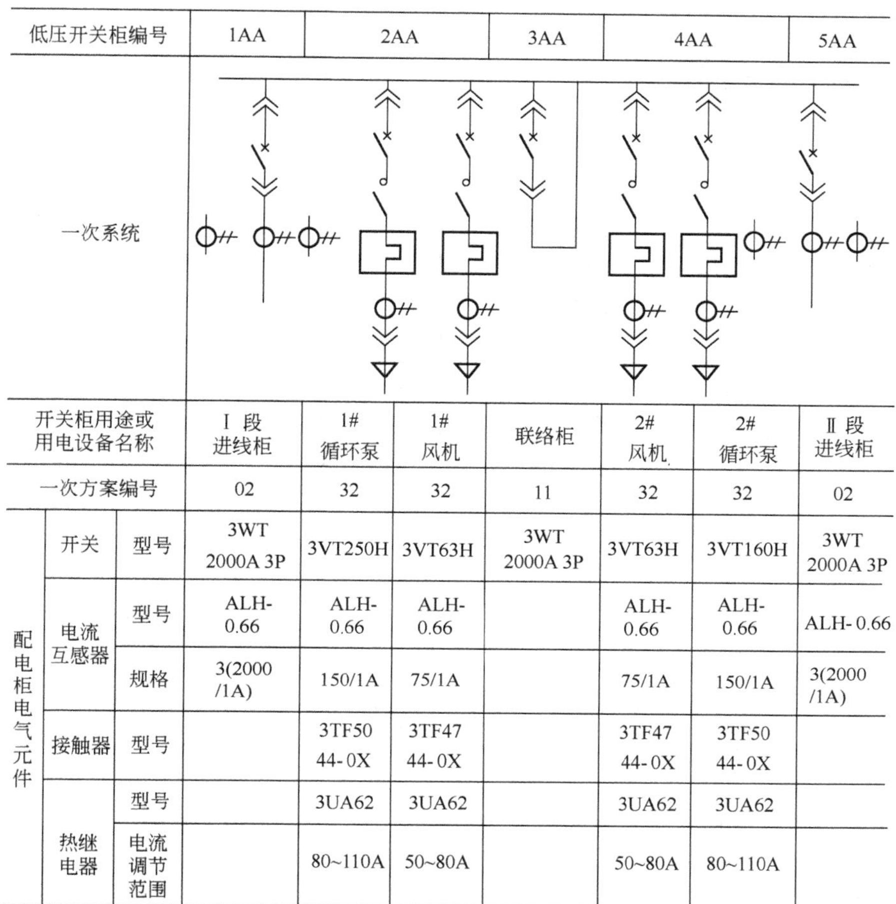

低压开关柜编号			1AA	2AA		3AA	4AA		5AA
一次系统									
开关柜用途或用电设备名称			Ⅰ段进线柜	1#循环泵	1#风机	联络柜	2#风机	2#循环泵	Ⅱ段进线柜
一次方案编号			02	32	32	11	32	32	02
配电柜电气元件	开关	型号	3WT 2000A 3P	3VT250H	3VT63H	3WT 2000A 3P	3VT63H	3VT160H	3WT 2000A 3P
	电流互感器	型号	ALH-0.66	ALH-0.66	ALH-0.66		ALH-0.66	ALH-0.66	ALH-0.66
		规格	3(2000/1A)	150/1A	75/1A		75/1A	150/1A	3(2000/1A)
	接触器	型号		3TF50 44-0X	3TF47 44-0X		3TF47 44-0X	3TF50 44-0X	
	热继电器	型号		3UA62	3UA62		3UA62	3UA62	
		电流调节范围		80~110A	50~80A		50~80A	80~110A	

图 13-32　某高压配电所的装置式主接线

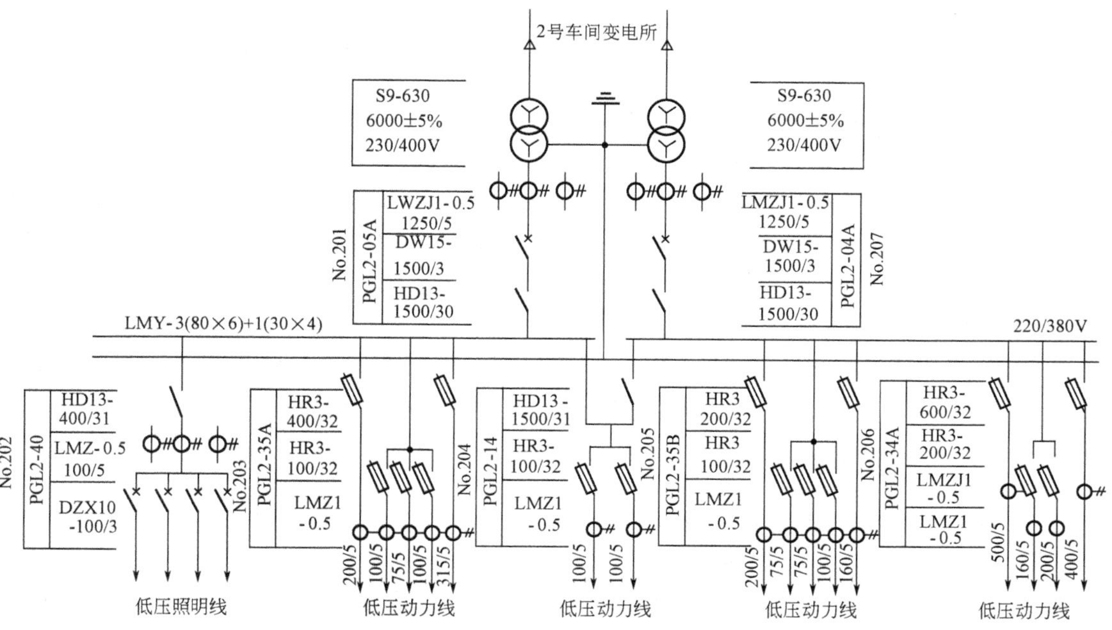

图 13-33　某车间变电所的电气主接线

13.3 二次回路图

13.3.1 概述

在变电所中通常将电气设备分为一次设备和二次设备两大类。一次设备是指直接生产、输送和分配电能的设备，如主电路中变压器、高压断路器、隔离开关、电抗器、并联补偿电力电容器、电力电缆、送电线路以及母线等设备都属于一次设备。对一次设备的工作状态进行监视、测量、控制和保护的辅助设备称为二次设备，如测量仪器、控制和信号回路、继电保护装置等。二次设备通过电压互感器和电流互感器与一次设备建立电的联系。

二次设备按照一定的规则连接起来以实现某种技术要求的电气回路称为二次回路。二次回路是电力系统安全生产、经济运行、可靠供电的重要保障，它是变电所中不可缺少的重要组成部分。

二次回路包括变电所一次设备的控制、调节、继电保护和自动装置、测量和信号回路以及操作电源系统等。

控制回路是由控制开关和控制对象（断路器、隔离开关）的传递机构即执行（或操动）机构组成的。其作用是对一次开关设备进行“跳”、“合”闸操作。

调节回路是指调节型自动装置。它是由测量机构、传送机构、调节器和执行机构组成的。其作用是根据一次设备运行参数的变化，实时在线调节一次设备的工作状态，以满足运行要求。

继电保护和自动装置回路是由测量部分、比较部分、逻辑判断部分和执行部分组成的。其作用是自动判别一次设备的运行状态，在系统发生故障或异常运行时，自动跳开断路器，切除故障或发出故障信号，故障或异常运行状态消失后，快速投入断路器，系统恢复正常运行。

测量回路是由各种测量仪表及其相关回路组成的。其作用是指示或记录一次设备的运行参数，以便运行人员掌握一次设备运行情况。它是分析电能质量、计算经济指标、了解系统电力潮流和主设备运行情况的主要依据。

信号回路是由信号发送机构、传送机构和信号器组成的。其作用是反映一、二次设备的工作状态。回路信号按信号性质可分为事故信号、预告信号、指挥信号和位置信号 4 种。

操作电源是给继电保护装置、自动装置、信号装置、断路器控制等二次电路及事故照明的电源。操作电源系统是由电源设备和供电网络组成的，它包括直源和交流电源系统，作用是供给上述各回路工作电源。变电所的操作电源多采用直流电源，简称直流系统，对小型变电所也可采用交流电源或整流电源。

直流电源是专用的蓄电池或整流器；交流电源是站用变压器及电压互感器与电流互感器。一次系统的电压互感器和电流互感器还是二次回路电压与电流的信号源。

13.3.2 二次回路的分类

工厂供电系统或变配电所的二次回路（即二次电路）亦称二次系统，包括控制系统、信号系统、监测系统、继电保护和自动化系统等。二次回路在供电系统中虽是其一次电路的辅助系统，但它对一次电路的安全、可靠、优质、经济地运行有着十分重要的作用，因此必须予以充分的重视。

二次回路按其电源性质分，有直流回路和交流回路。交流回路又分交流电流回路和交流电压回路。交流电流回路由电流互感器供电，交流电压回路由电压互感器供电。

二次回路按其用途分，有断路器控制（操作）回路、信号回路、测量和监视回路、继电保护和自动装置回路等。

二次回路操作电源，分直流和交流两大类。直流操作电源有由蓄电池组供电的电源和由整流装置供电的电源两种。交流操作电源有由所（站）用变压器供电的和通过仪用互感器供电的两种。

二次回路的操作电源是供高压断路器分、合闸回路和继电保护装置、信号回路、监测系统及其他二次回路所需的电源。因此对操作电源的可靠性要求很高，容量要求足够大，且要求尽可能不受供电系统运行的影响。

13.3.3　二次回路图的特点

二次回路图是电气工程图的重要组成部分，它与其他电气图相比，显得更复杂一些。其复杂性主要因为自身表现出以下几个特点。

① 二次设备数量多。二次设备比一次设备要多得多。随着一次设备电压等级的升高，容量的增大，要求的自动化操作与保护系统也越来越复杂，二次设备的数量与种类也越多。

② 二次连线复杂。由于二次设备数量多，连接二次设备之间的连线也很多，而且二次设备之间的连线不像一次设备之间的连线那么简单。通常情况下，一次设备只在相邻设备之间连接，且导线的根数仅限于单相 2 根、三相 3 根或 4 根（带零线）、直流 2 根，而二次设备之间的连线可以跨越很远的距离和空间，且往往互相交错连接。

③ 二次设备动作程序多，工作原理复杂。大多数一次设备动作过程是通或断，带电或不带电等，而大多数二次设备的动作过程程序多，工作原理复杂。以一般保护电路为例，通常应有传感元件感受被测参量，再将被测量送到执行元件，或立即执行，或延时执行，或同时作用于几个元件动作，或按一定次序作用于几个元件分别动作；动作之后还要发出动作信号，如音响、灯光显示、数字和文字指示等。这样，二次回路图必然要复杂得多。

④ 二次设备工作电源种类多。在某一确定的系统中，一次设备的电压等级是很少的，如 10kV 配电变电所，一次设备的电压等级只有 10kV 和 380V/220V。但二次设备的工作电压等级和电源种类却可能有多种。电源种类有直流、交流；电压等级多，380V 以下的各种电压等级有 380V、220V、100V、36V、24V、12V、6.3V、1.5V 等。

⑤ 按照不同的用途，通常将二次回路图分为原理接线图（又称二次原理图）、展开接线图（又称接线图）和安装接线图（又称安装图）三大类。

13.3.4　二次回路原理接线图

二次回路原理接线图是用来表示继电保护、测量仪表和自动装置中各元件的电气联系及工作原理的电气回路图。原理接线图以元件的整体形式表示二次设备间的电气连接关系，通常还将二次接线和一次设备中的相关部分画在一起，便于用来了解各设备间的相互联系。接线原理图能表明二次设备的构成、数量及电气连接情况，图形直观、形象、清晰，便于设计的构思和记忆。原理接线图可用来分析该电路的工作原理。

图 13-34 所示为某 10kV 线路的过电流保护原理接线图，图中每个元器件都以整体形式绘出，它对整个装置的构成有一个明确的概念，便于掌握其相互关系和工作原理。

原理接线图的优点是较为直观；缺点是当元件较多时电路的交叉多，交、直流电路和控

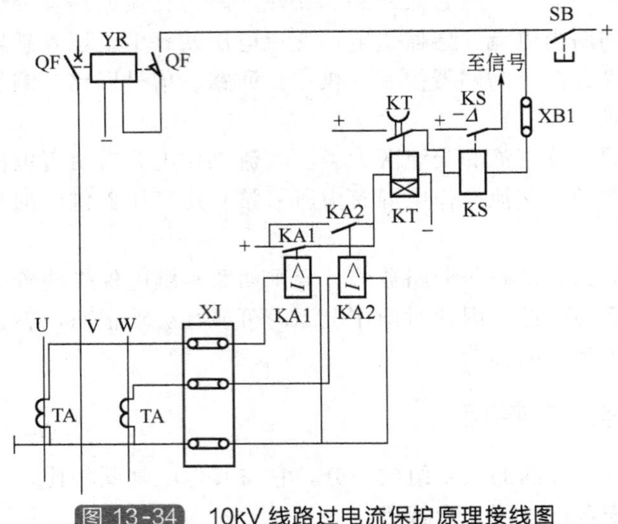

图 13-34　10kV 线路过电流保护原理接线图

制与信号回路均混合在一起，清晰度差，而且对于复杂线路，看图较困难。因此，原理接线图在实际应用中受到限制，而展开接线图应用较广泛。

13.3.5　二次回路展开接线图

展开接线图（展开式原理接线图）简称展开图，以分散的形式表示二次设备之间的电气连接关系。在这种图中，设备的触点和线圈分散布置，按它们动作的顺序相互串联，从电源的“+”极到“−”极，或从电源的一相到另一相，算作一条“支路”。依次从上到下排成若干行（当水平布置时），或从左到右排成若干列（当垂直布置时）。同时，展开图是按交流电压回路、交流电流回路和直流回路分别绘制的。

图 13-35 所示为与图 13-34 对应的展开接线图。它通常是按功能电路如控制回路、保护回路、信号回路等来绘制，方便于对电路的工作原理和动作顺序进行分析。不过由于同一设备可能具有多个功能，因而属于同一设备或元件的不同线圈和不同触点可能画在了不同的回路中。展开接线图的绘制有很强的规律性，掌握了这些规律看图就会很容易。

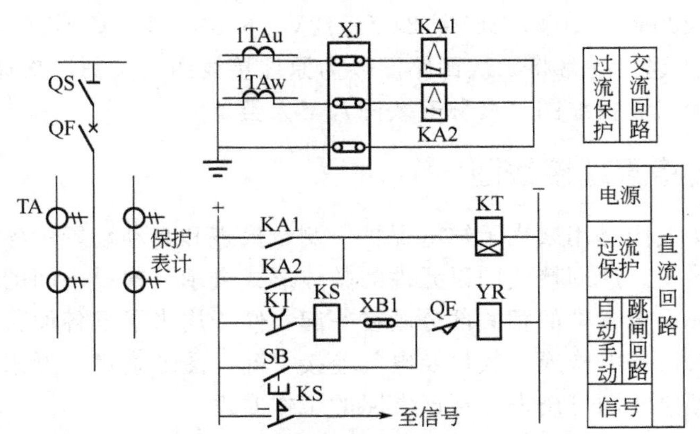

图 13-35　10kV 线路的过电流保护展开接线图（左侧为一次电路）

绘制展开接线图有如下规律：

① 直流母线或交流电压母线用粗线条表示，以示区别于其他回路的联络线。

② 继电器和各种电气元件的文字符号与相应原理接线图中的文字符号一致。

③ 继电器作用和每一个小的逻辑回路的作用都在展开接线图的右侧注明。

④ 继电器的触点和电气元件之间的连接线段都有回路标号。

⑤ 同一个继电器的线圈与触点采用相同的文字符号表示。

⑥ 各种小母线和辅助小母线都有标号。

⑦ 对于个别继电器或触点在另一张图中表示，都应在图纸中说明去向，对任何引进触点或回路也说明出处。

⑧ 直流“+”极按奇数顺序标号，“－”极则按偶数标号。回路经过电气元件（如线圈、电阻、电容等）后，其标号性质随着改变。

⑨ 常用的回路都有固定的标号，如断路器 QF 的跳闸回路用 33 表示，合闸回路用 3 表示等。

⑩ 交流回路的标号的表示除用三位数字外，前面还加注文字符号。交流电流回路标号的数字范围为 400～599，电压回路为 600～799。其中个位数表示不同回路；十位数表示互感器组数。回路使用的标号组，要与互感器文字后的“序号”相对应。如：电流互感器 TA1 的 U 相回路标号可以是 U411～U419；电压互感器 TV2 的 U 相回路标号可以是 U621～U629。

展开接线图中所有开关电器和继电器触点都是按照开关断开时的位置和继电器线圈中无电流时的状态绘制。由图 3-35 可见，展开接线图接线清晰，回路次序明显，便于了解整套装置的动作程序和工作原理，易于阅读，对于复杂线路的工作原理的分析更为方便。目前，工程中主要采用这种图形，它既是运行和安装中一种常用的图纸，又是绘制安装接线图的依据。

13.3.6　二次回路安装接线图

根据电气施工安装的要求，用来表示二次设备的具体位置和布线方式的图形，称为二次回路的安装接线图。安装接线图是制造厂生产加工变电站的控制屏、继电保护屏和现场安装施工接线所用的主要图纸，也是变电站检修、试验等的主要参考图。

安装接线图是根据展开接线图绘制的。安装接线图是用来表示屏（成套装置）内或设备中各元器件之间连接关系的一种图形，在设备安装、维护时提供导线连接位置。图中设备的布局与屏上设备布置后的视图是一致的，设备、元件的端子和导线、电缆的走向均用符号、标号加以标记。

安装接线图包括：屏面布置图，它表示设备和器件在屏面的安装位置，屏和屏上的设备、器件及其布置均按比例绘制；屏后接线图，它表示屏内的设备、器件之间和与屏外设备之间的电气连接关系；端子排图用来表示屏内与屏外设备之间的连接端子以及屏内设备与安装于屏后顶部设备间的连接端子的组合。

13.3.7　二次回路端子排图

控制柜内的二次设备与控制柜外的二次回路的连接，同一控制柜上各安装项目之间的连接，必须通过端子排。端子排由专门的接线端子排组合而成。端子排图是一系列的数字和文字符号的集合，把它与展开图结合起来看就可清楚地了解它的连接回路。

接线端子排分为普通端子、连接端子、试验端子和终端端子等，如图 13-36 所示。

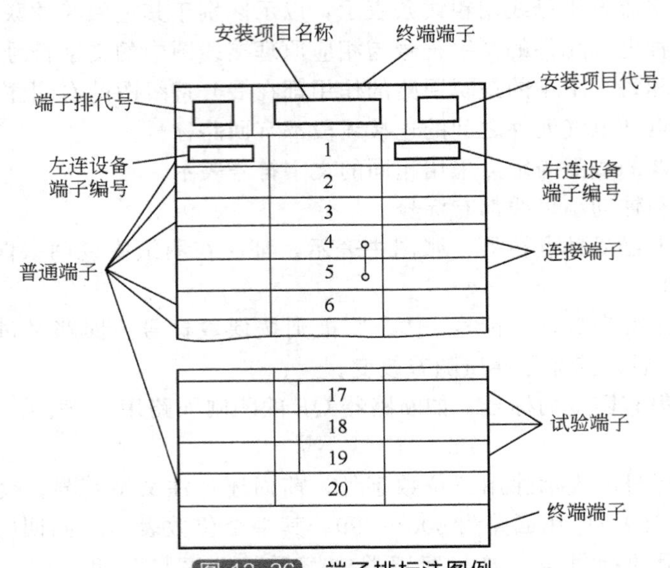

图 13-36 端子排标注图例

普通端子排用来连接由控制屏（柜）外引至控制屏（柜）上或由控制屏（柜）上引至控制屏（柜）外的导线；连接端子排有横向连接片，可与邻近端子排相连，用来连接有分支的导线；试验端子排用来在不断开二次回路的情况下，对仪表、继电器进行试验，校验二次回路中的测量仪表和继电器的准确度；终端端子排是用来固定或分隔不同安装项目的端子排。

端子排图中间列的编号 1～20 是端子排中端子的顺序号。端子排图右列的标号是表示到屏内各设备的编号。

在接线图中，两端连接不同端子的导线有两种表示方法：

① 连续线表示法——端子之间的连接导线用连续线表示，如图 13-37(a) 所示。

② 中断线表示法——端子之间的连接不连线条，只在需相连的两端子处标注对面端子的代号。即采用专门的“相对标号法”（又称“对面表示法”）。“相对标号法”是指每一条连接导线的任一端标以对侧所接设备的标号或代号，故同一导线两端的标号是不同的，并与展开图上的回路标号无关。利用这种方法很容易查找导线的走向，由已知的一端便可知另一端接至何处，如图 13-37(b) 所示。

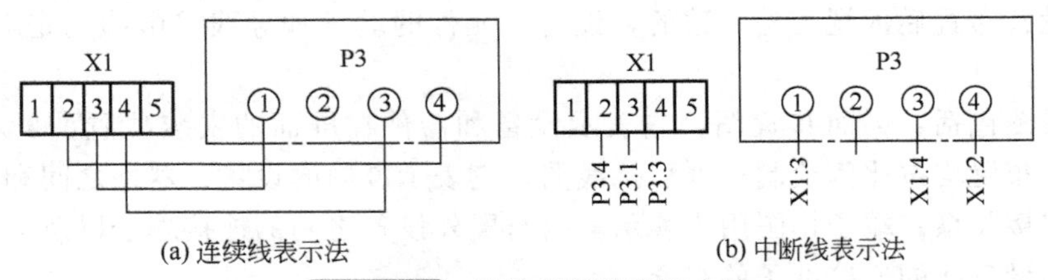

图 13-37 连接导线的表示方法

图 13-38 所示为高压配电线路二次回路接线图，该图包括主电路（这里仅画出了电流互感器接入部分）、仪表继电器屏背面接线图、端子排和操作板四部分。其端子排上方标注了安装项目名称（10kV 电源进线）、安装项目代号（XL1）和端子排代号（X1）；中列为端子编号（1～18）；左侧为连接各设备（图示为电流互感器、断路器跳闸线圈及电压小母线）的端子编号；右侧为连接各仪表、继电器的端子编号。

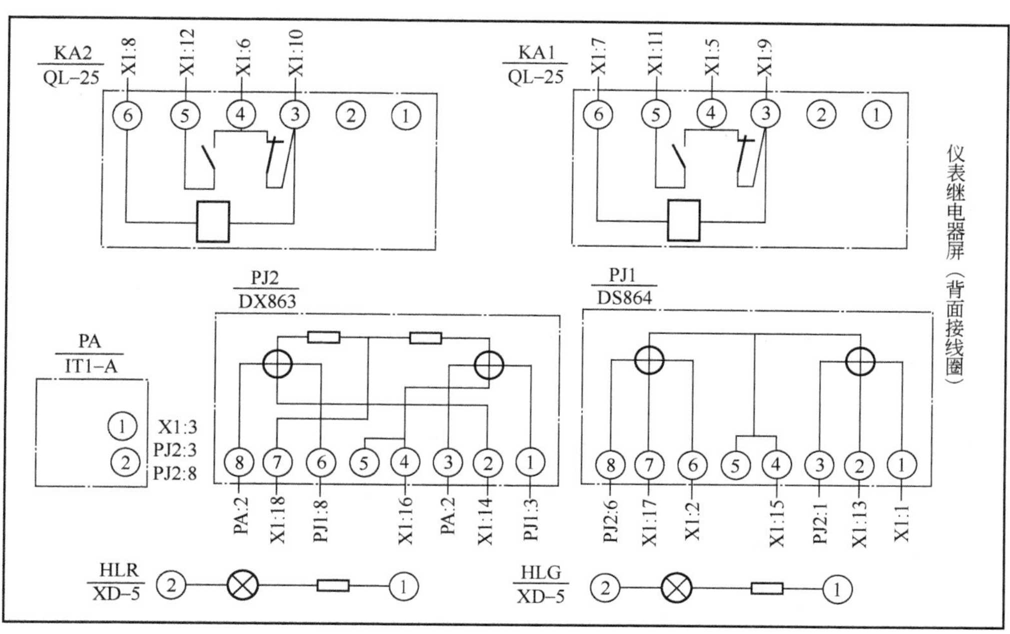

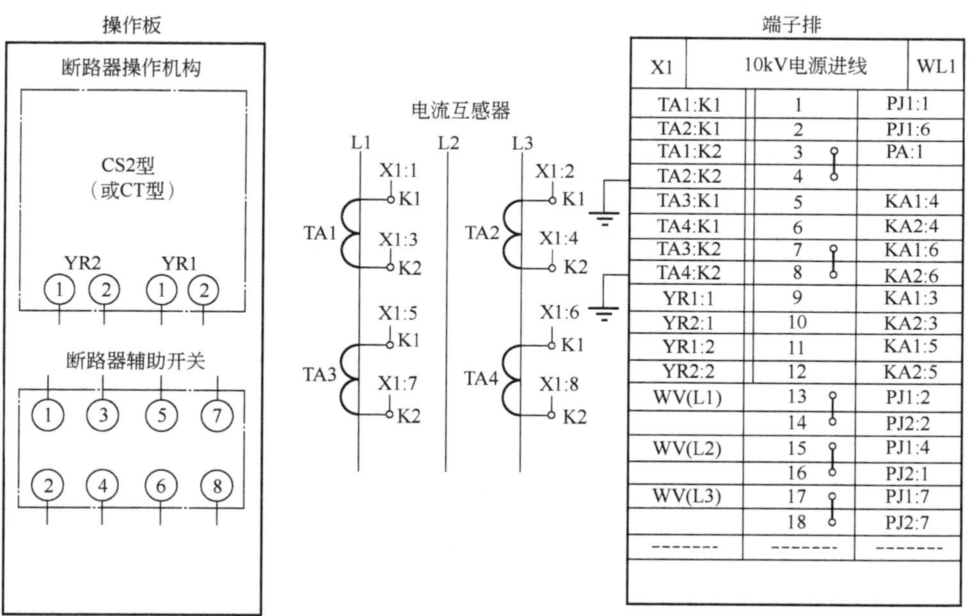

图 13-38 高压配电线路二次回路接线图

图 13-38 中的连接线采用了中断线表示和相对标号法。如连接 TA1 的 K1 端子与端子排 X1 的 1 号端子的导线，分别标注 X1：1 和 TA1：K1；连接端子排 X1 的 1 号端子与有功电能表 PJ1 的 1 号端子的导线，分别标注 PJ1：1 和 X1：1 等。

端子排使用注意事项如下：

① 屏内与屏外二次回路的连接、同一屏上各安装项目的连接以及过渡回路等均应经过端子排。

② 屏内设备与接于小母线上的设备（如熔断器、电阻、小开关等）的连接一般应经过端子排。

③ 各安装项目的“+”电源一般经过端子排，保护装置的“−”电源应在屏内设备之间接成环形，环的两端再分别接至端子排。

④ 交流电流回路、信号回路及其他需要断开的回路，一般需用试验端子。

⑤ 屏内设备与屏顶较重要的小母线（如控制、信号、电压等小母线），或者在运行中、调试中需要拆卸的接至小母线的设备，均需经过端子排连接。

⑥ 同一屏上的各安装项目均应有独立的端子排。各端子排的排列应与屏面设备的布置相配合。一般按照下列回路的顺序排列：交流电流回路，交流电压回路，信号回路，控制回路，其他回路，转接回路。

⑦ 每一安装项目的端子排应在最后留 2～5 个端子作备用。正、负电源之间，经常带电的正电源与跳闸或合闸回路之间的端子排应不相邻或者以一个空端子隔开。

⑧ 一个端子的每一端一般只接一根导线，在特殊情况下，最多接两根。

13.3.8 多位开关触点的状态表示法

在二次回路中常用的多位开关有组合开关、转换开关、滑动开关、鼓形控制器等。这类开关具有多个操作位置和多对触点。在不同的操作位置上，触点的通断状态是不同的，而且触点工作状态的变化规律往往比较复杂。怎样识别多位开关的工作状态，是读图和用图的难点。

以下介绍两种表示多位开关触点状态的方法。

（1）一般符号和连接表相结合的表示方法

这种方法是在二次电路图中画出多位开关的一般符号，将其各端子（触点）编出号码或字符（一般都用阿拉伯数字，按左侧触点以奇数、右侧触点以偶数编号），在图纸的适当位置画出连接表，如图 13-39 及表 13-2 所示。

表 13-2　控制开关 SA 连接表示例

位置	端子(节点号)				
	①−②	③−④	⑤−⑥	⑦−⑧	⑨−⑩
Ⅰ	×	−	−	×	−
Ⅱ	−	×	×	−	−
Ⅲ	×	−	−	×	×

由表 13-2 可见，开关在位置Ⅰ时，①-②、⑦-⑧通；在位置Ⅱ时，③-④、⑤-⑥通；在位置Ⅲ时，①-②、⑦-⑧、⑨-⑩通。

（2）图形符号表示方法

图形符号表示法是将开关的接线端子、操作位数、触点工作状态表示在图形符号上的方法。

图 13-40(a) 是一具有五对触点、五个位置的多位开关的图形符号。

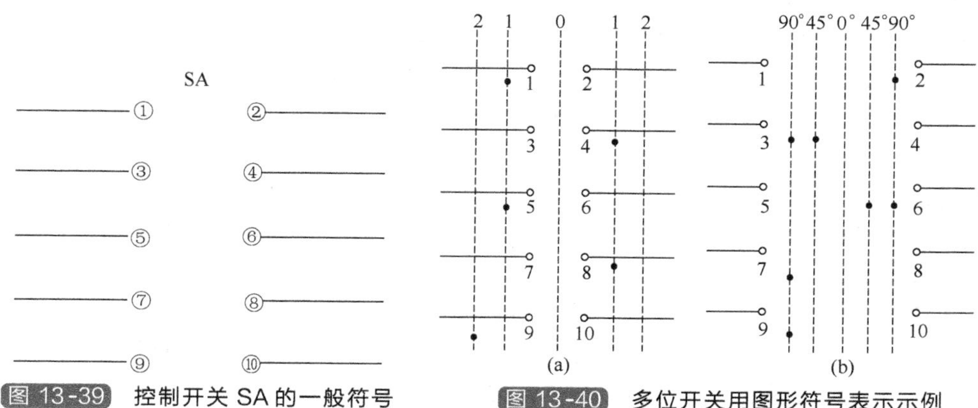

图 13-39 控制开关 SA 的一般符号　　图 13-40 多位开关用图形符号表示示例

图中以“0”表示操作手柄在中间位置（停止位置），两侧的数字：“1”、“2”表示操作位置。操作位置也可以用“ON”、“OFF”，“正转”、“反转”，“启动”、“停止”表示。垂直的虚线表示手柄操作的位置线。紧靠触点标在虚线上的黑点“•”表示手柄转在这一位置时，有黑点表示触点接通、无黑点的表示触点不接通。图 13-40(a) 中触点 1～10 的工作状态是：位置 0，都不通；右 1，3-4、7-8 通；右 2，不通；左 1，1-2、5-6 通；左 2，9-10 通。

图 13-40(b) 是多位开关用图形符号表示的另一种形式。图中操作位置用角度 0°、45°、90°表示，位置线画在触点的中间。图 13-40(b) 中触点 1～10 的工作状态是：位置 0°，都不通；右 45°，5-6 通；右 90°，1-2、5-6 通；左 45°，3-4 通；左 90°，3-4、7-8、9-10 通。

13.3.9 二次回路图的识图方法与注意事项

(1) 二次回路图的识图方法

二次回路图阅读的难度较大。当识读二次回路图时，通常应掌握以下方法：

① 概略了解图的全部内容，例如图样的名称、设备明细表、设计说明等，然后大致看一遍图样的主要内容，尤其要看一下与二次电路相关的主电路，从而达到比较准确地把握住图样所表现的主题。

例如阅读具有过负荷保护的电路图时，首先就应带着“断路器 QF 是怎样实现自动跳闸的”这个问题，进而了解各个继电器动作的条件，阅读起来才会脉络清晰。如果对过负荷保护这一主题不明确，有些问题就不能理解。例如，时间继电器 KT 的作用，只有过负荷保护才需要延时动作，如果是短路保护，就不需要延时了。

② 在电路图中，各种开关触点都是按起始状态位置画的，如按钮未按下，开关未合闸，继电器线圈未通电，触点未动作等。这种状态称为图的原始状态。但看图时不能完全按原始状态来分析，否则很难理解图样所表现的工作原理。

为了读图的方便，将图样或图样的一部分改画成某种带电状态的图样，称为状态分析图。状态分析图是由看图者作为看图过程而绘制的一种图，通常不必十分正规地画出，用铅笔在原图上另加标记亦可。

③ 在电路图中，同一设备的各个元件位于不同的回路的情况比较多，在用分开表示法绘制的图中，往往将各个元件画在不同的回路，甚至不同的图纸上。看图时应从整体观念上去了解各设备的作用。例如，辅助开关的开合状态就应从主开关开合状态去分析，继电器触点的开合状态就应从继电器线圈带电状态或从其他传感元件的工作状态去分析。一般来说，

继电器触点是执行元件，因此应从触点看线圈的状态，不要看到线圈去找触点。

④ 任何一个复杂的电路都是由若干基本电路、基本环节构成的。看复杂的电路图一般应将图分成若干部分来看，由易到难，层层深入，分别将各个部分、各个回路看懂，整个图样就能看懂。阅读较复杂的二次电路图，切忌“眉毛胡子一把抓”，这样势必无从下手，降低工作效率。

一般阅读电路图时，可先看主电路，再看二次电路；看二次电路时，一般从上至下，先看交流电路，再看跳闸电路，然后再看信号电路。在阅读过程中，可能会有某些问题一时难于理解，可以暂时留下来，待阅读完了其他部分，也可能自然解决了。

⑤ 二次图的种类较多。对某一设备、装置和系统，这些图实际上是从不同的使用角度、不同的侧面，对同一对象采用不同的描述手段。显然，这些图存在着内部的联系。因此，读各种二次图应将各种图联系起来阅读。掌握各类图的互换与绘制方法，是阅读二次图的一个十分重要的方法。

(2) 二次回路图的识图注意事项

① 阅读断路器控制及信号回路的原理图时，应注意并掌握以下有关内容：

a. 断路器规格型号、操作机构的类别（手力操作机构、电磁操作机构、电动操作机构等）、规格型号，机构内熔断器、继电器、信号灯、操作转换开关、接触器、小型电动机、各类线圈、整流元件（二极管）的规格型号及作用功能。

b. 操作电源类别（交流、直流）、名称及电压、各开关辅助触点和继电器触点的分布位置及其作用功能、保护回路的作用功能及其来自继电保护回路的触点编号、位置、接入方式。

c. 断路器事故跳闸后，中央事故信号回路的工作状态。

d. 继电保护回路动作后，断路器跳闸过程及信号系统的工作状态。

e. 继电保护回路与断路器控制回路的连接方式、接点编号。

② 阅读操作电源原理图时，应注意并掌握以下有关内容：

a. 操作电源的类别（交流、直流）、元件规格型号及功能作用。

b. 各组操作电源的形成及作用。

③ 阅读备用电源自动投入装置的原理图时，应注意并掌握以下有关内容：

a. 自投开关的类别（自动开关、接触器）及继电器的规格型号、功能作用。

b. 继电器及自投开关辅助触点的分布情况，其动作后对电路所产生的影响。

④ 阅读自动重合闸装置的原理图时，应注意并掌握以下有关内容：

a. 重合闸继电器工作原理、功能作用、规格型号、各继电器功能作用、触点分布、转换开关的规格型号及功能作用。

b. 自动重合闸回路与断路器控制回路及保护回路的关系和控制功能。

c. 重合闸装置的电源回路。

⑤ 阅读电力变压器继电保护控制原理图时，应注意并掌握以下有关内容：

a. 变压器规格型号、继电保护的方式（差动保护、瓦斯保护、过电流保护、低电压保护、过负荷保护、温度保护、低压侧单相接地）、各继电器规格型号及功能作用、继电器触点分布以及触点动作后对电路所产生的影响、电流互感器规格型号及装设位置。

b. 继电保护回路与控制掉闸回路的连接方式、信号系统功能作用。

⑥ 阅读电力线路继电保护原理图时，应注意并掌握以下有关内容：

a. 线路电压等级、继电保护方式（电流速断、过电流、单相接地、距离保护）、各继电器规格型号及功能作用，继电器触点分布、电流互感器规格型号及装设位置。

b. 保护回路与控制掉闸回路的连接方式，信号系统功能作用。

⑦ 阅读开关柜控制原理图时，应注意并掌握以下有关内容：

a. 开关柜规格型号、电压等级、功能作用及所控设备、采用的继电保护方式（短路、过电流、断相、温度等）、控制开关作用功能、继电器触点分布、电流互感器规格型号及装设位置。

b. 保护回路与控制掉闸回路的连接方式，信号系统功能作用。

13.3.10 二次回路图的识图要领

二次回路图的逻辑性很强，在绘制时遵循着一定的规律，看图时若能抓住此规律就很容易看懂。阅图前首先应弄清楚该张图纸所绘制的继电保护装置的动作原理及其功能和图纸上所标符号代表的设备名称，然后再看图纸。看图的要领如下。

（1）先交流，后直流

“先交流，后直流”是指先看二次接线图的交流回路，把交流回路看完弄懂后，根据交流回路的电气量以及在系统中发生故障时这些电气量的变化特点，向直流逻辑回路推断，再看直流回路。一般说来，交流回路比较简单，容易看懂。

（2）交流看电源，直流找线圈

“交流看电源，直流找线圈”是指交流回路要从电源入手。交流回路有交流电流和电压回路两部分，先找出电源来自哪组电流互感器或哪组电压互感器，在两种互感器中传输的电流量或电压量起什么作用，与直流回路有何关系，这些电气量是由哪些继电器反映出来的，找出它们的符号和相应的触点回路，看它们用在什么回路，与什么回路有关，在心中形成一个基本轮廓。

（3）抓住触点不放松，一个一个全查清

“抓住触点不放松，一个一个全查清”是指继电器线圈找到后，再找出与之相应的触点。根据触点的闭合或开断引起回路变化的情况，再进一步分析，直至查清整个逻辑回路的动作过程。

（4）先上后下，先左后右，屏外设备一个也不漏

“先上后下，先左后右，屏外设备一个也不漏”，这个要领主要是针对端子排图和屏后安装图而言。看端子排图一定要配合展开图来看。

展开图上凡屏内与屏外有联系的回路，均在端子排图上有一个回路标号，单纯看端子排图是不易看懂的。端子排图是一系列的数字和文字符号的集合，把它与展开图结合起来看就可以清楚它的连接回路。

13.3.11 硅整流电容储能式直流操作电源系统接线

如果单独采用硅整流器来作直流操作电源，则在交流供电系统电压降低或电压消失时，将严重影响直流系统的正常工作，因此宜采用有电容储能的硅整流电源，在供电系统正常运行时，通过硅整流器供给直流操作电源，同时通过电容器储能，在交流供电系统电压降低或消失时，由储能电容器对继电保护和跳闸回路供电，使其正常动作。

图 13-41 所示是一种硅整流电容储能式直流操作电源系统的接线图，通过整流装置将交流电源变换为直流电源，以构成变电站的直流操作电源。为了保证直流操作电源的可靠性，采用两个交流电源和两台硅整流器。为了在交流系统发生故障时仍能使控制、保护及断路器

可靠动作，该电源还装有一定数量的储能电容器。

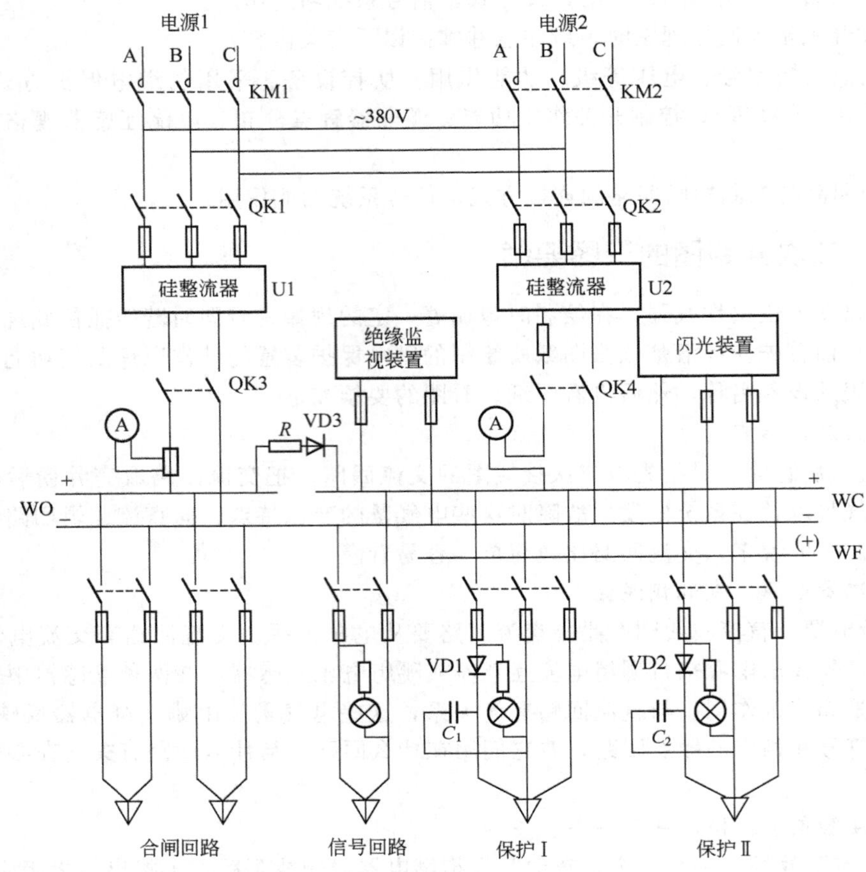

图 13-41 硅整流电容储能式直流操作电源系统接线图

C_1,C_2—储能电容器；WC—控制小母线；WF—闪光信号小母线；WO—合闸小母线

在图 13-41 中，硅整流器 U1 的容量较大，主要用作断路器合闸电源，并可向控制、信号和保护回路供电。硅整流器 U2 的容量较小，仅向控制、保护和信号回路供电。两组直流装置之间用限流电阻 R 及二极管 VD3 隔离，即只允许合闸母线向控制母线供电，而不允许反向供电。

逆止元件 VD1 和 VD2 的主要功能：一是当直流电源电压因交流供电系统电压降低而降低，使储能电容 C_1、C_2 所储能量仅用于补偿自身所在的保护回路，而不向其他元件放电；二是限制 C_1、C_2 向各断路器的控制回路中的信号灯和重合闸继电器等放电，以保证其所供的继电保护和跳闸线圈可靠动作。

在合闸母线与控制母线上分别引出若干条直流供电回路。其中只有保护回路中有储能电容器。储能电容器 C_1 用于对高压线路的继电保护和跳闸回路供电；储能电容器 C_2 用于对其他元件的继电保护和跳闸回路供电。储能电容器多采用容量大的电解电容器，其容量应能保证继电保护和跳闸线圈可靠地动作。正是由于断路器的跳闸功率远小于合闸功率，电容储能装置只能用于跳闸。

13.3.12 采用电磁操作机构的断路器控制和信号回路

在 6～10kV 的工厂供电系统中普遍采用电磁操作机构，它可以对断路器实现远距离控制。图 13-42 是采用电磁操作机构的断路器控制电路及其信号系统图。其操作电源采用硅整流电容储能的直流系统。该控制回路采用 LW5 型万能转换开关，其手柄有 4 个位置，手柄正常为垂直位置（0°）。顺时针扳转 45°，为合闸（ON）操作，手松开即自动返回零位（复位），但仍保持合闸状态。反时针扳转 45°，为分闸（OFF）操作，手松开也自动返回零位，但仍保持分闸状态。图中虚线上打黑点“•”的触点，表示在此位置时该触点接通；而虚线上标出的箭头（→），表示控制开关手柄自动返回的方向。

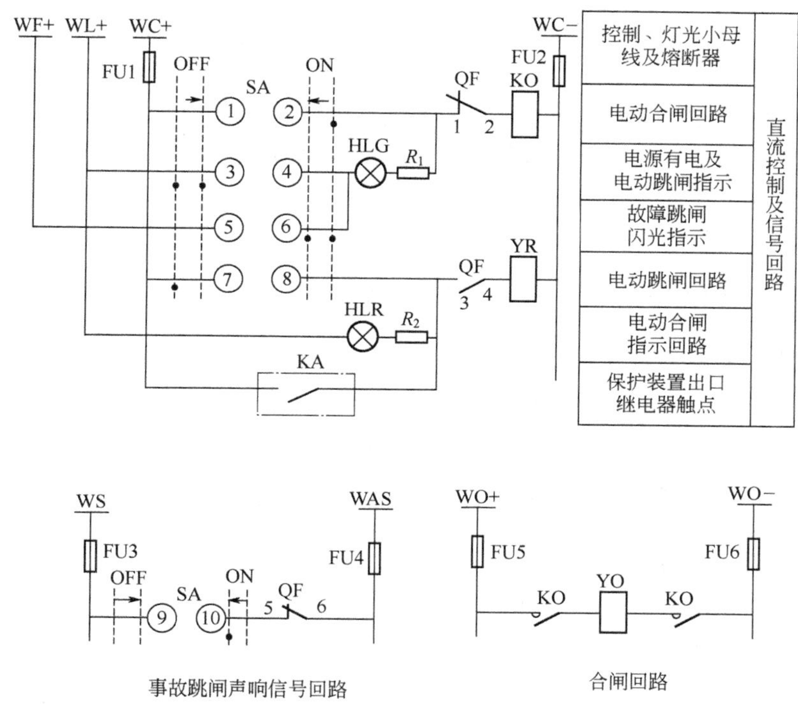

图 13-42 采用电磁操作机构的断路器控制电路及其信号系统图

WC—控制小母线；WL—灯光指示小母线；WF—闪光信号小母线；WS—信号小母线；WAS—事故音响小母线；WO—合闸小母线；SA—控制开关；KO—合闸接触器；YO—电磁合闸线圈；YR—跳闸线圈；ON—合闸操作方向；OFF—分闸操作方向；KA—保护装置出口继电器触点；QF1～QF6—断路器辅助触点；HLG—绿色指示灯；HLR—红色指示灯

合闸时，将控制开关 SA 手柄顺时针扳转 45°，这时 SA 的触点 1-2 接通，合闸接触器 KO 通电（回路中断路器 QF 的常闭辅助触点 1-2 原已闭合），其主触点闭合使电磁合闸线圈 YO 通电，断路器 QF 合闸。合闸完成后，控制开关 SA 自动返回，其触点 1-2 断开，断路器 QF 的常闭辅助触点 1-2 也断开，绿灯 HLG 熄灭，并切断合闸回路，同时断路器 QF 的常开辅助触点 3-4 闭合，红灯 HLR 亮，指示断路器已经合闸，并监视着跳闸线圈 YR 回路的完好性。

分闸时，将控制开关 SA 手柄反时针扳转 45°，这时其触点 7-8 接通，跳闸线圈 YR 通电（回路中断路器 QF 的常开辅助触点 3-4 原已闭合），使断路器 QF 分闸（跳闸）。分闸完成后，控制开关 SA 自动返回，其触点 7-8 断开，断路器 QF 的常开辅助触点 3-4 也断开，红灯 HLR 熄灭，并切断跳闸回路，同时控制开关 SA 的触点 3-4 闭合，QF 的常闭辅助触点 1-2 也闭合，绿灯 HLG 亮，指示断路器已经分闸，并监视着合闸线圈 KO 回路的完好性。

由于红、绿指示灯兼起监视分、合闸回路完好性的作用，长时间运行，因此耗电较多。为了减少操作电源中储能电容器能量的过多消耗，因此另设灯光指示小母线 WL（+），专用来接入红、绿指示灯。储能电容器的电能只用来供电给控制小母线 WC。

当一次电路发生短路故障时，继电保护装置动作，其出口继电器 KA 的常开触点闭合，接通跳闸线圈 YR 回路（其中断路器 QF 的辅助触点 3-4 原已闭合），使断路器 QF 跳闸。随后断路器 QF 的辅助触点 3-4 断开，使红灯 HLR 灭，并切断跳闸回路；同时断路器的辅助触点 QF1-2 闭合，而 SA 在合闸位置，其触点 5-6 也闭合，从而接通闪光电源 WF（+），使绿灯 HLG 闪光，表示断路器 QF 自动跳闸。由于控制开关 SA 仍在合闸后位置，其触点 9-10 闭合，而断路器 QF 已跳闸，QF 的辅助触点 5-6 也闭合，因此事故音响信号回路接通，发出事故跳闸的音响信号。当值班员得知事故跳闸信号后，可将控制开关 SA 的操作手柄扳向分闸位置（逆时针扳转 45°后松开让它返回），使 SA 的触点与 QF 的辅助触点恢复“对应”关系，全部事故信号立即解除。

13.3.13 6～10kV 高压配电线路电气测量仪表电路图

图 13-43 是 6～10kV 高压配电线路上装设的电气测量仪表电路图，图中通过电压、电流互感器装设有电流表、有功电能表和无功电能表各一只。如果不是送往单独经济核算单位时，可不装设无功电能表。

13.3.14 220V/380V 低压线路电气测量仪表电路图

低压动力线路上，应装设一只电流表，低压照明线路及三相负荷不平衡度大于 15%的线路上，应装设三只电流表分别测量三相电流。如需计量电能，一般应装设一只三相四线有功电能表。对于负荷平衡的三相动力线路，可只装设一只单相有功电能表，实际电能按其计量的 3 倍计。

图 13-44 是 220V/380V 低压线路上装设的电气测量仪表电路图，图中通过电流互感器装设有电流表 3 只、三相四线有功电能表 1 只。如果不是送往单独经济核算单位时，可不装设无功电能表。

13.3.15 6～10kV 母线的电压测量和绝缘监视电路图

电压测量电路的常用接线方式如图 13-45 所示。

最为常用的 6～35kV 电力系统的绝缘监视装置，可采用三只单相双绕组电压互感器和三只接在相电压上的电压表进行绝缘监视，如图 13-45(e) 所示。也可如图 13-45(f) 所示，采用三只单相三绕组的电压互感器，其中三只电压表接相电压，接在接成 Y0 的二次绕组电路中。当一次电路中的某相发生单相接地故障时，与其对应相的电压表指零，其他两相的电压表读数升高为线电压；接成开口三角形的辅助二次绕组，构成零序电压过滤器，专用于供电给过电压继电器 KV。在系统正常运行时，开口三角形的开口处电压接近于零，继电器 KV 不会动作；当一次电路发生单相接地故障时，在开口三角形的开口处将产生近

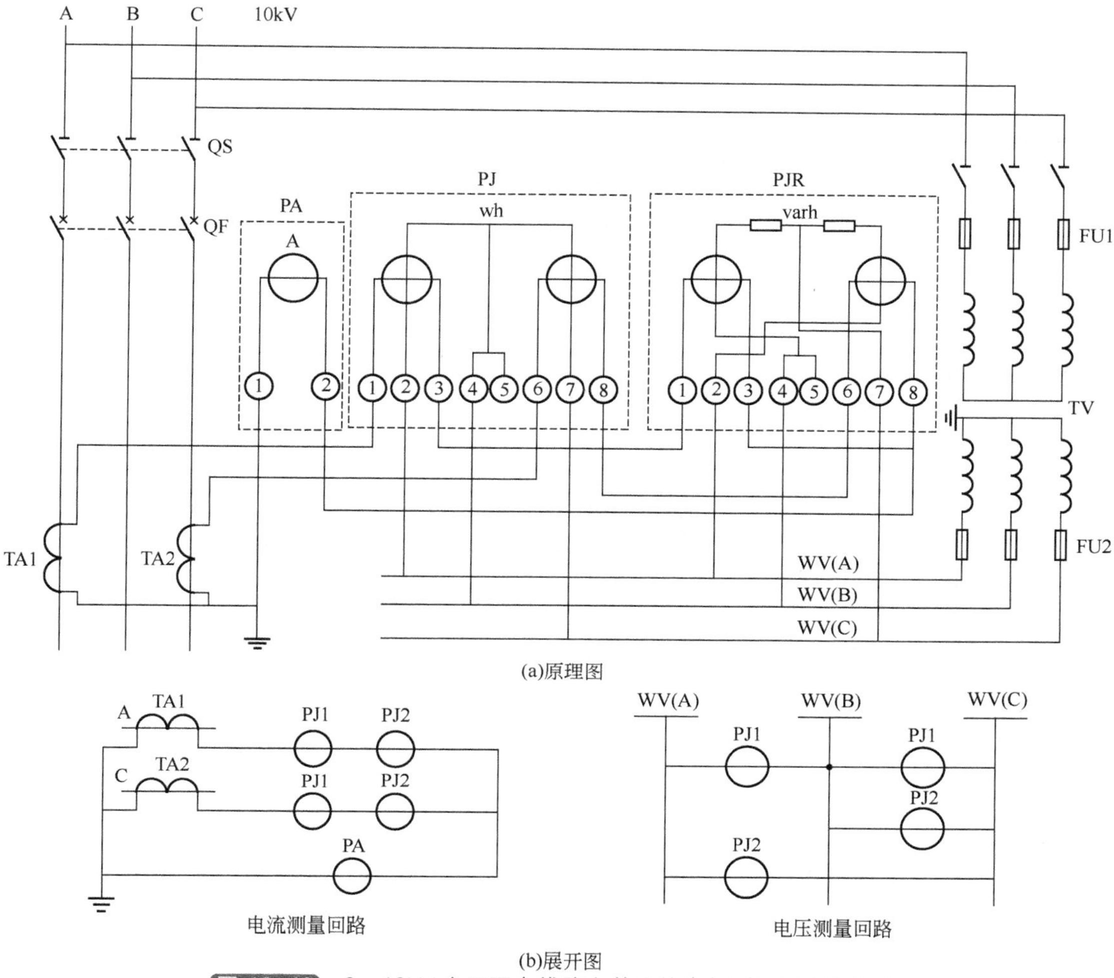

(a)原理图

电流测量回路

电压测量回路

(b)展开图

图 13-43　6～10kV 高压配电线路上装设的电气测量仪表电路图

TA1，TA2—电流互感器；TV—电压互感器；PA—电流表；PJ—三相有功电能表；PJR—三相无功电能表；WV—电压小母线

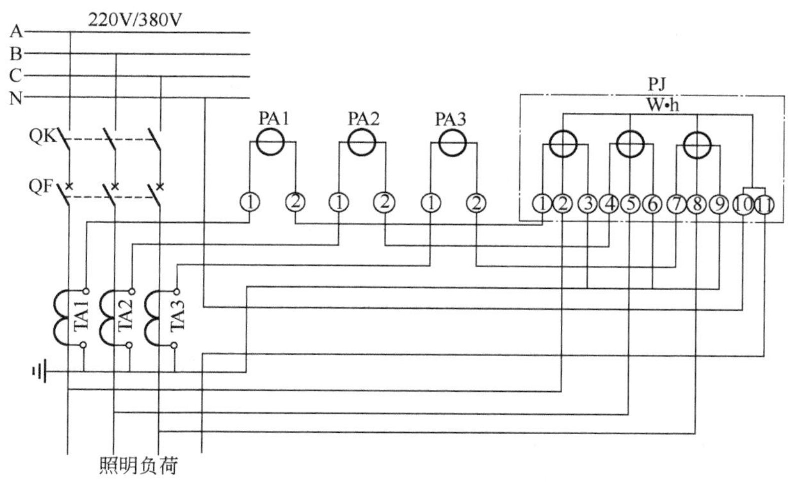

图 13-44　220V/380V 低压线路电气测量仪表电路图

TA—电流互感器；PA—电流表；PJ—三相四线有功电能表

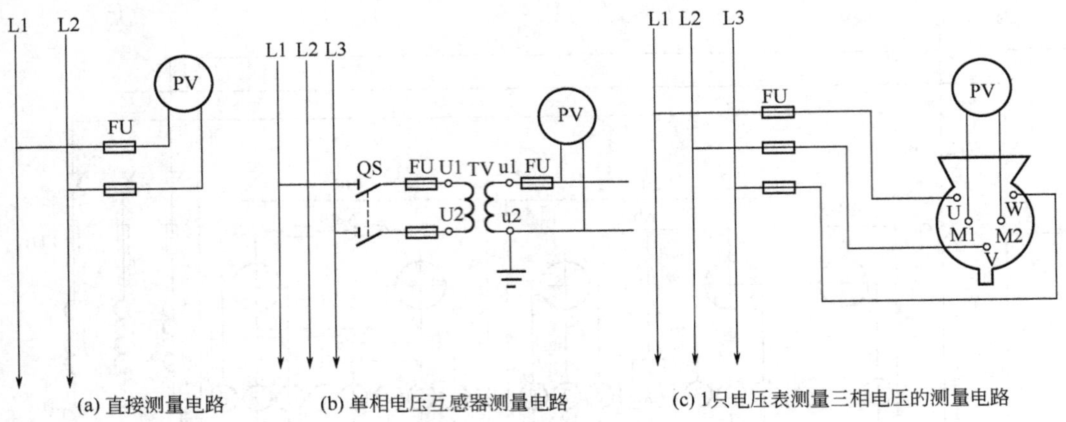

(a) 直接测量电路

(b) 单相电压互感器测量电路

(c) 1只电压表测量三相电压的测量电路

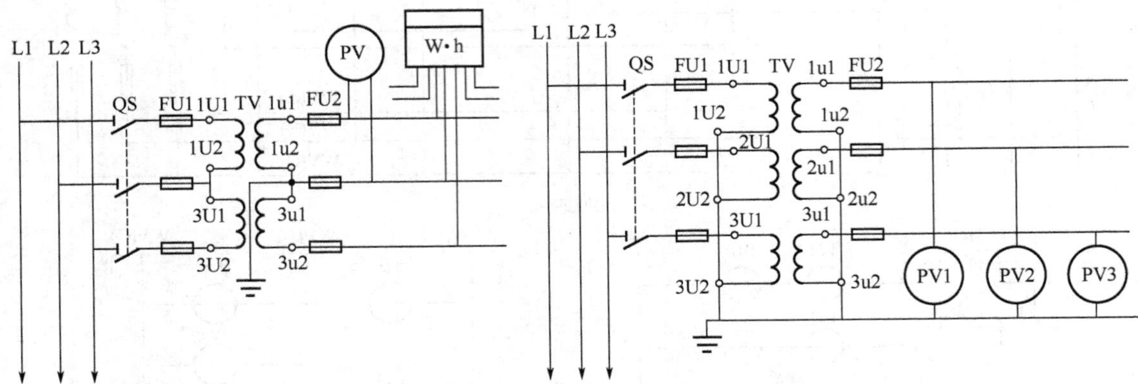

(d) 2个单相电压互感器接电压表的测量电路

(e) 3个单相电压互感器接三只电压表的测量电路

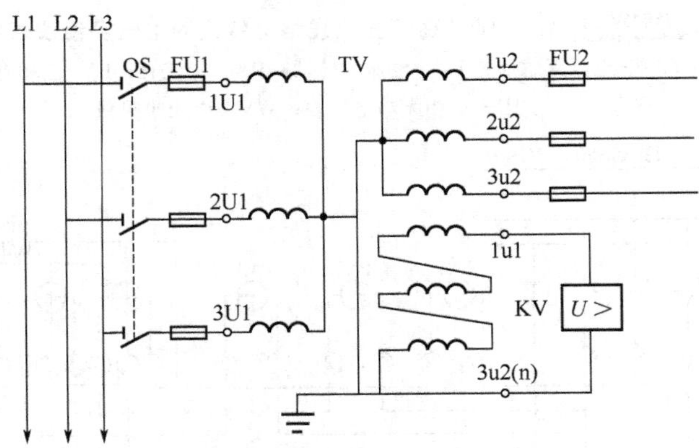

(f) 3个单相三绕组电压互感器接成Y0/Y0/⊳测量电路

图 13-45 电压测量电路的各种接线图

100V 的零序电压，使 KV 动作，从而接通信号回路，发出报警的灯光和音响信号。

图 13-46 是 6～10kV 母线的电压测量和绝缘监视电路图，它普遍应用于 6～35kV 母线的电路中。图中电压转换开关 SA 用于转换测量三相母线的各个相间电压（线电压）。

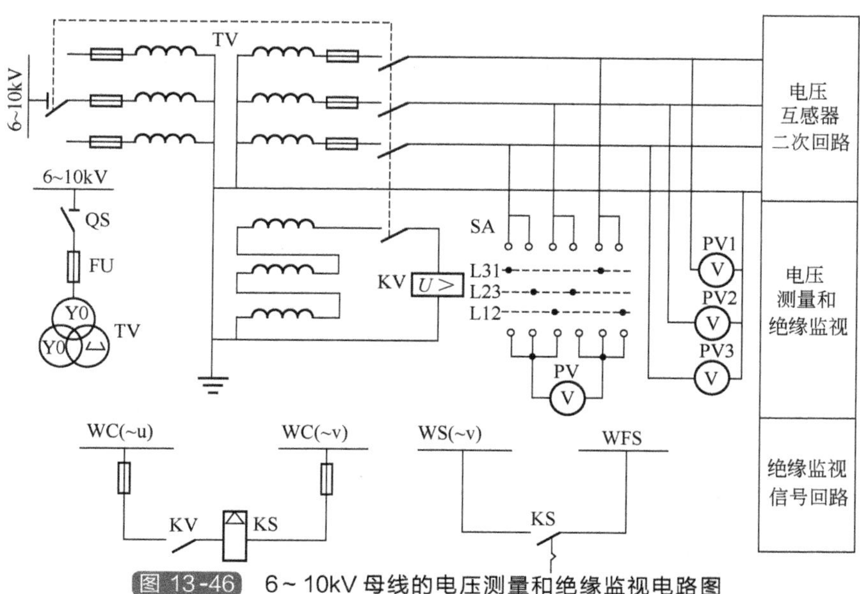

图 13-46 6～10kV 母线的电压测量和绝缘监视电路图

QS—隔离开关；FU—熔断器；TV—电压互感器；KV—电压继电器；KS—信号继电器；SA—电压换相开关；PV—电压表；WS—信号小母线；WC—控制小母线；WFS—预告信号小母线

13.3.16 变压器过流保护电路

这里所指的变压器过电流保护为带时限的过电流保护。按动作特性分，它有定时限过电流保护和反时限过电流保护两种。

所谓定时限过电流保护，就是继电保护装置的动作时间是按事先整定的动作时间固定不变的，只要达到或超过动作电流值就动作，其动作时间与故障电流的大小无关。采用直流操作的电磁式继电器即应用于这种保护。而反时限过电流保护装置的动作时间与故障电流的大小有反比关系，即故障电流越大，其动作时间越短。GL 型感应式电流继电器的感应元件部分即用于反时限过电流保护。

(1) 变压器定时限过电流保护装置的组成和原理

某 10kV 线路的过电流保护原理接线图如图 13-34 所示，而该 10kV 线路的过电流保护展开接线图如图 13-35 所示。读图时，要把这两种图结合起来识读。

图示为两相两继电器式（V 形）接线，采用需要直流电源的电磁式继电器组成定时限过电流保护。其工作原理如下：

当线路过负荷或发生故障时，流过它的电流增大，使流过接于电流互感器二次侧的电流继电器的电流也相应增大。在电流超过保护装置的整定值时，电流继电器 KA1、KA2 动作，其常开触点闭合，接通时间继电器 KT。时间继电器 KT 线圈通电，经过预定的时限，KT 的延时闭合的常开触点闭合，发出跳闸脉冲信号，使断路器跳闸线圈 YT 带电，断路器 QF 跳闸。同时跳闸脉冲电流流经信号继电器 KS 的线圈，其常开触点闭合，把信号回路接通，发出声光信号。

断路器 QF 跳闸后，QF 的辅助触点即断开，KA、KT 因失电而自动返回起始状态，但 KS 需手动复归。

(2) 变压器反时限过电流保护装置的组成和原理

变压器反时限过电流保护由 GL 型感应式电流继电器所组成，其原理电路图如图 13-47 所示。图中仍为两相两继电器式接线。

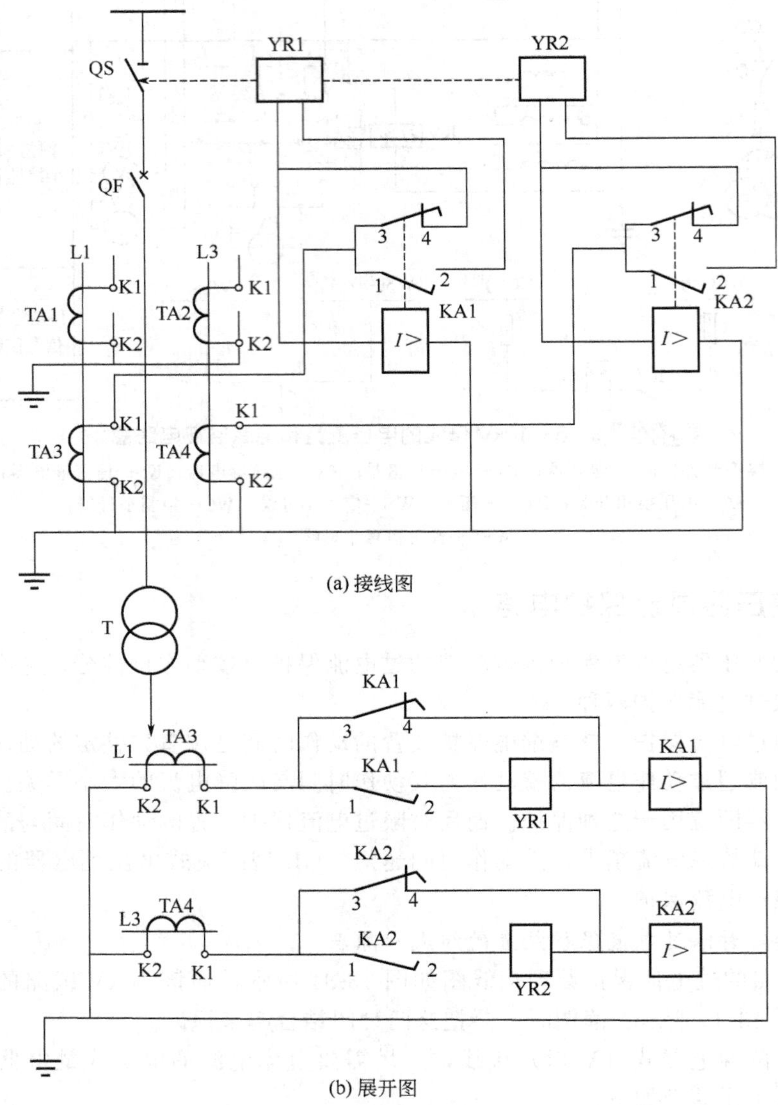

(a) 接线图

(b) 展开图

图 13-47 变压器反时限过电流保护原理电路图

QS—隔离开关；QF—断路器；T—变压器；TA1,TA2—接测量仪表电流互感器；TA3,TA4—接继电保护电流互感器；KA1,KA2—电流继电器（GL15、25 型）；YR1,YR2—跳闸线圈

当变压器一次电路发生相间短路时，电流继电器 KA1、KA2 按反时限特性动作，其常开触点首先闭合后，常闭触点才断开（“先合后断”）、按“去分流”原理，跳闸线圈 YR1、YR2 通电，将断路器 QF 跳闸而切除故障。

GL 型继电器在进行去分流跳闸的同时，其红色信号牌掉下，指示保护装置已经动作。在短路故障切除以后，继电器将自动返回起始状态，但信号牌需手动复归。

参考文献

[1] 朱献清主编. 电气技术识图. 北京：机械工业出版社，2007.
[2] 张玉萍主编. 实用建筑电气安装技术手册. 北京：中国建材工业出版社，2008.
[3] 蔡建军主编. 电工识图. 北京：机械工业出版社，2006.
[4] 谭胜富编. 电气工人识图 100 例，北京：化学工业出版社，2006.
[5] 吴光路编. 建筑电气图. 北京：化学工业出版社，2013.
[6] 杨清德编著. 零起步巧学电工识图. 北京：电力工业出版社，2009.
[7] 王俊峰等编著. 电工实用电路 300 例. 北京：机械工业出版社，2010.
[8] 而师玛乃·花铁森主编. 建筑弱电工程安装施工手册. 北京：中国建筑工业出版社，2006
[9] 孙克军主编. 电动机常用控制线路接线 150 例. 北京：中国电力出版社，2012.
[10] 刘学军等编. 工厂供电设计指导. 北京：中国电力出版社，2008.
[11] 海涛等编著. 现代供配电技术. 北京：国防工业出版社，2010.
[12] 孙琴梅主编. 工厂供配电技术. 北京：化学工业出版社，2006.
[13] 张宪等主编. 电气制图与识图. 北京：化学工业出版社，2009.
[14] 关大陆等主编. 工厂供电. 北京：清华大学出版社，2006.
[15] 刘介才编. 工厂供电. 第 5 版. 北京：机械工业出版社，2010.
[16] 张树臣主编. 建筑电气施工图. 北京：中国电力出版社，2010.